葉化

アジサイ葉化病（*Phytoplasma japonicum*）

ムラサキバレンギク葉化病（*P. solani*）

アサガオ葉化病（*P. aurantifolia*）

アスター萎黄病（*P. asteris*）

グラジオラス緑化病（*P. asteris*）

キク緑化病（*P. aurantifolia*）

リーキ緑化病（*P. solani*）

リンドウ天狗巣病（*P. pruni*）

コスモス葉化病（*P. fraxini*）

天狗巣・萎縮

ポインセチア天狗巣病（*P. pruni*）

ナツメ天狗巣病（*P. ziziphi*）

キリ天狗巣病（*P. asteris*）

ライム天狗巣病（*P. aurantifolia*）

ミツバ天狗巣病（*P. asteris*）

クワ萎縮病（*P. asteris*）

難波成任
Namba Shigetou

創造する破壊者ファイトプラズマ

生命を操る謎の細菌

東京大学出版会

Phytoplasmology

Shigetou NAMBA

University of Tokyo Press, 2017
ISBN 978-4-13-066139-3

はじめに

作物は人類を飢えから救い、人口増加と文明の急速な発展を支えてきたが、実際は作物を発明したことにより人間は家畜化したという考え方もある。狩猟採集文明においては、人間は移動しながらさまざまな野生動植物を食料としていたため、天候不順や植物病による影響は比較的少なかった。しかし、農耕文明においては、作物の大量生産のために人間は定住するようになり、人口も劇的に増加したが、限られた種類の植物を集約的に生産しそれらを食料とするようになり、ひとたび天候不順や植物病の大発生があると、飢饉に苛《さいな》まれることとなった。人間は野生植物の栽培化により作物を創り出すことに成功したが、それと引き替えに自らを作物に依存する家畜としての存在へと変えてしまったのだ。

分子生物学はさらに別の視点を提示している。人間も、その食料と環境を支える植物も動物も、実は「遺伝子の『乗り物＝植民地』にすぎない」とする考え方である。多くの真核生物[1]のゲノムのうち、遺伝子をコードしている領域はごく一部で、ヒトでは1～2％にすぎない。残りはウイルスの残骸が集積した結果できたジャンクDNAと呼ばれる領域で、遺伝子の発現を制御するなど重要な働きをしている。また細胞内共生説によれば、真核生物細胞のミトコンドリアや葉緑体、核などは微生物の共生に由来するものである。こうしてみると、私たちは、ゲノムから細胞に至るまで、寄せ木細工の存在である。

一方、共生の恩恵にあずかることのできなかった大半の微生物は生物体内や土壌などの微生物フロー

1　真核生物：核と呼ばれる細胞小器官の中に、ゲノムDNAを有する細胞生物。動物、植物、菌類、原生生物など。原核生物では核の構造は明確に認められず、ゲノムDNAは細胞内で露出している。

【本文中の記号・数字について】

▼：参照項目・コラムなど

1：章末の引用文献番号（他章の場合は「章番号―引用文献番号」）

本文右横の数字：脚注番号（他章の場合は「章番号―脚注番号」）

ラとして生態系を支え、一部は発酵現象を通じて人間に酒や乳発酵製品、納豆や醤油などのダイズ発酵食品など、さまざまな食べ物を提供し、食生活を多様で豊かなものにしてくれている。

しかし一部の微生物は、ときに真核生物に寄生し、生きる糧を横取りする利己的な過ごし方を模索している。それを私たちは「病原微生物」と呼んでいる。人間の健康を損ない、食料生産を阻害する微生物たちだ。植物に寄生する病原微生物にとってみれば、人間は農耕により生態系を大きく変え、画一的で広大な穀倉地帯を創り出し、彼らの増殖に絶好の「宿主」を提供してくれる協力的（？）な存在なのである。人間は作物に依存するが故に、病原微生物にとって住み家となる農耕地の規模を拡大し続ける一方で、彼らを絶滅する術《すべ》を懸命に探し続けている。

植物病は適切な処置を怠れば農業や環境に壊滅的な被害をもたらす。実際に世界の農業生産可能量の約3分の1が毎年植物病により失われ、その被害額は毎年200兆円にも及んでいる。なかでも、ウイルス病や一部の細菌病には効果的な農薬がなく、その防除は人類が克服すべき課題として残されている。忘れてならないのは、農業は「環境負荷と引き替えに持続的食料確保を目指す産業」であり、農学は「農業生産に潜む普遍的メカニズムを解明し、持続的農業生産システムの最適解を見出す科学」であることだ。そしてこの最適解は地域や天候、栽培体系などの条件で変わるため、普遍解に拘泥《こうでい》し最適解を軽視すると持続性は破綻するのだ。農業は複雑系であり、その最たるものが作物の生育圏にある微生物叢《そう》である。その複雑な連関の中で、植物病原微生物は微生物叢の平衡を乱し作物を病に陥《おとしい》れるのである。

フランスのルイ・パスツールの実験により微生物の自然発生説[2]が否定された1861年に、ドイツのハインリッヒ・アントン・ド・バリー（植物病理学の開祖）は、世界で初めて植物病原微生物をジャガイモ疫病[3]（アイルランド飢饉を引き起こしたことで有名）より発見した。動物の病原微生物として初めて発見

2　自然発生説：生物が何もないところから自然に発生するとする説。ルイ・パスツールはフラスコに肉汁を入れ、その口を加熱して長く伸ばし下に湾曲させ、細い口にし（いわゆるパスツール瓶）、フラスコ内の肉汁をしばらく煮沸すると微生物が発生しなくなるが、この細い口を折るか肉汁を細い口から入れると微生物が発生することを示し、自然発生説を否定した。

3　ジャガイモ疫病：糸状菌の一種、ジャガイモ疫病菌（*Phytophthora infestans*）によって引き起こされる。1845年からヨーロッパ全域にわたって貧農の主食であったジャガイモに本病が大発生し、特にアイルランドで猛威を奮ったことによるアイルランド飢饉は有名。同国では人口800万人のうち、100万人以上が餓死し、20万人が英国へ、150万人が米国へ移住した。

されたのは、ドイツのロベルト・コッホによるヒトの炭疽病[4]の原因菌で、1876年のことである。また、1898年にオランダのマルティヌス・ベイエリンクは微小な病原体（のちのタバコモザイクウイルス）がタバコモザイク病の病原であると考え、ウイルスの概念を打ち立てた。同年に、ドイツのフリードリッヒ・レフラーとポール・フロッシュもウシの口蹄疫の病原体がウイルスであることを突き止め、フランスのエドモン・ノカールとエミール・ルーがウシの伝染性胸膜肺炎の病原体として微小な細菌「マイコプラズマ」を発見した。その後、糸状菌類、細菌類、ウイルスに関する学問分野が形成され発展を遂げたが、一方で、植物病理学の分野では、ウイルスが原因とされつつも病原体の特定に至らない謎の病気が多数残されていた。

1967年、それらの病気から、誰も想像し得なかった新たな病原微生物が2種類報告された。一つは、ウイルスとは異なり、タンパク質を作らない裸の小さな一本鎖の環状RNAよりなる新たな病原体「ウイロイド」であり、米国のセオドール・ディーナーにより発見された。そしてもう一つは、微小細菌類「ファイトプラズマ」であり、画像というイメージを自然対象物から切り取ることに卓越していた1人の研究者、東京大学農学部植物病理学研究室の土居養二が、電子顕微鏡という最新の科学技術を駆使し、周囲の研究者が協力することにより世界で初めて発見した。当時は、マイコプラズマに似ていたことからマイコプラズマ様微生物と称された。両発見は、それまでの病原体の概念を覆す発見であったことから、その後、それらの論文のことを両氏の姓の頭文字にちなんで「2D papers」と呼ぶ研究者もいる。こうしてみると、植物病理学が微生物学において学術上も応用上もいかに重要な役割を果たしてきたかが分かる。

かつてウイルスと考えられていた微生物がウイルスではなくファイトプラズマであるという歴史的発

4　ヒトの炭疽病：細菌の一種、炭疽菌（*Bacillus anthracis*）によって引き起こされる。

見により、ウイルス学とも細菌学とも異なる「ファイトプラズマ学」なる学問分野が出現した。ファイトプラズマは動植物（昆虫と植物）に感染する微生物であるが、菌体の大きさもゲノムサイズも一般細菌より小さくウイルス並みであるうえ、培養が困難で、接木や昆虫しか接種方法がないために、発見後四半世紀のあいだ研究は遅滞していた。

しかし分子生物学の目覚ましい発展は、その後の四半世紀のファイトプラズマ研究に新展開をもたらし、分類体系、ゲノム解析、昆虫宿主特異性、病原性、診断技術に関する理解が飛躍的に深まり、ファイトプラズマの実像がついに解き明かされたのだ。もちろん、ファイトプラズマ学の飛躍的発展にもっとも重要な役割を果たしたのは、分子生物学の発展に加え、研究者達の思考と戦略であったことを忘れてはならない。しかもこの20年間の成果は、いずれも世界に先駆け日本で発見されたものであり、日本はファイトプラズマ学の発祥の地であるとともに、現代のファイトプラズマ学の総本山となった。

ファイトプラズマは「究極の怠け者細菌」と言われるほど、重要な遺伝子を極限まで切り詰め、宿主からの養分収奪に依存した微小細菌である。宿主の細胞内でしか生存できないファイトプラズマは、細胞内共生の過程で細胞内小器官になり損ねた微生物のなれの果てなのだろうか、それとも動植物の両細胞内に寄生するために適応した結果、ゲノムを限界にまで切り詰めざるを得なかった細胞内寄生性細菌の究極の姿なのであろうか。

動植物に感染するファイトプラズマは、昆虫においては共生的に振る舞い、植物においては寄生的に振る舞う、戦略的な生き方を獲得した微小細菌なのである。

ファイトプラズマは昆虫体内では共生的に感染・増殖し、吸汁により乗り移った植物の篩管とその周囲の細胞からなる篩部組織[5]にのみ生息する術《わざ》を獲得している〈図0・1〉。以前は、媒介する昆虫に対してもファイトプラズマは病原性を示し、体内組織を変性させると解釈されていた。しかし私たちの研究

5　篩部組織：維管束に存在する、光合成産物を輸送する組織。篩管、篩部柔細胞、篩部伴細胞などからなる。

で、ファイトプラズマを保毒した昆虫は、むしろ活発に吸汁し、体も大きくなり、産卵・孵化後の幼虫のオス／メス比に何ら影響は認められない、完全無欠なる運び屋「スーパー・トランスポーター」であり、しかもファイトプラズマは自身を効率的に拡散するよう媒介昆虫を飼い慣らし「操って」、共進化のあり方を限りなく追求し昆虫を改造してゆく「創造者」であることが明らかになった。

またファイトプラズマは、植物に寄生することにより植物の「かたち」を変える性質を持っている。ファイトプラズマは植物を「操って」、新しい小枝と新鮮な小葉をたくさん付けさせ、植物体構成成分を究極まで節約させて、残りをすべてファイトプラズマに提供させるのである。また、花を緑にし、葉に変えるファイトプラズマは、小振りの枝葉や緑の花をつけた植物として人間の市場活動に新たな価値を提供してもいる。そして、ファイトプラズマは生殖機能を奪い種子を実らなくし、植物の進化に多大な影響を与えながら、寿命

図0.1 ファイトプラズマの生活環

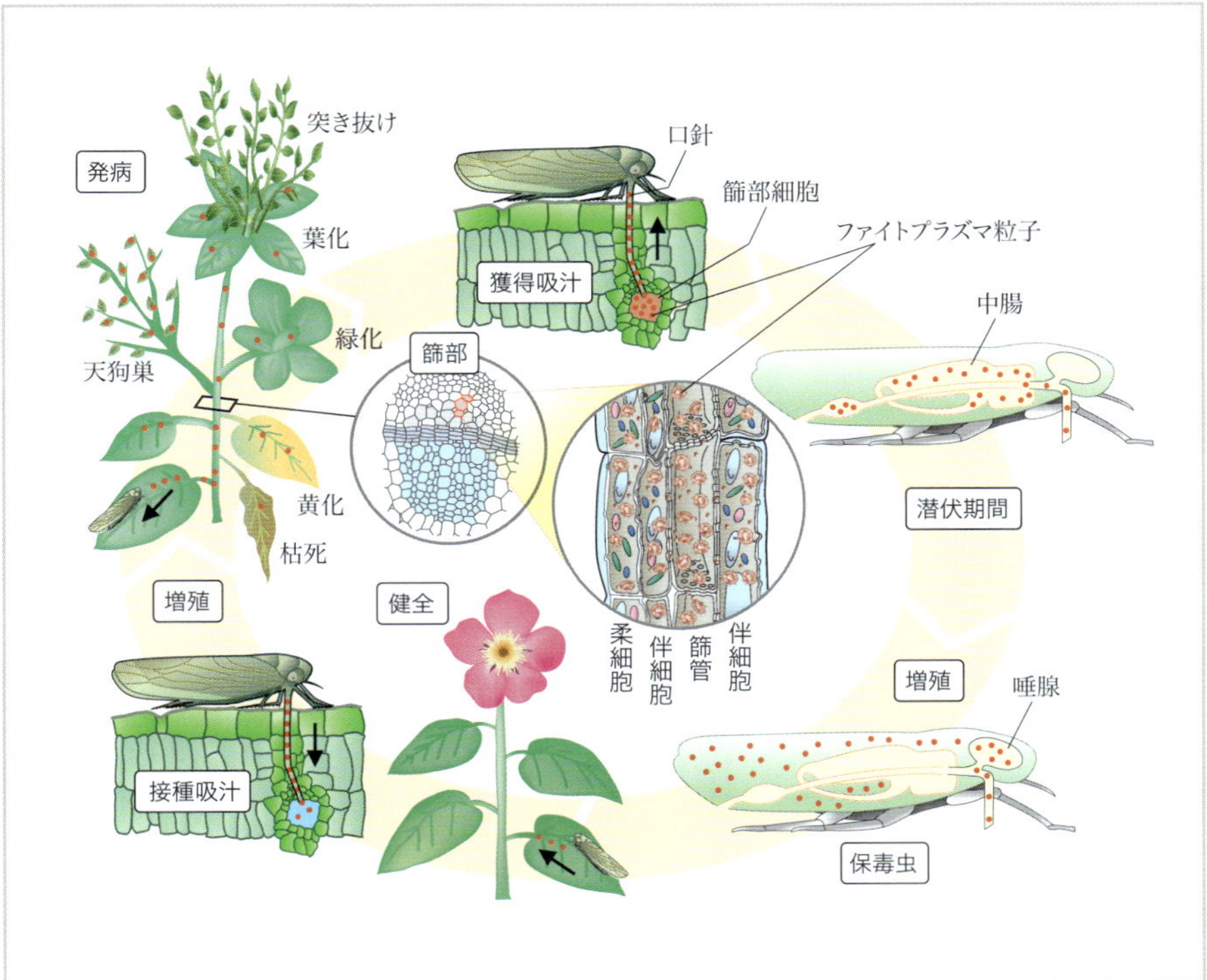

を操り、植物をいつまでも若く保つ「創造者」でもある。

同時に、植物の容姿を媒介昆虫に魅力的な「かたち」に変え、篩管の汁液に紛れ込んだファイトプラズマ粒子を積極的に吸わせて自身を拡散させるよう植物の「はたらき」を変えるのだ。このようにファイトプラズマは植物本来の「すがた」と「ふるまい」を破綻させる「破壊者」でもあり、人間の生活や農業生産にとっては、「肯定的側面」と「否定的側面」の両方を備えた「ナノ病原体」なのである。

ナノ病原体とは、生きている細胞内でしか生存も増殖もできないナノメートルサイズの病原微生物（これを絶対寄生性微生物という）の総称であり、無生物であるウイルスのほか、モリキューテス綱の細菌（ファイトプラズマ、マイコプラズマ、スピロプラズマなど）などを含み、多くの性質を共有することから、これらをナノ微生物（nanoorganisms）、病原

図0.2 ファイトプラズマの大きさ

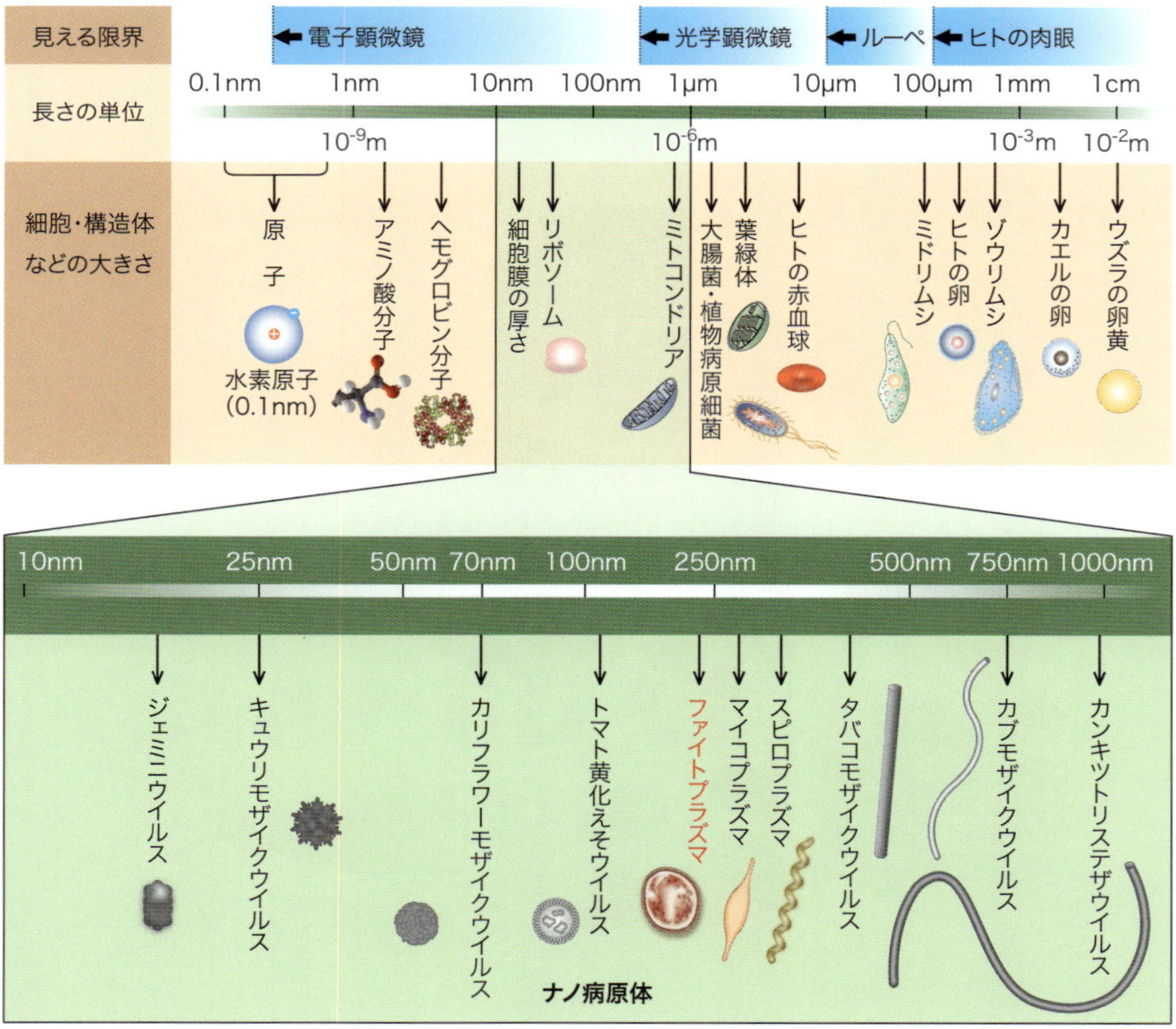

体の場合はナノ病原体（nano-pathogens）と総称している〈図0・2〉。もう少し大きな生物のことを、微生物（microorganisms）と呼ぶことを考えると、分かりやすいのではないだろうか。人間の腸内フローラや環境中の未知の微生物の中には、培養の困難なものが無数にあり、それらのなかでナノ微生物は相当に重要な役割を担っていて、微生物叢の構成に大きな影響を与えているに違いない。ナノ微生物の研究はこれからとても重要になってくるであろう。

　人類は急速な文明の進歩とともに、科学と技術を発展させ、便利さを追求し、その仕組みをブラックボックスと化してしまった。それが人間社会のリスクを急速に増大させている。先端技術の暴発がもたらす災難と隣合わせに無知が同居しているのである。「きっとなんとかなる」と考え毎日を過ごしている私たちは自分自身の無知を自覚し、科学と技術のどこまでが確かで、どこから先があいまいで制御が困難かを正しく理解し、科学と技術をどう使うべきか、その意思決定に関わるべきであり、それなくして社会は成り立たない。

　研究もしかりである。ファイトプラズマの発見から半世紀を経てその生活史[6]の全容を明らかにすることができたいま、重箱の隅をつつくような視点に陥ることなく、「生命とは何か」という根源的な問いを発し続け、「次なる新たな課題」を引き続き設定し続けるためにはどうしたらよいのだろうか。この間に積み上げた成果にたどり着くまでの道筋を体系立てて記述し、その過程でさまざまな迷いや技術的限界を突破した際にたどった思考の足跡を忘れぬうちに記述しておくことは、生命とは何か、科学と技術はいまどうあるのかを考え、豊かな発想の真髄に迫ることとともに、展開のダイナミズムを俯瞰《ふかん》することにつながるであろう。そこから未来に向けて目指すべきものも見えてくるであろうし、創造的で豊かな生活につながる発見に巡り会うにはどう振る舞えばよいのか、また、その先にある新たなパラダイ

6　生活史：生物が繰り返す生活の一巡りにおけるその周囲の関連した環境との関わりも含めその生理生態学的すがたをいう。「生活環」が細胞や遺伝子の循環的変化に視点を置くのと異なる。ここでは、ファイトプラズマが植物と昆虫の両宿主への感染・増殖・移行や植物における病原性発現に際して起こる遺伝子発現制御など、分子・生理・生態の全体像を指す。

ムを見出すにはどのような姿勢で臨めばよいのかが見えてくるのではないか。そんな夢物語を描きながら記述したのが本書である。

本書では、教科書的な記述ではなく、できるだけ噛み砕いて、どうしてそう考えたのか、どうしてそう行動したのか、を記述することに主眼を置き、研究者の視点を率直に描くよう心がけたつもりである。コラムには、さらに自由な立場で、思ったこと、考えたことを書き綴った。あえて体系的に本文中に記述せず、関連のありそうな節に置いて伝えようとしたのは、異なるさまざまな分野の読者に縁のありそうな、課題の見つけ方、解決に導く発想の秘訣、組織を動かすコツ、ピンチに陥ったときの対処のしかたなどだ。その分、専門的な記述を避け、ポイントが伝わるように心がけたつもりである。したがって、体系的な専門書でもないし、ハウツー的な実用書でもない。伝えたいことを「ファイトプラズマ学」という分野を土俵にして記述したのが本書である。出版社のかたも、ジャンル分けに困るであろう。出版社泣かせではあるが、その書籍化を快く引き受けてくださった、東京大学出版会の岸純青氏には心より感謝申し上げたい。また、前著に引き続き、執筆したての荒削りな原稿を読みやすく編集してくださった田中順子氏には大変感謝している。そして、田中氏のおかげで偶然に出会った高校の4年後輩の板谷成雄氏の素晴らしい割付けと装丁に感謝申し上げたい。また、この8年間、根気強くサイエンスイラストの世界を模索し続け、きれいなイラストを描いてくださった宇賀持剛氏にも心よりお礼申し上げたい。

そして、本書の執筆に当たって、これまでファイトプラズマ研究の開始からそれぞれの道に進むまでの十数年間一緒に研究し続けてくれた大島研郎、柿澤茂行の両君がいたからこそファイトプラズマ研究のスタートからここまでの成果をまとめあげることができた。大変感謝している。また、研究室に入室して私の指導のもとそれぞれ准教授・助教となり、これまでずっと私の研究を支え続けてくれた山次康幸、前島健作両君がいなければ、ファイトプラズマの生活史を解明することはできなかったし、この本は完成しなかった。心よりお礼申し上げる。そして現役の時はもちろん、退職されてからも引き続き現在まで大学の外から共同研究を続けて下さった公益財団法人鯉淵学園の土崎常男名誉教授と西村典夫名誉教授には衷心より敬意と謝意を示したい。さらに東京大学生物資源創生学研究室、資源生物創成学研究室、植物病理学研究室、植物医科学研究室の私の教え子やいまの研究室員各位には心より感謝申し上げたい。

この本が、研究者の考えていることに興味のある人、研究者を目指している人、自由で豊かな発想を発揮し続けるコツに興味のある人、組織マネジメントに興味のある方に参考になればと思う。一部、主観的な部分や、傲慢とも取れる部分があるかもしれないが、あくまで個人的本音であって、それを読者に伝え、自由に判断していただきたかっただけであることも理解していただければ本望である。

難波成任

二〇一七年七月

創造する破壊者　ファイトプラズマ──目次

3章　挑戦の系譜　69

4章　ＭＬＯからファイトプラズマへ　103

7章 病原性因子の発見　重鎮の言葉を跳ね返すまで 257

1章

謎の病気

宋王朝時代の牡丹図（趙昌画）に描かれた牡丹の葉化（右中央の2輪の花）。

学問はすべて古典的著書を
研究することから始めねばならない。

ヴィルヘルム・ヴント

ドイツの生理学者・哲学者・心理学者

ファイトプラズマによる植物の病気は、世界各地で古くから知られていた。現在私たちが参照できる最古の資料は、中国、宋王朝[1]の時代に描かれた絵画に見ることができる〈1章中扉〉。今からおよそ1000年前の絵画の中に現れるファイトプラズマ病は、花の色を葉の色に変化させ人々をその珍しさと美しさで喜ばせる魔法のような存在であった。一方で近世以降のわが国での、農作物に取りつくファイトプラズマ病による被害の記録には、原因不明の病原菌との苦闘の歴史が刻まれている。

ファイトプラズマ研究の50年史に踏み入る前に、この謎の植物病が長い間人々にどのような影響を与えてきたのかを、本章で概観しておこう。

1・1——謎の病気

［1・1・1］最古の記述

中国、宋王朝の宮廷画家趙昌《ちょうしょう》[2]による牡丹図《ボタンず》に、桃黄色種の牡丹の花が葉化し、緑色になっているものが描写されている〈1章中扉〉。葉化とは、花が緑色の葉っぱのようになってしまう植物病の症状の一つで、花は通常の赤や黄色ではなく綺麗《きれい》な緑色となる[1]。

牡丹の原産地中国では、古来より花は薬用、食用香料として珍重されていた。孔子[3]も「牡丹の香りが好きで、そのたれが無いと食事が出来ないほどだ」と述べている[2]。周王朝[4]時代の『詩経』の中にも牡丹についての記述が現れる。さらに6世紀から7世紀にかけての隋唐時代になると、薬用として栽培されていたものから園芸品種が作出されるようになり、唐王朝の宮廷庭園では大量の牡丹が観賞用に栽

1　宋王朝：(960 ～ 1279)
2　趙昌：(959 ～ 1016)。中国、北宋初めの花鳥画家（動植物を主題とした絵を描く画家）。真作は残っておらず、模作しかないといわれ、本図も元の時代（14世紀）のもので、宮内庁三の丸尚蔵館に所蔵。
3　孔子：(紀元前551 ～紀元前479)。中国、春秋時代の思想家、哲学者、儒家の始祖。
4　周王朝：(紀元前1046頃～紀元前771)

［コラム］

自然哲学者 科学者 研究屋

自然を対象にし、そこに起こる種々の自然現象を理解する目的で知の探究を行う者のことを、元々「自然哲学者」、あるいは「知者」と呼び、古くは古代ギリシャや古代ローマ時代から存在していた。当時の課題はどちらかというと、人間の生き方や集団のあり方に関する倫理的探究が中心であった。そうした知を探求する人々はむしろ詩人といってもよく、自然哲学はその一部であって、自然哲学に携わる哲学者は社会的に重要な存在とはみなされていなかった。

16～17世紀にコペルニクス、ケプラー、ガリレオ、ニュートンらの登場により科学革命がヨーロッパで起こり、近代科学が生まれ、学会やアカデミーが設立され、彼らのような自然哲学者が活躍しはじめるようになった。彼らに対する価値は、しだいに他の哲学者とは区別して認識されるようになったが、多くは生計の基盤を他に持っていた。聖職者であったり、大商人であったり、大学に帰属しながら、その傍らで知の探究を行うといういわばアマチュアサイエンティストであった。自然哲学は知の遊びであって、知的好奇心を満たす趣味だったのだ。

19世紀に入ると、自然哲学の発展に伴い、大学など高等教育機関の制度が充実し、その修了者が増え、そこにはたらく人材が多数養成され、専門的職業としての科学者が出現した。「サイエンティスト」という名称は、イギリスの科学史家ウィリアム・ヒューウェルにより1834年に発明されたものである。

その後20世紀における科学のさらなる発展と科学者の活躍は、改めてここで述べるまでもないだろう。ただ、発展にはさまざまな側面が存在する。アメリカの物理学者カール・セーガンは自著『人はなぜエセ科学に騙されるのか』の中で、「一般に科学者とは権威がある存在と見られがちだが、専門職であり、科学において権威は価値がなく、邪魔なだけである」と述べているが、科学者の顔をして権威に寄り添い、既存の枠組みに閉じこもろうとする研究屋が増えているのも事実である。

我々は常に未知に挑戦し、「もう新しい切り口はないであろう」と思われていた伝統的なディシプリン（専門分野）を超えてあっと驚く新たなパラダイムを構築し、真理がさらに深遠なものであることを実証し、その成果を時代に突きつけ、歴史に残すべく哲人を目指すべきである。

培されていた。やがて王宮だけでなく庶民も牡丹の鑑賞に熱中するようになり、10世紀には中国全土で栽培された。宋王朝の洛陽は牡丹栽培の中心となり、王宮においては観賞用としても食用香料としても大切に育てられていた。なかでも葉化した花は見た目にもたいへん魅力的であることから付加価値の高いものとされ、格別の地位を与えられていたのである[1]。葉化してしまうとその花は種子をつけないが、それにもかかわらず価値あるものとして絵画に記録して残されたということだ。もとよりその珍しい緑色の花がファイトプラズマに感染したものであることなど、宋王朝の宮廷人たちは知るよしもなかった。その真相が明らかになるまでおよそ1000年の時を要したのである。

1・2——基幹産業の衰退

[1・2・1]クワ萎縮病

わが国に目を転じてみよう。今から200年ほど前。江戸時代の文政年間[5]に、福島県において日本の養蚕《ようさん》業に欠かせないクワに萎縮病が大発生したという記録が残されており[3]、これがわが国でのファイトプラズマ病の最古の記述とされている。葉化病の牡丹を描いた美しい絵画とは打って変わって、近代日本の基幹産業であった養蚕業を襲うクワ萎縮病の猛威の記録として、謎の病原菌の暗躍の歴史がスタートする。クワ萎縮病とは、カイコのエサとなるクワに発生する病害で、50種以上あるクワの病害の中でも最も被害の大きい病気として昔から恐れられてきた。いったん発生すると、クワはやがて枯死し、数年で桑園《そうえん》は荒廃してしまう〈図1・1〉。養蚕業は、近世以降わが国の主要産業であり、明治時代に隆盛期を迎え、高品質の生糸《きいと》を大量に輸出し外貨を稼ぐ外貨獲得産業として重視された。まさに近代化の礎《いしずえ》というべき基幹産業であったわけだが、この病気の発生により、養蚕経営は大きな被害を被《こうむ》った。

5　文政年間：(1818 ～ 1830)

図1.1 猛威を振るったクワ萎縮病

左の株が「刈縮み」と当時呼ばれた激しい萎縮症状を呈している。

続く天保年間[6]にはクワ萎縮病が神奈川県愛甲郡で激発し、このときの悲惨な状況が全国に知れ渡り、以後、病気と認識されるようになった。その後も九州地域で嘉永年間[7]に、埼玉県熊谷市で明治7(1874)年春、愛知県下では明治10(1877)年頃、長野県では明治13(1880)年に発生の報告があり、明治20(1887)年以降には関東地方から東海地方にいたるまで広い範囲でクワ萎縮病は猛威を振るった。

大正5(1916)年出版の『実験 桑樹萎縮病予防法』[3]には、東海地方を含め「先進地桑園の大部分は頗《すこぶ》る惨状を呈しなお本病原まったく不明なりしが故に蚕業地《さんぎょうち》はこれがために一大恐慌を惹起《じゃっき》するに至りしなり」と、当時の様子が記されている。この一文からだけでも被害の大きさが察せられる。

〔1・2・2〕生理障害説

当時この病気は、「刈縮《かりちぢ》み」と称され、株全体が萎縮し、細い側枝《そくし》[8]が多生して箒《ほうき》状となり、葉は丸まって小さく縮み、次第に生育が劣り、最後には枯死するというのが一連の経過であった〈図1・1〉。クワは、当初樹体が大きく健全であっても、カイコのエサとして葉を利用するために枝を刈り込む（摘葉《てきよう》）ことから、そのつど樹体は株元まで小さくなる。萎縮病に一旦感染すると、その後は新枝が生じる際に枝も葉も小さくなるために、樹体全体が萎縮するのである。

明治30(1897)年には、帝国議会の決議で、農商務省に桑樹萎縮病調査会[9]が設けられ、6年間にわたり萎縮病の原因究明にあたった。その結果、クワ萎縮病は過度な摘葉により起こる生理障害[10]であると

---

6 天保年間：(1830 ～ 1843)
7 嘉永年間：(1848 ～ 1854)
8 側枝：葉のつけねからはえる芽（側芽）が伸長したもの。
9 当初の調査委員は佐々木忠二郎農科大学教授（理学博士）、大森順造・鈴木梅太郎大学院学生、蚕業講習所本多岩太郎技師・野村彦太郎技手・市川延次郎技手であった。
10 生理障害：病原体や害虫ではなく養分の過不足や天候不順により引き起こされる植物の生育障害をいう。

【コラム】

日本初のファイトプラズマ病報告

平成26(2014)年に世界遺産に登録された富岡製糸場に代表されるように、養蚕業は日本の近代化を支えた産業の一つである。天然資源や科学技術を持たない日本にとって、生糸(絹)は、幕末から昭和初期にかけての主要な輸出品であり、外貨獲得の手段であった。大正11(1922)年には輸出総額の50%を占めたというから、その重要性は現在の自動車産業の比ではなかったであろう。現在でこそ人工飼料によりカイコを育てる技術が確立されているが、当時はカイコのエサであるクワの確保が必要不可欠であり、昭和初期には栽培面積が71万ha(全畑地の約4分の1)に達した。

クワ萎縮病の発生は江戸時代から知られていたが、学術的に初めて報告されたのは明治23(1890)年のことであった。報告者は白井光太郎、後の東京帝国大学農科大学植物病理学講座の初代教授、日本植物病理学会初代会長である。同年、東京農林学校が帝国大学農科大学に昇格し、東京農林学校教授であった白井は農科大学助教授に就任していた。白井は明治22(1889)年に構内に新設された桑園において縮葉症状を発したクワを見出し、翌年にかけて調査した結果、「縮葉病を発生したる桑は何れも接換《つぎき》若くは揷挿《さしき》の樹なり」と記述している。[2]

白井光太郎(1863-1932)

その後、白井は「桑の萎縮病枝も亦一種の天狗巣と云ふべし。其芽不時に発芽し其葉常葉より早く落つること天狗巣の徴候に合せり」とも述べている。天狗巣は、明治初年に東京向島の隅田川堤上に蔓延し大問題となったサクラ天狗巣病に由来する名称である。のちに、彼が明治22(1889)年に発表した論文の中で、さび病菌の一種によるアスナロ天狗巣病という名称を用いており、それと同列に扱ったものと見られ、興味深い。

白井は、光学顕微鏡による観察で病原菌が見

ファイトプラズマに感染し激しい枝分かれや萎縮症状を示す不思議な病徴が天狗の巣に見えることから、日本では古来より「天狗巣病」と呼ばれていた。この絵は、浮世絵師の歌川国丸(1811-1817)による浮世絵「金太郎と烏《からす》天狗」[1]

出されなかったことから、原因は病原菌というよりは、接木や挿し木の操作により台木の栄養吸収が悪くなったためであると結論している。この考察はこの時代としては妥当性がきわめて高い。というのも当時（1890年）の常識としてはまだ、光学顕微鏡により観察可能な植物病原体しか知られていなかったためである。光学顕微鏡で観察できないほど微小な病原体（後のウイルス）の存在がロシアの微生物学者イワノフスキーにより確認されるのは1892年、ウイルスの概念がオランダの微生物学者であり植物学者であったベイエリンクにより提唱されるのは1898年、電子顕微鏡が発明され、真の病原体であるファイトプラズマがわが国の土居により発見されるのは1967年のことである。

　クワ萎縮病は明治30（1897）年以降の調査により病原菌によらない栄養障害（生理障害）が原因とされ、接木伝染が報告されるのは昭和6（1931）年のことである。国家事業としての本格的調査に10年も先んじて、1889年に大学校内の発病したクワで接木伝染の可能性に言及していた白井の慧眼《けいがん》には驚かされる。残念ながら、当時の研究者たちによる接木伝染の試験では安定した結果が得られず、接木伝染説は次第に唱えられなくなった。もし接木試験に成功していたならば、クワ萎縮病は生理障害とみなされることもなく、研究の歴史は塗り変わっていたかもしれない。

　なお、この白井によるクワ萎縮病の報告は、ファイトプラズマによる病害を報告した日本で最初の学術論文でもあった[4, 5]。白井は明治39（1906）年、東京大学に世界で最初の植物病理学研究室を創設する。ファイトプラズマと当研究室の縁は、既にこの時代から始まっていたのである。

図　岐阜県の桑園に発生したクワ萎縮病

喬木《きょうぼく》（高く支立てる）栽培法の桑園に萎縮病が発生し枯死しつつある（1919年）。[3]

1　出典：http://en.wikipedia.org/wiki/Tengu;　http://en.wikipedia.org/wiki/File:KunimaruKintaroTengu.jpg
2　白井光太郎（1890）日本蚕業雑誌32：1–2
3　西川砂（1929）最新桑樹萎縮病論　明文堂　第30図

いう結論に至った。この生理障害説はその後長い間受け入れられ、この説に基づいて多くの対策がとられた。しかし、被害は一向に軽減しなかった。ただ、この調査会による研究が前例を見ないほど大規模に行われたこともあり、その後、萎縮病の研究はほとんど行われなくなった。

1・3——戦後の食料難

[1・3・1] サツマイモ天狗巣病

クワ萎縮病以外にも原因不明の類似植物病が各地で顕在化した。サツマイモ天狗巣病は第二次世界大戦終戦直後の昭和22(1947)年、沖縄(当時琉球)の伊良部島《いらぶ》や粟国島《あぐに》で最初にその発生が確認された[6]。以後急速に沖縄諸島全域に蔓延し、収穫皆無という事態を引き起こした。この被害により終戦直後の食料不足にさらなる拍車がかかり、この地域の飢餓問題が深刻となった。農家は、サツマイモの減収を補填するためにサトウキビ栽培への移行を余儀なくされ、これ以降サトウキビ畑が激増するとともに、サツマイモの栽培面積は著しく減少していった。サツマイモ天狗巣病の蔓延で、沖縄の農業は大きな転機を迎えたのである。昭和38(1963)年には北上し、鹿児島県大島郡に蔓延したほか、与論島《よろん》、沖永良部島《おきのえらぶ》、徳之島、奄美大島にも広がり、さらに北上する気配であった。ここまで広がるからには、当然感染源が周囲にあるはずで、実際に同じヒルガオ科のグンバイヒルガオ、ヨウサイのほか、ダイズ、ラッカセイ、ソラマメ、エンドウ、インゲンマメ、リョクトウ、アズキなど13種ものマメ科植物に発生が認められたほか、ダイコンにも広がっており、サツマイモ畑は感染源に包囲された状況であった。

サツマイモ天狗巣病の症状を簡単に説明しよう。この病気に感染すると、イモ(塊根)の肥大が止まり、茎葉が萎縮するとともに叢生[11]し、多数の小枝や葉が竹箒《たけぼうき》状に生え、まるで天狗の巣のような状態

11 叢生：枝や茎の1カ所または株元から激しく枝分かれし、小枝や小さな葉をたくさん生じること。

［コラム］**研究の先見性**

明治23（1890）年に白井光太郎によって初めて報告されたクワの萎縮病（当時：縮葉病）はその後、日本各地で激発し被害は甚大であった。

明治25（1892）年の夏、佐々木忠二郎（後に忠次郎に改名）は、東海道の桑園に萎縮病が激発していることから、専門家の派遣を農商務省（現在の農林水産省・経済産業省）に要請し、同年11月に市川（田中）延次郎と堀正太郎が調査のため愛知・岐阜両県下を調べ、壷菌科の菌が病原であるとした。さらに、この病気が伝染性であると考え、「桑苗は萎縮病流行地方より購求すへからす……桑苗は無病地に於て実生の台木に接木して作るを安全とす」と結論した。しかし、この菌はのちに病原ではないと分かり、伝染性について否定的に考えられるようになった。

明治26（1893）年から愛知県の予算で調査が続けられ、両氏は同県の桑樹萎縮病試験委員として調査を開始。明治28（1895）年には佐々木忠二郎、練木喜三も加わった。明治29（1896）年4月には桑樹萎縮病を日本蚕業界の重大問題として国費を投入して調査および原因究明を行うべきであるとして、帝国議会に早川龍介（衆議院議員・愛知県）により「桑樹萎縮病及蚕病予防試験に関する建議案」が提出された。明治30（1897）年、農商務省は桑樹萎縮病調査会を蚕業講習所内に設けて、同所の職員および農科大学の学者を多数委員に任命し徹底的な調査研究を開始した。これはわが国で最初の植物病理学関係の国家的調査研究委員会であった。6年間、病原と防除の研究調査を行い、その結果は逐次公刊されて7号に及んだ。関わった調査委員は以下のように、科学史にその名を刻まれる多彩な顔ぶれであり、この陣容からも、桑萎縮病解決への高い意気込みが窺《うかが》える。

佐々木忠二郎（養蚕学：東京帝国大学教授・理学博士）
大森順造（養蚕学：後に盛岡高等農林学校教授・農学博士）
鈴木梅太郎（農芸化学：後に東京帝国大学教授・農学博士）
本多岩次郎（養蚕学：蚕業講習所技師・後に同所所長）
野村彦太郎（菌類学・養蚕学：蚕業講習所技手）
市川延次郎（菌類学：蚕業講習所技手）
堀　正太郎（植物病理学：農事試験場病理部長・日本植物病理学会創立提唱者）
藤井健次郎（植物学・遺伝学：後に東京帝国大学教授）
三好　學（植物学：東京帝国大学教授・理学博士）
麻生慶次郎（農芸化学：後に東京帝国大学教授・農学博士）

柴田桂太（植物生理学：後に東京帝国大学教授・理学博士）

当時考えられていた原因としてはなんと45もの学説があった。解析は微生物、組織形態、生理、化学、栽培法などさまざまな角度から行われたが、中心的な役割を果たしたのは鈴木による化学分析であった。鈴木は国民病であった脚気《かっけ》を予防・回復させるビタミンB_1を後に米ぬかから発見した功績で有名である。鈴木は健全樹と発病樹の化学成分の差異に着目し、過度に枝葉を刈ったクワが多く発病することから、栄養不良に伴う生理病であると結論し、調査会は明治36（1903）年に解散した。三好はこの説を東京帝国大学理科大学紀要に発表し、鈴木は化学的研究によって過度の摘採による根部貯蔵養分の不足に伴う葉の酵素生成の異常によるとしてドイツ植物病害雑誌に発表している。当時の鈴木は、帝国大学農科大学農芸化学科の大学院生であったが、中途の明治34（1901）年にベルリン大学に留学したこともあり、ドイツの雑誌に投稿したのである。

図 鈴木梅太郎博士論文集（昭和19（1944）年）

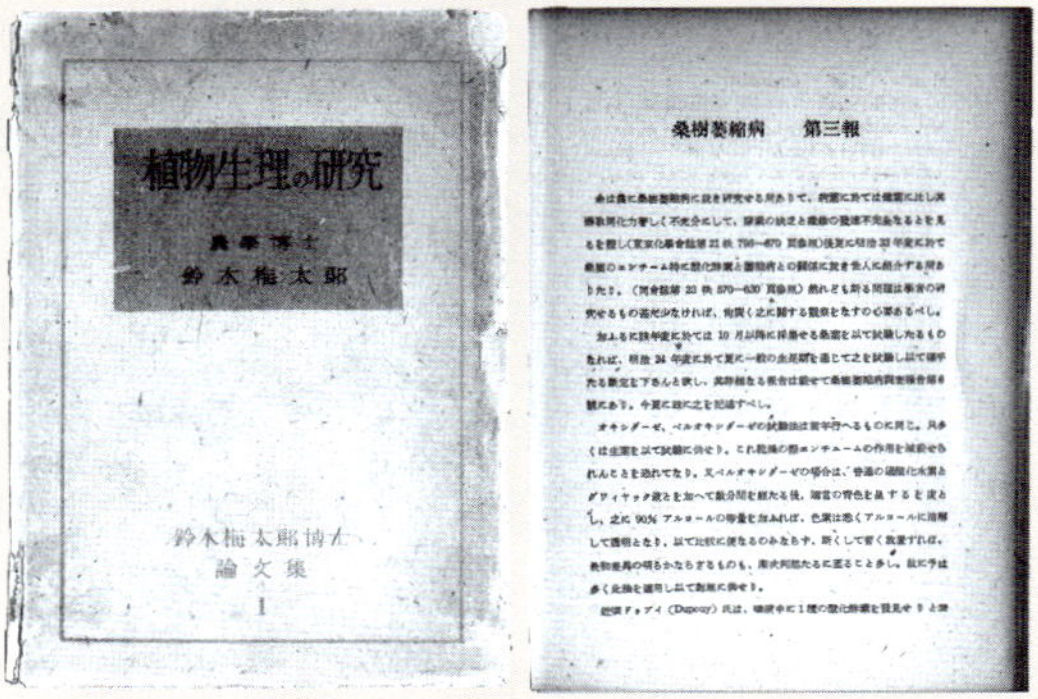

これを受けて、品種の改良や栽培法、肥培管理が行われたが、クワ萎縮病の発生は止むことはなかった。その後、研究はほとんど行われなかったが、ウイルス病の研究が盛んになると本病はウイルス病と考えられるようになり、ついにはファイトプラズマが発見されるまで、病原追究の研究はダイナミックな経緯をたどることとなる。

現代の見地からすると、鈴木らによる研究は、原因究明というより病原が感染した結果に着目したものであった。では、鈴木らの研究成果は科学的に否定されるべきものであろうか。実は発病のメカニズムという観点から見ると、鈴木らの解析はきわめて現代的な価値を帯びてくる。すなわち、現在の植物病理学において、ある病原体の感染が植物に病気を起こす際の生理学的分子メカニズムについてはまだ解明が進んでおらず、先端の研究課題なのである。鈴木らが100年以上前に遺《のこ》した研究成果は、現代の我々の研究にこそ役立つものとして、再評価されるべき重要な知見を含むものである。

となる。[12] この症状に加えて花器の緑化や葉化を伴うこともある。葉が変色して、花もつかないか少なく、株の生育が極端に悪くなるため、サツマイモの収量も激減するのである〈図1.2〉。

沖縄で発生した当初、九州大学の吉井甫《はじめ》教授は、サツマイモの健全苗に天狗巣症状を呈した苗を接木しても、伝染しないという実験結果を発表しており[7]、このことから当時この病気はウイルス病ではなく、サツマイモの系統に特有の奇形であるとされた。

[1・3・2] イネ黄萎病

イネ黄萎病[13]は大正8(1919)年に高知県で初めて発生が報告された[8]。1940年代に千葉、和歌山、1950年代には宮崎、鹿児島、沖縄、1960年代までに茨城、静岡、三重、徳島、愛媛、熊本、長野、長崎、島根の各県下で発生が確認され[9、10]、一部の地域では早期栽培の普及が進むにつれて黄

図1.2 サツマイモ天狗巣病

中央の株が天狗巣症状を呈している。

図1.3 イネ黄萎病

中央の株が黄化萎縮している。

図1.4 ジャガイモ紫染萎黄病

葉が紫色になっている。株全体も萎縮叢生する。

12 天狗巣は英語でwitches' bloom（魔女の箒《ほうき》）と呼ばれる。

13 黄萎病：病名がイネのみ、「黄萎病」となっている。ほかの植物ではみな「萎黄病」となっている。命名の際に似た病名があって、あえて「黄萎病」としたと思われる。他の植物の萎黄病と病徴は同じである。

萎病が拡大した[11]。

発病したイネは新葉の葉脈が黄緑色になり、分げつ[14]数の異常増加が生じ、株全体が萎縮した。発生当初は水田に散発的に発生するが、発病した株がある程度多くなるとそこから一気に蔓延し、最悪のケースでは稲作収入に約8割の減収をもたらした[12、13]。収穫後の刈り株からは黄白色のひこばえ[15]が生じる〈図1・3〉。日本以外にタイ、フィリピンなどアジアで広く問題となっている。

[1・3・3] ジャガイモ天狗巣病

ジャガイモの天狗巣病は昭和7(1932)年に北海道で初めて発生した。発病株は直ちに焼却処分され、その後しばらく発生が見られなかったものの、昭和23(1948)年より農林省北海道中央馬鈴薯原原種農場[16]、昭和25(1950)年より農林省胆振馬鈴薯原原種農場[17]で再発した[14、15]。このときは、道内各地に配布されたジャガイモ原々種から発生したことが特に問題となった。また、ジャガイモだけでなく周辺地域の雑草にも天狗巣病や萎黄病の症状が多発したため、その病害対策は急務となった[15]。同様の病害として茎や葉の先端の部分および空中塊茎[18]が紫色を帯びるジャガイモ紫染萎黄病〈図1・4〉も報告された[15、16、17、18]。

1・4——ウイルス病原説

[1・4・1] 世界初の発見

昭和6(1931)年、岡山県立農事試験場の鋳《い》方《かた》末彦および松本鹿蔵が、クワ萎縮病の伝染がクワの害虫の一つであるヒシモンヨコバイ〈図1・5左上〉によるものであること、続いて農林省蚕業試験場の

14　分げつ：植物の根元付近から新芽が伸びて株分かれすること。

15　ひこばえ：樹木の切り株や根元から生えてくる新芽のこと。

16　農林省北海道中央馬鈴薯原原種農場：北海道札幌郡広島村。現農研機構種苗管理センター北海道中央農場。

17　農林省胆振馬鈴薯原原種農場：北海道勇払郡早来町。現農研機構種苗管理センター胆振農場。

18　空中塊茎：葉のつけねに小型の「いも」が生じる症状、あるいはその「いも」のこと。塊茎はでん粉などの養分を蓄え肥大した茎のことで、いわゆる「いも」のこと。

図1.5　ファイトプラズマ病を媒介するヨコバイ

ヒシモンヨコバイ（クワ萎縮病）
ツマグロヨコバイ（イネ黄萎病）
キマダラヒロヨコバイ（ジャガイモ天狗巣病）
クロマダラヨコバイ（サツマイモ天狗巣病）

秋谷寛蔵は接木により伝染することを発見した[19、20]。当時、昆虫により媒介される植物病がウイルス病であったことから、各種作物の黄化萎縮病や天狗巣病、葉化病の原因は生理障害説から一転してウイルス病説が有力視されるようになった。

ヨコバイが媒介しているという鑄方らの報告は、クワ萎縮病の昆虫媒介に関する世界初の知見であった。この意外な報告が海外に伝わり、その後、米国のルイス・クンケル[19]博士により、草花の一種であるアスター（エゾギク）の黄化病がアスターヨコバイにより媒介されるという報告[21]と相まって、世界各地で続々と昆虫媒介の実態が報告されたものと思われる。まずはインドで、ナス天狗巣病[22]とトマトbig bud[20]病がヨコバイにより媒介される[23]ことが報告された。その後米国北西海岸のアルファルファ天狗巣病もヨコバイが媒介していることが分かり[24]、ロシアのトマト黄化病はキジラミが媒介に関与していると報告された[25]。こうした世界各地からの報告を受けて、これらの病気が昆虫によって媒介されるウイルス病であるという確信はますます強固なものとなった。

19　ルイス・クンケル：Louis Otto Kunkel（1884～1960）。植物病理学者、主に植物ウイルス学を専門とした。

20　big bud（ビッグバッド）：肥大したがくが融合してコブのように膨らむ症状。「bud」はつぼみの意味。

〔コラム〕

横に這わないヨコバイ？

ファイトプラズマを媒介するヨコバイはセミの仲間である。カメムシ目でヨコバイ科（Cicadellidae）のセミ型下目、ツノゼミ上科に分類される昆虫の総称である。セミ類に近い仲間で、セミをそのまま小さくしたような姿をしているので、科名のCicadellidaeも、「小さなセミ」という意味で、Cicada（蝉）＋ella（「小さい」という意味の縮小語尾）から来ている。ヨコバイという日本名は、歩くときに横に這《は》うように移動するため、「横這《よこば》い」に由来する。しかし、斜め方向にも歩くことはできる。

成虫だけでなく、幼虫も植物の篩管液を吸って生きているため、植物は食害を受ける。大半が体長数ミリメートルであるが、1センチ以上のものもある。単眼は2個あり、4枚の翅《はね》を持ち、不完全変態で、蛹《さなぎ》を経ずに成虫になる。幼虫は翅がないこと以外は成虫とほぼ同じである。世界中に分布し、約2万種が知られている。日本では550種程度確認されている。ヨコバイはセミとは異なり、振動によりオスとメスが交信する。照明など光に向けて飛来し、ヒトの体に口針を刺して吸血することもある。

ヨコバイはファイトプラズマを含めて、植物の篩部に寄生する多くの細菌や植物ウイルスを媒介する。たとえばヒメフタテンヨコバイは、トマト萎黄病、ナス萎縮病、レタス萎黄病など26種類以上のファイトプラズマ病を媒介する。また、ヒシモンモドキとヒシモンヨコバイは、クワ萎縮病ファイトプラズマを媒介し、ツマグロヨコバイはイネ黄萎病ファイトプラズマ、イネ萎縮ウイルス、イネ矮化ウイルスを媒介する。

ファイトプラズマはヨコバイのほか、キジラミやウンカにより媒介されるものがある。キジラミに媒介されるファイトプラズマ病としては、リンゴ叢生病（*Phytoplasma mali*）ナシ立枯病（*P. puri*）モモ萎黄病（*P. prunorum*）などが知られる。また、ウンカに媒介されるファイトプラズマ病としては、トマト黄化病（*P. solani*）、ココヤシ立枯病（*P. palmae*）などが知られる。いずれも日本では未発生である。

［1・4・2］再発

戦後の日本でも、イネ黄萎病がツマグロヨコバイ〈図1・5右上〉[10,26,27]により媒介され、またジャガイモ天狗巣病・紫染萎黄病がキマダラヒロヨコバイ〈図1・5左下〉により媒介されることが明らかになった[7,18,28]。沖縄の農業を一変させるほどの猛威を振るったサツマイモ天狗巣病についても、サツマイモの害虫であるクロマダラヨコバイ〈図1・5右下〉により媒介されることが明らかになり[29]、害虫駆除対策を徹底することで１９６０年代までに被害は著しく軽減された。ところが１９７０年代に入って、奄美諸島や台湾で再び発生が激化し、とくに台湾では新竹県《しんちくけん》や澎湖諸島《ほうこしょとう》でその被害が深刻となった。

このようにファイトプラズマは主にヨコバイ類[21]により媒介され、一部キジラミ類[22]またはウンカ類[23]によって媒介される。

1・5――他にもある萎黄叢生病

［1・5・1］キリ天狗巣病

キリは中国原産の落葉広葉樹で、２６００年以上前に栽培が始まった。キリ天狗巣病は慶応３（１８６７）年頃九州の熊本県（球磨《くま》郡、阿蘇郡）や福岡県で初めて確認された。その後九州全域で発生が認められるようになり、このとき、当時の熊本県立熊本農業学校教諭であった川上瀧彌《たきや》[24]によって最初の調査が行われた。それによれば「九州全域にキリの萎縮病といわれ、福岡では『桐のおばけ』と言われる病気が被害を及ぼし大きな問題になっていた」とあり、栽培を中止せざるをえないほどひどいものであったという[30]。次いで中国・近畿・関東・北海道でも発見された。九州で発見されてから約１５０年になる現在でも媒介昆虫は見出されていない。原因について初めて言及されたのは１９０１年

21　ヨコバイ類：leafhopper。カメムシ目頸吻亜目ヨコバイ科に属する昆虫の総称。セミ類に近い一群で体長2mm～1cm。幼虫・成虫ともに口針で植物の汁液を吸うためしばしば害虫と見なされる。

22　キジラミ類：psyllid。カメムシ目腹吻亜目キジラミ上科に属する昆虫の総称。セミに似ているが小型で体長2mm程度。口針で汁液を吸う害虫（クワキジラミ、ナシキジラミなど）。

23　ウンカ類：planthopper。カメムシ目頸吻亜目ビワハゴロモ上科に属する昆虫の総称。同じく植物を吸汁する害虫。

24　川上瀧彌：（1871～1915）。日本の植物学者。1897年には阿寒湖の緑藻に「マリモ」の名をつけた。

図1.6 キリ天狗巣病

（左）黄化した小葉をつけた天狗巣症状の枝。（右）冬に落葉し目立つ天狗巣症状の枝。

で、炭疽《たんそ》病菌が分離されたことからこれが病原体とされた。しかし1931年、炭疽病菌との関連は否定され、接木伝染することからウイルス病原説が有力となった。1967年にはファイトプラズマ病であることが確定した[31]が1968年に韓国ではタバコメクラガメ[32]媒介説が、また1978年には日本でクサギカメムシ[33]が媒介虫であるとの報告が出され、その後いずれも否定されている。

東北地方にはわが国有数のキリの産地があり、岩手の南部桐、福島の会津桐などが有名である。なかでも岩手のキリは材の光沢に優れ、材色が紫色を帯びていることから「南部の紫桐《しとう》」として全国的に名高い。また、その紫色の清楚な花は県の花となっている。

キリの材は軽くて熱や湿気に強いため、古くから箪笥《たんす》や琴《こと》の材料として利用されてきた。また成長が速いため、農山村地域の貴重な現金収入源として重要な役割を果たしてきた。しかし近年、これらキリの栽培地においては病害による衰退現象が目立ち、産地は壊滅的な被害を受けている。古くから伝統産業としてキリを栽培してきた岩手県や福島県の林業従事者にとって、自分たちの地域と生活を脅かすキリ栽培の衰退現象の原因解明と防除対策の確立は喫緊の課題である。

感染したキリは、側芽《わきめ》を多数生じ、節間のつまった小枝が叢生し、葉は黄化して小さくなるいわゆる天狗巣症状を示し、やがて枯死する〈図1.6〉。東北地方では、天狗巣症状ではなく花芽の奇形が特徴的にあらわれるという[34]。

キリは国内だけでなく東南アジアや中国でも栽培されているが、中国では2000年以上の植栽の歴史があり、14億本がこの病気で枯死しているといわれ、2006年の統計によれば木材用の桐樹園《とうじゅえん》8800平方キロメートル（88万ha）で発生し、その被害額は数千億円に上るといわれている[35]。

［1・5・2］ココヤシのファイトプラズマ病

ヤシはヤシ科植物の総称で、単子葉植物[25]としては珍しく木本植物である。熱帯地方を中心に253属3333種ある。ココヤシの果実内部の水（液状胚乳）はナタ・デ・ココの原料となり、固形胚乳はココナッツとして食用にされる。水分と共に砕いて乳液状にしたものはココナッツミルクと呼ばれる。このほか、ナツメヤシ、アサイー[26]、サゴヤシ[27]、アブラヤシ[28]など多様な属のヤシ類が農業用途に利用されている。

ココヤシの立枯病は最もインパクトのあるファイトプラズマ病の一つである。世界規模で赤道付近の地域で栽培されているヤシが、立枯病により何百万本という規模で失われている〈図1.7〉。ココヤシ立枯病は、これまでアメリカ大陸やカリブ地域で報告されているが、西アフリカ（ナイジェリア、ガーナ、トーゴ、カメルーン）、東アフリカ（タンザニア、ケニア、モザンビーク）のほか、アジアの一部地域（インド、スリランカ、インドネシア、マレーシア）でも発生している[36]。2008年には、パプ

図1.7 ココヤシ立枯病

落葉・枯死したココヤシは電柱のように幹だけが残る。

25 単子葉・双子葉：子葉が一枚の植物（イネ、ユリなど）を単子葉植物、子葉が二枚の植物（ダイズ、キクなど）を双子葉植物と称する。
26 アサイー：果実がジュースやスムージーに利用される。
27 サゴヤシ：幹内部のでん粉を食用にする。
28 アブラヤシ：果実から取れる油をバイオディーゼルの原料や食用のパーム油にする。

アニューギニアのボギア[29]で発生が報告された。未熟果実が落果し、葉が黄化し、頂端が枯れるという症状を呈した。この病気は急速に周囲に広がり、同地だけで約5000本が枯死した。パプアニューギニアでの発生は、オセアニアで初めてであった。同国にとって、コプラ[30]（年31億円）やココナッツ油（年50億円）は重要な輸出農産物であり、カリブ地域のジャマイカにおけるココヤシ産業の被害と同じ道をたどれば、パプアニューギニアのココヤシ産業を壊滅させる恐れがある。この病害については8章で改めて述べる。

[1・5・3] キャッサバのファイトプラズマ病

キャッサバは主に塊根を食用とする南米原産のトウダイグサ科イモノキ属の低木で、西欧諸国による植民地化後、南米から世界各地に広まった。現在はアフリカ、アジア、南米の熱帯地域において食糧とするほか、飼料や工業原料[31]のための重要作物として広く栽培されている。キャッサバは挿し木による栄養繁殖[32]が容易で、耕作不適地でも生産性が高いうえに、作付面積あたりのカロリー生産量はあらゆるイモ類、穀類よりも多く、でん粉質の生産効率が高いなど優れた特質を持っている。全世界の生産量は約2・7億トン（2014年現在）で、他のイモ類と比べても、ジャガイモ（4億トン）より少ないものの、サツマイモ（1億トン）や、ヤムイモ（7000万トン）、タロイモ（1000万トン）の生産量を大きく上回る。シアン化合物を含有するため、食用にするには毒抜き処理が必須である。日本には生のキャッサバが輸入されることはないが、でん粉（タピオカスターチ）として年間約15万トン（70億円）輸入されており、その97%をタイ産が占める。

キャッサバ生産においても、ファイトプラズマ病は脅威となっている。ファイトプラズマが関わる病気は、キャッサバ天狗巣病[33]（CWB）とキャッサバフロッグスキン病[34]（CFSD）が知られる。CWBは

29 ボギア：Bogia。同国の北端部沿岸一帯の地域（Madang州ボギア地区）。

30 コプラ：ココヤシの果実の胚乳を乾燥させたもの。圧搾して得られるコプラ油は食品や工業製品の原料となり、絞りかすは有機肥料、家畜飼料となる。

31 工業原料：キャッサバはでん粉、チップ、バイオエタノールなどの原料としても用いられる。

32 栄養繁殖：種子を経由せずに、葉・茎・根などの栄養器官から次世代が生じる繁殖方法のこと。

33 キャッサバ天狗巣病：cassava witches' broom（CWB）

34 キャッサバフロッグスキン病：cassava frogskin disease（CFSD）

図1.8 キャッサバフロッグスキン病[39]

（左）感染株は塊根の肥大が妨げられる。
（右）感染株は塊根の表面が荒くひび割れる。

１９３９年にブラジルで初めて報告された[37]。この病気にかかると、植物は天狗巣症状を示し、葉は黄化し奇形となるという。ただ私たちは、奇形を示す葉はウイルス病によるのではないかと疑っている。これまでに、ブラジル、ベネズエラ、メキシコ、ペルーなど中南米諸国のほか、ベトナム、タイ、フィリピン、カンボジア、中国、インドネシア、ラオスなど東南アジア諸国、ポリネシア（ウォリス・フツナ諸島）で発生が報告されている。ＣＦＳＤは１９７１年にコロンビアで初めてその発生が確認された[38]。その後、ブラジル、コスタリカ、パナマ、ペルー、ベネズエラ、ニカラグア、ホンジュラス、パラグアイなど中南米諸国で発生が報告されている。

ＣＷＢは、地上部では天狗巣症状を示すとともに、塊根[35]では維管束[36]部分が壊死するため、でん粉含量の減少を招き、収量は最大で90％低下する。ＣＦＳＤは塊根表皮に亀裂が生じ、肥厚[37]して木質化[38]するとともに、塊根の肥大が妨げられる〈図1・8〉。でん粉の含量も低下し、収量は最大で90％低下する。その一方で、地上部には特徴的な病徴が見られないことが多く、収穫時まで被害が分からない。ＣＷＢ、ＣＦＳＤのいずれについても媒介昆虫は不明である。

35　塊根：サツマイモなどの根のようにでん粉などの養分を蓄えて大きく肥大した根のこと
36　維管束：地下部で吸収した水分を運ぶ導管、地上部で合成した光合成産物を運ぶ篩管、およびそれらを支える構造的組織からなる内部組織。
37　肥厚：組織が肥えたり膨張して厚くなること。
38　木質化：木のような堅い組織になること。
39　Alvares D（2015）Manejo del 'Cuero de sapo' enfermedad Limitante de la yuca

*引用文献

[1] Wang M (1988) Mycoplasma diseases of crops: basic and applied aspects pp. 349–356
[2] Dharmananda S (2016) http://www.itmonline.org/arts/peony.htm
[3] 池田栄太郎 (1916) 實驗桑樹萎縮病豫防法
[4] 前島健作 (2014) 日植病報 80:124–133
[5] Maejima K (2014) JGPP 80:210–221
[6] 岡本弘 (1951) 植物防疫 5:217–220
[7] 吉井甫 (1953) 日植病報 18:61
[8] 高知県立農事試験場 (1919) 高知農試業務功程 62
[9] 新海昭 (1960) 植物防疫 14:146–150
[10] 新海昭 (1963) 沖縄農業 2:40–42
[11] 新留伊俊 (1962) 植物防疫 16:159–162
[12] 小森昇 (1966) 植物防疫 20:285–288
[13] 鮫島徳造 (1967) 植物防疫 21:47–50
[14] 田中一郎 (1955) 植物防疫 9:351–354
[15] 村山大記 (1967) 北海道大学農学部邦文紀要 6:231–273
[16] 大島信行 (1964) 日植病報 29:25–32
[17] 塩田弘行 (1962a) 植物防疫 16:274–276
[18] 塩田弘行 (1962b) 植物防疫 16:323–325
[19] 鋳方末彦 (1931) 蚕糸学報 13:58
[20] 秋谷寛蔵 (1931) 日蚕雑 2:199–200
[21] Kunkel LO (1924) Phytopathology 14:54
[22] Thomas KM (1939) Proc Ind Nat Sci Acad 10:201–212
[23] Hill AV (1943) J Counc Sci industry Res Aust 16:85–90
[24] Menzies JD (1946) Phytopathology 36:762–774
[25] Sukhov KS (1948) Dokl Akad Nauk SSSR 61:395–398
[26] 飯田俊武 (1950) 日植病報 14:113–114
[27] 新海昭 (1959) 日植病報 24:36
[28] 福士貞吉 (1955) 日植病報 20:103
[29] 新海昭 (1964) 植物防疫 18:259–262
[30] 川上瀧彌 (1902) 桐樹天狗巣病 (桐樹萎縮病) 原論
[31] 土居養二 (1967) 日植病報 33:259–266
[32] La YJ (1968) Korean J Plant Pro 5:1–8
[33] 塩澤宏康 (1979) 日植病報 45:130–131
[34] 中村克哉 (1963) 森林防疫ニュース 12:127
[35] Yue HN (2008) Plant Dis 92:1134
[36] Gurr GM (2016) Front Plant Sci 7:1521
[37] Goncalves RD (1942) Bol Secr Agric Ind e Com 8 pp.
[38] Pineda B (1983) ASIAVA 4:10–12

2章

MLO（ファイトプラズマ）の発見

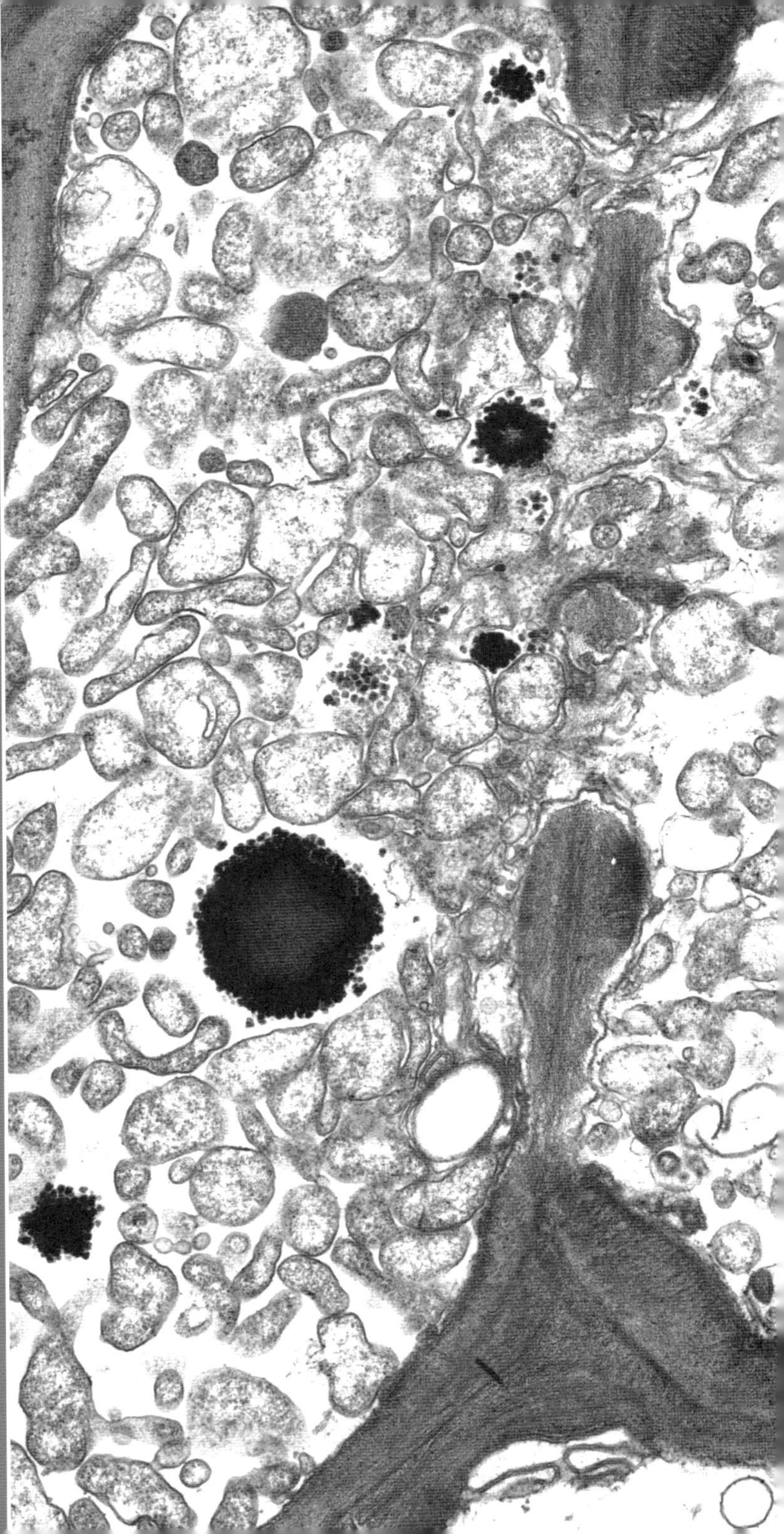

ココヤシ立枯病ファイトプラズマに感染したココヤシ（ジャマイカ）篩管細胞内に充満するファイトプラズマ粒子。

科学史はもとよりそれ自身科学である。

ゲーテ

ドイツの詩人・劇作家・小説家・自然科学者・政治家・法律家

明治期日本の基幹産業である養蚕業に深刻な打撃を与えていたクワ萎縮病の根絶に向け、国家プロジェクトが組織され、各界の権威を結集した調査研究の結果、本病は伝染病ではなく、生理障害であると[1-10]する結論に落ち着いた。しかし、この研究成果に基づいてさまざまな防除対策がとられたにもかかわらず、その後も被害は一向に軽減しなかった。

そうしたなか昭和6(1931)年、ヒシモンヨコバイにより媒介され、接木で伝染することが、わが国の研究者たちによって見出され、ウイルス病説が一気に有力視されるようになった。

ではその後、このウイルス病原説はどのような経緯をたどったであろうか。結論からいえば、昭和42(1967)年、この病原菌がマイコプラズマに似た微生物であることをわが国の研究者が世界に先駆け発見し、ウイルス病原説にはピリオドが打たれるという想定外の結末を迎えた。その経緯にはどのようなブレークスルーが潜んでいたのだろうか。本章では、謎であった病原体の正体をついにつかむことに成功した研究者たちの、マイコプラズマ様微生物（のちのファイトプラズマ）発見までのドラマに迫ってみたい。

2・1――ウイルス病と考えられていた

［2・1・1］生理障害説から四半世紀

「クワ萎縮病はヨコバイが媒介している」という日本発の報告は、クワ萎縮病の昆虫媒介に関する世界初の知見であった。ほぼ同時期に米国のクンケル博士による草花の一種アスター（エゾギク）に発生する黄化病の昆虫媒介に関する報告がなされたこともあり、これを知った世界各地の研究者からヨコバイによる媒介が相次いで報告された。ウイルス病原説はいよいよ有力視されるようになったのであるが、実はちょうどその頃、わが国の養蚕業は転機にさしかかっていた。明治期終盤の1900年頃には中国を抜いて世界一の生糸輸出国となっていた日本だったが、その最大の輸出先である米国で昭和4(1929)年に起こった大恐慌およびそこから広がった世界恐慌により、生糸輸出量に陰りが見えてきたのである。さらに化学繊維[1]が開発され市場に出回るようになると、高価な生糸は売れなくなった。やがて時代は第二次世界大戦へと突入し、養蚕もその研究も空白状態となったが、戦後再び外貨獲得産業として養蚕が復興するとともに、クワ萎縮病も再び全国各地で局地的に猛威[2]を振るうようになった。このため昭和31(1956)年、農林省により「桑樹萎縮病研究協議会(1956~57)」が組織され、ウイルス学的見地から調査研究が始まった。

[2.1.2] ウイルスがみつからない

当時のウイルス学は、超遠心機[3]によるウイルス粒子の精製や、電子顕微鏡によるウイルス粒子の形態観察などを中心に急速に進歩しつつあった。この協議会には多くの大学研究者[4]や農林省研究機関[5]の植物病理学研究者が加わり、2年間にわたり調査研究が行われた。

保毒したヨコバイを緩衝液[6]の中でつぶし、その液を希釈してほかの健全なヨコバイに注射すると、最初の保毒虫[7]と同様の感染性を獲得したことから、病原体は昆虫体内で増殖することが確認された。そこで今度はヨコバイをつぶした液を滅菌用の濾過フィルター[8]に通し、濾過した液を健全なヨコバイに注射したところ、それでもヨコバイ体内では病原体が増殖し、植物に吸汁させると発病した。これらのことから、病原体は一般細菌よりも小さなウイルスであろうと考えられたのだ。

1　化学繊維:1940(昭和15)年代には生糸に代わってナイロンがアメリカ市場を席捲し、その後も低価格で大量生産できるさまざまな化学繊維が開発された。
2　局地的な猛威:昭和30(1955)年には九州地方を中心に劇発し、深刻な被害をもたらした。
3　超遠心機:重力の数万~100万倍の遠心力をかけて、試料中のサイズや重さの異なる物質を分離・分画するための装置。
4　大学研究者:東京大学の明日山秀文教授のほか、北海道大学の福士貞吉教授、九州大学の吉井甫教授などが参画していた。
5　農林省研究機関:農業技術研究所、蚕糸試験場。
6　緩衝液:酸や塩基を加えてもpHがあまり変化しない緩衝作用を持つ溶液のこと。バッファともいう。

しかし、多大な努力がなされたにもかかわらず、結局、病原ウイルスを発見することはできなかった。生理障害説から四半世紀を経て、ついに病原に迫れるかと思われたウイルス病原説であったが、その実体は依然として不明のまま模索する日々が続いたのである。

その後も、世界中で類似の病害が報告され続けた。とりわけクワ萎縮病やイネ黄萎病、リンドウ天狗巣病などをはじめとする一群の病気は「萎黄叢生病」[9]と総称され、わが国のみならず世界各地で数多く報告された。

ウイルス病原説をめぐり病原ウイルス粒子探索の試行錯誤が10年ほど続けられた末に、想像を覆すような大発見が昭和42（1967）年、東京大学農学部の土居養二らの研究グループによってもたらされた。土居は、罹病したクワの篩部組織内[0-5]にウイルスとは異なる微生物を見つけたのである。それは、細胞壁を持たず細胞の形が不斉一で非常に小さいという特徴を持ち、ヒトや動物に感染する病原細菌「マイコプラズマ」にそっくりな微生物であった。

2・2――マイコプラズマ様微生物（MLO）の発見

［2・2・1］謎の粒子

ここからは、いよいよわが国の研究者が世界に先駆けて発見したクワ萎縮病の病原体「マイコプラズマ様微生物（MLO）」[10]について記述してゆくことになる。舞台は昭和30〜40年代の東京大学農学部植物病理学研究室（植物病理）である。

研究生の土居養二は、罹病したクワを電子顕微鏡で観察し、ウイルスを探していた。土居は昭和26（1951）（なんと、私が生まれた年である！）年に同研究室を卒業後、家業のカメラ屋を継いでいたのだ

7　保毒虫：媒介昆虫がファイトプラズマを吸汁（獲得吸汁）後、全身に循環・増殖し、唾腺から唾液管に分泌される唾液に混じるまでの濃度レベルに達して、新たに健全な植物を吸汁（接種吸汁）して媒介し感染できる状態になった昆虫のこと。

8　滅菌用の濾過フィルター：小さな孔が空いたフィルターで、液体を通すと一般細菌は孔を通過できず液中から除去される。

9　萎黄叢生病：作物や園芸植物・樹木に、黄化、萎縮、叢生、天狗巣、花の葉化（フィロディー）や緑化といった共通の特徴的な症状を引き起こし、農業上深刻な被害をもたらす病害群。

10　マイコプラズマ様微生物：mycoplasma-like organism（MLO）

が、研究への情熱を捨てがたく、「なんとしても研究生活に復帰したい」と思い立ち、昭和39（1964）年12月に東京大学農学部研究生として研究室に戻った。当時、助教授であった與良清《よらきよし》は、学生時代から土居の実力を高く評価していたので、研究室としては大歓迎であった。土居は復帰早々、與良から「電子顕微鏡観察技術を確立し、クワ萎縮病の病原ウイルス粒子を見つけるよう」指示された。カメラに詳しかった土居は、植物組織内におけるウイルスの所在様態や動態の電子顕微鏡観察に一心不乱に取り組んだ。研究材料は、農林省の石家達爾《いしいえたつじ》[11]技官より供給を受けていた。観察を重ねるなかで分かってきたことは、モザイク病[12]タイプのウイルスに感染した植物では植物体全体の組織でウイルス粒子が観察されるにもかかわらず、クワ萎縮病では典型的なウイルス粒子が認められないということだった。すなわち、クワ萎縮病の病原はこれらのウイルスとは異なる微生物なのではないか、ということだった。

11　石家達爾：当時、農林省蚕糸試験場で技官としてクワ萎縮病の研究を行っていた。

12　モザイク病：植物ウイルスの代表的な病害の一つ。葉に色の濃淡が不均一に生じ、モザイク模様に見える。

図2.1　MLOの電子顕微鏡像

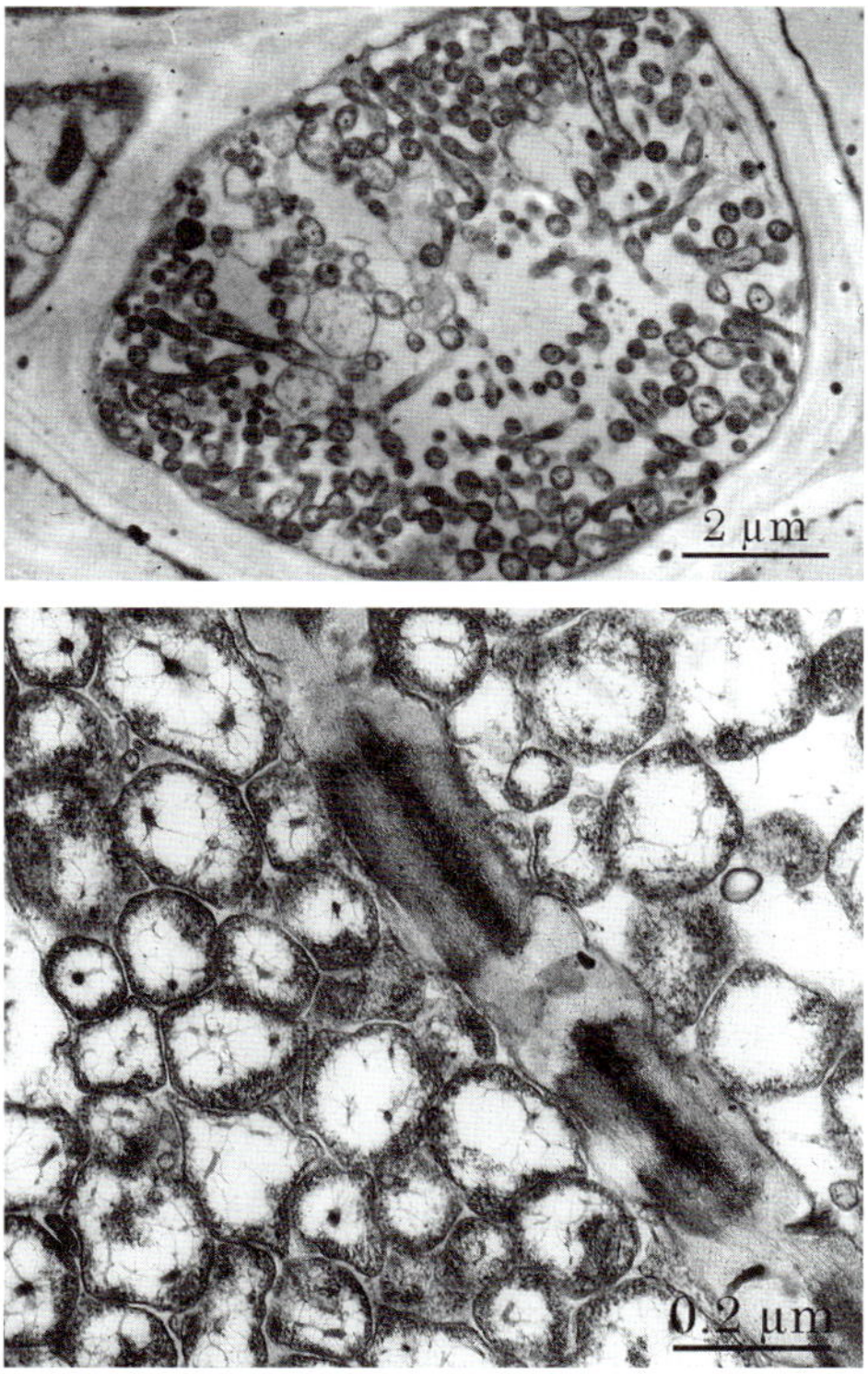

篩管に充満する不定形のMLO粒子。

図2.2　MLOの増殖サイクル（推定図）（土居の直筆スケッチ）

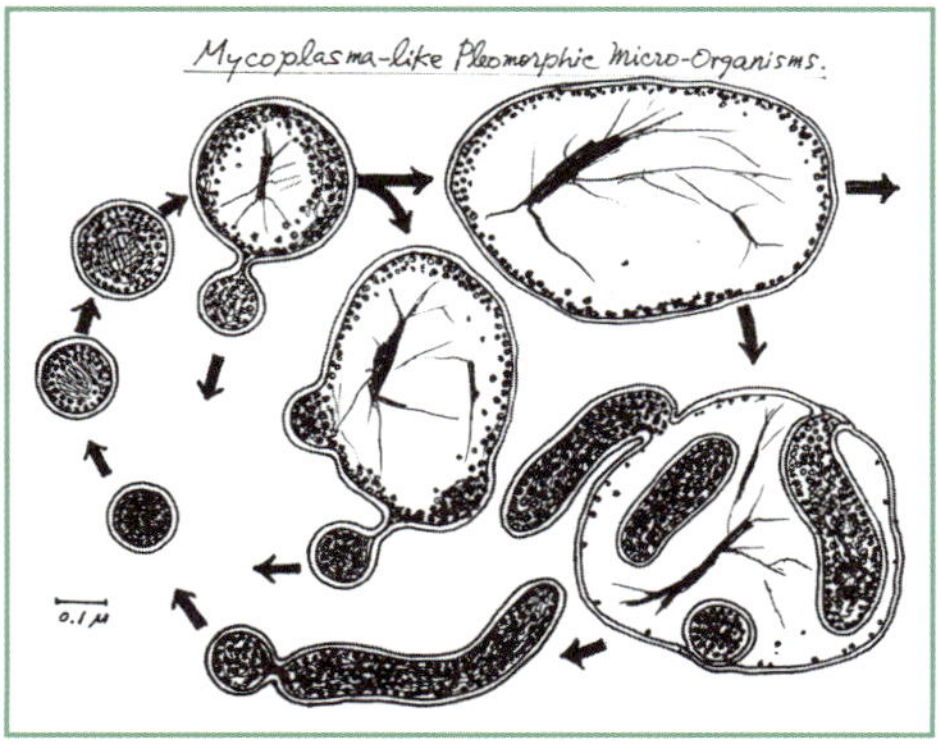

研究を始めてから1年余り経った昭和41(1966)年早春、土居は、電子顕微鏡下でクワ萎縮病に感染したクワの篩部組織にウイルスと同じくらいで一般細菌より小さい径0・1〜0・8マイクロメートル程度の、健全植物にはない大小の微小細菌が充満しているのを発見した〈図2・1〉。それは、多数の球状あるいは不斉球状[13]の微生物に似た粒子で、細胞壁を欠き、膜[14]に包まれており、膜の内部にはリボソーム[15]に似た顆粒があって核質様[16]の繊維も観察された〈図2・2〉。その様子はマイコプラズマの粒子にとてもよく似ていた。

[2・2・2] 異文化コミュニケーションの場

土居が電子顕微鏡の中に見た謎の粒子が、世界的な発見として「MLO」と正式に命名されるまでの経緯には、当時の農学部の環境が大きく寄与していた。

当時、電子顕微鏡は農学部に1台しかなかった。置かれている部屋は「電子顕微鏡室」と呼ばれ家畜病理学研究室(家畜病理)の管理下ではあったが、農学部の人間であれば誰でも使うことができた〈図2・3〉。土居は研究生であったが、家畜病理の先生たちも土居の実力を認めていたので、電子顕微鏡室に自由に出入りできた。家畜病理の助手と植物病理の土居の2人が、いわば電子顕微鏡室の主《ぬし》のような存在であった。家畜病理は当時、PPLO[17]と呼ばれるマイコプラズマを盛んに研究していた。当然のことながら土居はそこで、家畜病理の先生たちが撮影したマイコプラズマの電子顕微鏡写真を見る機会が頻繁にあった。また、家畜病理のマイコプラズマの研究者たちも、植物ウイルス[18]の電子顕微鏡写真を見る機会が自

図2.3 電子顕微鏡室

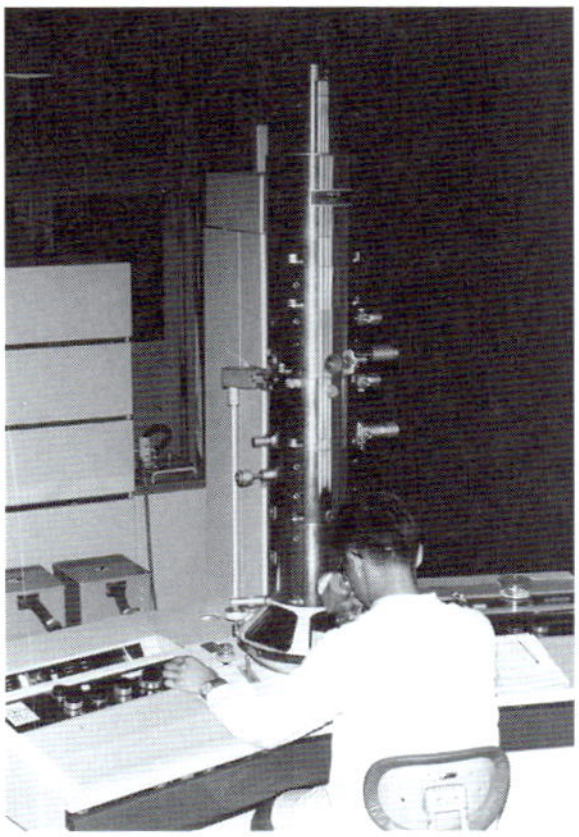

13 不斉球状:大きさは不揃いだがおおよそ球状。

14 膜:脂質二重層という構造からなり、電子顕微鏡で観察できる。

15 リボソーム:生物が持つ細胞小器官の一種。遺伝情報をもとにしたタンパク質の合成(翻訳)を行う。

16 核質様:真核生物の細胞の核内にある染色体DNAのように見える様。

17 PPLO:ウシの胸膜肺炎(pleuropneumonia)の病原細菌(*Mycoplasma mycoides*)に類似した微生物群(pleuropneumonia-like organisms)の略称。その後の研究により、PPLOは複数種のマイコプラズマに分類された。

18 植物ウイルス:植物に感染する病原体。無生物で宿主植物の代謝系を利用して複製・増殖・移行する。

然と生まれていたという。すなわち電子顕微鏡室は、研究データを分野を超えて誰でも閲覧できる異文化コミュニケーションの場であり、まさに「発見の場」としての環境が整っていたのだ。当時は、そのような場所がどこにでもあったと思われる。しかし今は実験データもデジタルだ。「発見の場」は、閉じた世界「パーソナルツール」（パソコンの中）に移ってしまった。異分野の研究者が他人の研究データを自由に閲覧することはできなくなった。異文化コミュニケーションの場は「発見の場」としての役割を終えたのだ。

話を戻そう。土居は、発見した微小細菌を撮影し、ネガフィルムを暗室で現像後、電子顕微鏡室に吊るして乾燥させていた。するとそれを見た畜産獣医学科の先生が、その細菌の様子が自分たちが研究中のマイコプラズマによく似ていることに気付き、「これはマイコプラズマではないか？」と土居に尋ねた。土居は、元々「何か新種の病原体なのではないか？」と疑っていたので、「絶対に間違いない」と判断し、植物病理学の仲間に、電子顕微鏡で見えた微小の丸い不定形の粒子が「マイコプラズマじゃないかと思うんだ」と伝えた。

「ということは、これが萎縮の病原体かもしれないってこと？」

仲間の研究者の問いに、土居は笑みを浮かべながら答えたという。

「うん、だけど、黙っていてよ」と。

そして、「クワ萎縮病の組織を観察してると必ずこれが見えるので、ひょっとして、と思うんだ」と、興奮を抑えられない様子だったそうである。

翌日、土居の先輩にあたる植物病理学研究室の寺中理明《みちあき》[19]助手が助教授の與良に報告したところ、事の重大さをすぐに認識したらしく、直ちにかん口令が敷かれたという。

19　寺中理明：宇都宮大学名誉教授

2・3——病原であることの証明

［2・3・1］コッホの原則

発見されたマイコプラズマ様微生物がクワ萎縮病の病原であることを証明するため、学問的に行われなければならない実験は以下の3点であった。

① クワの萎縮病と症状や伝染方法が似ている病気を数多く集め、それらの感染組織から同様な微生物が観察されるかどうかを調べる。

② クワ萎縮病の病原がウイルスでなくマイコプラズマに近縁の微生物により引き起こされることの傍証として、抗生物質により治療効果のあることを確認する。

③ マイコプラズマと同様にこの微生物を人工培養し、分離培養した菌をクワに再び接種し、同様な萎縮病の症状を引き起こすことを確認する。

これらは「コッホの原則」に従う実験であり、これらをすべて満たすことによりはじめてマイコプラズマ様微生物がクワ萎縮病の病原であることを証明することができる。

ここで、コッホの原則について説明しておこう。コッホの原則とは、近代細菌学の礎を築いた19世紀ドイツの研究者ロベルト・コッホがまとめた、感染症の病原体を特定する際の指針である。以下に示す条件をすべて満たせば病原体を特定することができるというもので、この原則は細菌学の基礎中の基礎としていまなおその重要性に変わりはない。

1．感染検体から常に同じ微生物が見出されること。

2．その微生物を分離できること。

3．分離した微生物が同じ病気を起こすこと。
4．そこから同じ微生物が分離されること。

この条件をすべて満たせば、それは病原であると証明されるのだ。

土居によって発見されたマイコプラズマ様微生物も、それがクワ萎縮病の病原であると証明されるには、この原則に適《かな》っていることが必要であった。そのために行われた実験と結果は次のとおりである。

①類似病害の電子顕微鏡観察

まず、クワ萎縮病に似た病気で、同様にウイルス病と考えられていたキリ天狗巣病の電子顕微鏡観察を行ったところ、期待通り同じような微生物が見つかった。また、ジャガイモ天狗巣病でも見出された。ジャガイモ天狗巣病もクワ萎縮病同様ヨコバイにより媒介されるが、ウイルス粒子は見つかっていなかった。日本国内では、これら3種の病気すべてから同様な微生物が見つかったことになる。さらに、海外向けの説得力を高めるため、土居らは海外に発生する似た病害の中で最も有名な病気「アスター萎黄病[20]」について調べてみることとした。

アスター萎黄病の研究の歴史は古く、明治35（1902）年に米国で発見され[1-21]、1926年に米国ボイス・トンプソン研究所[21]のクンケル[1-19]博士がヨコバイにより23科以上の単子葉・双子葉[1-25]の植物に感染することを報告している[1]。同じ研究所のカール・マラモロシュ博士[22]は、本病の病原体（の粒子は発見していない）が媒介昆虫のヨコバイ体内で増殖していることを実験的に証明していた[2]。

土居らの研究室では当時、アスター萎黄病に感染した植物を手元に持っていなかった。そこで、北海道大学の村山大記教授からその植物[23]を分けてもらい、それを土居が電子顕微鏡観察したところ、そこにもクワ萎縮病で観察されたものと同様の微生物が見つかった。こうしてキリ、ジャガイモ、アスターか

20　アスター萎黄病：エゾギク萎黄病。aster yellows。
21　ボイス・トンプソン研究所：1920年に設立された植物科学や農学の研究で歴史ある米国の研究所。現在はコーネル大学に所属している。
22　カール・マラモロシュ：Karl Maramorosch（1915～2016）。植物ウイルスなど昆虫に媒介される病原体を中心に研究を行った。
23　植物：アスター萎黄病に感染したジャガイモから病原菌を分離して保存していたペチュニア。

らも同様な微生物が見つかったことから、土居らはこれらの発見が、クワ萎縮病がウイルス病ではなくこのマイコプラズマに似た微生物による病気であることを示す有力な傍証であると考えた。

図2.4　テトラサイクリンによるクワ萎縮病の治療効果

テトラサイクリン溶液に根を24時間漬けたあとに土に植えた。植えた直後は葉の激しい萎縮が見られるが（左）、5日経つと症状が軽減され（中央）、1.5カ月後には完全に回復した（右）。これにより病原体がウイルスではなく細菌であることが示された[3]。

②抗生物質による治療効果

ヒトや動物のマイコプラズマ病は、テトラサイクリン[24]系やアミノグリコシド系の抗生物質により治療効果がある。クワ萎縮病で発見されたマイコプラズマに似た微生物も、これらの抗生物質が効果を示すのではないか、と考えた。そこでそのことを確かめるべく、石家達爾[11]技官により効果試験が行われた[3]。発病したクワの苗の茎葉にテトラサイクリン溶液を散布し、根には浸根処理した〈図2・4〉。その結果、試験開始の昭和42(1967)年1月から3カ月後の4月にはいずれも病徴が消えた。病徴が消えた葉を土居が電子顕微鏡観察したところ、確かにマイコプラズマに似た微生物は消えていた。さらに、石家の下で研究していた川北弘[25]に媒介昆虫であるヒシモンヨコバイ体内を電子顕微鏡観察してもらったところ、植物細胞で観察したのと同じ粒子が確認され[4]、この虫体をテトラサイクリン系抗生物質により処理したところ、粒子の増殖が抑制された[5]。一方、アミノグリコシド系の抗生物質であるカナマイシンには効果が認められなかった。

24　テトラサイクリン：抗生物質の一つで、タンパク質翻訳を阻害し、細菌の増殖を抑制する静菌的作用を持つが、完全に殺菌することはできない。そのため、薬剤処理をやめると、再び病原体は増殖を始め、病徴が再発してしまう。中国や韓国ではナツメ生産が盛んであるが、MLOが広域で発生しており、テトラサイクリンを注入し続け、症状を抑えないと生産を続けることができない。

25　川北弘：当時、農林省蚕糸試験場で技官としてクワ萎縮病の研究を行っていた。

このことはクワ萎縮病がウイルスによるものではなく、マイコプラズマに似てはいるが異なる微生物によるものであることを示唆する有力な傍証となった。土居も石家もこの微生物が病原であることに自信を深めた。

③培養

培養の試みは、助手の寺中理明が、1966年末から自分の研究を一時中断し、研究生の塩澤宏康とともにチャレンジした。クワ萎縮病に罹病したクワの苗などを材料にして、当時マイコプラズマの培養に用いられていたPPLO培地をはじめ、さまざまな培地を作り、嫌気培養[26]を試みたり、材料を替えるなど、あらゆる方法を試みた。

一般にマイコプラズマは、培地上で目玉焼き状の直径約1ミリメートル程度の微小なコロニー[27]を形成するのが特徴である。通常の植物病原細菌を培養する場合には肉眼でコロニーを確認するのは容易であるが、マイコプラズマの場合には肉眼での観察は困難であり、実体顕微鏡[28]で20〜30倍に拡大してコロニーを探さなければならない。寺中は半年かけて培養にチャレンジし続けた。当時、獣医微生物学研究室でマイコプラズマ培養の研究をしていた尾形学教授の指導も受けつつ精力的に研究したにもかかわらず、培養には成功せず、結局培養は困難であるとの結論に至った。土居も「この微生物は細胞内寄生性であり、培養は容易ではないかもしれない」と考えた。結局、培養は断念され、その結果については伏せたまま、それ以外の研究結果を発表することになった。

ファイトプラズマと改称されて以降は、その同定基準の一つに「培養困難であること[29]」という条項が入っており、後知恵ではあるが、培養に成功しなかったことについてもその時点で発表して構わなかったと思われる。ネガティブデータも実験成果である。しかし、発見した当時は、「培養できるという同

26　嫌気培養：酸素がない条件（嫌気条件）で培養すること。嫌気条件で生育する生物を嫌気性生物と呼ぶ。
27　コロニー：細菌一個体が固形培地上で増殖した結果生じる遺伝的に同一と考えられる細菌群集。形状は細菌の分類における指標の一つである。形状を構成する要素として、水平方向の形（円形・不定形など）、厚み（扁平・半球など）、周縁部（全縁・波状など）、表面（平滑・粗面など）が挙げられる。
28　実体顕微鏡：比較的低倍率（2〜30倍程度）で観察対象をそのまま拡大して観察する顕微鏡。

［コラム］

ファイトプラズマ発見伝

　1966年の早春、土居養二がクワ萎縮病に感染したクワを観察中に電子顕微鏡のなかにマイコプラズマによく似た粒子を発見し、研究室では極秘裏にその検証が進められたのだが、早急にやらなければいけない実験は、この粒子の培養とマイコプラズマ同様に抗生物質テトラサイクリンに感受性であることを証明することであった。まず、葉面微生物を研究していた寺中理明（当時助手）が、培養に挑戦することになった。静岡大学から研究生として研究室に入室していた塩澤宏康が献身的に手伝ったという。マイコプラズマ用培地を主に使い、寝ても醒めてもマイコプラズマに特徴的な小さな目玉焼き状のコロニーが出現しないか、実体顕微鏡の下で観察を続けた。しかし、努力の甲斐なく結局成功しなかった。のちにファイトプラズマはマイコプラズマとは異なる微生物であることが分かったわけで、培養に成功しなかったのは仕方のないことであった。

　一方、抗生物質に対する感受性試験は、かなりドラマチックであった。クワ萎縮病の材料は農林省蚕糸試験場の石家達爾が持っていたが、萎縮病の防除が進まず、病理への風当たりが強かったという。與良清助教授は「石家君を男にしてやろうじゃないか」と言われ、製薬会社から入手したテトラサイクリンの500ミリリットル瓶のラベルをはがし、代わりに白い紙を貼って石家氏に渡し、「これはうちの研究室で調合した、ウイルス病に効くんじゃないかと思っている薬で、一応T剤と書いておくけど、クワ萎縮病に効くかどうかぜひ実験してほしい」と依頼した。石家氏は半信半疑だったが、5～6週間のち、研究室に石家氏から「與良さん、効きましたよ。すごいですね。ウイルスの治療薬を作られたんですか」と興奮気味に電話があった。與良はそれに応えて「効いたか！　まだまわりには何も言わないで、すぐ研究室に来てくれ」と石家氏を呼び、T剤の正体を明かしたという。マイコプラズマ説の有力な傍証が得られた瞬間であった。

　その後培養を除き、マイコプラズマ病原説が着々と証明された。のちに土居は当時のことをこう述懐していたという。「ウイルス病なら必ず電子顕微鏡でウイルスが見えるという自信があった。ところがクワの萎縮では見つからない。こいつは手強いぞと1年程経った頃、マイコプラズマじゃないかと思い、1年前に作製したクワ組織の超薄切片を改めて電子顕微鏡で観察して見たら、マイコプラズマに似た粒子がたくさん見えた。1年前には気づかなかったんだよね」と。かん口令を敷いていたにもかかわらず、次第に研究室を訪ねてくる客が増え、「何か密かに進めている研究があるんじゃないの？」と先生方に接して来る人も多くなった。もうこれ以上は秘密裡に研究を進めることはできないと判断し、培養はかなわぬまま、公に発表することになった。

　1967年の日本植物病理学会夏の関東部会で、言い過ぎない程度の演題で土居が発表した。このニュースは直ちに全国の研究者の知るところとなり、キリ天狗巣病やイネ黄萎病の研究者たちは自分の手元にあった超薄切片を見直し、粒子の存在を確認し地団駄《じだんだ》を踏んだという。土居でさえ、初期の超薄切片に存在していた粒子を見逃していたわけで、やはり家畜病理の電子顕微鏡を共同で使わせてもらったことで眼が肥えたことが、発見するうえで土居を圧倒的に優位に押し上げたのであろう。広い視野や経験を育てる共同研究の効果である。学会での発表の際に、後藤正夫静岡大学教授が、「その大きさなら光学顕微鏡でも見える大きさですね」と質問されたのが印象深かったとのこと。まさに東大（灯台）下暗しであった。（以上は、寺中理明宇都宮大学名誉教授からいただいたメモをもとに書き上げたものである）

定基準があったマイコプラズマの仲間の微生物である」として名称を付けたために、培養に成功しなかったことを公表する決断ができなかった。

［2・3・2］命名と学会発表

　これまでの研究の結果から、土居が発見したマイコプラズマに似た微生物について、

①　クワ萎縮病のほかに類似の病気で同じような微生物が観察されたこと
②　テトラサイクリンによる治療効果があったこと
③　電子顕微鏡観察の結果、健全なクワでは同じような粒子は見つからなかったこと

の3点を確認することができた。これらは、マイコプラズマに似た微生物がクワ萎縮病の病原であることを示唆する有力な傍証と考えられる。そこで、土居らはこれを「マイコプラズマ様微生物（MLO）」

30　奈須壮兆：当時、農林省農業技術研究所でイネ黄萎病の研究を行っていた。

31　日本植物病理学会報：日本植物病理学会が発行する和文学術雑誌。当時は日英混合誌であったが現在は英文誌Journal of General Plant Pathologyと分離され発行されている。

と命名し、MLOがクワ萎縮病の病原であると結論づけた。また、クワ萎縮病と症状や伝染方法が類似している病害を「萎黄叢生病」[9]と総称し、これらもやはりMLOが病原であるという見解を、昭和42(1967)年7月の日本植物病理学会で発表しようと考えた。

土居と助教授の與良が、電子顕微鏡観察の結果とテトラサイクリンの治療効果について学会発表したいとの希望を教授の明日山に申し出たところ、明日山は「マイコプラズマ様微生物が分離培養できない状況では、これをクワ萎縮病の病原やアスター萎黄病の病原と結論づけるのは少し飛躍した議論だと思う。クワ萎縮病などの萎黄叢生病でマイコプラズマによく似た微生物が電子顕微鏡下で観察されたという程度にとどめ、分離培養ができた時点で病原との関連を述べるべきだ」との見解であった。これはコッホの原則からいえば妥当なことであった。しかし與良と土居は、この時点で「マイコプラズマに似た微生物が観察された」というだけにとどめることと、「病原がマイコプラズマ様微生物によると推定される」とするのでは天と地との違いがあると考えた。協議の末、最終的に病原微生物との見解で土居・與良の提案通りに発表することとなった。

土居らが「電子顕微鏡観察による病理学的知見からクワ萎縮病など、萎黄叢生病の病原がMLOであること」を発表し、石家らが「クワ萎縮病に対するテトラサイクリン系抗生剤の治療効果について」発表するという、「電子顕微鏡観察」と「テトラサイクリンによる治療効果」の二本立てで行われた。奇遇にも、その年の日本植物病理学会はクワ萎縮病研究の本拠地であり、MLO証明のための実験が行われた蚕糸試験場で開催され、そこで土居、石家らによる口頭発表が行われたのである。この発表を聞いた農業技術研究所の奈須壮兆《そうちょう》[30]は、その後間もなくイネ黄萎病もMLOによる病気であることを確認した[6]。

土居らは、口頭発表のあとすぐに投稿論文を準備し、『日本植物病理学会報』[31]に英文要旨付きの日本

29　培養困難：MLO（ファイトプラズマ）の培養は今日でも成功していないが、イタリアのベルタッチーニ博士らは組成未公開の特殊な培地で培養したとして2012年に論文に発表した。彼女らは、開発した液体培地や固形培地上にできたコロニーよりDNAを抽出し、PCRによりファイトプラズマを検出し、培養に成功したとしている。私たちは追試を頼まれたが再現できなかった。彼女らは、液体培地に感染植物を細かく刻んで入れている。私たちの分析では、おそらく溶け出したファイトプラズマDNAがPCR増幅により検出され、増殖したと誤認されたと考えている。また、イタリアを訪れ、ラボで分離操作を見せてもらったが、培地上のコロニーはおそらくマイコプラズマで、結局、世界中の誰も成功していない。

［コラム］

日本語雑誌はネタの宝庫

今でこそ、日本人研究者は英文誌の、しかもインパクトファクターの高い国際誌に投稿することがステータスになっているが、1960年代当時は、英文誌に投稿するにも航空便で郵送する必要があり、審査には1年近くかかることもあった。査読を担当する欧米の研究者は日本をはじめとする東洋系の研究者に対しては、当時はまだ偏見があったのではないだろうか。私も米国留学時に、コーネル大学を訪ねてきたイタリアの大物研究者ジョバンニ・マルテッリ博士から、「君は日本の雑誌に投稿しているようだが、英文誌に投稿しないと正式な論文としては認められないよ」と言われた。

また、投稿した論文のアイデアを横取りされることも少なくなかったらしい。やはり留学中のことだが、米国の学会誌に日本人が投稿した論文の原稿を別の研究室の教授が持ってきて、「これリジェクト（掲載拒否）にするつもりなんだけど、この人知ってる？」と聞かれた。欧米ではこんな感じで仲間うちで情報が飛び交ってるんだろうな、と感じた。数年後に、著名な英国の植物ウイルス学者ブライアン・D・ハリソンの作物研究所を訪問したとき、『日本植物病理学会報』（当時は日英混合誌）がうず高く積まれ、「これは研究ネタの宝庫だよ。日本語の分かる留学生に訳してもらって新しいアイデアを見つけるのに役立っている」と言われたのを覚えている。日本人研究者は島国気質で良かれと思い、新しい研究成果を気前よく日本語で披露していたのだ。1983年に與良清教授の退官記念事業として刊行した『植物ウイルス事典』（1983、朝倉書店）も広く海外で利用されていた。発見されながら英語論文化していない新ウイルスが多数掲載されていたからだ。前述のイタリアの研究者も入手しており、しばしば論文発表で引用する際にタイトルを英語でどう書いたら良いのかメールで相談されたものだ。発表された論文のシリーズを見ると、なるほど本書に掲載されたウイルスを新ウイ

図 ブライアン・D・ハリソン博士と

2000年5月に英国作物研究所を訪ねたときに夕食に招待されご自宅の前で。

ルスとして報告した論文だった。

　土居先生からは一貫して「『日植病報』は国際的に権威ある雑誌であり、MLOの論文もそこに投稿したからさらに評価が高くなった」と聞かされていた。日本の植物病理学研究者の多くは、当時はまだ『ネイチャー』や『サイエンス』に投稿するような基礎的な研究成果を挙げておらず、主に現場に密着した応用植物病理学的な研究成果を米国の植物病理学系や微生物学系の国際誌に掲載することが目標であったから、それは事実だと思うので、かえってそれはそれで良かったのだろう。

　その後、海外の大物研究者のもとに留学することが流行し、そこで挙げた研究成果が高級英文誌に発表されると、帰国後にその日本人研究者が高く評価される風潮が生まれたが、それは大物研究者の庇護のお陰で脚光を浴びたようなもので本人が気の毒ではないかと思う。むしろ国内でこそ高級英文誌に研究成果を発表する習慣を定着させる必要がある。それには大物研究者とのコネ作りのための留学ではなく、編集者や査読者から文句の付けようのない研究成果を挙げるしかない。しかも、海外の発想の模倣でもなく、海外の研究グループの追従研究でもない、国内研究グループが発信源となるようなイノベーションを起こす以外にない。その後に共同研究に発展するべきである。実際に東大の植物病理学研究室でも欧米研究者から、永続的な共同研究・発表を申し込まれるようになってきている。これはひとえに若い優秀な研究者の努力の結晶である。

　海外の有力研究者のもとに留学し、コネを作って帰国後決まった雑誌に投稿し続ける研究者もいる。これも一つの生きる術だが、私はあまりお勧めしない。研究者としても指導者としても幅を狭めるからだ。ただ現実はそういう研究者の方が日本でも大型の研究費により採択されやすい状況にあるわけで、それだけ評価や審査の仕組みの整備が遅れているともいえる。研究大国を維持するには、やはり厳しくも妥当な評価システムを構築する必要がある。

図 ジョバンニ・マルテッリ博士と

ギリシャで開催された国際学会の際に訪れた古代ギリシャ競技場遺跡で100メートル競走した直後。

語の論文で1967年に発表した〔7〕。日本語での論文発表に異論もあったが、報告の事実が残ることが重要で、英文であるか否かは二の次であると考えた。雑誌に掲載されると別刷請求の葉書が殺到し、日本植物病理学会報が国際的に高く評価される契機となった。その後、明日山が第1回国際植物病理学会[32]でMLOについて発表し、これにより国際的評価が確定した。

2・4——学問のパラダイムシフト

〔2・4・1〕過去への疑問

土居らはこれらの成果により日本学士院賞（1978）など数多くの賞[33]を次々と受賞した〈図2・5・上〉。明日山教授は1969年に定年退官し、後任に與良助教授が教授となり、1971年に土居助手が助教授に昇任した。私が大学を卒業し、大学院に進学する決断をし、植物病理学研究室の修士課程の1年目が過ぎようとしていた頃が、ちょうど土居助教授らの日本学士院賞受賞の決定が発表された直後であった〈図2・5・下〉。研究室はひときわ活気にあふれていた。私は幸運にも、学問のパラダイムシフトの現場に居合わせることができたのである。「時代の目撃者」の1人として、当時の記憶は今も鮮明に私の脳裏に焼き付いている。

今になってMLOの発見を振り返ると、マイコプラズマはヒトや動物に病気を起こす病原体としてよく知られていたわけで、その仲間の微生物が植物に病気を引き起こしても不思議はない。しかし、当時そのことに気づいた人はいなかったのである。そもそもクワ萎縮病がウイルス病であるとされながら、その病原ウイルスの粒子が見つからないのはなぜか、という議論も特になかった。前述の「桑樹萎縮病研究協議会」（▼2・1・2）の調査研究でも病原ウイルスは発見できなかったが、なぜ見つからないかとい

---

32 第1回国際植物病理学会：1968年に英国ロンドンで開催された。

33 朝日学術奨励金賞（1968）、日本植物病理学会賞（1970）、米国植物病理学会ルス・アレン賞（1971）、米国ミネソタ大学ステイクマン賞（1971）、日本農学賞（1978）、国際マイコプラズマ学会長賞（1982）

う議論はなされていない。これも今から考えれば不思議である。そうした経緯の末に、突然、マイコプラズマ様微生物という概念が登場したわけである。

2・4・2 いかに常識の呪縛から解き放たれるか

実は、このクワ萎縮病については、マイコプラズマ様微生物の存在をうかがわせる研究が、過去にもかなり行われていた。

明治時代の桑樹萎縮病調査会（▼コラム「研究の先見性」28頁）が行った研究（1897〜1903）の中で、帝国大学の三好學[34]教授は、萎縮病にかかったクワの維管束に異常が見られると報告している[8]。また、昔の教科書『植物ウイルス病学』[35]には、萎縮病にかかったクワの維管束篩部の細胞に黒い凝集塊が認め

図2.5 ファイトプラズマ発見による学術賞の受賞

米国植物病理学会ルス・アレン（Ruth Allen）賞の受賞（1971年） 左より石家達爾、與良清、明日山秀文、土居養二、寺中理明

日本学士院賞の受賞記念祝賀会後に学内で記念撮影 前列左より與良清、明日山秀文、土居養二、2列目左より吉田博、山下修一、後左列より難波成任、夏秋（塩川）啓子、白子幸男、根岸寛光、楠木学、夏秋知英

34 三好學：当時帝国大学理科大学植物学教室教授

35 植物ウイルス病学：平井篤造名古屋大学教授著（昭和34（1959）年刊、南江堂）。図はp69a。南江堂より許諾を得て転載。

図2.6 過去に異常が認識されていた萎縮病に罹病したクワの篩部組織

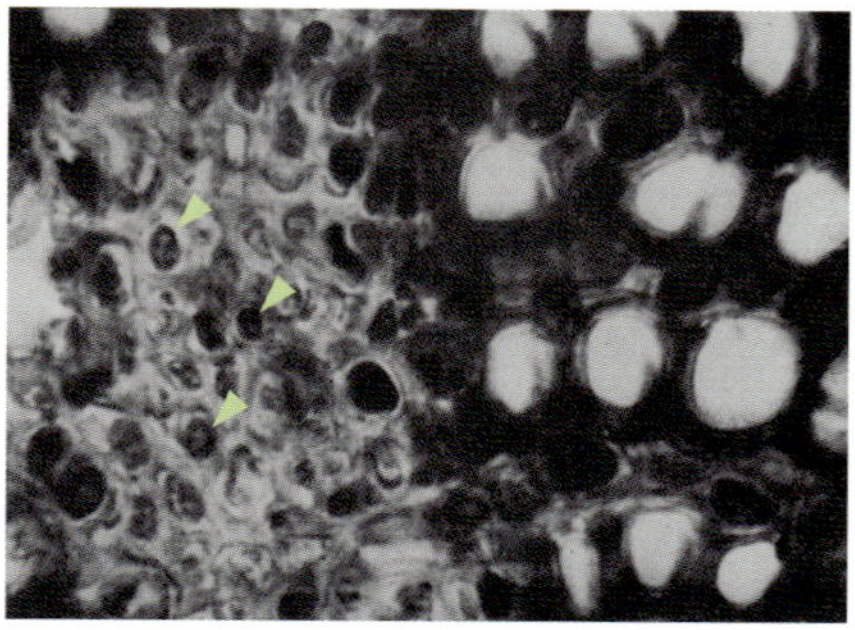

篩管細胞（矢頭）が「異物で充満している」との記述がある。[35]

られることが写真入りで示されており、維管束や篩部の異常については既に注目されていたのである〈図2・6〉[9]。MLOが見つかる機会はいくらでもあった。しかし、その異常についてはその後、それ以上議論も追究もされなかった。土居はこの異常部位にMLOを発見したのである。

国内だけではない。米国コーネル大学のマラモロシュ博士も電子顕微鏡下で同様な場面を見ていた。ただ、その粒子が新種の病原体であることに気づかなかっただけだ。我々は日常、常識にとらわれて生きている。その呪縛から解き放たれる発想や術《わざ》に思い至るのは本当に難しい（▼8・2・1）。

2・5――その後の研究

［2・5・1］昭和天皇から貴重なご質問を賜る

MLO発見の成果が発表されて以降、世界各国の研究者が次々と自国等に発生する萎黄叢生病を調べ、MLOによる病気であることが確認された。東大でも当時研究室の院生であった奥田誠一[36]がわが国に発生する数多くの他の萎黄叢生病罹病植物を電子顕微鏡観察し、MLOを見出して[10、11]学位論文にまとめた。

MLOの培養を試みる挑戦も世界各国で一斉に始まった。わが国でも農林省の水上武幸[37]の発意により、奈須技官が中心となって農林省の特別研究として昭和48（1973）年より3年にわたり研究され

36　奥田誠一：宇都宮大学名誉教授
37　水上武幸：当時農業技術研究所病理科長

［コラム］

ゆっくりと流れていた昔の時間

私が大学の卒論生として配属された植物病理学研究室は、当時ひときわ活気にあふれていた。ちょうど土居養二助教授（当時）が、MLOを発見（1967年）し、私が修士課程1年の年に日本学士院賞受賞が発表されたのだ。

農学部には当時、大物の研究者がたくさんいた。学生の側はさまざまで、講義中、床を這って抜け出し麻雀に興じる者もいたが、白衣を着て講義する大物教授の姿は印象的だった。学生に媚びることなく、笑み一つ浮かべず、貫禄満点で講義に臨んでいた。ただ、日常の研究室では、笑い声が絶えず、いろいろな裏話をしてくれた。

土居助教授の部屋には学生3人分の座席があり、私は大学院修士課程入学と同時にその部屋に配属された。土居先生は「壊れた蓄音機」と自認するほど話し好きで、実験室から物を取りに部屋に戻って声をかけられたが最後、何時間経っても話が終わらない。夜中零時まで続くこともしばしばで、深夜にならないと実験に集中できなくなってしまった。ただ、いま思うと、土居の話には帝王学や研究哲学とも言いうるうんちくが山ほど詰まっていた。今の大学教員にそれができるほどのゆとりがあるのか？と問われると、答えに窮する。おしなべて教員が雑用で忙しすぎるのも一因だ。逆に学生も就活などで忙しく、先生の話を聞こうという姿勢も消えた。昔は時間がゆったりと流れていた。

研究機関はどうだろうか。東京・北区の西ヶ原にあった農水省農業技術研究所（当時）の研究室の雰囲気は、大学の研究室と少しも変わらなかったが、違いは学生がいないことで、あちらは大人の世界であった。今の研究所は大学から学生を受け入れているところが多い。先生の交流は今もあるが、大学から研究機関への異動は減った。そのせいか、壁を打ち破り研究分野を堅持し、創造の場を切り拓き、帝王学を伝授する気骨たくましい大学人の影は薄れ、分野伝承に執着せずはやりの分野で店開きし華々しさで売るためのポストを確保する場になりつつある。

先ごろ退職して別の大学に行った教授が、古巣の東大に講義に来て、授業の最後につぶやいた。

「ここにいたときは役所の委員をよくやらされていたが、何故か自重して言えなかった。もっと言っておけば良かったと思う。今日は言いたい放題言えて楽しかった」

みな爆笑していた。大学に限らず、研究者の環境は変わったのだろう。ただ、どんな環境でも変わらぬ生き方もできることを忘れてはならないと思う。

図2.7　似て非なる病原体スピロプラズマの発見

カンキツスタボーン病　　コーンスタント病　　コーンスタント病スピロプラズマ（*Spiroplasma kunkelii*）

（左）激しく萎縮した感染樹（白矢頭）。右上は果実の病徴。上中段は感染果実で果皮が厚くなり奇形を呈する。下段は健全な果実。
（中央）感染植物は萎縮し葉が赤くなる。
（右）スピロプラズマの電子顕微鏡画像。ファイトプラズマと違い、粒子はらせん（spiral スパイラル）状。

たが、培養には成功しなかった。そんななか、昭和45年（1970）頃、米国カリフォルニア大学のエドモンド・キャラバン[38][12]と仏国のジョセフ・ボブ[39][13]がカンキツスタボーン病[40]〈図2・7・左〉、また米国農務省のロバート・フィッコム[41][14]がコーンスタント病[42]〈図2・7・中央〉の病原体の培養に成功した。これでとうとうコッホの4原則のすべての条件を満たしたかと思われたが、しかし、その後の研究でこれらはMLOとは異なる種類の微生物であることが分かり、「スピロプラズマ」[43]と命名された〈図2・7・右〉[15]。このようにMLOの発見により、それまで未知であった微生物の存在が新たに明らかにされていった。それらは植物病原性の原核微生物[44]としては、それまで唯一であった一般細菌に加え、難培養性原核生物と総称される一連の新たな微生物群を形成することとなった。

　MLO発見の成果で昭和53（1978）年に日本学士院賞を受賞した明日山名誉教授は、代表して昭和天皇の前で研究内容をご説明したところ、天皇から「この研究ではクワやキリなどのいろいろの病気で同じような微生物が見つかっているが、これらはみんな同じものなのか、違うものなのか」というご下問《かもん》があった。誠に的を射たご質問に、明日山はたいそ

---

stubborn）病

41　ロバート・フィッコム：Robert F. Whitcomb（1932～2007）。スピロプラズマの発見と培養で世界的に知られる研究者。国際マイコプラズマ学会の創設者の一人。死後、その貢献を讃えて同氏の名を冠した学会賞が設けられた。

42　コーンスタント病：トウモロコシ萎縮（corn stunt）病。国内で発生していない病害や病原体は公式な和名がない。しかし本書では読者の便宜のため、以後他についても和訳例を示す。

43　スピロプラズマ：スピロプラズマ科スピロプラズマ（*Spiroplasma*）属のヨコバイ媒介性微小細菌。

44　原核微生物：核膜を持たない（細胞中に明瞭な核構造が観察されない）原始的な微生物。

う驚き、とりあえず「そのことは今後の検討課題でございます」とお答えしたとのことである。そのご下問は、さらに20年近く経てようやく私たちの研究室で答えが出るまでの宿題となった。

［2・5・2］困難を極めたその後の研究

農学上のみならず生物学的にも興味深い新たな微生物MLOの発見は、生物界に新たなジャンルを開く発見として世界中の注目を集めた。またたく間に、MLOは700種以上の植物に感染する植物病原微生物群であることが確認された。しかしながら、培養が困難なことから、その後の研究は進まなかった。病徴観察や媒介昆虫による媒介試験、電子顕微鏡観察による菌体検出以外に同定する方法がなかったため、MLOの命名に際しては植物ごとに、あるいは病徴の様態（枯死、黄化、萎縮、叢生、天狗巣、葉化、緑化）や媒介昆虫が異なると、そのたびに区別して異なる病原体名を付け分類せざるを得なかったのである。MLO病の数はふくれあがる一方で、研究は混迷をきわめていった。

［コラム］ **MLO培養の試みと記録消失**

MLOが発見されると同時に、コッホの原則を満たす必要上、培養が試みられた。発見した東大の植物病理学研究室ではもちろんだが、農林省でも農林水産技術会議が予算をつけ、特別研究「植物寄生性マイコプラズマ様微生物の培養と病原性に関する研究（1972～75年）」が実施され、主としてクワ萎縮病MLOの分離が試みられた。分離源は感染植物よりも保毒虫のとくに唾腺が有望とされた。なぜなら、感染植物の成分のうち2種類の蛍光性物質（一つはクロロゲン酸様物質）がMLOの培養を阻害したためだ。亜硫酸ナトリウムにより解決できたがクロロゲン酸も亜硫酸ナトリウムも抗酸化物質であり、いまだに、それらのメカニズムは不明である。

マイコプラズマ、スピロプラズマ、昆虫細胞、植物細胞用の各種培地やその改変培地ではいずれも培養できなかったが、保毒虫を材料にすると、ウマ血清添加グレース培地（昆

38　エドモンド・キャラバン：Edmond C. Calavan（1913～1998）。カンキツスタボーン病を中心に、いろいろなカンキツ病害の研究を行った。
39　ジョセフ・ボブ：Joseph M. Bové（1929～2016）。スピロプラズマや、リベリバクター（カンキツグリーニング病の病原細菌）の研究を行った。
40　カンキツスタボーン病：カンキツ萎縮（citrus

虫細胞培養用の基本培地にマイコプラズマ培養に使うウマ血清を添加したもの）により、20～25日培養した後の培養液を注射した昆虫は植物を発病させた。また、高張AcTC培地（ヨコバイ細胞培養用のAcTC培地にショ糖を加え篩管の高浸透圧を再現したもの）とグレース培地でまず分離でき、それを高張のAcTC培地とPC培地（植物細胞培養用培地）で継代培養したところ、病原性が確認されたとしている。ウェスタンX MLOの培養用に開発されたSM-3培地では、約2週間で唾腺組織を培養でき、MLO粒子はその間観察され、低率ながらその磨砕液（すりつぶした液）は昆虫に注射して感染性が確認できたとしている。しかしそこで研究は終了してしまった。

１９６４年に設立された農林省植物ウイルス研究所に、１９７６年、マイコプラズマ研究室が設置された。杉浦巳代《みよ》治《じ》室長、塩見敏樹研究員を筆頭に、農業技術研究所の奈須壮兆研究員らのメンバーで特別研究が組まれ、MLO培養プロジェクトが引き継がれたが、結局、それまでの維持培養程度にとどまり、培地上での完全培養には成功しなかった。その後、マイコプラズマ研究室は２００１年に廃止された。ただ、その経緯はどこにも記録されていない（▼コラム「ファイトプラズマ研究に交錯した人々」66頁）。

日本の大学では、その設立から今日に至る歴史に関する記述は大切にされ、整理記録されている。省庁研究機関の概要パンフレットやウェブサイトは常に前向きと言えるが、それは大学とて同じである。裏を返せば、今日に至る沿革を記載した過去の記録を消してしまう省庁研究機関の慣習は、伝統の重みと所属意識を初学者に伝える意味でも懸念を感じる。私は、「国益の観点からも学術領域の永続性を大切にするため、省庁関連の研究機関は米国のように文科省に移管し大学に融合させ、プロフェッサー制度を導入するとともに、縦割り予算の無駄を早急に解消するべき」と20年以上主張しているが、一向に耳を傾ける気配はない。大学は黄昏時を迎えた省庁研究機関研究者の受け皿ではないはずだが相も変わらず行われている。その逆の受け皿はとうの昔になくなっているのだ。

明治期からおよそ１００年に及ぶ長いトンネルを抜け、昭和42（１９６７）年にわが国で発見されMLOと命名された病原微生物。その発見は分野の壁をこえて学問にパラダイムシフトを起こす予兆に満ちたものであったにもかかわらず、それから四半世紀、研究は停滞したままピーク時には１０００

種類を超えるＭＬＯが、分類できないまま併存する状態が続いたのである。

昭和60（1985）年、私が植物病理研究室の助手になった頃もその状況に変わりはなかった。研究室としても、なんとか打開策を見いだし研究を前に進めなければならないと焦燥感を募らせていた。私は、助手就任後の1990年に米国コーネル大学に留学したのだが、その帰国直前、土居教授の後任である土崎常男教授より「蚕糸・昆虫農業技術研究所[45]（蚕昆研）の佐藤守[46]博士からＭＬＯの電子顕微鏡観察で共同研究を依頼されている。帰国したらその仕事をまず引き受けてもらいたい」と指示された。帰国後、実験の準備をするなかで私の頭を離れなかったことは、観察手法として電子顕微鏡に捉《とら》われる必要はないのではないかということ、電子顕微鏡よりももっと高度な観察法、さらには検出系の導入を模索すべきではないかということであった。

果たして、3カ月ほど招聘《しょうへい》研究員として同研究所に通う過程で、私は分子生物学的手法の導入を思いつき、ＰＣＲ[47]を利用して特定の遺伝子を増幅する方法（ＰＣＲ法）により、蛍光プローブ[48]をつくって顕微鏡によりファイトプラズマを可視化する方法を確立した〈図3・1〉。

この手法は次のような既成技術の壁の打破に基づいている、すなわち、蛍光プローブを作るには、ＭＬＯの特定の遺伝子を大量に得る必要がある。従来はＭＬＯに感染した植物や昆虫をつぶして、2種類の生物のゲノムＤＮＡが混じりあった遺伝子プールを作り、それを短く切って大腸菌に導入し、培養したのちＭＬＯのＤＮＡを導入した大腸菌を選別するというとても面倒な手法を用いていた。その代わりに、同じ遺伝子プールの中から狙った遺伝子だけを数時間で増幅できる画期的なＰＣＲ法を導入したのだ。増幅したＤＮＡに蛍光物質を標識し、ＭＬＯに感染した植物の篩管液[49]の中のＭＬＯの遺伝子に結合させ、ＭＬＯを可視化することができたのである。今から見ればごくありきたりの技術だが、当時としてはすべてが最先端の技術であり、たまたまうまくいったのだ。

45　蚕糸・昆虫農業技術研究所：農林水産省所管の研究所。蚕糸に関する試験研究、原蚕種、クワの接穂・苗木の生産及び・配布を行った。2001年に農業生物資源研究所と統合された。

46　佐藤守：当時媒介昆虫機能研究室長

47　PCR：polymerase chain reaction。キャリー・マリスにより開発された特定領域の遺伝子を増幅する方法。詳細は4章に記載。マリスがドライブ中にこの方法を思いついたというエピソードは有名。

48　プローブ：目的の配列を持つDNAと同じ配列を持つDNA分子に放射線、発色、蛍光などの標識を付加したもの。標識されたプローブが目的のDNA配列に結合することにより目的DNA配列の存在部位が判明する。

49　篩管液：維管束の篩管を流れる液体のこと。ショ糖やアミノ酸などの栄養分が豊富に含まれ、主にソース器官からシンク器官へと運ばれる。

また、こうしてPCR増幅したDNAの塩基配列を直接解析する手法を世界に先駆け確立した。その塩基配列のわずかな差を比較すると、その生物の進化の足跡をたどることができるという、当時最新の「系統解析技術」により、1000種類以上あったMLOは、わずか44種に整理できたのである。これらの手法によりMLOの分類学的位置づけを解明し、停滞していた研究に突破口を開けるとともにその勢いで研究を一気に加速させるまでの経緯については4章で詳しく述べることとする。次の3章では、ファイトプラズマ研究を支え、推進した挑戦の系譜を、少し俯瞰的な視点から見てゆき、私自身の経験とその時々の発想や思考の原点について述べてみたい。

［コラム］

ファイトプラズマ研究に交錯した人々

ファイトプラズマは人々を魅了して止まないようだ。イタリア、ボローニャ大学教授のベルタッチーニ女史は長年ファイトプラズマを研究している。彼女とは20年以上にわたり交流してきた。彼女の協力なくして研究は進まなかっただろう。とても感謝している。彼女の研究は同定・分類が主体の地味な研究だが、こういう研究者こそが大切なのだ。

また、元農水省九州農業試験場の新海昭氏は媒介昆虫を使ったファイトプラズマの研究に精力を注がれたが、とてもきれいなスライドをたくさん持っておられた。しかし晩年は、すべて自宅の庭で焼かれたという。退職後は当時私が勤めていた東京大学附属農場のすぐ横にお住まいだったので、研究室に研究員としてお招きし、毎日若い学生を指導していただいていたが、完璧主義の方であった。ご自分のスライドの出来に満足されず、衆目にさらされることを心配されたのだろうか。確かに、ファイトプラズマ研究に限らず、植物病の写真の出来にこだわる研究者は多い。

私がファイトプラズマ研究を始めてから、このほかにいろいろな研究者と出会ってきた。恩師であった土﨑常男先生がファイトプラズマ研究を始めるきっかけを与えてくれたのだ。鯉淵学園の西村典夫先生は出会ってから長年にわたり土崎先生と共に共同研究してくださった。ただ、私がファイトプラズマ研究を始めてしばらくして気づいたことは、西村先生がまだ学位を取得されていないことであった。このことは土崎先生も気にされており、「難波君、西村先生に学位を出してくれないかな」と背中を押してくれた。土崎先生は東大退職後、西村先生の後任教授として鯉淵学園に赴任されたこともあって、すぐに作業は始まった。そして始めてから10年はかかっただろうか、2008年、めでたく東大から学位が授与された。私は肩の荷が下りた気持ちであった。

このほか、共同研究を長年にわたって行った、農水省の研究機関の方々、途中で独立行政法人化してしまったが、土崎先生を介して私をファイトプラズマ研究に最初に誘ってくださった佐藤守氏、ファイトプラズマの参照系統をくださった岩波節夫《せつお》氏と加藤昭輔《しょうすけ》氏、その後、共同研究を一緒に行った塩見敏樹氏と田中穣《みのる》氏。研究プロジェクトを引き継いだ松田泉氏と宇杉富雄氏、これらすべての方々と、その関係者の方々には心から感謝している〈図〉。

図 ファイトプラズマ研究関連研究室の変遷

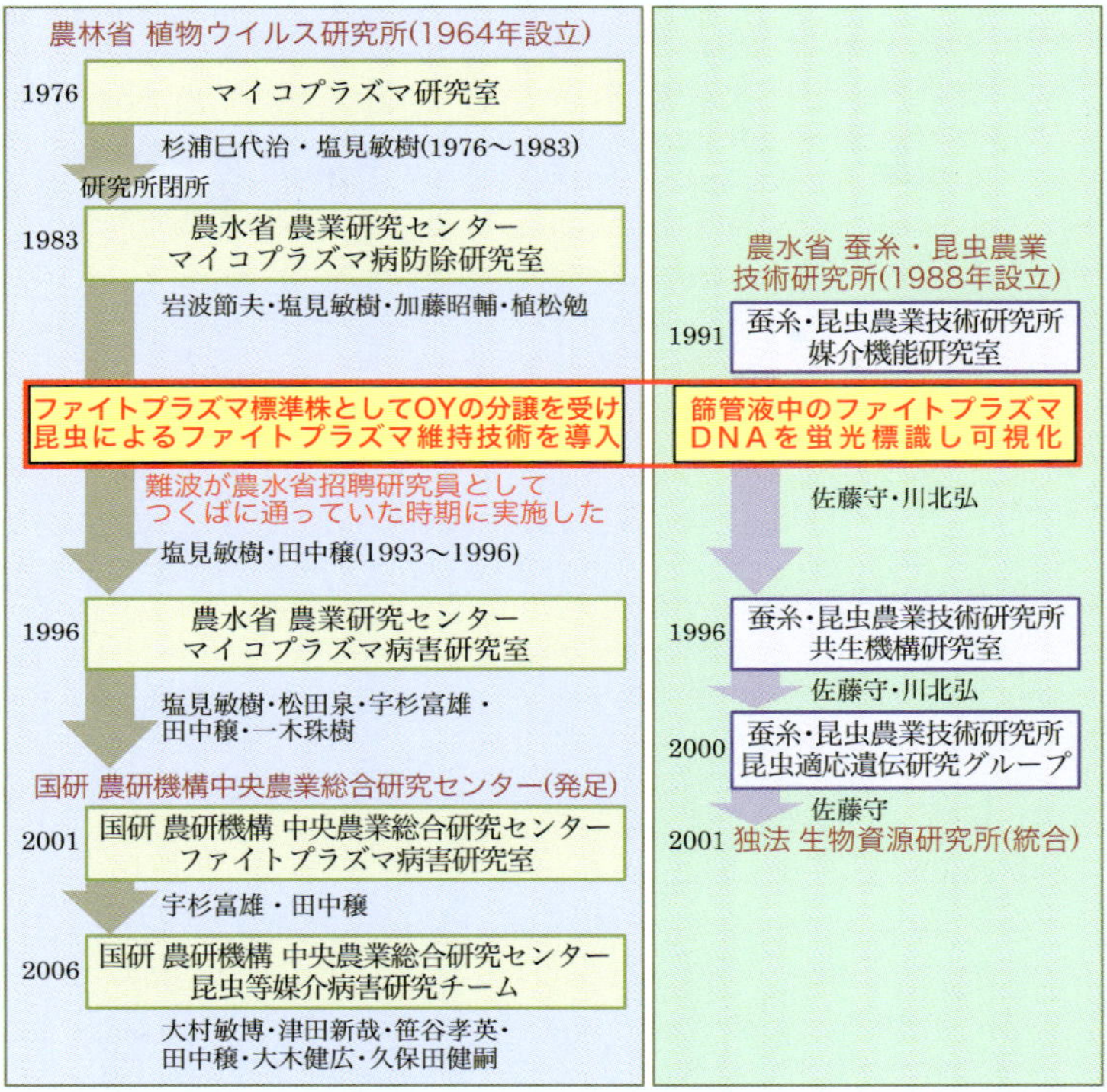

研究機関の沿革は非公表なので聞き取りにより作成した
（▶コラム「MLO培養の試みと記録消失」63頁）。

＊引用文献

[1] Kunkel LO（1926）Am J Botany 13:646–705
[2] Maramorosch K（1952）Nature 169:194–195
[3] 石家達爾（1967）日植病報 33:267–275
[4] 川北弘（1970）日蚕雑 39:413–419
[5] 須藤芳三（1971）蚕糸研究 79:63–70
[6] 奈須壮兆（1967）日植病報 33:343–344
[7] 土居養二（1967）日植病報 33:259–266
[8] 農商務省蠶業講習所（1897–1903）桑樹萎縮病調査報告
[9] 平井篤造（1959）植物ウイルス病学 69 p.
[10] 奥田誠一（1968）日植病報 34:349
[11] 奥田誠一（1969）日植病報 35:389
[12] Fudl-Allah AESA（1972）Phytopathology 62:729–731
[13] Saglio P（1971）Physiol Veg 9:569–582
[14] Williamson DL（1975）Science 188:1018–1020
[15] Saglio P（1973）IJSEM 23:191–204

3章

挑戦の系譜

*Phytoplasma asteris*の媒介昆虫ヒメフタテンヨコバイ（*Macrosteles striifrons*）

すべてのものは過ぎ去りつつある。
その中にあって多少なりとも「まこと」を残すものこそ
真に過ぎ去るものと言うべきである。

島崎藤村

日本の詩人・小説家

ファイトプラズマは世界中で発生しており、あらゆる作物[1]で甚大な被害をもたらしている。日本はこの約20年で世界を先導する成果を挙げ、ファイトプラズマ病を防除・治療できる技術を確立するところまでこぎつけた。4章以降、わが国で挙げたファイトプラズマ研究の最近の成果を主体に海外の成果を織りまぜつつ、謎であったファイトプラズマの実像を分かりやすく説明してみたい。しかし、最先端の研究はただ時間と人手、金をかければできるものではなく、すべては「創造的発想とそれをはぐくみ展開できる明るく穏やかで温かな人間関係が成り立っていている良質な研究環境があってこそ実現するものだ」というのが正直な感想である。私の場合は、実はファイトプラズマ研究の基盤的成果が挙がったのは研究を始めて最初の約10年であり、その間は4年以上同じ場所か組織にいたことがなく、3回異動した。同じ研究を続けることができたのは幸運でもあったが、そのような激動の時期になぜ成果を挙げることができたのか？　本章ではその背景について可能な限り忠実に記述してみたい。

3・1　一番良い場所

レストランでも、一番良い場所というのがあるが、そういう良い場所にいなくとも、「その人がいると、そこが一番良い場所になる」、そういう人がいる。

研究室でも、それまでその研究室にいたボスが誰であるか、あるいはそれまでそこで行われた研究が何であるか、さらには、その研究室がどういう著名な機関にあるかにかかわらず、逆にどんな困難な環境にあってもその人が主宰していると、その研究室が学生や研究者にとって最も居心地が良く、良い成

1　作物：普通作物（イネ・ムギ・トウモロコシ・イモ類・マメ類など）・園芸作物（野菜・果樹・花卉）・飼料作物・工芸作物（クワ・ワタなどの繊維用作物、ナタネ・ヒマワリなどの油用作物、サトウキビなどの糖用作物、イモ類・カタクリ・トウモロコシなどのでん粉用作物、コーヒー・タバコ・ホップなどの嗜好用作物、ワサビ・ショウガなどの香辛料用作物、アイ（藍）などの染料用作物、ジョチュウギク・チョウセンニンジンなどの薬用植物）など。

果が挙がる、という人がいるはずだ。誰でもそういう人になりたいと思うはずだ。

［3・1・1］ツキ量一定の法則

私は、博士号を取得したあと2年間の任期で日本学術振興会[2]（学振、JSPS）の奨励研究員[3]に採用された。後輩から「1研究室1名しか採用されない。良いですね」と言われ、お人好しにも、後輩に譲るため1年で辞退したのだが、その後輩は翌年なんと不採択！ 共倒れで私はホームレスとなり、後輩は学位取得した年に私より先に他大学の教員として就職してしまった。仕方なく学費を払って2年間研究生をやり、実際は学生実験の手伝いなど助手の仕事をして過ごしていた。

その後、1985年に幸運にも再び学振の奨励研究員に2年間の任期で採用された（奨励研究員の二度採用は過去に例がないらしく、これを機に学振での採用は一度限りになったらしい）。さらに幸運なことに同年12月に土居養二教授の下で研究室の助手に採用された。「ツキ量一定の法則」はこのころ覚えた言葉であった。一生のうち運不運の巡り合わせは平均するとみな同じで、要はいかに幸運を掴《つか》みうまく生かすとともに、不運に巡り合わせても落ち込まず耐え抜けるか、動物的直感の問題だと思う。

土居教授の下で1年4カ月助手を務めたあと、土居教授は退官し、1年間教授は不在のまま助手を務めた。

［3・1・2］成長曲線

学生時代は、土居教授の方針で、ウイルスを超遠心機で精製し、電子顕微鏡で観察して、新しい病原体を発見することが研究室の方針であったため、なかなかその枠から抜け出すことができなかった。とはいえ、その枠の中でも結構やることはたくさんあり、この時期にフィールドに出て現場を見る目が養

2　日本学術振興会：文部科学省所管の学術研究・研究者養成のための独立行政法人。科学研究費などの研究費を支給したり、学術交流の促進事業などを行う。

3　奨励研究員：JSPSが当初行っていた学位取得後の若手研究者を採用し、研究奨励金（給与）と研究費を支給する制度。いまの特別研究員にあたる。

われた。自分で選んだ研究室であり、ボスでもなく実績もないのに、研究室の根幹にも関わる研究方針を否定してみたところで始まらない。まずはその枠の中で実績を挙げ、実力をつけてから好きなことをやれば良い。そう考えていた。「人間みな同じではない。成長曲線はいろいろあって、最後に自分自身の能力を最大限発揮できればよい」と。

ただ、若い頃は未熟なので、ついつい脚色された偉人の生き様をまねて自分の理想に映し込み、周囲とぶつかって軋轢《あつれき》を生みがちだ。私の若い頃は身近でそういう例をいくつも目にした。焦らないことだ。学術の道を目指すか、他の道に進むか、人生の選択も悩ましい。いったん他の道に進めば、学術を追究する道（アカデミック・キャリアパス）はそこで途切れることが多い。ただ、「自分は研究に向いている」とか「向いていない」とかいう人がいるが、これまでの先輩後輩、教え子を見ていて共通しているのは、能力のある人はどちらに行っても成功するということだ。優秀な学生が、目先の興味に任せ学術の道をそれてゆくのを見ると、内心残念に思うが、他人が引き留めたところで本人がその気にならぬ限り無駄である。私もたまたま学術の道を選んだだけのことだ。大学の学術の道には教育という仕事もある。研究と教育は「ハウツー」を学んでできるものではない。自らそれぞれのスタイルで創りあげるものだ。

〔3・1・3〕知の賞味期限

土居教授退官後、1年して土﨑常男教授が赴任した。1年間土﨑教授に仕えたあとで、1年の約束で米国コーネル大学に客員研究員として留学した。半年延長させてもらったが、そこまでと言われ、帰国した。留学中に身をもって学んだことは、次の5つだ。

1．すぐに陳腐化する先端知や先端技術より、重要なのはマネジメント能力。

2．修行の地でこそあらゆる失敗を経験すべきで、どんな場面でもトラブルシューティングできる自信がつく。
3．研究能力は世界中大差なく、目の付け所と優れた研究プランを構築できるかどうかで決まる。
4．5年間眠らせても賞味期限の切れない結果を出し、その間にさらに先をいけるかどうかで決まる。つまり5年先取りした研究ができるかどうかだ。
5．目先の利益となるコネや人脈はその場限りのもの。どんな人にも分け隔てなく話に耳を傾け聞き上手になるなかで将来につながる人間関係ができる。

1年半の留学であったが、そのときの経験が、私の人生に大きな転機をもたらすとは思いもしなかった。土崎教授には、世界全体を俯瞰的に見る機会を与えてくれたことに感謝している。

3・2——裸一貫からのスタート

［3・2・1］農場にはなぜ植物病理学がないか？

留学から帰国後1年5カ月で、東大農学部附属農場（東京・西東京市）に助教授として採用されることになった。土崎教授から言われた言葉はいまも耳に残っている。

「君ね、10年も鍬《くわ》を振るっていれば、何か良いことあるよ」

そのときの自分は、もう十分楽観主義者になっていたから、何も感じなかったが、家内に伝えたら心配したに違いない。ただ私は「焦らぬように」という意味でかけてくれた言葉と理解している。実際、3年足らずで事態は急展開した。

1992年4月、着任したその日に、私の採用を決断した前任の農場長（春原亘教授）から直接辞令をもらった。その春から農場長は井手久登《ひさと》教授に代わった。井手教授は農場改革に積極的であった。

私は農場の第一部門の責任者を担当することになった。着任当日、その部門の助手から「今日でここを辞めさせていただきます」と挨拶され、面くらいながらも「これは前途多難だなあ」と思った。全国にある大学附属農場で、植物病理学分野から教員として採用されたのは私が初めてだったらしい。まるで空から落下傘で降りてきたように、植物病理学分野の人間が農場に突然赴任してきたことが彼らにはショックだったのだろう。無理もない。

「農場には植物病は発生しません。農薬も使用してません。使わないで下さい」と、私の研究分野を否定するにとどまらず、病気を持ち込むのではないか？という疑念の目を暗に向けられ、こちらもショックであった。

私はすぐに、部門全員に一人ひとり面談し、「私が来たからといって、何も変えるつもりはないし、皆さんの研究はそのまま続けてほしい。私は農場で担当すべき業務をただ淡々とやるつもりだ」と伝えた。そのときの私はそう言うのが精一杯であった。

［3・2・2］満開の桜

研究費もないし、まずは自費で実験機器や試薬を買い、細々と実験を始めた。農場は日の出とともに仕事が始まり、日没と共に無人となった。20ヘクタール以上もある農場の真っ暗闇の敷地のど真ん中にある建物。その一部屋だけ明かりのついた助教授室で、「これからどうしたものか」と一人ため息をつく毎日であった。私の居室は2階にあり、春になると窓から満開の桜が見える特等席であった。冬になると遥か彼方まで農場が見渡せる。景色の良さだけが癒やしであった。そうこうするうちに、植物病理学研究室の土﨑教授が「難波君、誰もいなくて寂しいだろうから、うちの卒論生を預かって教えたらどう？」と言ってくれた。とてもありがたかった。その学生はその後、農場で博士課程を修了し、公務員試験に合格し、農水省の研究所に就職した。私が実質指導した博士の第一号であった。

農場実習や、農場の業務をまずは見よう見まねで始めた。牛の肛門に手を突っ込む妊娠鑑定など、習う側から教える側になるととても大変だったが、一番若手の技官がとても親切にサポートしてくれた。「先生はこんなところにいる方ではない。私がそういうことはやりますから、先生はもっとレベルの高いことをやって下さい」と言われ、さすがに泣けたものだった。彼がいなかったら農場生活はもたなかっただろうと思う。今も会うことがあるが、彼の私に対する姿勢は変わらない。正義感が強く、謙虚で礼儀正しい。技官の鏡だったと思う。

[3・2・3] 光るファイトプラズマ

農場に赴任して2カ月後の1992年6月から3カ月間、蚕昆研の佐藤守博士のところに、招聘研究員として招かれた。私がファイトプラズマの研究を始めたのはこのときである。実は留学の帰国直前、土崎教授からは「帰ったら少し手伝って欲しいと言われてるんだけどMLO（のちのファイトプラズマ）をやってみないか？」と言われていた。その案件がこれであった。のちにこれがとんでもない研究に化けようとは、夢にも思っていなかった。佐藤氏は純粋な学者で明るく包容力のある方で、ファイトプラズマに感染した植物の篩管液[2-49]を吸汁しているヨコバイの口針を高エネルギーレーザー光線で切断し、そこから溢出《いっしゅつ》してくる篩管液中に含まれるファイトプラズマを研究していた。その後もお付き合いは続き、そのときいた中国人女性留学生魏薇さんをその数年後に博士課程に受け入れた。彼女は学位取得後、米国の農務省研究機関でファイトプラズマ研究を続けている。

蚕昆研では電子顕微鏡とPCR法を使って篩管液中のファイトプラズマを検出するのが私の仕事だった[1]。せっかくなので、世界でまだ誰もやっていないことにチャレンジしたかった。蛍光色素ラベ

4　クローニング：特定のDNA領域を取り出してベクターなどに組み込み、同じDNA分子を増幅させること。

5　DAPI：4',6-Diamidino-2-Phenylindole。DNAと結合することにより蛍光を発する色素。紫外光（UV）により励起され、青色の蛍光を発する。DNAが多く含まれる核の染色などに広く使用される。

6　DNAハイブリダイゼーション：ファイトプラズマDNAの一部の配列を増幅し、放射性物質や色素により標識して、ファイトプラズマDNAを検出したいサンプルに添加し混ぜ、サンプル中のファイトプラズマDNAの存在を確認あるいは存在部位を検出する手法。

ルしたファイトプラズマ遺伝子のDNA断片（これを蛍光プローブという）を篩管液に混ぜ、ファイトプラズマ粒子内のDNAに結合させ（当時私はすでにファイトプラズマ遺伝子のクローニング[4]をやっていたのだ！）、蛍光顕微鏡下で光るファイトプラズマ粒子を観察するのに初めて成功した。感染植物の篩部細胞中に無数にいるファイトプラズマ粒子が光る様子がはっきりと見えた〈図3・1〉。当時はファイトプラズマ感染植物組織の切片をDAPI[5]というDNAに結合する蛍光色素で染色し、蛍光顕微鏡下で観察すると、感染組織が光って見える方法があったが[7-2]、健全植物の核も光るので、ファイトプラズマ感染植物だけを見分けるわけではなかった。私は、ファイトプラズマが特異的に光る蛍光プローブの開発に人知れず成功していたのだ！

図3.1　篩管液から検出されたファイトプラズマ粒子

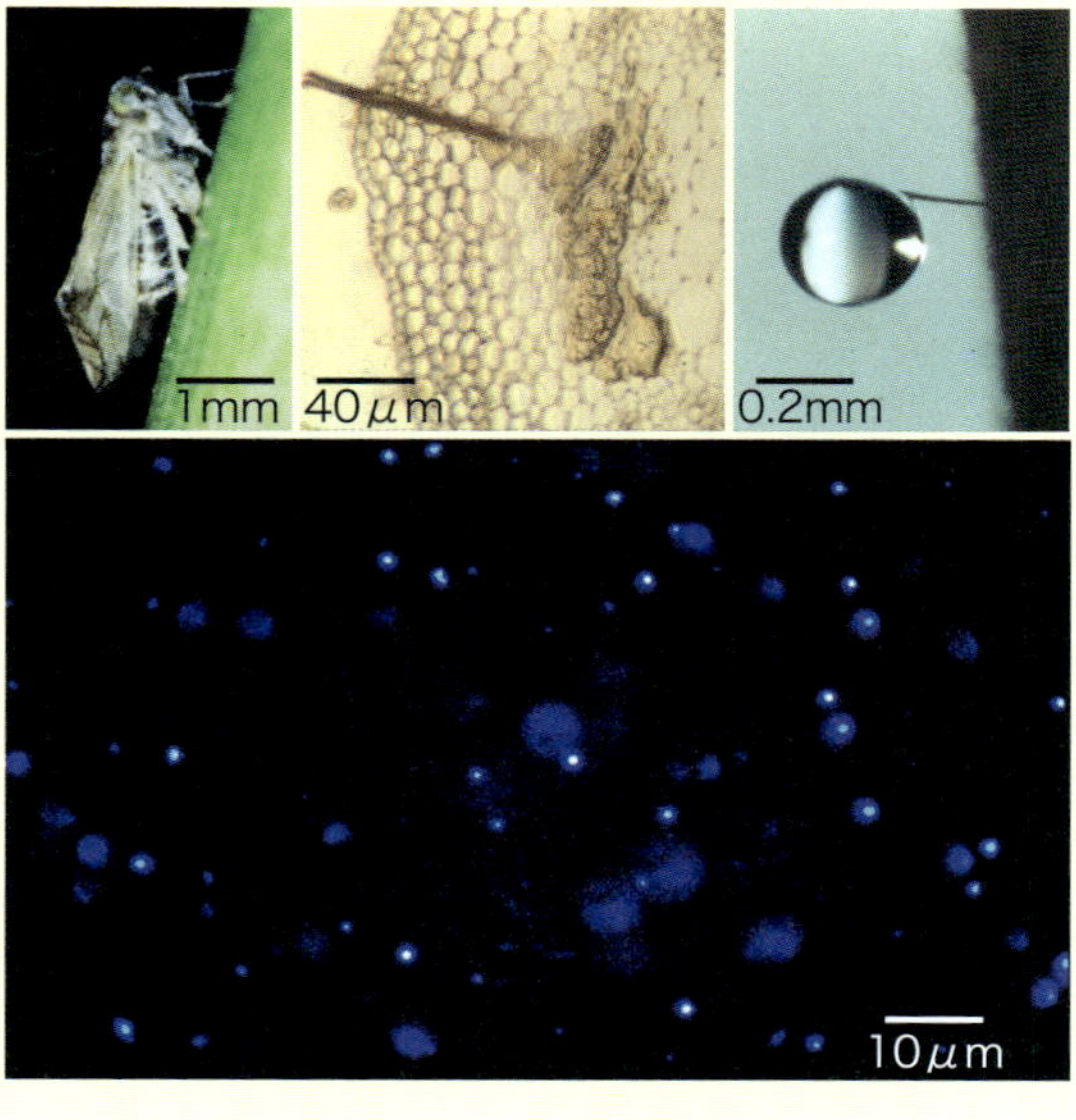

ファイトプラズマ感染植物を吸汁中の媒介昆虫（左上）の口針は植物の篩管に到達しており（中上）、それを高エネルギーレーザーメスで遠隔から照射・切断すると、そこから篩管液が溢出してくる（右上）。一方、蛍光色素（フルオロセイン）でファイトプラズマDNA断片をラベルし、この篩管液に混ぜ、蛍光顕微鏡観察すると、小さな青白い輝点がたくさん見える（下）。これがファイトプラズマ粒子である。

[3・2・4] 創造力醸成法

これは25年以上経ったいまも未だに論文にしていない。ほかにもいくつか論文にしていないものがあるが、今少しずつ論文にしている。たとえば、感染植物の茎の切り口を紙にスタンプし、DNAハイブリダイゼーション[6]により検出する技術もすでに1991年には成功していたが、25年後の2016年に発表した。当時はまだ検出ステップが煩雑だったため、基礎研究の成果として論文を書くことはできたが、実用性に欠けると判断していた。もっと簡単な検出法を目指していたのだ。

学位を取ってからは、何か仕事するときは、自分の持っている技術（貯金）を使うだけでなく新たな技術にチャレンジする（貯金を作る試みに挑戦する）姿勢を持ち続けることが大切だと思うようになった。そのためには、①雑用のように確実にできることだけやって帰ることに慣れると小さな達成感で満足し、向上心を失う（意欲喪失）ので、②どんな小さなことでも良いから必ず一日に最低1つ新しい発見をして帰る（向上心の源泉）、③新発見にならなくて良いから常識外れの野心的な挑戦を1つして帰る（創造力の惹起）。特に③はいろいろな方向に手当たり次第に球を打つように挑戦してみると、その中に自分の進む方向と順番が見えてくるものだ。これは研究者だけに限らない創造力醸成法だと思う。

3・3——軸足の大切さ

［3・3・1］最高の教育は質の良い刺激を受けること

農場に採用されて1年半経ったところで、文部省（当時）の学術調査官[7]を併任することになり、2年近く務めた。まったく根拠はないが、おそらく何らかのきっかけで農学部長に就任された鈴木昭憲《あきのり》先生の目にとまったのだろう。その後の学部長・研究科長を務められた歴代の佐々木恵彦《さとひこ》、小林正彦（小林先生から学部長でなく研究科長）、林良博の各先生方には、農学部附属農場（東京都田無市：当時）や農学部の新研究室、新領域創成科学研究科（千葉県柏キャンパス）を転々としている間、いろいろと気にかけていただいた。助手に就任して以降、植物病理学研究室に戻ってくるまでは、一つところや組織に4年以上椅子を暖めていたことがなかったので、とにかくめまぐるしかった。文部省では、科学研究費の配分

7　学術調査官：文部科学省が任命する非常勤の研究調査官。主に科学研究費補助金の審査・評価に関すること、科学研究費助成事業の制度等に関することを調査するとともに、必要な指導および助言を行う。

や、新規大型プロジェクトの審査、採択後のスタート・進行などのお手伝いをするのが仕事で、その頃一緒に学術調査官を務めていた先生方は、いまやそれぞれ重責を担う地位に就かれている。
当時は、1日のうちに、農場➡駒場➡文部省と移動する、めまぐるしい日課をこなすこともしばしば

［コラム］

研究と雑用の両立は可能か？

雑用のエキスパートになったら、もう研究・教育のプロフェッショナルとはいえないのではないだろうか。特に研究者の場合は切実な問題で、雑務の奴隷になっては絶対にいけない。毎日、何でもいいから一つ新しい発見をして研究室を出ること。この規範はとても大切だ。

雑用は必ず終わるから、確実に達成感を感ずることができる。何も創造的なものは生まずに得られる達成感、この達成感は麻薬のようなものだ。雑用の先に「地位」というもっと強い媚薬《びやく》が待ち受けていることがある。組織というものは、雑用のエキスパートのそばに、「ご苦労さん」的な地位が用意されるようにできている。みなが嫌がる雑用を厭《いと》わずやると、報われるという体質が日本の組織にはある。平時はそれでもなんとか組織は回るが、緊急事態のときには悪循環のスパイラルに陥る。運良く緊急事態に出くわさないで済めば、昇格した自分のあとの空いた席に次の雑用のエキスパートがところてん式に転がり込んでくるのだ。こうなったらもう組織の活性は低下し、いざというときの対処力もなくなってしまうのだ。

では雑用とはどうつきあうべきであろうか。第一に研究組織のマネジメントスキルを積む過程で、雑用をどう選り分けるか身につけることが必要だ。雑用を選り分けず、おろそかにすると、学生の単位取得や就職、受賞の機会を失う恐れがあるからだ。次に、雑用の魔力から解き放たれる必要がある。つまり、雑用に熱心に取り組むことに喜びや達成感を感じないよう鍛錬しなければならない。私たち大学人の場合は研究と教育のプロフェッショナルでなければならない。雑用は必要悪なのである。研究のプロフェッショナルとして雑用のプロフェッショナルである秘書や事務職員に感謝しつつ、退職を迎えたいものである。

これは研究教育だけでなく、どこの世界にでも通じる普遍則だ。

であった。本来なら2年間の任期であったが、中途で教授に就任し、学術調査官は退任した。この間、人文社会系、理工系、医学系、農学系の数多くの著名な先生方と出会うことができ、一部の先生とはいまでもお付き合いさせていただいている。立派な先生方の生き方を拝見していると、無意識のうちに学びたい衝動に駆られる。この経験はきわめて貴重なものであり、とても幸運であったと感謝している。

この時期に、民間財団の研究費にもたくさん応募するようになったが、研究費を自分の力で孤軍奮闘して取るための研究計画書の書き方のコツはここで覚えた。当時、農学部長であった鈴木先生は、日本学士院賞を受賞された実力者であり、一介の若手教員の私には畏《おそ》れ多い存在であったが、度量の大きな方であった。民間財団の研究費の審査会に、ご自身は「当日ほかの公務で出られない」からと、助教授の私に審査委員の代役を任せてくださることもあった。著名な先生方ばかりの審査会に恐るおそる出席したが、皆さん私を見下すこともなく、礼儀正しく紳士的に接して下さった。とても良い社会勉強になった。ただ、あまりに緊張していて、どのような先生方であったか皆目覚えていない。そのような場に私を送り出して、信用を失うかもしれないと心配ではなかったのだろうか。鈴木先生の器の大きさに驚くとともに、有り難くも思っている。

〔3・3・2〕研究の独自性と優位性はいつ開花するのか

私が学術調査官を併任していた当時は、科学研究費の審査と配分のすべてを文部省学術国際局研究助成課というところで行っていた。非常に過酷な職場であったと思う。その後、(独)日本学術振興会（ＪＳＰＳ）が設立され、業務の大半を文科省から依託した。毎年改革を進めてきたので、まだまだ問題もあるが科学研究費の配分のシステムは大幅に改善されたと思う。一方、科学技術庁所管の競争的資金配分機能が文科省傘下に移り、国立研究開発法人（国研）科学技術振興機構[8]（ＪＳＴ）として鳴り物入りで

8　科学技術振興機構：文部科学省所管の国立研究開発法人。文部科学省の競争的資金の配分機関の一つ。

［コラム］

人文社会系の解は1つではない

知識偏重教育を是正するとしてゆとり教育が導入されたり、突然また揺り戻しが来たり、国立大学文系学部廃止論が突如浮上したり、特定分野重点化と称して研究費が急に偏ったり、霞が関から出てくる政策には首をかしげることがしばしばである。日本では政策決定や制度設計において、論理的・科学的に議論が詰められ結論が出されることはほとんどない。これはなぜだろうか？　日本の官僚採用制度は大まかに分けて、行政職と技術職に大別される。行政職で採用された公務員（事務官）がトップの事務次官にまで上り詰めることができ、技術職で採用された公務員（技官）の大半は課長止まりである。つまり、行政施策の大綱は事務官の責任において決められているといって過言ではないだろう。

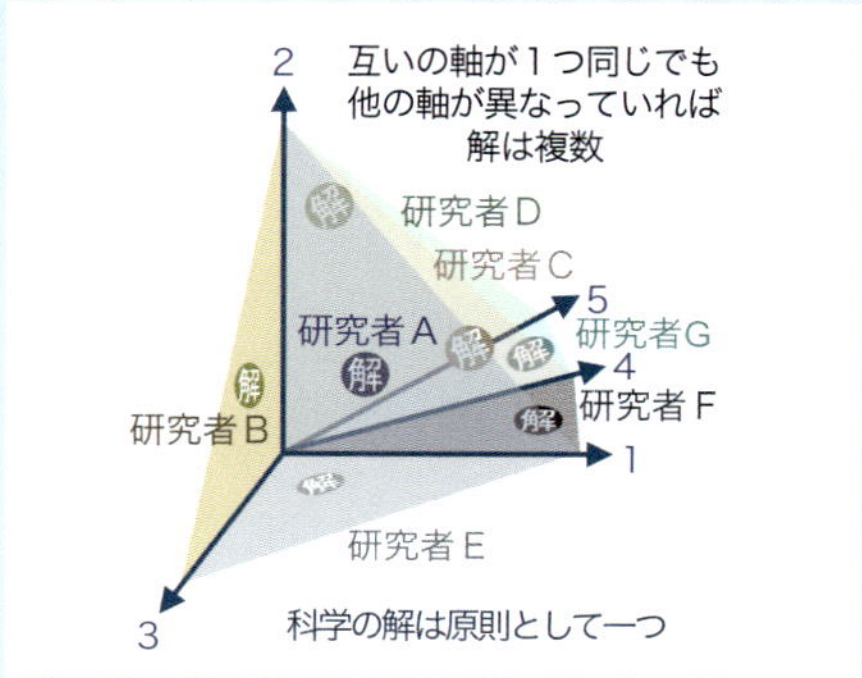

行政職で採用されるのは大学の文系学部出身者が大半を占める。文系学部の指導教員は主に人文社会系学術領域を専門とする教員からなる。人文社会系学術領域は法律学や経済学、文学などの分野に大まかに分けられるが、この学術領域は、自然科学系学術領域と違って、それぞれの学問分野における課題の解が1つとは限らない。

たとえば自然科学系学術領域では、「1＋1」の解は「2」と1つしかないし、「A地点からB地点までの最短距離」は「両点を結ぶ直線」である。ところが、経済学で「日本の貿易自由化は是か非か？」という問いに対しては、「是」と「非」という2種類の解以外に、「条件付き自由化」という無数の解がありうる。いわゆる「是々非々」という立場である。法律学でも、「憲法第九条は是か非か？」となると、「是」と「非」以外に、やはりいろいろな条件付きの解が出てくる（▼コラム「生命の軸」331頁）。

つまり、人文社会系学術領域では、それぞれの研究者が異なる次元で解を追究しており、同じ次元で議論していない場合が大半である〈図〉。この多次元空間こそが、現実社会の複雑系を反映したものである。そして、現実社会を対象に最適解を求める研究と、要素を単純化して普遍解を求めようとする研究を同列におくことを、人文社会系研究者自身が容認して、区別しないようにしているところに問題はないのだろうか。同じ経済学部の中に、「ＴＰＰ」推進派と反対派だけならまだしも、条件付き推進派や慎重派と称する多様な意見の教授が同居し、なおかつ互いに議論を避けながら、むしろ座談会で同席して巧みに衝突を避けつつ、結局は聴衆に答えを考えさせるという事態が常態化していないだろうか。ここに、根の深い構造的問題がある。学派として個別に研究することはかまわないが、研究者として重大な政策決定に口を出し関わった瞬間に、その矛盾に対する責任を明確にする必要がある。

官僚もその世界の空気を吸ってきた人間であり、一見矛盾した政策が同居しても気にならない。ここに、人文社会系が社会に関与すると生じる深刻な課題がある。

人文社会系研究者が仮想的課題を研究することには問題はない。社会に関わり、何かしら影響力に興味を持つ以上、仮説を検証する実験系を構築するのが前提であろう。しかし実際は検証するにはあまりにも大き過ぎる社会的課題を対象にしている場合が多いため、その前提はなおざりにされている。

ノーベル賞候補の経済学者であった、故宇沢弘文《うざわひろふみ》東大名誉教授は生前、地球温暖化問題に警鐘を鳴らし、都市開発を批判し、地域文化を維持するためのインフラを重視し、市場原理にゆだねることに反対した。効率重視の市場競争は、格差を助長し社会を不幸にすると最後まで主張し、多くの経済学者と対立した。現代経済学の限界を感じていたに違いない。

できた。ただＪＳＰＳとは別途に研究費配分を行っている。結局、文科省系の競争的研究資金は、文科省・ＪＳＰＳ・ＪＳＴがそれぞれ独自に公募・審査を行っている。他方、経産省や農水省など他省庁も似たような競争的研究資金を独自に公募・審査・配分している。注意すべきことは、若手研究者がどの研究資金に親和性を感じるかによって、研究者としての成長と質が違ってくるような気がする。

重要なポイントは、配分機関や研究資金に振り回される研究者にならないことだ。揺るぎない研究哲学と明確な研究方向を心の奥底に秘め、それら機関を逆に使いこなすようでないといけない。研究費の取れる研究をするのではなく、特定の学術雑誌に常連となるような論文を書くための研究をするのでもない。最初は誰からも理解されなくとも、花開く頃に理解されるような研究が独自性と優位性を獲得するのだと思う。優等生的な研究者は息の長い研究者として表舞台にあまり残っていない気がする。評価や採択のされ方が不透明であろうがなかろうが、それは他人の噂として聞き流す。軸足を忘れず、ぶれることなく、平衡感覚を常に確かめる。そして真に国際的に競争力のある、人格・品格・指導力において優れた研究者になれればいい。

3・4——金と地位と名誉は追いかけるのでなく付いてくるもの

[3・4・1] 地力を付けていると運と人は寄ってくる

農場に赴任して2年目に、日比忠明先生が農水省農業生物資源研究所[9]（生資研）から植物病理学研究室の教授として赴任された。この年から大学院重点化が始まった。

その年の初夏を迎えようという頃、小林正彦農学部長から突然電話があった。

「難波君、ヒマだろう？　ひと仕事やってみないか？」

ひと仕事とは、「基盤重点設備費」という予算の申請書作成であった。思わぬ活躍の機会をもらえてとても嬉しかった。「超機能生物開発育成システム」という、大それた名前の設備要求書を書き、ポンチ絵も描いて提出したら、採択されてしまった。1億円以上の予算が付いた。

それ以前に自分で獲得した唯一の科研費が300万円だったので、突然40倍以上のお金が目の前に降って湧いたのである。小林先生は、「全部そっちにあげるよ。間接経費も本当は農学部でもらうべきなんだけど、農場は貧乏だろ？　そっちに付け替えるよ。農場が喜ぶよ！」と言われた。光熱費がその後10年間付き、農場の道路が舗装され、街灯や門が新調され、学生宿舎の窓がサッシに代わったりした。翌年年頭から農場では突貫工事が始まった。遺伝子組換え実験用の温室、隔離圃場[10]などを設置し、雨

9　農業生物資源研究所：農林水産省所管の国立研究開発法人。生物資源の農業上の利用に関する基礎的な調査・研究、昆虫その他の無脊椎動物の農業上の利用に関する試験・研究を行う。2016年に農研機構に統合された。

10　隔離圃場：遺伝子組換え植物の試験栽培を野外で行うために、植物に導入した遺伝子が拡散しないように一定の要件を満たした圃場のこと。

［コラム］**サイロ・エフェクト**

ブームへの相乗りはただの悪のりだ。AIも過去に複数回あったブームであり、3回目のブームはそれまでのITに視覚パターン認識をつけ深層学習技術を主体とする代わりにアルゴリズムがないので、事故が起きた時に原因が分からない。結果的に人が監視しないとダメに違いない。植物工場も倒産の嵐、AIも先は見えた気がする。遺伝子組換え作物も農水省の事業としてブームがあった。各県一つ組換え特産農産物を作れということだったはずだが、今いくつ残っているだろうか。

社会に明確な課題が浮かび上がったとき、それはしばしば企業の参入チャンスとなるものだが、日本は伝統的に企業と行政が互助的な関係を作りたがる風潮がある。結果的に企業が補助金に群がる様相となる。私の経験でも企業と一緒に何か開発しようとすると必ず企業サイドから出てくるのが公的補助金の話だ。なぜ多くの日本企業が開発投資の回収にこだわり、次の事業への再投資に回すことを考えないのか。この辺に何か欧米と異なる、日本企業に共通した根深い文化的課題があるような気がする。半導体事業などはその最たる例である。結局甘々な話に陥りがちだ。一部の有能な研究者がその分大きな負担を抱えて働かされるはめになる。

こうした構造的問題を抱える限り、日本がスタンダードを創り主導権を握る機会を逃し、開発事業の多くは競争力を削がれることとなり、欧米に後塵を拝する結果を招くのではないだろうか。一部研究者の努力で、高度な技術が開発されても、本当の目利きがいないせいで、せっかくの技術が織り込まれてできたものがパッケージとして競争力のないものになってはいないか。かつてのアップルの製品に象徴されるように、あっと驚くような技術は、学術的成果を発表する場でもない限り、前面に出る必要はない。美しくもシンプルなフォルムに隠されたさりげない便利さとして、入手しやすい形で付加価値が発揮されてこそ、我々の生活や社会に溶け込むようにヒットするのではないか。しかも、システムと事業のサイロ化が同時並行的に起こっている。農・林・水産業がさらに細かく小事業化され、個別にセンサー、情報集積・解析のシステムがバラされた少額予算で進行し、目利きと称される評価者が複数の個別事業で東奔西走している。まさにサイロ・エフェクトだ。目利きには本来そういうサイロを壊す役割があったはずだ。イノベーションとされる事業がどれも本物であることを祈るばかりである。

最近、防衛に限った軍事研究を解禁すべきだという意見がある。そういう発想自体が補助金依存症の思考パターンそのものだ。欧米の軍事研究の成果が今日の民生品開発のイノベーションにつながっているのは事実であるが、だからといってわが国で（防衛に限るといっても）軍事研究を解禁すべきであるなどという発想は本末転倒であろう。そこには何の科学的ストーリーもない。ここは科学的に明快に整理する必要がある。むしろ、農業や気象・通信・交通・防災などの分野で欧米の軍事技術を凌ぐ高度なレベルの民生品開発に対して、十分な資金と優秀な人材を集中的に投入し、その波及効果を社会の活力と生活の向上につなげることができれば、国際競争力の強化につながるはずである。攻めの農業も、そこから本来あるべきものが生まれてくるのではないか。

図3.2 超機能開発育成システム

閉鎖系温室・非閉鎖系温室・隔離圃場・実験室とフェンスを備えたわが国の大学で初めての遺伝子組換え実験施設。全国の大学から見学者が訪れた。

漏りして、羽化した穀類の害虫が這い回る元飼料倉庫の廃屋を農場から借り、研究室に改造し、高価な機器を導入し、元いた植物病理学研究室よりも立派な設備ができてしまった〈図3・2〉。驚いたことに、農場の大半の技官が重機を持ち出し、整地などをやってくれた。

［3・4・2］常に異端児であれ

困ったのは電源である。突然大電力を消費する設備が入ったものだから、電源がまったく足りない。東京電力は私有地の工事はしてくれないことをそのとき初めて知った。地下に数百メートルの高圧ケーブルを農場敷地外から引き、農場のトランス（変圧器）を数百万円かけて容量の大きな新品に交換し、契約電力も大幅にアップした。初めての経験ばかりであった。

研究室内には、DNA塩基配列自動解析装置（DNAシーケンサー）やDNA合成装置などが入った。のどかな田園風景のど真ん中に、最先端のテクノロジーが結集した。

その間、本館の屋上にアンテナを立て、当時はまだ異常に大きく、固定電話の受話器ほどもあった携帯電話をズボンの右ポケットからはみ出した状態のまま農場内を走り回り、農場の日常業務をこなしつつ、設備建設に東奔西走した。近くに自衛隊基地の大型電波鉄塔があるせいか、南北方向には電話がうまくつながらず、苦労したのを覚えている。トウモロコシ畑の中で立ったまま電話をしている姿は、農場の教職員には奇異に映っていたはずだ。そうこうするうちに雷で屋上の受信機が壊れた。農場で一番高いところにセットしたのが失敗で、避雷針代わりになったらしい。

さまざまなウイルスのゲノム情報を解析し[2、3、4、5]、米国留学で鍛えた遺伝子組換え技術を使って、当時どこもやっていないような、ウイルス抵抗性植物などを作り実験していた[6]。例の、私に牛の扱い方を教えてくれた、正義感のかたまりのような一番若手の技官が、一生懸命に手伝ってくれた。

〔3・4・3〕先頭に立つちから

当時はまだ、農場は学生を正式に受け入れ指導できるシステムにはなっていなかったので、植物病理学研究室の日比先生から学生を預かったり、日大や農大から学部3～4年生を受け入れて指導していた。私も含め、よく「僕たちはまだガラクタ軍団だけど、世界一を目ざすぞ！」とハッパをかけていた。みな卒業後も居続ける気はさらさらなかったはずだし、そもそも私自身がガラクタ助教授だったのは自覚していた。ただ一体感だけはあって、みんなで花見会をし、バーベキューを楽しんだり、伊豆の別荘を借り上げて行った合宿ゼミのあと徹夜でゲームをやったり、クリスマス会を自宅そばの居酒屋でやったり、鉄人レストランやホテルの回転展望レストランに学生を連れて行ったりと、よくもまあ散財したものだなとつくづく思う。研究費の方も「途切れたらどうしよう」などと考えたことはなかった。当然のことだが、私がすべてのアイデアと実験計画、試薬の購入、指導までやっていたので、先頭に立っている意識と責任の重さに対する認識だけはずっとあった。そして良い研究をやることだけ考え、懸命に努力した。そうしていれば、研究費は自ずと入ってくるものだ。この頃から「金と地位と名誉は追いかけるものではない。付いてくるものだ」が口癖になった。

［コラム］

課題設定の難しさ

研究は真理探究が真髄であり、神聖なものである。一方で、研究課題があっても研究費がなければ、設備を整え試薬等を購入し実験を遂行することも困難だ。幸運にも必要最低限の研究費があったとしても人材に関していえば、経験豊富な年配の研究者なら、以心伝心でその難しさを説いて聞かせなくとも一緒に進めるだろうが、価値観が異なれば、次第にその格差は隠しおおせなくなる。若いし立場の盤石《ばんじゃく》でない研究者は時に功名心に走りがちだ。

ファイトプラズマは、病気が認知されたのち、その病原体を発見するまでに約250年かかった。病原体に分子のメスを入れる研究がスタートするまでに約四半世紀を要した。そののち約20年の間に、分類体系の確立から全ゲノム解読、そして生活史の解明、さらには診断・治療・予防技術の確立まで、ファイトプラズマ研究は一気に進んだのである。

研究をスタートさせるまさに滑り出しの時点で最も大切なことは、①課題設定と、②枠組みである。私にとって課題とは「ファイトプラズマの生活史解明」であり、枠組みは、「分子生物学のメスをファイトプラズマに入れること」であった。①も②も研究の成否につながるものであるが、それらを決めさえすれば研究が成功するわけでもない。そこにはさらに偶然ともいうべき「タイミング」と、それを生かすために必然となる「場」が、研究の展開を力強く支える要因として出現してくる必要があり、両者がすべてを決める。

私がファイトプラズマの研究をスタートしたタイミングは、教授になりたてで、最高のお膳立てであった。研究を始めた場は、設備的環境としては最適とはお世辞にもいえない「農場」(現・農学生命科学研究科附属生態調和農学機構)であったが、私にとっては雑音の少ない農場という（留学先のコーネル大学キャンパスのような）環境が、「課題」と「枠組み」の展開を大いに後押ししてくれた。農場では誰も分子生物学的手法を駆使していなかったし、どんな施設を作りどんな機器を買うにしても、農場に初めて導入されるものばかりだから、私以外の人にとっては自ら責任を負う必要のない出来事である。また、大型予算を取ってくる必要があったから、それについてくる間接経費も喜ばれこそすれ、批判されることはなかった。

当時農場は実習や研究に使う場であり、学生を受け入れる制度はなかった。そもそも農場は研究に使う場ではあっても、そこに常駐して研究するという位置づけではなかったので、無理もないことだった。弥生キャンパスにスペースがないということで、私は東京都下の田無（現・西東京市）の地に9年半にわたり放置されていたわけだが、自分にとっては天国のごとき自由な場であった。

その後、私の研究室にはるばる来たいという学生が出てきて、当初は私の出身である植物病理学研究室に籍を置かせてもらい、学生を受け入れはじめた。しかし1995年、農学部に新たにできたもののスペースの関係で農場に留め置かれた生物資源創成学研究室の教授に就任したのを契機に、同じ学科・専攻で、離れているからといって学生を配置させないのはおかしいだろうということで、初めて私の研究室にも学生配属が可能となった。その後、農場も教育グループに入れようと言うことになり、農場にも学生が配属できるようになり、それは今日まで続いている。最近まで、大学院入試の受験科目として「生物資源創成学」があったほどだ。また、大型予算も獲得でき、それぞれ10人以上のパートと学生達に囲まれ、研究をスタートすることができた。まさにタイミングと場の賜物である。

「ファイトプラズマの生活史解明」という課題設定と「分子生物学のメスをファイトプラズマに入れる」という枠組みを展開するにはどうしても軸が必要で、それは「ウイルスという強力な既存課題を並行して走らせる」ことであった。つまり、ファイトプラズマに初めて分子生物学のメスを入れその生活史を解明することは先例のない未知の領域であり、そのロードマップを構築するために、すでに時間軸、空間軸の明確なウイルス研究を並行して走らせ、その軸を目安にファイトプラズマ研究を展開するのがよいと考えたのだ。

このように、パラダイム構築には、何を課題に設定し、その枠組みを何にするか、またその展開に何を軸にするかがきわめて重要である。もちろん「タイミング」と「場」に恵まれる強運があればあとは自分の胆力次第である。

3・5——組織マネジメントと異分野から学ぶことの大切さ

［3・5・1］生物資源創成学研究室の誕生

農場助教授を務め3年が過ぎた1994年、大学院重点化[11]の波がついに農学部の農業生物学科にも押し寄せ、大学院の名称は農学系研究科から農学生命科学研究科に変わった。特に化学系の先生方が、農学という古くさい名称より生命科学という新しい名称を指向していた。本末転倒だと私は思った。

農場長は崎山亮三先生に代わった。大学院に軸足をおいた生産・環境生物学専攻ができ、農学部に資源創成生物学領域大講座ができ、そこに研究室が2つ新設された。そこに私は教授として着任することになり、養蚕学研究室から嶋田透助手が助教授に、育種学研究室からポスドクの久保山勉氏が助手に就任して、モザイク状の研究室ができた。名前は、「生物資源創成学研究室」と付けた。専攻の教官会議で教授の1人から「天に唾するような名前だ」と言われたのを覚えている。いまの全国の大学の組織名称のありようからすれば、特に目新しい名称ではない。それほど当時はまだ想像も付かないくらいのどかな時代だった。とにかく3人とも互いに気を遣い合い、新しい研究室はとてもうまく運営できたと私は思っている〈図3・3〉。ただ私が一番上の立場だったので、若い2人の教官はどう思っていたか、知るよしもない。助

図3.3　生物資源創成学研究室

11　大学院重点化：1990年以降、大学の教育研究組織の中心を従来の学部から大学院に移す施策が行われた。大学院定員の急激かつ大幅な増加により若手研究者の就職難を引き起こしたともいわれる。

手は若すぎて業績もまだなく、研究費をまったく取れていなかったが、私と嶋田助教授はそれなりに予算が取れていたので、すぐに全額を久保山助手に配分し、農学部1号館に一部屋借り、大型機器も使えるよう電源工事を行い、実験台も買い、いろいろな機器を買って彼に使ってもらった。このときに、研究室のマネジメントのコツを覚えたような気がする。ゼミも一緒にやったし、合宿ゼミもモザイク状の3研究室が合同で伊豆のペンションを借り切ってやっていた。夜みんなで酒を飲み、それなりに羽目を外したのを覚えている。

「この研究室は、実は柏キャンパスに移転するために作られた研究室だった」と知ったのは、それからしばらく経ってからである。そのため「農学部キャンパスには一時的にいる場所などないので、移転まで農場にいてくれ」と言われ、教授の私は農場、助教授と助手は弥生キャンパスと、あいかわらずバラバラであった。そこへ降ってわいたように、1996年12月、「柏キャンパス新大学院研究科創設担当アドヴァイザー」の役目が回ってきた。早い話が柏移転の農学部責任者にさせられたのである。

[3・5・2] 文化の違い

翌年10月には正式に新領域創成科学研究科推進アドヴァイザーとなり、とんでもなくつらい仕事が次々襲ってきた。農業生物学科、獣医学科、農芸化学科から3人ずつ教員ポストを供出してもらい、柏に設置する先端生命科学専攻に3つ研究室を作るという構想であった。しかも、理・工・農・薬・医の文化（価値観、教員・学生の評価基準など）の大きく異なるすべての理系研究科から「学融合」という理念のもと、教員が集って創ろうという新研究科である。各学部の代表の先生方と、新大学院研究科の構想を練るのである。それぞれの文化の違い、価値観の違いをいやというほど味わうことになった。

たとえば論文。工学部ではそれより特許だという。工学部の総意ではないのだろうが、そう主張する先生が担当者であった。医学部はあまり動きたくない感じで、薬学部は1人しかポストを出す気は無く、理学部はとにかく純粋研究にしか興味が無い。紆余曲折の末に、生命棟と呼ばれる8階建ての研究棟に16研究室が入り、農学系の先生方で3研究室つくり、いまもそのまま続いている。

[3・5・3] アクシデント

柏への移転の準備が整ってきたなと思っていた矢先、緊急事態が発生した。一緒に異動する予定だった嶋田助教授は養蚕学研究室に戻り、久保山助手は茨城大学の助教授として異動することになったのである。久保山氏は私との共同研究で短期間に16報ほど論文を書いたのがプラスにはたらいた。とにかく新しい仲間を探さなければならない。私はすぐに行動するしかなかった。

　こういう緊急事態にどう果敢に対応するべきか、このとき身をもって学んだ。すぐに頭に思い浮かんだのが生資研[9]の宇垣正志氏だった。話したことは一度もなかったが、学会の口頭発表で、はじめてDNAシーケンサーを使った植物ウイルスのゲノム解読について発表していたのを覚えていた。遺伝子組換え植物の研究も行っていて、害虫学研究室出身でもあると知り、昆虫媒介性のファイトプラズマ研究とも接点がありそうで、とにかく声をかけることに決めた。もう一人の宮田伸一氏は、同じ研究所の篠崎和子博士の研究室で、植物生理学を研究していた人で、天狗巣病や葉化病の植物生理学的側面からのアプローチに貢献してもらえると考え、こちらも即決だった。彼は放射線遺伝学研究室出身であった。宇垣助教授と、宮田助手を迎え、またもやキメラ状の研究室となった。

[3・5・4] 転機と胆力

私は関係する研究者の出身大学や出身研究室は気にしないし覚える気もない。授業でも、外部の大学や研究機関から多くの先生に非常勤講師としておいでいただき講義してもらった。全国の植物病理学研究室の教授、准教授、助教、さらに理学部や工学部、医学部、分子細胞生物学研究所[12]や理化学研究所、国立研究機関など、異分野の著名な先生方から、研究室の若い学生や教員が得たものは大きい。講義の中盤や最後の質問時間には、止めどなく質問が出たものだ。講師の先生方は異口同音に、「こんなに積極的にしかもツボを押さえた鋭い質問をされたことは初めてです」とおっしゃって帰って行かれた。

また、外に出て異分野の空気を吸うことは、良いことはあっても悪いことはない。万が一沈澱してしまった場合でも、一度動けたのだから、身の丈に合った新たな世界に改めて身を投じてみれば、成功を手中に収めるチャンスが訪れるに違いない。そうなったからといって、外に出る判断が間違っていたのではなく、その人の成長曲線の個性によるものと考えるべきだ。外に出る機会を逃すことは、その人の「転機」と「新たな展開に身を投じる決断力と胆力」を手にする機会を失うことになるのだ。教授になった1995年に、ファイトプラズマの研究課題で初めて科研費が採択され、研究費がつき始め、ファイトプラズマの分類体系を構築し始めていた。1996年には、大型の研究プロジェクトが採択され、農水省や鯉淵学園の土崎先生と5年間にわたる三者連携のプロジェクトが始まった。これがのちにファイトプラズマ研究の骨子となる研究成果へとつながるのである。

3・6——外部ストレージによる創造力強化

［3・6・1］場の設計がすべてを決める

新研究室ができて3年目の1998年4月、いよいよ柏キャンパスに大学院が創設された。私の研究室は、それまでの「生物資源創成学研究室」の「生物」と「資源」を入れ替えただけの「資源生物創成

12　分子細胞生物学研究所：東京大学の組織で平成5（1993）年に生命科学研究に中心的な役割を果たすことを目指して、前身の東京大学応用微生物研究所の発展的改組により発足。

学研究室」とした。実は元々考えていた名称であった。そして新たな研究科の名称であるが、初代研究科長に就任された似田貝香門《にたがいかもん》教授が自分でお考えになるということで、みな命名を待っていたら、なん

〔コラム〕

ファイトプラズマ研究と研究費

ファイトプラズマ研究は当初きわめてマイナーな研究分野であった。そのため研究費獲得は非常に困難であった。獲得しても、植物生理学の大型プロジェクトの公募研究に応募して採択されるような状態であったから、研究成果を発表しても、大御所の先生方から厳しい言葉をかけられることも多かった。一番厳しかったのは、「植物のかたち」を変えるファイトプラズマの病原性メカニズムに関する研究である。当時、病原体により植物が「かたち」を変える原因は植物ホルモンの分泌による例以外には分かっておらず、単に病原体の感染により養分が収奪され、植物の「かたちづくり」を決めるプログラム（形態分化・形態形成の経路）が「攪乱」されるためであろうと考えられていた。

実際に、私がファイトプラズマ研究を始めた1995年頃、植物生理学の研究者と共同研究をしていて、ファイトプラズマの天狗巣病や、葉化病の病原性因子を探索していたので、研究成果発表会で、その成果を発表したところ、当時の重鎮から「単に植物の形態形成遺伝子のはたらきが攪乱されているだけだよ」と、言い切られてしまった。植物学の土俵のうえで弄ばれている感じであった。

ただ、それが奮起を起こすきっかけとなって、天狗巣病の病原因子「TENGU」の発見につながり、葉化病の病原因子「ファイロジェン」の発見につながったわけであるから、重鎮の先生には感謝しなければいけないと思っている。それまでの常識を覆すには、それ相応の壁をブレークスルーするまでの苦労があるものだ。またそれを機に、他分野の学会にいろいろ顔を出すようになった。いわゆる他流試合である。

また、どうせマイナーなテーマなので、研究費はいつも代表者で申請し続けた。これは自立心を生むのにとても役立ったと思う。おかげで、途切れず細々とでも研究を続けることができた。コツは、①腐らずに申請し続けること、②代表者で申請し続けること、③いろいろな分野に首を突っ込むこと、④農学という軸足は決して忘れないこと、だと思う。私の場合は農学が主であるが、理学、医学にも顔を出し続けた。今でも26もの学会の会員である。

と、私の研究室の「創成」を取って「新領域創成科学研究科」に決まった。これは痛快だった。

最初に建設されたのは、先端生命科学研究系の入る生命棟だった。学生受け入れは1年後の1999年4月で、そのときにようやく新研究科の教授に異動した。しかし、建物ができたのは2001年3月。しかも、引っ越しは9月だったので〈図3・4〉、それまで2年半、農場でお預けを食らった。受け入れた学生は農場通学となった。当時の農場長は坂 齊《ひとし》先生で、居候状態の私たちをいつも励まして下さった。

図3.4 柏キャンパス移転祝賀会(2001年9月)

しかし、実はこの〝お預けを食らった〟2年半の間に、4章以降で述べるファイトプラズマ研究の網羅的な展開につながる礎が築かれたのである。つまり、4章で述べる「ファイトプラズマの分類学」を確立するまでの農学部での研究生活を基盤に、このあとの〝お預けを食らった〟2年半の間に、ファイトプラズマの生活史に関する分子生物学的な研究を展開するための強固な足掛かりが築かれ、その後立て続けに先頭を切る論文発表が行われたのである。

この大学院は新たな理念のもとに設置され、各研究室の面積は通常の2倍、研究室内の設計も各研究室の裁量に任されたため、他の研究室に行くとしょっちゅう迷子になった。なかには茶室を設けたり、やたらと広いリビングのような空間があったりして、結構前衛的であった。ただ、研究室の扉は窓もない鉄扉で、各階向かい合わせに研究室が1つずつあるというもので、自由裁量でバラエティに富んだ個々の研究室を一歩出れば、「向かいは何をする人ぞ」という感じで、建物全体の雰囲気は非常に閉鎖的な設計であった。これは私たちの思い通りにならず、大学の施設部が決めたものであった。研究にとって場の設計はとても重要である。このときの違和感はその後、弥生キャンパスに戻ってからの研究室の改修や、法政大学生命科学部の生命棟設計の際に大いに役立った。

2003年4月に宮田助手は農水省の果樹研に主任研究員として異動となり、2003年5月に教え子の西川尚志《ひさし》君が助手に就任したが、2006年10月より宇都宮大学の助手に転出した。いまは准教授になっている。

[3・6・2] 陸の孤島は知の巨頭

私は2004年6月より、農学生命科学研究科の植物病理学研究室教授となり弥生キャンパスに戻った。2年8カ月半の柏生活であった。2005年8月に開通したつくばエクスプレスには結局乗れずじまいであった。この間、研究生活は夜中までの日々であったが、通勤には、常磐線の柏駅まで渋滞だらけのバスで片道1時間近くかけて通うか、柏駅から東武野田線で江戸川台まで行きそこからバスに乗るか、いずれにしても早朝1時間に1本のバスがあるほかは、日中は1本もないというまさに「陸の孤島」柏キャンパスであった。陸の孤島は田無(現・西東京市)の農場で経験済みである。そんな生活に慣れていた私は、柏でも結構研究に没頭することができた。住めば都とはこのことだ。

思い起こせば、留学から帰国後、田無の農場に赴任して直後の1992年6月から3カ月間、前述のように農水省蚕昆研に、招聘研究員として通った。当時は新松戸にある公務員宿舎から車でつくばにある蚕昆研まで通っていた。途中、柏市の米空軍柏通信所跡地を通って柏インターチェンジから常磐自動車道に乗り、つくばまで行くのが通勤コースであった。柏市の通信所跡地は当時、草ボウボウの何の変哲もない空き地であった。車もほとんど通らないので、国道6号線を通るよりもすいていて便利であった。その跡地こそ、5年後の東京大学創立120年目の評議会決定事項として東大柏新キャンパス用地となり、その2年後に新領域創成科学研究科ができる場所で、さらにその2年3カ月後には新領域創成科学研究科の生命棟が完成し、そこが自分の新たな職場になるとは、知るよしもないことであった。

[3・6・3] 捨ててこそ得られるもの

農学部で助手になってから19年間、1カ所か1つの組織に4年以上いたことがなかったことはすでに述べた。この間、農学部のオーバードクター時代にあった農学部3号館の大改修を皮切りに、5回も研究室の立ち上げを経験した。そのつど裸一貫からのやり直しであった。それが研究に影響した部分もあるかもしれないが、ネガティブに考えるのではなく、むしろ頭の中では常に研究一筋で思考回路がフル回転していた。引っ越しのおかげでいつも身軽でいられた。ペーパーレスの習慣も身についた。捨てることは新しい発想を呼び込む。人事以外のあらゆることを周囲の若い室員に「君覚えていてね、僕すぐ忘れるから」といっては外部ストレージに使わせてもらい、自分の記憶容量の小さな頭の中に常に大きな空き容量を作っておくようにしておき、その分、クロック数の低い脳の仮想メモリ代わりに活用し、可能な限り他の人より劣る頭の回転を少しでも良くし、創造力を強化するようにしていた。室員は私の考えていることを共有できるので、自然と同じ発想を共有できるようになった。

会議が終わると書類は捨てる。そんな情報を大事にため込み、物知りになったところで、何も新たなものは生まれない。単に事務処理マシンに成り下がるだけだ。

[3・6・4] 即決即断がいのち

2004年6月に弥生キャンパスに戻ってきて感じたことは、12年以上不在であったにもかかわらず、「変わっていない」ことであった。「十年一日のごとし」の感があった。すべてが試行錯誤の新設研究科と、永い歴史に裏打ちされた組織は、やはり違う。戻ってきた植物病理学研究室には、繰り返すことに何の疑問も感じず、変化を極端に嫌う空気が感じられた。異なる研究科に所属したとはいえ、わずか5年2カ月である。通算で40年近い年月を農学生命科学研究科に所属していたのに、私は浦島太郎にでもなったかのような気分であった。

植物病理学研究室でただ1つ気のついた変化といえば、書籍や実験機器がきちんと整理されていることであった。ただ、すべてが新しく広くてきれいな柏キャンパスから移ってきた私や、付いてきたポスドク達は、薄暗くて狭く人口密度がひどく高くなってしまった環境に、みな鬱状態になってしまった。異動して1カ月で改修工事を決断し、6月の1カ月で設計、業者決定を行い、7月の1カ月をかけて改修工事を断行した。壁を塗り替え、収容力の高い什器に交換し、試薬を使用する実験室と飲食のできる居室を分け、明るく居住空間の広い部屋にした。その間、分子細胞生物学研究所の建物の一角にあった空き部屋を4つ借り、仮住まいして過ごした。工事の終了とともに、8月にはとにかく研究室に戻り、

［コラム］

研究室マネジメントのコツ

研究室は、ボス支配を強くしてもいけないし、放任主義でもいけない。他の研究室の先生から、「なんで研究室をそんなにうまく運営できてるんですか？」とよく聞かれる。また、企業の方からも、「先生の研究室の学生さんはみな生き生きとしていて、受け答えもすごく好感が持てた。どうしたらあいう学生が育つんですか？」と言われる。逆に、「先生は研究室の学生を洗脳して、ワンマン経営で締め付けを厳しくしてるんでしょう？」と言う先生もいる。後者は誤解だと思う。研究室がうまく運営できているように見える理由は、研究室員が魅力的だからだ。博士課程に進学する学生が非常に多い。しかも学位取得後、就職できない学生は皆無だし、退職までに延べ30名もの研究室員たちを大学教員に送り出した。

しかし、くださいと言われない限りこちらからお願いしたことはない。要するに優秀なのは研究室員なのだ。優秀な研究室員を擁し、良い研究室を作る秘訣は簡単で、箇条書きにしてみよう。

1 コミュニケーションスキルを徹底してトレーニングする。
2 実験ノートの正しい書き方を徹底する。
3 答えを教えるのではなく自分で考えさせる。
4 講義を大切にし、就職率や居心地でなく専門分野に興味を持った学生に研究室を志望させる。
5 学会発表・懇親会・海外の学術集会などで他流試合をさせ、責任感を育てる。
6 今の親はしつけがいい加減なので、親の代わりであることを明言し、基本的な日常動作のしつけを徹底する。
7 教員と研究員、学生、テクニシャンの区別を徹底し、それぞれの階層で公平に接する。
8 学生自身のミーティングや飲み会に一切干渉しない。
9 いろいろなリーダーを作り、極力全員が何か一つはリーダーを務めるようにする。
10 教員の一体感を醸成し、情報を共有し、学生からバラバラに見えないようにする。
11 人事など重要事項は決して期日までリークせず、全員に同時に公表する。
12 教員自身が持っている新たなビジョンを提示し、室員に夢を持たせるようにする。

これらはあらゆる組織に通用するもので、特別なものは何もない。ただ、きちんとやっているところは意外と少ない。東大の中でもいろいろな研究室を数多く見る機会があったが、学生がこっそりと先生の悪口を私に漏らす研究室もあったくらいだから、組織マネジメントはそう簡単ではないということだろう。私も人のことは言えない。

ここに書いてないことで、「なぜないんだろう」と思われるものがいくつかあるに違いない。たとえば、次のようなことである。

1 経済的に苦しい学生にはおごる。
2 飲み会などで細やかに学生と接触しいろいろ悩み事を聞いてあげる。
3 とにかく学生の輪の中に入り、身近な存在、分け隔てのないお友達になる。

これらは、結構無意味なものだ。やって悪いことではない。しかし、研究室マネジメントのコツではない。先生の個性でしかない。

1カ月かけて什器・備品類を設置し、ようやく実験を始められる状況になった。とにかく異常に暑い時期の改修作業であったのを覚えている。

3・7——元々携わっていた牙城「植物ウイルス研究」

[3・7・1] 植物ウイルスを研究していたからこそできたファイトプラズマ研究

ここまでファイトプラズマ研究の基盤的成果を生み出した研究体制の構築について述べてきた。しかし、もう1つ重要な要素がある。それが私自身のルーツである植物ウイルス研究である。そもそもウイルス研究を行っていたから、フィールド（マクロ）レベルからミクロ～ナノレベルへと進み、ファイトプラズマ研究に初めて分子のメスを入れ、ファイトプラズマの生活史の全容を分子レベルで理解する研究を進めることができたのである。その経緯と顛末については本書ではすべて割愛しているが、そもそものルーツであるウイルス研究について何も語らず終わることは、ファイトプラズマ研究の本質を語らぬに等しいのも事実である。そこで簡単に要約して述べておこうと思う。最初に一言で著せば、ファイトプラズマは培養できないから形質転換系を確立して逆遺伝学的研究[13]をすることは難しい。しかし、むしろ篩部局在性植物ウイルスと同次元で考えることができるわけである。植物ウイルスは一般に遺伝子操作による逆遺伝学的研究が可能であり、植物への機械的接種[14]も容易であるのに対して、篩部局在性植物ウイルスは機械的接種ができず、媒介昆虫を利用して植物に感染させるほかないにもかかわらず、相当に分子生物学的研究が進んでいる。つまり、植物ウイルス研究の先端技法を利用すれば、植物ウイルスの100倍以上の大きさのゲノムを持つファイトプラズマにも応用できるはずである。この点で私はむしろ絶好の環境に置かれていたのだと思う。そもそも私が卒論生として研究室に配属されたときに植

13　逆遺伝学的研究：生物に突然変異を導入する処理を行い、特定の表現型を示す変異体から原因遺伝子を特定する手法を順遺伝学的研究という。一方、特定の遺伝子を変異させたり、発現制御することにより、生物への影響を調べる手法を逆遺伝学的研究という。逆遺伝学的研究を行うには、対象の生物を形質転換し、遺伝子導入する技術が確立されていることが必要。

14　機械的接種：ウイルス感染葉の粗汁液や精製ウイルスをカーボランダムと呼ばれる研磨剤とともに葉にこすりつけ、植物の表皮細胞にできた傷口よりウイルスを侵入させることにより接種する方法。

物病理学研究室ではすでにファイトプラズマ研究から植物篩部局在性ウイルスの研究にシフトしていた。土居先生の先見の明と言うべきではないだろうか？　ただ私の回りにはファイトプラズマ研究に携わっている人はもういなかったのである。

そこで、教授になり、研究室を自由に切り盛りできるようになった1999年以降、「これからは植物ウイルスの最先端の研究手法はファイトプラズマ研究にそのまま移植して展開する」、「植物ウイルス研究については当時のパラダイムであった翻訳・複製・移行[15]にはすでに多くの研究者が集中していたので見切りを付け、まだ誰もやっていない①病原性の分子機構と、②普遍的抵抗性の分子機構に焦点を定める」ことを考えていた。

これまで、植物ウイルスで大きなウイルス群（属）を構成するポテックスウイルス属[16]の各種ウイルスは、どれもきわめて限られた植物にしか感染しないと考えられていた。私たちはこのポテックスウイルス属の主要なウイルスの大半を入手し[7、8、9]、時間をかけて調べた結果、実際はシロイヌナズナ[17]を含む多様な植物に広く感染する種があることを発見した[10]。そしてそのゲノムを網羅的に解析したうえで、①病原性の分子機構を研究するうえで強力なツールとなるウイルス発現ベクター[18]を開発し、実験系を確立したことがウイルス研究の急速な展開につながった。まずウイルスタンパク質の1アミノ酸あるいは非コード領域（タンパク質をコードしない領域）の1塩基の変化で病原性が劇的に変化するなど、これまでと異なる点に着目し研究を展開した[11、12、13、14]。また宿主の防御応答機構としていま最も注目されているRNAサイレンシング機構（▼コラム「タイミングとスタンダード」153頁）に対抗し、かいくぐるウイルスのタンパク質の機能解明を通じて、病原性発現の分子機構の解析技法を構築した[15、16、17]。さらに、これまで誰も想像していなかった、植物ウイルスに対する超広域抵抗性遺伝子を次々に発見するとともに、その機能メカニズムを明らかにした[18、19、20、21]。この過程で得られたサイレンシング技術と機能的なウイル

15　翻訳・複製・移行：植物ウイルスは植物細胞内で、まずウイルスタンパク質を「翻訳」し、次いでそれを用いてウイルスゲノムを「複製」し、その後に隣接細胞に「移行」することで全身感染する。ここではこれらの感染ステップに対する分子生物学的研究を指す。

16　ポテックスウイルス属：ひも状粒子で一本鎖RNAをゲノムとする植物ウイルスの一大グループ。35種7暫定種が含まれる。代表的なウイルスに世界中でジャガイモに感染し、さまざまな他属のウイルスと重複感染して激しい被害を引き起こすジャガイモXウイルスや、2000年頃にヨーロッパで発生して以来世界各地でトマト生産に甚大な被害を与えているペピーノモザイクウイルス、観賞用に珍重されるランの主要ウイルスであるシンビジウムモザイクウイルスなど。

ス発現ベクターをファイトプラズマ研究に投入した。

ファイトプラズマと植物ウイルスを「ナノ病原体」として同一次元でとらえ、植物ウイルスの最新テクノロジーをファイトプラズマ研究に導入し、さらにその成果を植物ウイルス研究にフィードバックさせる、一種のフィードバックループを行ってきた。ファイトプラズマと植物ウイルスの研究を表裏一体とすることで、まさにDNAの二重らせんのように、研究を相互補完的・相互協働的に進化させ続けたのだ。学問が細分化され際限なく深化が進む中で、研究者の視野もまた隘路《あいろ》へと陥りがちであるが、かつて電子顕微鏡室が異文化コミュニケーションの場であったように、私たちは異質な研究を融合させる仕組みを1つの研究室に内包させることにより、イノベーションが生まれる研究システムを維持することができたと考えている。

＊引用文献

[1] Sato M (1996) Ann Phytopath Soc Jpn 62:177–180
[2] Hidaka M (1992) Nucleic Acids Res 20:3515
[3] Ohira (1995) J Gen Virol 76:2305–2309
[4] Namba S (1998) Arch Virol 143:631–643
[5] Lu X (1998) Arch Virol 143:1335–1348
[6] 難波成任 (1991) 植物防疫 45:253–261
[7] Yamaji Y (2001) Arch Virol 146:2309–2320
[8] Komatsu K (2005) Virus Genes 31:99–105
[9] Hashimoto M (2008) Arch Virol 153:219–221
[10] Komatsu K (2008) Arch Virol 153:193–198
[11] Kagiwada S (2005) Virus Res 110:177–182
[12] Ozeki J (2006) Arch Virol 151:2067–2075
[13] Komatsu K (2011) MPMI 24:408–420
[14] Komatsu K (2010) MPMI 23:283–293
[15] Senshu H (2009) J Gen Virol 90:1014–1024
[16] Senshu H (2011) J Virol 85:10269–10278
[17] Okano Y (2014) Plant Cell 26:2168–2183
[18] Yamaji Y (2012) Plant Cell 24:778–793
[19] Sugawara K (2013) MPMI 26:1106–111
[20] Hashimoto M (2016) Plant J 88:120–131
[21] Keima T (2017) Sci Rep 7:39678

17　シロイヌナズナ：アブラナ科の一年草。ゲノムサイズが小さく、世代期間が短く、遺伝子導入が容易であることなどから、モデル植物として幅広く研究されている。

18　ウイルス発現ベクター：植物への影響を調べたいタンパク質遺伝子をゲノムに導入し発現できるようにしたウイルス。植物に感染させると、ウイルスの増殖に伴いタンパク質遺伝子もはたらくため、大量にそのタンパク質を植物細胞内で発現することができる。

4章

MLOからファイトプラズマへ

クワ萎縮病ファイトプラズマ（*Phytoplasma asteris*）に感染し萎縮症状を示すクワ（手前）。奥は健全株。

かりに人類が死ぬべき運命にあるのなら、それは死滅するにまかせよう。その後には、暗黒との永遠の闘争をもっと強力にひきつぎ、今日のわれわれには想像もつかないような形の勝利を目ざすことのできる偉大な種族が残るのである。ほんとうのことをいえば、こういう種族の死は、何も死ではなくて、値打ちのあるただ一つの不死性、つまり抽象化された生命と知性との不死性へ向かって、もう一歩踏み出すことなのである。

アイザック・アシモフ　米国の作家・生化学者

4・1 混沌とした世界

[4・1・1] 微生物培養の重要性

近代細菌学の礎《いしずえ》を築いたのはロベルト・コッホである。コッホは19世紀ドイツの研究者であるが、結核菌を初めとする数々の重要な病原細菌を発見しただけでなく、わが国における細菌学の父とよばれる北里柴三郎など多数の細菌学者・免疫学者を弟子として輩出した。コッホが遺した数多くの業績のなかでもとりわけ重要なのは、細菌学の基本中の基本とされるコッホの原則を通じて微生物を培養することの重要性を説いた点である。微生物培養の重要性はコッホの時代から現在に至るまで不変である。ヒトの感染症の中にも今なお病気の特定に病原菌の培養が用いられている例が多く、微生物の研究においてはその特性や分類関係を調べる際に基本となるのは培養である。

MLOも例外ではなく、発見当初からMLOを培養するためのさまざまな試みがなされてきたことはすでに述べた通りである。しかし、数多くの研究者の多大なる努力にもかかわらず、現在に至るまでその培養系は確立されていない。そのためコロニーの形状[2-27]や生化学特性などMLOの基本的な性質を調べることもできなかった。

一方、わが国でMLOが最初に発見されたのを契機に、世界中で相次いでMLOが追認された。それまで原因不明であったさまざまな植物病について、罹病した植物の組織を電子顕微鏡で観察すると、そこにはマイコプラズマと類似した粒子が確かに観察された。日本では土居らにより、天狗巣病に罹《かか》ったキリ、ジャガイモ、サツマイモ、マメ類などの植物でも同様な粒子が観察され、クワ萎縮病に加えてこれらの病害の病原体もMLOであると結論付けられた[1、2、3]。つづいてイネ黄萎病がMLOによることも報告され、媒介昆虫体内においてもMLO粒子が観察された[2–6]。また、ミツバ天狗巣病、ゼラニウム天狗巣病などもMLOによる病害であることが明らかとなった[4、5]。

海外ではトウモロコシ萎縮病[2-42]（米）[6、7、8]、トマト黄化病[1]（仏）[9]、サトウキビ白葉病[2]（台湾）[6]などの罹病植物から、同様な粒子が発見され、MLOが世界中で多くの植物に病気を起こしていることが確認された[10]。

[4・1・2] 研究は袋小路に

しかし、ここで問題が起こった。

植物の病気の名前は、クワ萎縮病（クワ＋萎縮病）やイネ黄萎病（イネ＋黄萎病）のように植物名とその症状（病徴）から名付けられるが、1種類の病原菌がいろいろな植物に感染して病気を起こす場合が多いため、実際には病名は多くても病原菌の数は限られる。通常はコッホの原則に従い、分離・培養した菌をこれらの植物に接種して元の病気を起こすことを確認するとともに、病原菌同士の性質を比較し、同じ性質を持つ細菌が同種として整理される。しかし、MLOは培養ができないため、電子顕微鏡観察でMLO粒子が見つかっても、媒介昆虫が分からない限り他の植物の病気との因果関係も突き止められないし、性質の比較やグループの整理ができない。仕方がないので、発見された植物ごとにその植物名と病徴名を冠したMLO名を付けるということが世界中で行われた。その結果、またたく間に1000以上のMLOが乱立することになり、MLO研究は収拾がつかなくなってしまった。

1980年代の後半には、98属約750種類の植物にMLOが感染可能であることが報告され[11]、

1 トマト黄化病：tomato stolbur病
2 サトウキビ白葉病：sugarcane white leaf病

国内においては63種類のMLO病害が報告されるに至っていた[12]。しかしながら、これらのMLOが相互にどのような異同関係や類縁関係を持っているのか、それを解明する手立てはなかった。わずかながら行われたことといえば、一部のMLOについて媒介昆虫を用いて接種試験を行い、特定の植物に引

［コラム］要素還元

土居はMLO発見後、培養もできず、分子生物学的技術も当時はまだ初歩的であったことから、ウイルス研究に方向転換し、MLOの発見に重要な役割を果たした電子顕微鏡に加え、ウイルス精製が可能な新兵器「超遠心機」を導入し、ウイルスの研究に集中していった。しかし、要素還元的な実験手法（分子量、アミノ酸組成の分析など）を嫌った。その考え方は私にも影響を与えた。つまり、組織をいくらつぶして物質組成を分析しても、病原体と宿主の生の相互作用を理解することはできないという発想である。この考え方は、今日の進歩した時代でも変わらず正しさは裏付けられている。ヒトゲノムが解読されても結局「何も分からないということが分かった」だけであった。

生命の物質的根源を追い求める人間の習性は、そこに生命がいるからなのかもしれないが、当時の技術水準では何一つ解決し理解することにはつながらなかった。土居は培養をすぐに諦めたが、正解であった。その後50年、世界中の誰も成功していない。結局、ブレークスルーは判断力と集中力、つまり選択と集中から可能となるのではないか。またそこから生まれる新たなパラダイムは、知と智慧と最新の技術を駆使しないと構築できない。その判断力と知慧がセンスであり、能力であり、才能なのであろう。あとはやはり現象を一番重視する必要があるということだ。

モデル化を追求することも、物質の根源を追求するのとそう変わらないし、普遍化にはつながらない。そういう研究は一度始めるとやめられないらしいが、別途趣味でも持たないと長続きしないのではないか。芸術やスポーツを趣味にしている人が多いのは、それが原因ではないかとも思うときがある。文部省（当時）で学術調査官をやっていたとき、著名な先生方が、上京されてはテニスをする相談をしていたのを思い出す。私は現場に多分に入り浸ってきたおかげで趣味は研究で、本業は教育。何の苦も感じずに済んでいる。

き起こす病徴の比較による分類が試みられていた程度であった。

［4・1・3］遅滞期に学んだ帝王学

１９６７年のＭＬＯ発見から四半世紀、研究は事実上遅滞してしまった。もちろん次々とＭＬＯ病は発見されたのだが、萎黄叢生病が発見されるたびに十年一日のごとく電子顕微鏡観察され、ＭＬＯ粒子が確認されると媒介昆虫を探す、の繰り返しであった。そしてＭＬＯ研究は新たな段階へとステップアップすることはなかった。いくら挑戦しても培養できず、万策尽き果てた感があった。土居はなんとかＭＬＯ研究を展開しようと若い人たちを鼓舞《こぶ》したのだが、土居が当時かかえていた技術の壁を前にして、研究の方向が見えなかった。ＭＬＯを発見した当の研究室では、土居はその後すっかりＭＬＯの研究をする気が失せたようであった。一介の学生に過ぎなかった私から見たら、ＭＬＯ研究の糸口を模索している感じであり、白衣を着ていつも机の上に足を乗せタバコをくゆらせながら物思いにふける姿が記憶に残っている。

うっかり忘れ物を取りに土居部屋（研究室では土居助教授の部屋のことを学生やオーバードクターらはそう呼んでいた）に戻ったが最後、退室しようとすると、ほぼ確実に、突然「いかがですか？」と大きな声で話しかけられる。「は？　はい」と答えて、自席に戻り、土居に向かい合わせに座って話を聞く体勢を整えることになる。それから延々３〜６時間は拘束されるのが常であった。

他の学生たちは、土居部屋に配属された私のことを「お気の毒」という目で見ていたようだが、じつは大学院生時代を過ごした土居部屋での５年間は学術の道を選んだ私にとってかけがえのない時間であったことを実感することになる。私はその５年の間に、研究の裏話、世界の研究はどう動いているか、どのようにして研究で成功したのかなど、簡単には聞けない話を積もるほど聞くことができたからである。その話の中から私は、研究のダイナミズムや帝王学の基礎を学んだと思っている。いつも言われたのは、「私はあなたのご両親より長くあなたとつきあっているんだからね〜、ハーッハッハ……」事実そうであった。

当時は、ウイルス等に感染した植物の組織内成分変化や、ウイルス構成成分を要素還元的に組成分析することが流行っていたので、その技術を使えばそれなりの研究成果は挙がっていたかもしれない。ただ、本当の意味での生命科学の新たなパラダイムは１９８０年代以降のことなので、81年に教授に就任した土居にとって、残りわずか7年の教授としての年限を、成功する保証のないＭＬＯ研究の新たなパラダイムの模索に費やすより、当時花盛りであったウイルス研究に使った方が効率的だと考えたのはごく自然であったと思う。そうした雰囲気のなか、80年代になっても研究室では、分子生物学的研究手法[3]を導入することもなく、相変わらず電子顕微鏡を武器に使うよう指導された。

その中で細々とではあるが私は、学位を取得してからは自由にやらせてもらえるようになったので、ウイルスを材料に分子生物学的技術を積極的に導入していった。しかし所詮、ウイルスを精製し、ゲノム解析をするだけで、それ以上の新たなパラダイムを見出すことはできなかった。

4・2 ——2つのブレークスルー

［4・2・1］分子生物学の黎明期とＭＬＯ

一方、周囲の研究環境を見渡せば、その当時分子生物学的研究手法[3]の発展には目覚ましいものがあった。１９７８年にはジャガイモやせいもウイロイドゲノムの全塩基配列が決定された[13]。これが植物ウイルス[2-18]・ウイロイド[4]はもとより、真核生物の病原体でゲノムが決定された世界初の例である。次いで

3 分子生物学的研究手法：生命を構成する核酸やタンパク質の塩基配列やアミノ酸配列などの情報とそれら分子の構造や化学的特性と挙動などに基づいて、代謝系などを分子レベルで解明し、生命の仕組みを説明することを目指す研究手法。

4 ウイロイド：植物に感染する病原体。無生物で、ウイルスは核酸とタンパク質（および脂質膜）で構成されるが、ウイロイドは核酸のみで構成される。ウイルス同様、宿主植物の代謝系を利用して複製・移行する。

図4.1 ポリメラーゼ連鎖反応（PCR）の原理

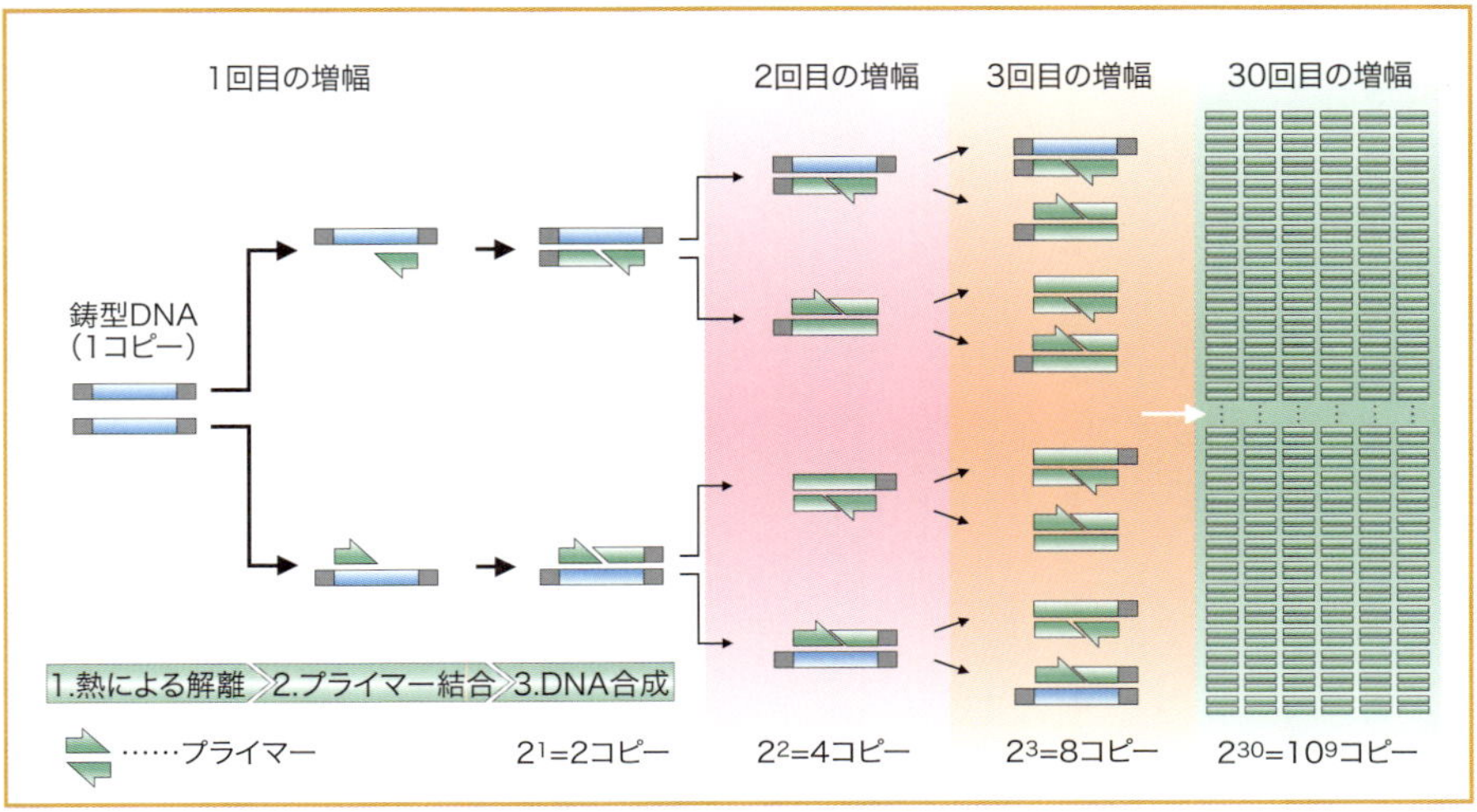

1980年には植物ウイルスで初めて、DNAウイルスであるカリフラワーモザイクウイルスの全塩基配列が決定された[14]。こうして研究の環境は近代化しつつあったのだが、MLO研究者は、①培養できないため純粋な菌体を得るのが難しいこと、②ウイルスと違ってあまりに壊れやすく大きさも不斉一で感染植物から精製しにくいこと、③篩部に局在するため量が少ないこと、などから、まさかMLOに分子生物学的手法が導入できるなどとは予想だにしていなかった。

そんななか、1988年、ポリメラーゼ連鎖反応（PCR）法という画期的な技術が世に出たのである[15、16]。PCR法とは、温泉や海底の熱水口に生息する好熱細菌の持つ耐熱性のDNAポリメラーゼを用いてDNAを増幅する技術で、目標とする特定のDNA領域を短時間で10万倍以上に増幅することができる〈図4・1〉。遺伝子レベルの研究に一大革命をもたらす発明であった。

私はこの年の8月に京都で開催された第5回国際植物病理学会議に参加し、その開催期間中にコ

5　ゴンザルベス：Dennis Gonsalves。米国の植物病理学者。遺伝子組換えによりパパイア輪点ウイルス(PRSV)抵抗性のパパイアを開発。PRSVにより壊滅的被害を受けていたハワイのパパイア産業を復興させた。

6　モノクローナル抗体：単一の抗体産生細胞に由来するクローン細胞群により産生された均質の抗体。不均質な抗体群（ポリクローナル抗体）を利用する場合に比べて、標的抗原に対する特異性が高い点で優れる。

7　抗体遺伝子のクローニングと植物での発現：抗体産生細胞から抗体をコードする遺伝子を取り出し、遺伝子組換え技術により植物に発現させる技術。病原体が植物に侵入すると抗体が結合して不活性化する。

8　パーティクルガン：金属の微粒子にDNAを付着させて試料に噴射し、細胞内に打ち込む遺伝子導入技術。

9　制限酵素で切断：制限酵素とは、DNA鎖の特定の塩基配列を認識し切断する酵素である。制限酵素の種類によって認識する配列が異なるため、標的の配列に応じて適切な制限酵素を選択する必要がある。

ーネル大学教授のゴンザルベス博士[5]に声をかけられ、翌89年春から1年半、米国コーネル大学に留学する機会を得た。現状打破のための大きなチャンスと思い応募した。当時すでに助手となっていた立場からすれば、客員研究員としての留学は身分も給与も下がってしまうことになる。招聘《しょうへい》する側のゴンザルベス博士もそのことを気遣い「ポスドクを探しているので、君のようなプロフェッサーの待遇じゃないよ（助手でも永年雇用のAssistant Professorなので米国ではProfessorの一員との認識のようだ）」と言ってくれたが、私にはそんなことはどうでもよかった。

コーネル大学では遺伝子組換え植物の作出を行っていたし、モノクローナル抗体作出[6]、抗体遺伝子のクローニングと植物での発現[7]、パーティクルガン[8]による植物への遺伝子導入、そしてＰＣＲなど、新しい技術を次々と自分のものにすることができた。1年半で11報もの論文を国際誌に掲載できたことも満足であった。そのときの経験は今でも生きている。留学時に覚えたＰＣＲによる遺伝子増幅技術の可能性を肌身で感じ、１９９０年に帰国後直ちにその技術の応用先についてさまざまなアイデアを構想し、一つひとつ実行していった。もちろんＭＬＯのＤＮＡ増幅にも応用したのである。そうした経験から分かったことは、要するに、ＭＬＯ研究の新しい展開にとって必要なのは、最先端技術を駆使し新たなパラダイムを構築する創造力を育むことであった。そしてそれは相当に難しい挑戦であった。

その頃はＭＬＯに関しても分子生物学の黎明期であった。ＭＬＯに感染した植物や昆虫の全ＤＮＡを抽出し、制限酵素[9]で切断して、プラスミドベクターにクローニング[10]し、サザンハイブリダイゼーション[11]により感染植物にのみ反応するクローンを選抜し、それをＭＬＯの検出や塩基配列の解読に利用するようになっていた[17、18、19]。したがって、研究者の間では従来の電子顕微鏡観察から、ＭＬＯの分類学的位置付けに向け、分子系統学[12]的な視点へと興味は移りつつあった[20]。

10　プラスミドベクターにクローニング：細菌の染色体外環状DNA鎖であるプラスミドに目的遺伝子を導入し大腸菌などに入れて大量増殖するための核酸分子をベクターといい、ベクターに目的遺伝子を組み込むことをクローニングという。

11　サザンハイブリダイゼーション：核酸の相補鎖同士が特異的に結合する性質を利用し、この特異的結合を人工的に起こさせる実験手法。標的配列を持つ核酸の検出や定量などに利用される。MLO特有の塩基配列を持つDNA断片をプローブとして検体に添加すると、検体にMLO由来の核酸が含まれた場合に限り、プローブが検体核酸に結合する。

12　分子系統学：異なる生物の持つタンパク質のアミノ酸配列や核酸の塩基配列を比較し、それら配列の分化の過程を数学的演算により推定し、生物の進化の過程を明らかにしようとする学問。

［コラム］
ライフワークはどのようにして生まれるのか

私は学生時代、ずっと果樹ウイルスの研究をしていた。しかし、土居助教授（当時）に頼まれ、たまにファイトプラズマ研究を手伝うこともあった。

ファイトプラズマに感染した昆虫をすりつぶし、ガラスキャピラリー（細いガラス管の先を熱で伸ばし、ごく細いところで切断して作ったガラス注射器）で健全な昆虫の体内に注入すると増殖し、植物への感染力を持つようになる。ただこれだけではファイトプラズマを単離し、その病原性を証明したことにはならない。しかし1960〜70年代の研究環境では、注入された昆虫体内でファイトプラズマが増殖する様子を確認する方法は、電子顕微鏡観察以外になかった。当時、博士号取得を目指し研究室でファイトプラズマの研究を行っていた中国人留学生と一緒に、クワ萎縮病に感染したクワを磨砕して、遠心分離によりファイトプラズマを精製し、そのつど電子顕微鏡により精製試料の中にファイトプラズマの存在を確認しながら、それを媒介昆虫であるヒシモンヨコバイの腹腔に注射し続けた結果、一度だけ、クワの実生（その植物の種子をまいて発芽させた苗）に接種したものが発病した。おそらく後にも先にも、植物から精製したファイトプラズマを昆虫に注射し、植物に吸汁させ感染させることに成功した例は他にはないであろう。しかしこれ一度だけでは証明したことにならない。

この仕事を手伝った頃から、ファイトプラズマをウイルスと同次元で見るようになっていたと思う。これがのちにファイトプラズマを分子生物学的視点から見直し、新たな展開につながることとなった。ただこの時点ではまだ、自分が将来ファイトプラズマ研究に携わることなど夢にも思っていなかった。

研究におけるライフワークとは、そこに価値を感じ、人生観を投影でき、独自の世界観を築くことができ、達成感が得られる仕事である。果樹ウイルス研究で早くから壁にぶつかり、ひとまずは果樹ウイルスを粒子として電子顕微鏡と遠心機で追跡することで、新たな流れを果樹ウイルス学に吹き込み初学者として評価はされたが、新たなパラダイムを構築できるタイミングではもはやなかった。そこで、ウイルスの病原性・宿主決定の分子機構の解明へと研究の舞台を移すことにした。ただ当時の分子生物学はまだ技術というより、それ自体が研究の目的に過ぎないレベルであったことに気付いてジレンマを感じてはいた。

留学後、偶然にファイトプラズマに関わることになったので、このジレンマを原動力に、発見以来研究の遅滞していたファイトプラズマ研究に、分子のメスを入れる絶好のタイミングだと感じていた。それに気付いていたのは、むろん私だけではなかった。米国のカリフォルニア大学植物病理学部教授であったブルース・カークパトリック博士(▼126頁)も同じことを考えていた。彼は1987年、ファイトプラズマのDNAを単離し、健全植物と感染植物をDNAハイブリダイゼーションにより判別する技術を確立した。次いで1989年、16SリボソームDNAを単離し、系統解析により、ファイトプラズマがモリキューテス綱に属することを明らかにした。当時まだ16SリボソームDNAを用いた細菌の系統分類が始まったばかりであった。

そのとき、私は留学からの帰国直前であり、蚕昆研[2-45]の佐藤守博士のファイトプラズマの研究を手伝うことになっていたので、帰国直前に下調べしたのを覚えている。その結果、ファイトプラズマの分類と、昆虫・植物・ファイトプラズマの関係に分子生物学的手法を導入すると新たなパラダイムにつながる可能性が高いと判断した。

まずは、①分子系統解析による分類、が最初のターゲットであった。次いで、②全ゲノム解読、③病原性決定の分子機構解明、④宿主特異性決定の分子機構解明、そして⑤形質転換系確立、⑥培養、までをターゲットとする。これが当時考えていた研究の順番であった。植物ウイルスの全ゲノム解読が可能となり、1981年に初めて動物ウイルス（ポリオウイルス）で、続いて1983年にはウイロイドで、1984年には植物ウイルス（ブロムモザイクウイルス）でたてつづけにゲノムを合成し生物に感染させることに成功するという時代の真っただ中にいた。その潮流を目の当たりにしながら、「これからはウイルスを分析するのではなく創って道具にする時代だ」と感じ周囲に語っていた。そこから自分のやるべき未来が一筋の光となって見えてきていたのを覚えている。

ライフワークは、1~2年先、目の前を見てできるものではなく、10年先、20年先を夢見て考えてようやくできるかできないかのようなものである。

[4・2・2] 世界初？ 人力PCR

留学中に取り組んだことのなかで、その後の私の研究を大きく飛躍させたのは、やはりPCR技術に精通したことであった。

前述した通り、ＰＣＲ技術とは、温泉や海底の熱水口に生息する好熱細菌の持つ耐熱性のＤＮＡポリメラーゼを利用して、ゲノムＤＮＡ（二本鎖）の増幅したい特定のＤＮＡ断片だけを、温度変化を加えることで、短時間で大量に増幅する技術である〈図4・1〉。

目的とする標的遺伝子（これを鋳型という）の入った溶液に、ｄＮＴＰ[13]、２種類のプライマー[14]、ＤＮＡポリメラーゼ、増幅反応を最適化する緩衝液を入れ、94℃に置く。するとゲノムＤＮＡの二本鎖がほどけて一本鎖になる。その後約60℃に急速冷却すると、プライマーが標的遺伝子の両鎖にそれぞれ結合する。約70℃にするとＤＮＡポリメラーゼがＤＮＡを合成し二本鎖になる。これを繰り返すと、高温のときに再び二本鎖がほどけて一本鎖となり、冷やしたときにプライマーが結合しＤＮＡが合成され二本鎖になる、ということが繰り返されることとなり、この遺伝子の長さに相当する二本鎖ＤＮＡが大量にできる。

この技術は、私がコーネル大学に留学した１９８９年後半から世界中に普及しはじめ、耐熱性ＤＮＡポリメラーゼは商品化されはじめていた。問題は、温度変化を正確に行うサーマルサイクラー[15]という装置が開発されていたものの、非常に高価でほとんどどこも持っていなかったことである〈図4・2〉。

留学先でウイルス抵抗性遺伝子組換え植物を開発するプロジェクトも担当していた私は、植物に導入する遺伝子についても、ＰＣＲで増幅したいと考えていた。プラスミドにクローニングし、大腸菌で大量に複製させて、プラスミドを精製し、制限酵素で切り出して、電気泳動で精製するというそ

図4.2 最も初期に発売されたサーマルサイクラー

13 dNTP：DNAを構成する4種類のデオキシリボヌクレオチド三リン酸（dATP, dCTP, dGTP, dTTP）を混合したもので、DNAを合成するための素材となる。

14 プライマー：DNAの塩基が20個程度つながるよう合成した分子（オリゴヌクレオチドという）でPCR反応に用いる。DNAポリメラーゼはプライマーを起点としてDNAを伸ばし合成する。増幅したい領域の二本鎖DNAの両端の異なる鎖に相補的な配列を向かい合うように設計して使用する。

15 サーマルサイクラー：試料の温度を精密に制御し、また迅速に変化させることができる電気機器。あらかじめ条件（温度・時間・回数など）を設定しておくことで、連続する複数の温度処理を自動で行う。PCRなど酵素反応をはじめ、さまざまな用途の熱処理に活用される。

図4.3　クローニングとPCRによるDNA増幅技術

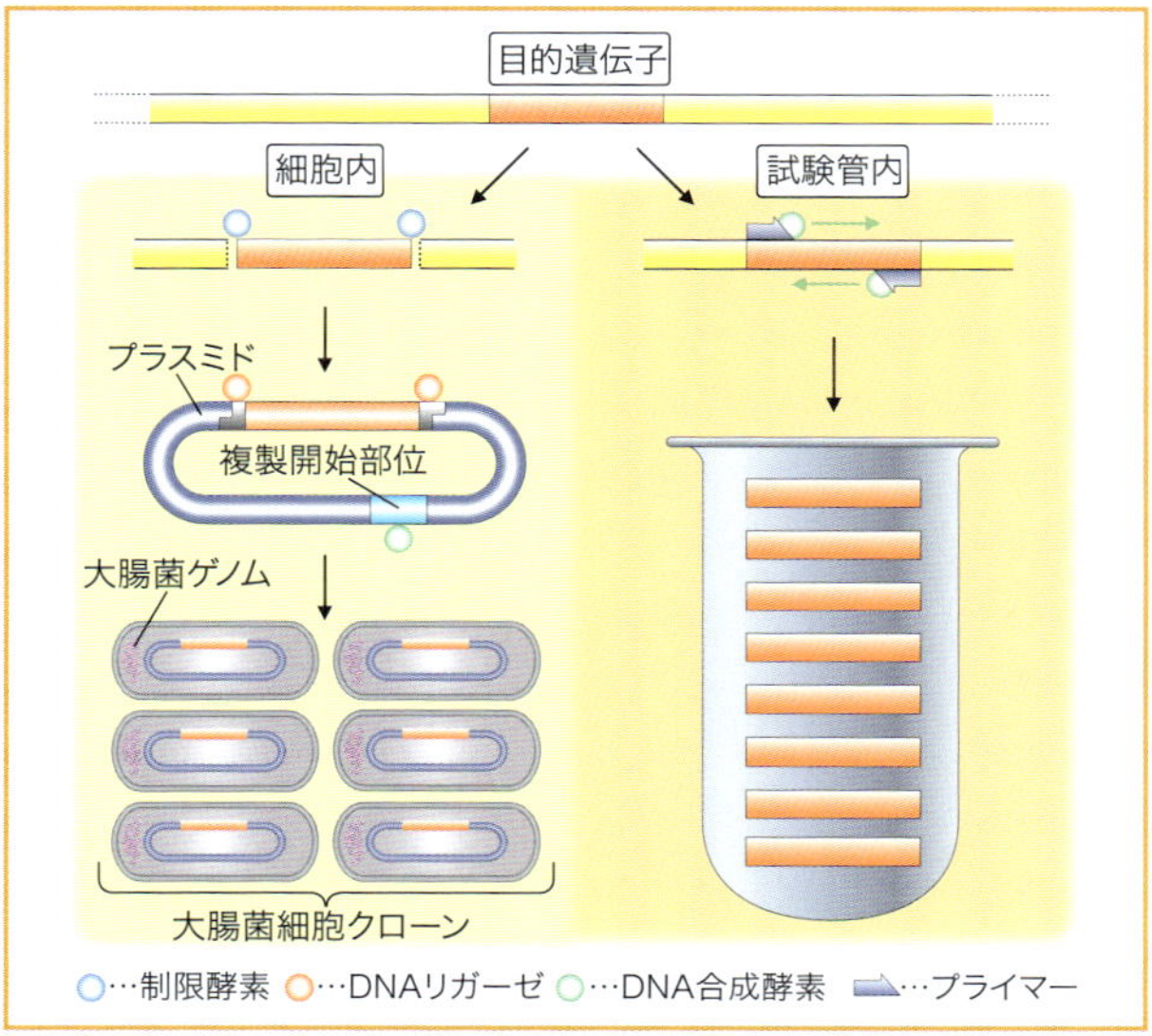

（左）クローニングによるDNA増幅は大腸菌の細胞増殖に依存する。
（右）PCRによるDNA増幅は試験管内での酵素反応だけで済む。

れまで行っていた面倒な操作を省けることは、プロジェクトのスピードアップに大きく貢献する〈図4・3〉。高価なサーマルサイクラーなしで、何とかPCRで増幅することはできないだろうか、と考えた。

そして留学も後半になった頃、私はこの温度変化を人力で行う方法を考案し、実行に移した。

通称「植物病理学部棟」というビルで毎日実験をしていたのだが、17時になると教職員も学生も一斉に帰宅し、ビルは閑散とする。私はその時間を待って、がらんとしたビルの1階からウォーターバス[16]を1台、実験台と同じ高さに調節したキャスター付き運搬車に乗せ、エレベーターを使って地下1階の分子生物学実験室に運び込んだ。ヒートブロック[17]を94℃に、ウォーターバスを72℃に設定し、その間に氷水の入ったバットを置いて一列に並べた。そして私がPCR反応液の入った小さなチューブを手に持ち、94℃➡4℃（氷水）➡72℃の順番にチューブを移動させるのである。バットとウォーターバスには、チューブを挿せる大きさの穴の空いたフロートラック[18]を浮かべておき、それに挿して、2分➡2分➡2分の順で移動して、温度変化を繰り返すのだ。35回くらい反応を繰り返した。全部終わるのに3～4時間かかった。その間、家内が持ってきてくれた夜食をほおばりながら、黙々とヒ

16　ウォーターバス：水の入ったヒーター付きの恒温槽のこと。

17　ヒートブロック：サンプルを固形ブロックのウェルに設置し、固形ブロックの温度制御を通じてサンプルの加熱・冷却・保温などを行う装置。

18　フロートラック：スポンジでできた浮き。これにチューブを挿しウォーターバスやビーカーに浮かせてサンプルを昇温・降温させる。

ートブロックから氷水、氷水から水槽、水槽からヒートブロックへとチューブを移す単純作業を繰り返した。増えていてほしいと願いつつ、チューブ内のサンプルを電気泳動して調べた。すると、明瞭なDNAのバンドが見えた。「やった!」、そのときのうれしさといったらなかった。世界最先端の技術を手作業でやったのだ。まさに人力PCRである。それからしばらくして帰国直前となった頃、上の階に1台だけ、サーマルサイクラーが入った。使う余裕もないまま、私は帰国の途についた。

帰国して驚いたのは、日本ではそのサーマルサイクラーがそこら中にすでにあったことだ。むろん高額で1台400万円くらいの価格だったのを覚えている。

考えてみれば、冷蔵庫とポットを合わせたような装置が数百万円もするわけで、人力でやるか機械を使うかだけの問題である。たしかに高いだけあって反応性は良いし、反応後に4℃に維持して試料を安全に維持してくれるので、装置にセットして帰宅できることを考えるとこの装置を使いたくなる気持ちは分かる。しかし、「高価な装置がなければできない」という先入観を捨て去れば、アイデアはいろいろ出てくるものだ。

帰国してすぐ某理科学機器メーカーに、「コンプレッサー[19]でなくファンとヒーターだけでできないか」と交渉したところ、しばらくして作ってくれた。価格は30万円程度と安かった。しかし技術革新のスピードは速い。この方式のサーマルサイクラーはその後思ったほど広まる前に、ペルチェ素子[20]式のものにとってかわられ安価になった。万事潔癖主義の日本人が高価でブラックボックスのような外国製装置をブランド視し購入する発想は、若手研究者の創造力醸成を阻害するものではないかと思う。それは、日常の便利さに囲まれた日本の生活からいったん離れ、留学してみないとなかなか分からない。

〔4・2・3〕MLOからファイトプラズマへ

19 コンプレッサー:空気など気体を圧縮する機械。冷蔵庫やエアコンの室外機などでも利用されている。
20 ペルチェ素子:2種類の金属接合部に電流を流すと、片方から他方へ熱が移動するというペルチェ効果の原理を利用した板状の半導体素子で、発見したフランスの物理学者ジャン=シャルル・ペルチェの名にちなんでつけられた。
21 ミトコンドリア:真核生物の細胞小器官の一つで、細胞内に大量にある。ミトコンドリアは細菌が細胞内に取り込まれ共生したものと考えられておりMLO同様に16SリボソームDNAを持っているため、プライマーの設計によっては健全な植物のミトコンドリアからも16SリボソームDNAが増幅されてしまう。

帰国後私は、米国から大事に持ち帰ってきたアップルのパソコン〈図4・4〉と格闘しながらMLO研究の作戦を立てた。MLOの分類学的位置づけと、当時世界中で1000種類はあるというMLO同士の関係を科学的に整理し、MLO全体を分子レベルで体系化するにはどうしたらよいのか。海外の文献を読み、さまざまな生物の遺伝子情報のデータベースと格闘する日々であった。

人工培養に成功していないMLOでは、純度の高いMLOの核酸を十分量得ることがそもそも困難であり、遺伝子を用いた研究は予想に違わず困難をきわめていた。

そうしたなか、MLOの核酸精製に代わる方法として、カナダのアルバータ大学の比留木忠治博士（教授）(▼127頁)らにより発表されたのが、PCRによりMLOの16SリボソームDNAを増幅し、電気泳動してMLOを検出する[21]という方法であった。しかし当時は動物・ヒトのマイコプラズマを検出するプライマーを使っていたので、検出できないMLOや健全植物のミトコンドリア核酸[21]を増幅したと思われる例もあった。

図4.4 マッキントッシュSEコンピューター

ファイトプラズマの16SリボソームDNAをプラスミド増幅しダイレクトシーケンスする技術を確立するために酷使した。

そのことを論文で知った私はまず、

1 全長1535塩基対の16SリボソームDNA[22]を標的とし、

2 「MLOでしか増幅されず」しかも「あらゆるMLOで増幅できる」PCR用のユニバーサルプライマー[23]を設計する

3 それを用いてMLOに感染した植物や昆虫からMLOの16SリボソームDNAだけをPCR増幅する

---

22 16SリボソームDNA：16SリボソームRNAが転写されるDNA領域。生物はタンパク質を生合成するための装置「リボソーム」を持つ。リボソームは大小2つのサブユニットからなり、小サブユニットに含まれるリボソームRNAが16SリボソームRNAである。細菌の進化や分類にはこのRNAの塩基配列を系統解析することが有効である。「16SリボソームRNA遺伝子」とは当該遺伝子をコードするDNAのことであり、本書では「16SリボソームDNA」と統一して表記する。

23 ユニバーサルプライマー：ある特定のグループの微生物や生物の特定のDNA領域を普遍的にPCR増幅でき、かつその他のグループのDNAの増幅が起きないよう設計されたプライマー。

ことを目標に設定し、ユニバーサルプライマーの設計を始めた。また、特定のDNA領域をPCR増幅する技術は当時確立したてであり、増幅したあと、そのDNAの塩基配列を決定するのは非常に手間がかかっていた。まず増幅したDNA断片をプラスミドベクターに挿入し、それを大腸菌に導入したのち大量培養して、精製したプラスミドの挿入DNA断片をキットによりシーケンシング反応させ、それをシーケンサーにかけて塩基配列を決定していた〈図4・5〉。言葉で説明するだけでもややこしいこの工程を、なんとか効率化し、PCR増幅したDNAを用いて直接塩基配列を決定できないかと考えた。

その結果、16SリボソームDNAの立体構造から、保存性の高い領域を推測し、そこにプライマーを設計すれば、MLOの種類により塩基配列に多少の違いがあっても解読できるのではないかと考えるに至った〈図4・6〉。そこで、約1500塩基対の全域に平均200塩基対おきに両方向に計15本のプライマーを設計し、PCR増幅したDNAを直接キットによりシーケンシング反応させ、塩基配列を決定

図4.5 ダイレクトシーケンスによる効率化

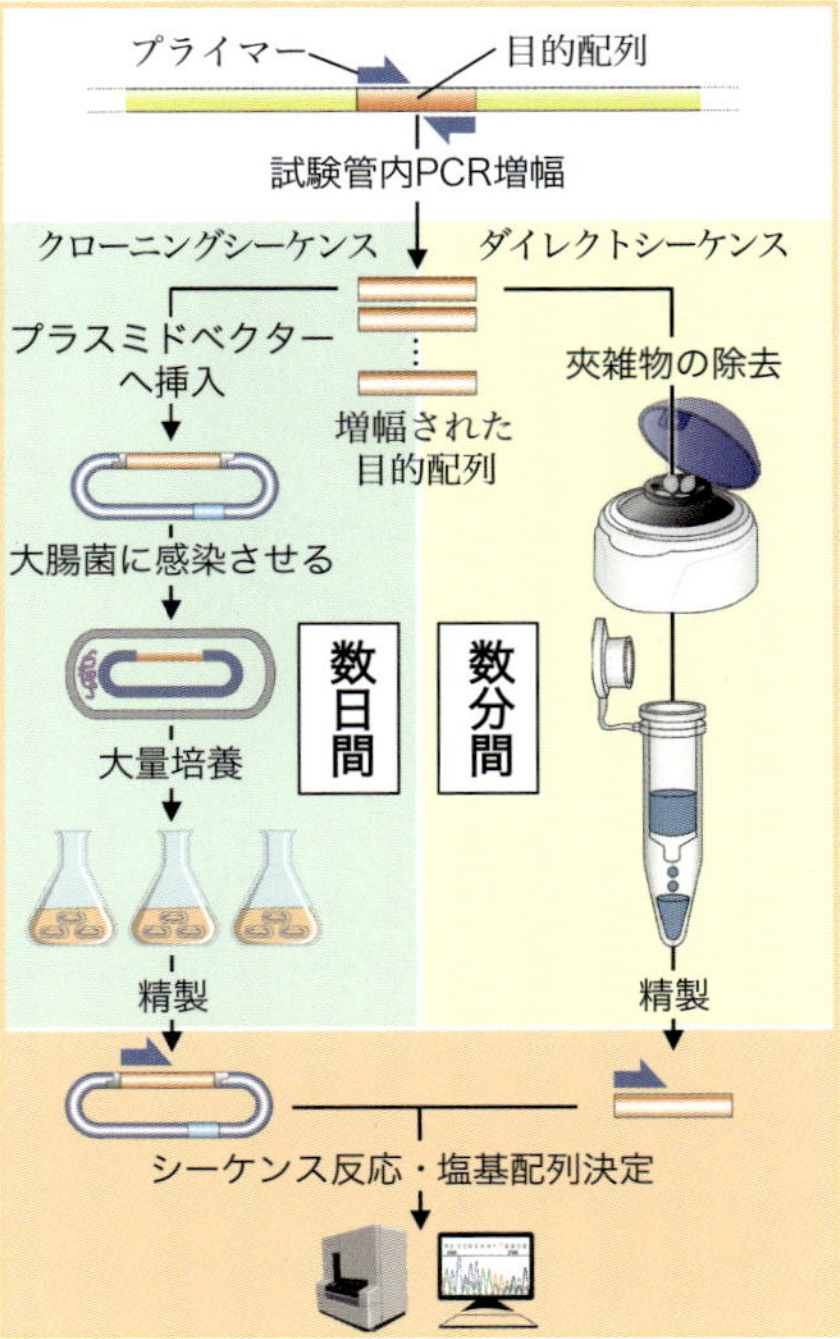

PCR増幅されたDNAの配列決定（シーケンシング）のためには数日間かけてクローニングする前処理が必要であったが（左）、ダイレクトシーケンスではわずか数分間で前処理が終了（右）。

図4.6 16SリボソームRNAの立体構造を利用したプライマー設計

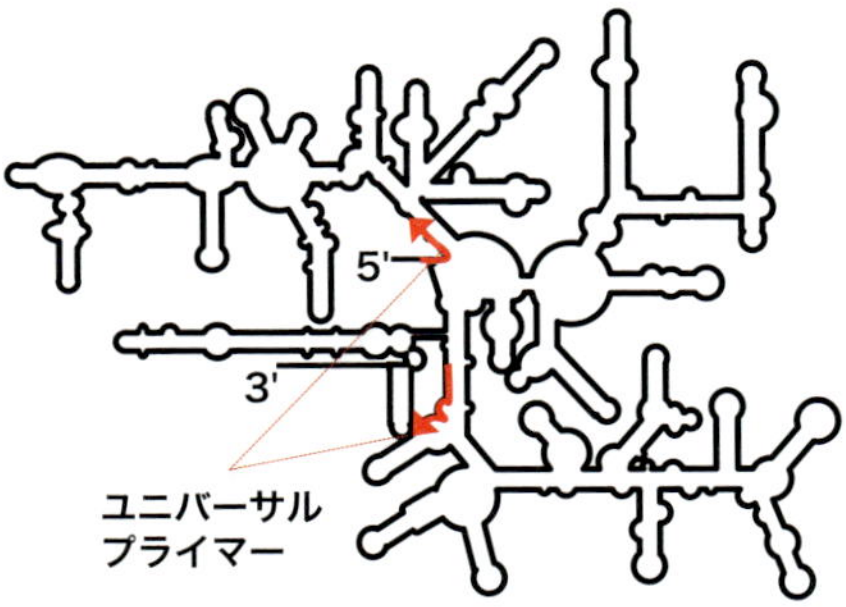

MLOの16SリボソームRNAの立体構造を維持するために重要な部分には変異が入りにくいことを利用してユニバーサルプライマーを設計した。

図4.7 PCR増幅産物のダイレクトシーケンスによる全塩基配列の決定

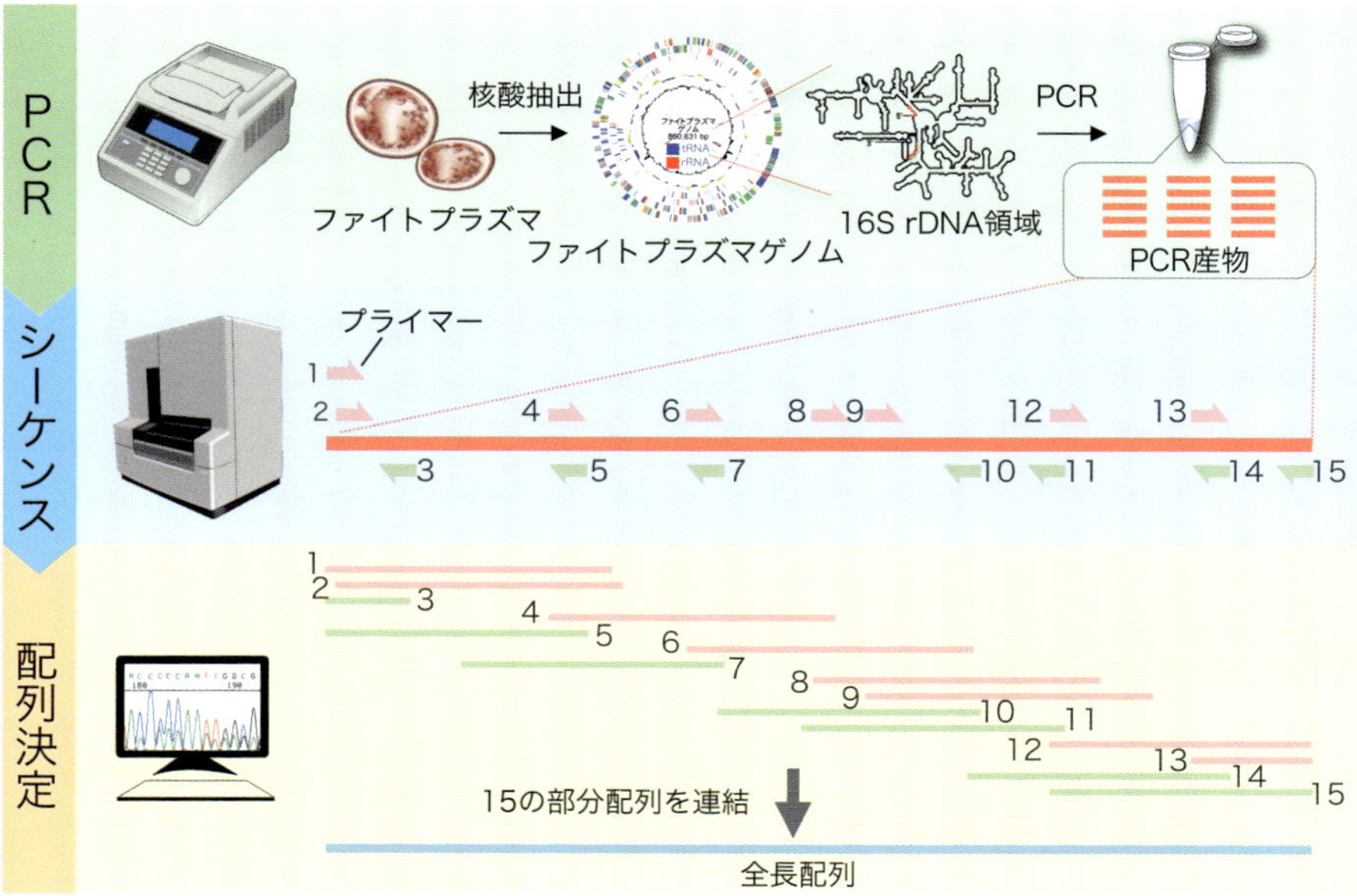

PCRにより増幅した16SリボソームDNA（上段）をプラスミドにクローニングすることなく、15種類の特異的プライマーを用いてそれぞれダイレクトシーケンシング反応を行い（中段）、得られた15種類の部分配列を連結して全長配列を決定する（下段）。

した〈図4・7〉。当時、シーケンシング反応は400塩基ほどは正確に読めたので、両方向に重ねて二〜四重に読めるように設計しておけば、一度で全長の配列を決定できると考えたのだ。

実験したところ、国内に発生する複数のMLOで問題なく使用できることが確認できたことから、16SリボソームDNAの全塩基配列を正確に決定できる初めての方法として発表した[22、23、24]。この方法は、それまで行われていたクローニングをまったく必要としないため、容易に16SリボソームDNAの塩基配列を決定でき、その配列情報を用いて、数多く存在するMLOの効率的な系統解析を可能にする技術として内外に広く普及した。さらに、PCRで種レベルまで特定できる「リサイクルPCR」も開発した〈図4・8〉。これはすべての微生物を通じて

図4.8　リサイクルPCR（RPCR）の原理

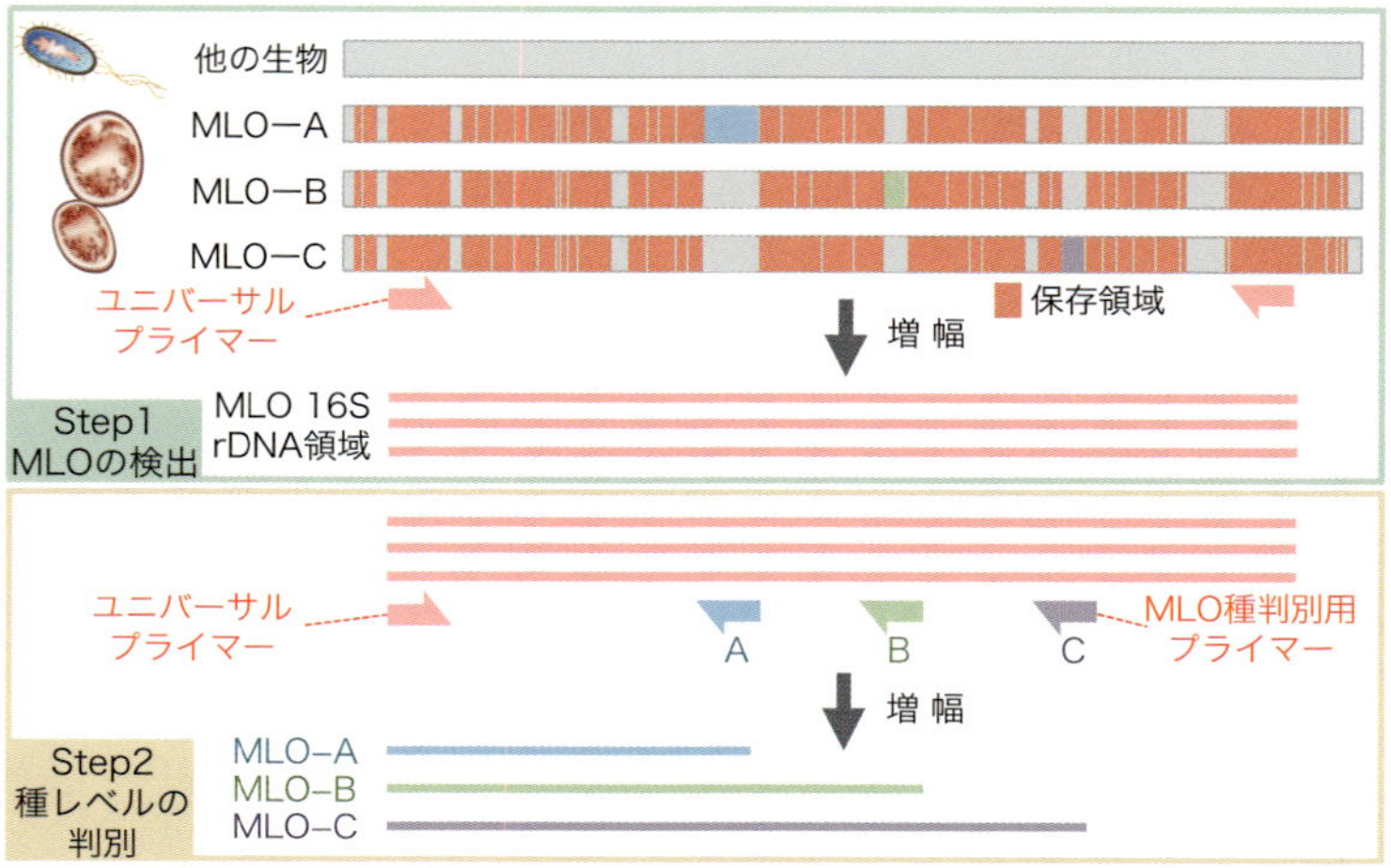

1回目のPCR（RPCR step1）ではMLOのDNAのみ増幅される。2回目のPCR（RPCR step2）では片方のプライマーのみMLO種判別用プライマーをミックスして加え遺伝子増幅すると、感染しているMLO種の判別プライマーのみ使われ増幅される。電気泳動して増幅サイズの違いから種が特定される。

最初の技術であった。

私はMLOというマイナーな植物病原微生物でこの方法を確立したのだが、その後、植物病理学分野では、植物病原細菌、植物病原糸状菌の順番で、あらゆる植物病原体の16（18）SリボソームDNAの解読に利用され、分子系統分類が普及した。それまで、生物学的性状や抗原性などで分けられていた古典的な分類法から、分子レベルの系統分類法へと植物病原微生物の分類体系は大きく変わることとなったのである。

あのとき、MLOに固執するか、植物病原微生物の分類研究に水平展開するか、一時迷ったものだが、MLOに固執して良かったと今では思っている。それによって、MLO研究に分子生物学的手法を導入することができたし、日本のファイトプラズマ研究を国際的水準にまで高めることができた。それよりも何よりも、多数の若手研究者がそれぞれの植物病原微生物の分類体系に関する研究で多くの成果を挙げることに貢献できたことは大きかったと思う。

さて、処理効率が大幅に上がったこの方法で、複数のMLOを解析した結果、驚くべきこ

を深め、分類、診断、治療、根絶を目指す組織。10近くのグループからなる。その一つに、スピロプラズマ/ファイトプラズマ/メソプラズマ/エントモプラズマチームがある。

図4.9　MLOは動物マイコプラズマとはまったく異なる病原体だった

MLOはマイコプラズマとは4.7億年前に分かれた微生物であり、1.8億年前のジュラ紀後期には出現していたと考えられる。

とにMLOがマイコプラズマ属よりもアコレプラズマ属およびアネロプラズマ属[24]に近縁であることが明らかとなった[22、24]。つまり、植物のマイコプラズマとされたMLOは動物のマイコプラズマとは遠縁であることが明らかとなったのである〈図4・9〉。

この結果を受けて、1992年の第9回国際マイコプラズマ学会[25]（IOM）において、それまでの「マイコプラズマ様微生物（MLO）」という名称から、「ファイトプラズマ（phytoplasma）」という名称へと変更することが提案された。ファイトプラズマ（phytoplasma）とは、ギリシア語で「植物の（phyto-）」＋「もの（-plasma）」という意味である。この提案は同学会内の組織IRPCM[26]により行われ、1994年の第10回I

24　アコレプラズマ属およびアネロプラズマ属：アコレプラズマ（*Acholeplasma*）は動物の消化管内に寄生する細菌。アネロプラズマ（*Anaeroplasma*）はウシ、ヒツジのルーメン（反芻胃）に生息する細菌。いずれも病原性を持たず、目のレベルでマイコプラズマとは異なる分類群に属する。

25　国際マイコプラズマ学会：The International Organization for Mycoplasmology（IOM）。

26　IRPCM：The International Research Program of Comparative Mycoplasmology の略で、国際比較マイコプラズマ学研究プログラムのこと。1986年にIOMに加盟した常設組織。前身は国連世界保健機関（WHO）と国連食糧農業機関（FAO）の基金にもとづく助言団体。マイコプラズマとその類縁微生物の理解

OMでの合意を経て、同年の国際細菌分類命名委員会[27]においてMLOは「ファイトプラズマ」と名称を変更することが承認された〔25、26、27、28〕。

こうして植物病原の一大グループをなすMLOは、発見から四半世紀の時を経て「ファイトプラズマ」という独自の名称が付けられることとなったのである〈図4・10〉。

［4・2・4］分類に16SリボソームDNAを使うわけ

MLOの分類に16SリボソームDNAを使う理由について解説しておこう。大型の生物は、その形態や交配できるかどうかなどである程度種の区別を付けることができる。ところが近年になって、それだけでは整理しにくい生物がたくさん見つかるようになった。考古学の世界でも同様で、似た形態で遠縁の生物である場合や骨の形が変化した近縁の生物である場合など、形態だけでは結論ができず、論争が絶えないケースが続出している。

そうした状況に革新をもたらしたのが、ゲノムを使って分析・比較する方法である。当初は、チトクロームやフェレドキシンなどタンパク質を比較していたが、その後、生命にはなくてはならないタンパク質翻訳装置であるリボソームを構成するRNAの塩基配列が使われるようになった。現存する生物だけでなく、化石や地中の生物の残渣《ざんさ》からゲノムの断片を取り出して比較することが可能となったことから、考古学でもいまや遺伝子を利用した研究が盛んである。

最初は生物が共通して持っているリボソーム中の5SリボソームRNA分子の塩基配列が比較に使われたが、短く、情報量が少ないため、やがて比較に限界がおとずれ、その次に大きなリボソームRNAをコードする領域（細菌では16SリボソームDNA、植物や動物のような真核生物では18SリボソームDNA）の塩基配列が比較されるようになり、進化の道筋の解明や、より厳密な分類が可能になった。

27　国際細菌分類命名委員会：国際微生物会議に常設の委員会。ここで細菌の分類に関する議論が行われる。

図4.10　生命の系統樹とファイトプラズマ属の系統学的位置と分類体系

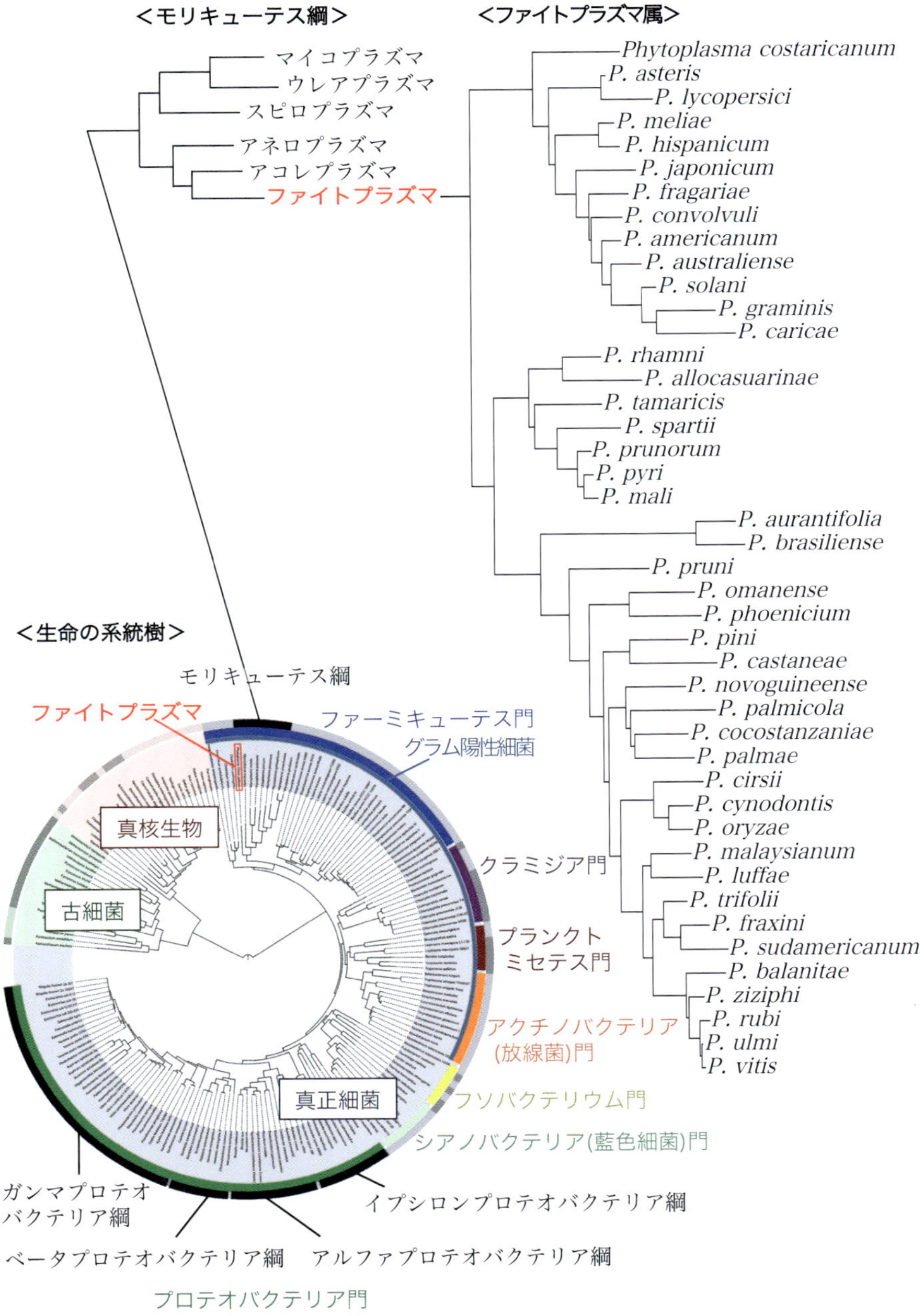

この遺伝子が進化の道筋の解明や分類に適している理由は、

①生命の本質的機能に関わるので保存性が高く遠縁なもの同士でも比較が可能である
②原核・真核生物を問わずすべての生物に存在し変異が起きにくい
③ゲノム中に複数コピー存在しても差がほとんどない
④全生物に共通する部位が三カ所ほどあり、ユニバーサルなプライマーを設計できる
⑤変異しやすい部位もあり、近縁な種でも比較できる
⑥細胞に大量に存在するためＰＣＲ法により容易に増幅できる
⑦１６００個ほどの塩基数で、短すぎず現在の技術で容易に解析できる長さである

といったことなどが挙げられる。

4・3 分類体系

〔4・3・1〕「種」

「ファイトプラズマ」という名称の決定と同時に、「種」の設定に際しては16ＳリボソームＤＮＡの塩基配列データをもとに系統学的に解析することが決まった。すでに16ＳリボソームＤＮＡの塩基配列の解析によって、12の主要なファイトプラズマ群が確認されていた。

ＩＲＰＣＭでは、それぞれが「種」を形成することを承認した。さらに１９９６年に開催された第11回ＩＯＭでは暫定的な「種名」が承認された〈図4・10、4・11〉。

このＩＯＭの承認に基づいて、各国の研究グループによって、いくつかの「ファイトプラズマ暫定種」[28]が提唱された。「暫定種」とする理由は、培養できないため、ゲノム全体を比較したりすること

28　暫定種：本書では便宜的に以下「種名」と称する。

ができないためである。一般に、どんな微生物でも培養できると思われがちだが、実は培養できるのはごくわずかで、たとえば地中の微生物の99％は培養できないと言われる。私たちが知っている微生物はきわめてわずかしかないのだ。

〔コラム〕

国際学会

私がMLO研究を始めたのは、米国留学から帰国後約1年半で農場の助教授に赴任し、2カ月くらい経った1992年6月頃のことであった。1987年に米国カリフォルニア大学のブルース・カークパトリック教授が初めてMLOのDNAをクローニングすることに成功していたことで、「今後、世界のファイトプラズマ研究が様変わりするだろう」と肌身で感じ、松戸の官舎に帰宅すると自室で毎日、カークパトリック博士の先を行くにはPCRしかないと考え、プライマーの設計に明け暮れていた。そして翌1993年6月には国際誌に論文を発表し、MLOをファイトプラズマと名称変更する提案をしたのであるから、大胆であった。

研究室をあげてファイトプラズマ研究を本格的に始めたのは1997年であるから、退職までのわずか20年しかやっていない。それまでは、主に分類の仕事を片手間にやっていた。当時はまだPCRプライマーも米国に注文するほかなかった時代である。

日本マイコプラズマ学会にデビューしたのが、国際誌に報告した論文の内容を発表した1993年。国際学会にデビューしたのは、その翌年の1994年、フランスのボルドーで開催された国際マイコプラズマ学会（IOM）に参加したのが最初である。そこで、ロバート・フィッコム博士[2-41]に「おめでとう。僕は君が投稿したIJSB[1]の論文のレビューアだったんだよ。素晴らしい論文だったね」と言ってもらったのが、この論文に対する外国研究者による初めてのコメントであった(▼127頁)。

フィッコム博士の言葉は、「これからファイトプラズマ研究に本気で取り組もう」と決心するきっかけになった。これが国際学会のデビューであった。

国際学会は大きすぎると、参加者の大半がは

1 IJSB：国際細菌分類学誌 International Journal of Systematic Bacteriology（現在 IJSEM, International Journal of Systematic and Evolutionary Microbiology）IJSBは細菌の分類や学名を公式に認知してもらうためには、この国際誌に論文が掲載される必要がある。

◀ファイトプラズマの最初の論文（上）[22]とRPCRの論文（下）[23]（▶120頁）。

仏・国立農学研・ジョセフ・ボブ博士（スピロプラズマ研究の仏第一人者、左）とモニーク・ガルニエ博士（右）。

仏・国立農学研・アラン・ブランチャード博士（マイコプラズマ研究者だがファイトプラズマにも関心を示し、気さく、左奥）とザビエル・フォイサック博士（ファイトプラズマ研究者、右）、大島研郎君（右手前）

米・カリフォルニア大・ブルース・カークパトリック博士。私の研究にとても敬意を払ってくれた。良きライバルであり良き友である。

伊・ボローニャ大・アスンタ・ベルタッチーニ博士（右）、セルビア・農薬環境保護研・ボーヤン・デュダック博士（左）

仏・国立農学研・ジョエル・レナウディン博士

米・フロリダ大・ナイジェル・ハリソン博士

伊・ウディネ大・ジュゼッペ・フィラーオ博士

英・ジョンイネス研・サスキア・ホーゲンハート博士

やりの分野の研究者であり、ファイトプラズマのように研究の遅れていた分野だと成果がいかに斬新でも、関連研究者がほとんどいないので、できるだけ専門的な学会を大切にした。その方が密度の濃い議論と、より深い人間関係が生まれる。IOMは、大半が医学者であるが、伝統と格式がある割には非常に人間関係が濃密な学会であった。

IOMは2年おきに開催される学会で、毎回欠かさず約20年間参加した。この間、2010年にイタリア（キアンチャーノ）でエミー・クラインバーガー・ノーベル賞を欧米人以外で初めて受賞することができた。

ファイトプラズマ研究で出会った世界の著名な研究者たち

ロバート・フィッコム博士との最初の出会い（1994年7月19-26日フランス、ボルドーで開催のIOM会議場で）

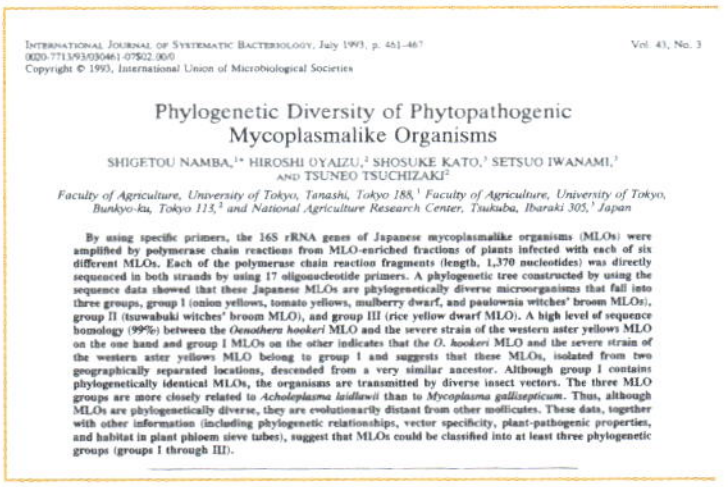

INTERNATIONAL JOURNAL OF SYSTEMATIC BACTERIOLOGY, July 1993, p. 461–467 Vol. 43, No. 3
0020-7713/93/030461-07$02.00/0
Copyright © 1993, International Union of Microbiological Societies

Phylogenetic Diversity of Phytopathogenic Mycoplasmalike Organisms

SHIGETOU NAMBA,[1]* HIROSHI OYAIZU,[2] SHOSUKE KATO,[3] SETSUO IWANAMI,[3] AND TSUNEO TSUCHIZAKI[2]

Faculty of Agriculture, University of Tokyo, Tanashi, Tokyo 188,[1] Faculty of Agriculture, University of Tokyo, Bunkyo-ku, Tokyo 113,[2] and National Agriculture Research Center, Tsukuba, Ibaraki 305,[3] Japan

By using specific primers, the 16S rRNA genes of Japanese mycoplasmalike organisms (MLOs) were amplified by polymerase chain reactions from MLO-enriched fractions of plants infected with each of six different MLOs. Each of the polymerase chain reaction fragments (length, 1,370 nucleotides) was directly sequenced in both strands by using 17 oligonucleotide primers. A phylogenetic tree constructed by using the sequence data showed that these Japanese MLOs are phylogenetically diverse microorganisms that fall into three groups, group I (onion yellows, tomato yellows, mulberry dwarf, and paulownia witches' broom MLOs), group II (tsuwabuki witches' broom MLO), and group III (rice yellow dwarf MLO). A high level of sequence homology (99%) between the *Oenothera hookeri* MLO and the severe strain of the western aster yellows MLO on the one hand and group I MLOs on the other indicates that the *O. hookeri* MLO and the severe strain of the western aster yellows MLO belong to group I and suggests that these MLOs, isolated from two geographically separated locations, descended from a very similar ancestor. Although group I contains phylogenetically identical MLOs, the organisms are transmitted by diverse insect vectors. The three MLO groups are more closely related to *Acholeplasma laidlawii* than to *Mycoplasma gallisepticum*. Thus, although MLOs are phylogenetically diverse, they are evolutionarily distant from other mollicutes. These data, together with other information (including phylogenetic relationships, vector specificity, plant-pathogenic properties, and habitat in plant phloem sieve tubes), suggest that MLOs could be classified into at least three phylogenetic groups (groups I through III).

Genetics

Detection and Differentiation of Plant-Pathogenic Mycoplasmalike Organisms Using Polymerase Chain Reaction

Shigetou Namba, Shosuke Kato, Setsuo Iwanami, Hiroshi Oyaizu, Hiroyasu Shiozawa, and Tsuneo Tsuchizaki

First author: associate professor, Faculty of Agriculture, University of Tokyo, Tanashi, Tokyo 188, Japan; second and third authors: chief and senior researcher, respectively, National Agriculture Research Center, Tsukuba, Ibaraki 305, Japan; fourth and last authors: associate professor and full professor, respectively, Faculty of Agriculture, University of Tokyo, Bunkyo-ku, Tokyo 113, Japan; fifth author: director, Japan Plant Protection Association, Toshima-ku, Tokyo 170, Japan. Please direct correspondence to first author.

We gratefully acknowledge S. Kawabe, M. Sato, H. Kawakita, and M. Katsuhara, National Institute of Sericultural and Entomological Science, Tsukuba, Ibaraki 305, Japan, for supplying a culture of *Mycoplasma orale*, and healthy and mulberry dwarf infected mulberries. We thank K. Ohira, M. Nishiyama, and K. Adachi, Faculty of Agriculture, University of Tokyo, Bunkyo-ku, Tokyo 113, Japan, for technical assistance. We also thank B. C. Kirkpatrick, Department of Plant Pathology, University of California, Davis, for reviewing this manuscript and for helpful discussions.

Accepted for publication 11 March 1993.

ABSTRACT

Namba, S., Kato, S., Iwanami, S., Oyaizu, H., Shiozawa, H., and Tsuchizaki, T. 1993. Detection and differentiation of plant-pathogenic mycoplasmlike organisms using polymerase chain reaction. Phytopathology 83:786-791.

Specific oligonucleotide primers were synthesized using sequence data of the 16S rRNA gene from three plant-pathogenic mycoplasmalike organism (MLO) groups (I-III). When used as primers in the polymerase chain reaction (PCR), four sets of primer pairs were identified: 1) mollicute-specific, 2) MLO-specific, 3) MLO-group I-specific, and 4) MLO-group III-specific. MLO 16S rRNA genes were selectively amplified by PCR from infected plants and vector insects. Using these primers and thermal cycling conditions, this technique was effective for detecting MLO 16S rRNA genes from diseased plants and infected insect vectors and for differentiating MLO 16S rRNA genes from similar rRNA genes of eukaryotic host organelles and other microorganisms associated with healthy vector insects. Using group-specific primers, the 16S rRNA gene of each MLO group was also differentially amplified. A modified PCR method (recycled PCR [RPCR]) was developed to perform several different PCR reactions simultaneously in one tube by adding the second primer to the tube containing the first PCR products. RPCR enabled detection of mollicute-specific DNA fragments and MLO-specific or group-specific DNA fragments as multiple bands. Each MLO group could be identified reliably by RPCR. These results show the utility of PCR for diagnosing MLO diseases and the development of a phylogenetically based MLO taxonomy.

Additional keywords: prokaryotes, *Mollicutes*, MLO-groups I, II, and III, diagnosis.

米・農務省・魏薇博士（私の教え子、左）、ロバート・デービス博士（中央左）、イン・ミン・リー博士（中央右）、ヤン・ザオ博士（右）

米・オハイオ州立大・ジャクリーン・フレッチャー博士。スピロプラズマ研究者。上品で聞き上手でフレンドリーな女性。

カナダ・アルバータ大・比留木忠治博士。以前日本専売公社（JT）に勤務。ファイトプラズマの分子生物学的分類を行った。

イスラエル・エルサレムヘブライ大・シュムエル・ラージン博士（マイコプラズマ研究分野の大御所）夫妻

独・果樹作物保護研・エリック・ジーミュラー博士

図4.11　ファイトプラズマ全種の分子系統樹

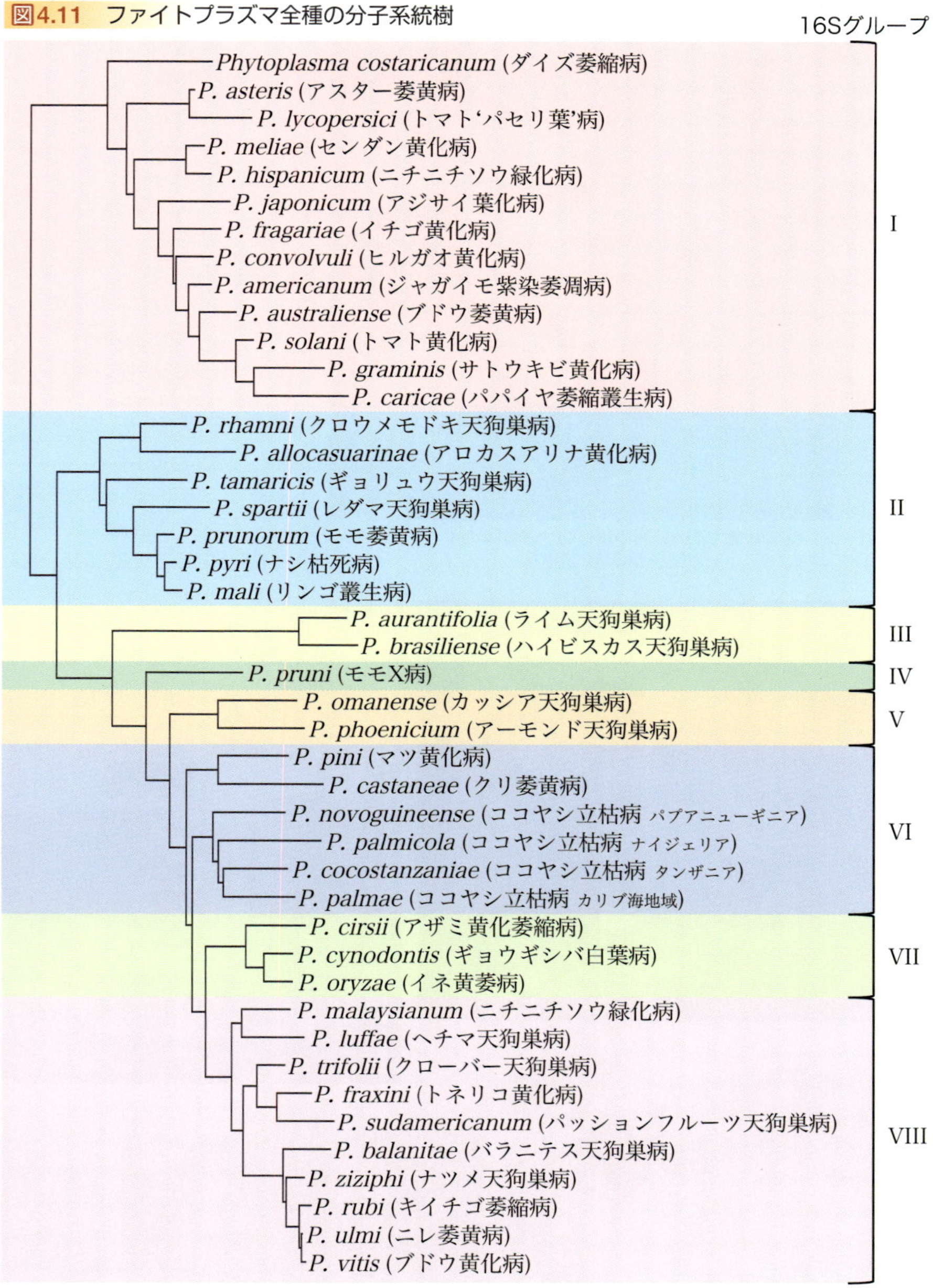

16SリボソームDNA配列の系統関係に基づき、8つのグループに大別される。

これら「ファイトプラズマ暫定種」が発表されるとともに、ファイトプラズマ（'*Candidatus*[29] Phytoplasma'）属の定義と種の分類基準がＩＲＰＣＭによって策定された。

生物の種の学名についてここで少し解説すると、種名の表記は、「属」名と「種」名を組み合わせたラテン二名法[30]で表すのが正式である。細菌では、属名[31]の後に「種形容語[32]」と呼ばれる種名を付けたものが学名となる。それ以外の生物では通常、属名の後の種名は「種小名[33]」と呼ばれる。

［4・3・2］分類基準

ファイトプラズマの種の分類基準は次のように決まった。

まず、公的データベースに保管されているファイトプラズマ系統のすべての16ＳリボソームＤＮＡの配列を比較し、互いに97・5％以上の類似性を持つ集団を１つの種の候補とした。一般細菌と同じ基準である〔29〕。

この基準は、多数の研究者からも支持された。すなわち、16ＳリボソームＤＮＡ配列だけでなく、16Ｓ–23ＳリボソームＤＮＡのスペーサー配列[34]〔30〕、23ＳリボソームＤＮＡ配列[35]、リボソームタンパク質[36]の遺伝子配列、翻訳伸長因子Tu[37]遺伝子〔31〕にもとづく系統解析や、それら遺伝子の制限酵素断片長多型解析[38]、あるいはプローブを用いた全ＤＮＡの制限酵素断片長多型解析[39]、媒介昆虫特異性などのさまざまな生物学的特性の比較による結果とも矛盾しなかったからである。

こうしてファイトプラズマ属は、16ＳリボソームＤＮＡの塩基配列解析によって系統樹を構築することにより、系統分類が行われていった。

しかし、たとえ97・5％以上の16ＳリボソームＤＮＡの配列類似性があったとしても、生態学的（媒介昆虫）、植物病理学的（宿主植物特異性や病徴）および分子生物学的な特性（ゲノムサイズ）が大

29　'*Candidatus*'：暫定種名の場合に使用する表記で、一般に「'*Ca.*'」と略する。このあとに属名と種名をつけ、'*Canididatus* (*Ca.*) Phytoplasma asteris'のように表記する。本書では便宜的に、以下簡単に*Phytoplasma asteris*と表記する。同様に'*Ca.* Phytoplasma'属も*Phytoplasma*属と表記する。

30　ラテン二名法：世界共通の生物分類の正式命名法。ラテン語を使い、（大きなくくり）属名＋（小さなくくり）種小名（細菌では属名＋種形容語）からなる。

31　属名：generic name

32　種形容語：specific epithet

33　種小名：specific epithet

34　スペーサー配列：遺伝子と遺伝子に挟まれた領域の塩基配列。遺伝子領域に比べ変異しやすい。

35　23SリボソームDNA配列：リボソームの大サブユニットを構成する因子の一つである23SリボソームRNAをコードする配列。細菌が共通して有する遺伝子のため、細菌間の系統解析に利用される。

きく異なる場合もある。これは、16SリボソームDNAの配列が非常に似ている生物であっても、DNA全体の類似性が低かったり、生物学的特性が異なったりして、異なる種に分類するのが適切な場合があるためである。したがって、生物学的および遺伝的特性から考えて大きく異なるものがあれば、新たな種として分離独立させることとなった。

〔4・3・3〕新種登録基準

以上のような経緯を経て、IRPCMでは2004年、ファイトプラズマ属内の新種を登録申請する際の規則を定めた[32]。

(a) ファイトプラズマ種の新たな登録にあたっては、(1200塩基以上の) 16SリボソームDNA配列を明らかにして行う。この配列情報が得られた系統は、その新種の「参照系統[40]」とする。

(b) すでに登録されたファイトプラズマ種の16SリボソームDNA配列と比べて類似性が97・5%未満の系統は、ファイトプラズマ属の新種として登録できる。

(c) 16SリボソームDNA配列の類似性が97・5%以上でも、生態学的に明らかに分離された集団で、独立した種として登録するに値する場合は、以下の3つの条件をすべて満たせば新種として登録できる。

(i) 異なる媒介昆虫により媒介される。

(ii) 異なる自然植物宿主を持つ(または、同じ植物宿主において病徴などが明らかに異なる)。

(iii) PCR等を利用した解析により分子生物学的性状が明らかに異なる。

(d) 亜種のランクは使用しない。

---

36 リボソームタンパク質：リボソームの構成に必要なタンパク質因子。他の遺伝子に比べ生物間で保存され配列情報が豊富で、系統解析に利用される。

37 翻訳伸長因子Tu：翻訳伸長因子は、タンパク質合成においてペプチド鎖の伸長に関わる因子。Tuは、転写RNAをリボソームへと運搬するはたらきを持つ。

38 制限酵素断片長多型：Restriction Fragment Length Polymorphism (RFLP)。生物から抽出したDNAあるいはPCRにより増幅したDNAを制限酵素により切断した際の切断パターン(各断片の断片長の組み合わせ)のこと。切断パターンの比較により、元の塩基配列の類似性や差異を推測する。切断パターンは、制限酵素サイトの有無やサイト間の配列長を反映する一方、周辺領域の配列情報を反映しないという欠点もある。

(e) 新種登録した者は、そのファイトプラズマ種を科学者同士で利用可能にするため、代表的なファイトプラズマ系統に感染した植物を試験管内で組織培養したものをイタリア・ボローニャ大学のアスンタ・ベルタッチーニ博士[41]に送り、組織培養コレクションに寄託する（試験管内の組織培養が不可能である場合は不要）。

(f) 新種の登録申請をする論文は、International Journal of Systematic and Evolutionary Microbiology (IJSEM) 誌に投稿することが望ましい。

(g) *Candidatus* の略称は *Ca.* とする（たとえば「'*Ca.* Phytoplasma japonicum' は '*Candidatus* Phytoplasma japonicum' の略」）。

ファイトプラズマ発見から50年経過した2017年現在、44種が登録されている〈図4・11〉[33、34、35、36、37、38、39、40、41]。国内では、そのうち10種の発生が認められており、ファイトプラズマ病として99病害が報告されている〈表4・1〉。

[4・3・4] 種の廃止や整理

何らかの形で分類に関わる研究者は誰もが、現役中に1つくらいは種を命名したいと思うものだ。分類基準というものは明確なようでいて、じつはスキがある。そのスキを突いて、自分が発見したものを新種と主張する研究者は、世界中にいる。

現実に、2種のファイトプラズマがあったとして、16SリボソームDNAの塩基配列の比較では97・5%以上の類似性があっても、宿主があまりに違うとか、媒介昆虫がまったく異なるとか、地理的に遠く離れているなどの根拠があれば、進化的に由来が異なることを否定するのは難しいから、両者は別種

39 プローブを用いた全DNAの制限酵素断片長多型解析：ファイトプラズマゲノムを認識するプローブを利用して、植物体から抽出した全DNAに対して制限酵素処理を行ったのち、ファイトプラズマ由来の断片のみを判別し解析する手法。

40 参照系統：reference strain

41 アスンタ・ベルタッチーニ：Assunta Bertaccini。欧州最古の総合大学であるボローニャ大学の教授。ボローニャ大学は世界各地からファイトプラズマを収集しており、国際的なファイトプラズマ研究拠点の一つ。

表4.1 国内で発生するファイトプラズマ病とその病原ファイトプラズマ種

ファイトプラズマ種	国内で発生する主なファイトプラズマ病	
Phytoplasma asteris	アイスランドポピー萎黄病 アカクローバ天狗巣病 アジサイ葉化病 アスター萎黄病 アネモネ天狗巣病 イチゴ天狗巣病 ウメ萎黄病 エンドウ天狗巣病 キリ天狗巣病 クワ萎縮病 コスモス萎黄病 シネラリア天狗巣病 シュンギク天狗巣病 シロクローバ天狗巣病 スターチス天狗巣病 セリ萎黄病 セルリーマイコプラズマ病 ダイコン萎黄叢生病	タマネギ萎黄病 チドリソウ天狗巣病 トマト萎黄病 ナス萎縮病 ニチニチソウ萎黄病 ニンジン萎黄病 ヌルデ萎黄病 ネギ萎黄病 ペチュニア天狗巣病 ホウレンソウ萎黄病 ホルトノキ萎黄病 ホワイトレースフラワー萎黄病 マーガレットマイコプラズマ病 ミシマサイコ萎黄病 ミツバ天狗巣病 ラナンキュラス葉化病 リンドウ天狗巣病 レタス萎黄病
P. japonicum	アジサイ葉化病	
P. fragariae	イチゴ黄化病	
P. aurantifolia	アスター萎黄病 インゲンマメ天狗巣病 エンドウ天狗巣病 キク緑化病 コスモス萎黄病	ササゲ天狗巣病 ソラマメ天狗巣病 ダイズ天狗巣病 ラッカセイ天狗巣病
P. pruni	アカクローバ天狗巣病 アスター萎黄病 アルサイククローバ天狗巣病 ウド萎縮病 キャッサバフロッグスキン病 キンセンカ萎黄病 コスモス萎黄病 ジャガイモ天狗巣病 シュンギク天狗巣病 シラネアオイ天狗巣病 シロクローバ天狗巣病 ゼラニウム天狗巣病 セルリーマイコプラズマ病	ダイコン萎黄叢生病 ツワブキ天狗巣病 トマト萎黄病 ナス萎縮病 ニチニチソウ萎黄病 パセリー萎黄病 フキ天狗巣病 ペチュニア天狗巣病 ポインセチア天狗巣病 ホウレンソウ萎黄病 ラッカセイ天狗巣病 リンドウ天狗巣病 レタス萎黄病
P. oryzae	イネ黄萎病	パニカムファイトプラズマ病
P. cynodontis	サトウキビ白葉病	
P. castaneae	クリ萎黄病	
P. malaysianum	ホルトノキ萎黄病	
P. ziziphi	アジサイ葉化病 ケンポナシ天狗巣病	ナツメ天狗巣病
未帰属	サツマイモ天狗巣病	未帰属：新種に相当するが種名未提案
未同定	アルファルファ天狗巣病 イチョウ萎黄病 イリス類黄萎病 ウメ萎黄病 カイザイク萎黄病 カキ萎黄病 クロガネモチ萎黄病 サクラ類萎黄病 サボテン天狗巣病	シバ黄萎病 タラノキ萎縮病 ニンニク奇形花症 フクギ萎黄病 マリーゴールド萎黄病 ユリ類緑化病 ライラック天狗巣病 ワケギ黄化萎縮症 未同定：配列未報告のため分類不能

場合もある。

であると主張することは可能である。またそのような例が、後になってやはり同種であると訂正される場合もある。

4・4——RFLPによる分類

分子系統解析によらない分類方法として、PCRで増幅した16SリボソームDNA断片をさまざまな制限酵素で切断し電気泳動した際に現れるDNAのバンドパターンを比較するRFLP解析も行われている[42]。この手法では、「種」ではなく「グループ」あるいはその下位の「サブグループ」に分類される。グループ分類は種の分類とよく一致すること、PCR産物の制限酵素処理のみで簡便に比較が可能であること、他のファイトプラズマの16SリボソームDNA配列が公共データベース上に豊富に登録されており、手元にDNAがなくともバンドパターンが予想できることなどから、広く用いられている。

しかしながら、制限酵素により切断される部位に1塩基の置換が入るだけで制限酵素処理後のバンドパターンが大きく変わるのに、制限酵素により切断されない部位の大きな変異はバンドパターンの差として現れないほか、制限酵素の選び方によって結果が大きく変わる恐れがあることから、RFLP解析により分類することには問題がある。むしろ当初の目的は、ファイトプラズマ以外の微生物や動植物細胞小器官の16SリボソームDNAが誤って増幅されたものでないことを確認するために利用していたはずである。本質的ではない目的に利用していた簡易技術を、本質的な目的に流用する典型的な例である。

［コラム］RFLPによる分類のリスク

ファイトプラズマは当初、1000種類以上の植物に発生していたため、それぞれについて「〔植物名〕〔病徴名〕病ファイトプラズマ」と名づけていた。したがって、同じ植物であっても病徴が異なる場合には別のファイトプラズマ名を付けていた。しかしその後、ファイトプラズマの16SリボソームDNAを特異的に増幅するユニバーサルプライマーが開発され、これを用いて当該領域をPCR法により増幅し、これをもとに塩基配列を解読して系統解析することにより、分類できるようになり、ファイトプラズマ属が新設され、整理されて40種余りにまとめられた。

ところが、少しあとになって、同じ方法でPCR増幅した16SリボソームDNA領域のDNA試料を制限酵素処理し、それを電気泳動して、その泳動パターン（RFLP：制限酵素断片長多型）にもとづいて系統関係を解析する研究者達が出てきた。現在は2つの流派に分かれてしまった。何故こうなってしまったのだろうか。考えられる理由としては、次のようなことが考えられる。

① 塩基配列を解読するよりも制限酵素処理したあとに電気泳動して写真を撮る方が機器や試薬の費用が廉価であるうえ、技術が容易で手間がかからない。

② ユニバーサルプライマーで16SリボソームDNAを増幅させても、非特異増幅が起こり増幅の有無だけでは判断できないので、結局塩基配列を解読せざるをえないが、RFLPにより容易に非特異な増幅（大半は植物など宿主細胞の細胞小器官の16SリボソームDNAから増えたもの）と区別できる。

③ 単に研究者として別の活躍の場を創りたい。

おそらく、①と②が主たる理由であろう。

しかし問題は、PCR増幅にある。実は、ファイトプラズマの多くが16SリボソームDNAをコードするリボソームRNAオペロン[1]をゲノム上に複数コードしている。そして、そのうちの一方のみが、ファイトプラズマの系統関係を反映しているのだ。他方は、水平移動により他の微生物から転移してきたオペロンであり、正確に系統関係を反映していないのである。したがって、系統関係を正確に把握するためは、必要な方のオペロンのみを区別しプライマーを使ってPCR増幅し、塩基配列を解読して系統解析する必要がある。しかし、従来のRFLP解析

1　オペロン：operon。1つの転写因子によって同時に発現が制御される複数の遺伝子が存在するゲノム上の領域のこと。1つの形質を発現させる遺伝単位が並んでいることも多い。

では混在した増幅DNAの泳動パターンを見ていることになる。RFLPをどうしても行いたい場合には、正確に系統関係を反映するオペロンのみをPCR増幅する必要がある。

しかし、ここには1つの落とし穴があるのだ。RFLP解析では、恣意的に選んだ複数の制限酵素を使って切断を行っているが、それらの酵素が標的とするごく数塩基の配列をもとに判別しており、それ以外の場所の変異は無視しているのだ。あくまでもRFLP解析は、簡易同定的な手法に過ぎないのである。やはり正確に系統解析するためには、全塩基配列を解読するべきであろう。

最近、種の同定にあたって、16SリボソームDNAに加え、ハウスキーピング遺伝子も解析するような風潮が認められるが、なぜその遺伝子を使うのかについての根拠はない。16SリボソームDNAこそが分子化石として最も有用であると国際的に決めたのであるから、その信頼性をできるだけ高め、必要十分な作業に収束させる方向で洗練させるべく努力するのが筋ではなかろうか。

4・5——リボソームRNAオペロン

[4・5・1] 双子のリボソームRNAオペロン

16SリボソームDNAの配列解析を進める過程で、奇妙な実験結果に突き当たるようになった。シーケンスの途中で2種類の塩基配列パターンが現れる場合や、ある特定の部位から先の解析データが乱れて解読できない場合があったのだ〈図4・12・左上〉。当初、2種類のファイトプラズマが混合感染しているのではないかと疑っていたのだが、そうではないことが分かってきた。

16SリボソームRNAは転移RNAや23SリボソームRNA、5SリボソームRNAと一緒に転写される「リボソームRNA（rrn）オペロン」として細菌ゲノム上に保存されている。rrnオペロンは多くの細菌において複数存在することが知られており、大腸菌では7、枯草菌では10も存在する。

モリキューテス綱細菌では、マイコプラズマ（*Mycoplasma pneumoniae* や *M. genitarium*）では1つしか存在しないが、ファイトプラズマに近縁なアコレプラズマでは2つある。そのため、ファイトプラズマにおいても複数あるのではないかと考えられた。海外の研究でも、特定のファイトプラズマ（PYL）であったが、異なる地点で採取した感染植物なのにファイトプラズマの16SリボソームDNAの塩基配列が2種類あり、混合感染ではないことが報告され、この疑いは信憑性を帯びてきたが、実際にそれぞれのrrnオペロンの塩基配列の解析に成功した事例はなかった[43]。

私たちは、次章に述べる全ゲノム解読の過程で、OYファイトプラズマ[42]のrrnオペロンが2つ存在することを明らかにし、その全構造を初めて決定した〈図4・12・左下〉[44]。興味深いことに、各オペロン（rrnAおよびrrnBと命名）上の遺伝子構成は異なっていたうえ、相同な遺伝子同士でもオペロン間で配列がわずかに異なることが明らかになった。そこで両オペロンの差異に着目し、別々に分けてPCR増幅できるプライマーセットを設計した。その結果、すべての16S-groupに属する33系統のファイトプラズマについて、それぞれのrrnオペロンを増幅することに成功

図4.12 ファイトプラズマには2つのrrnオペロンがある

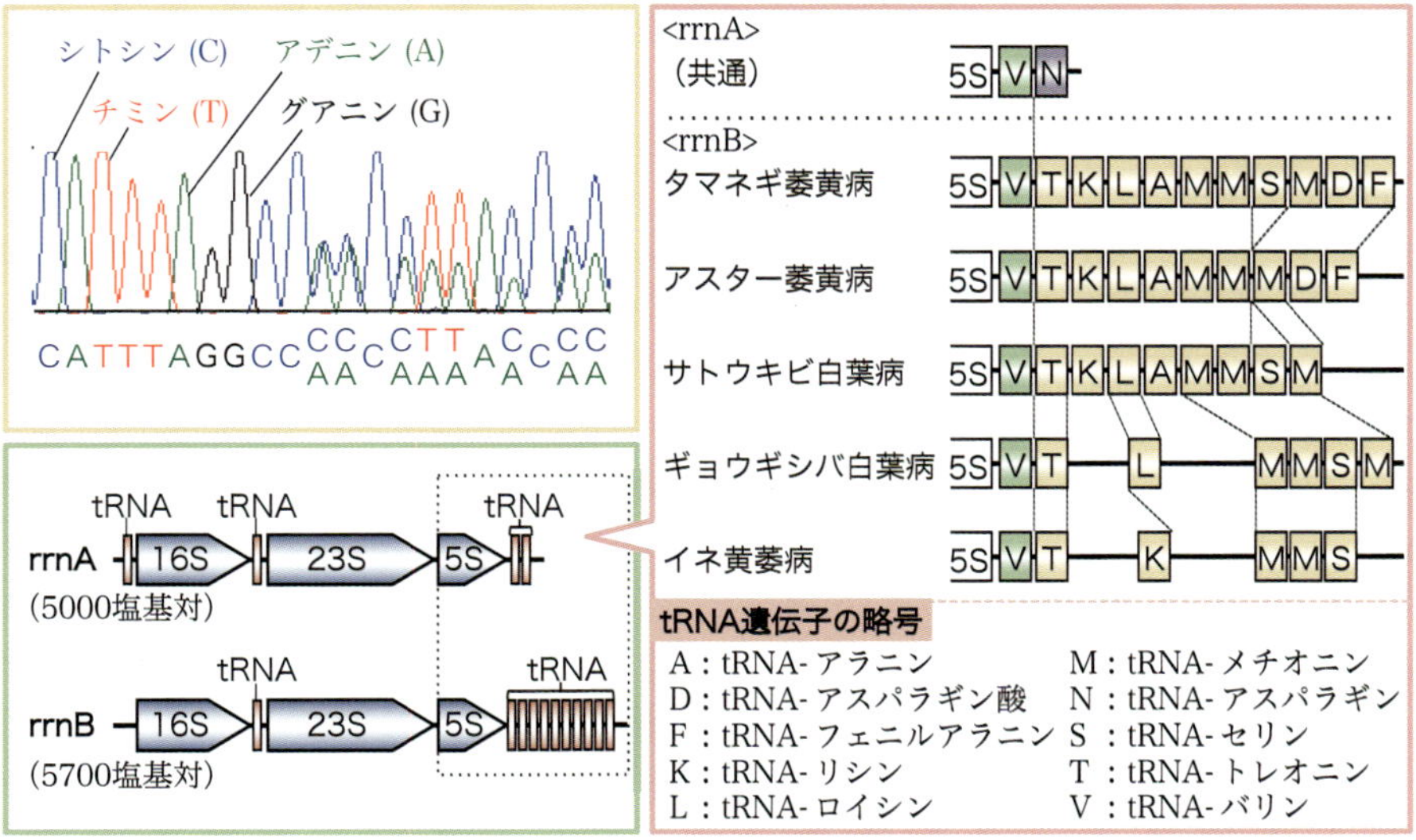

（左上）異なる塩基のシグナルが同位置に得られ、配列を一つに特定できない。
（左下）rrnA-B間で、tRNA遺伝子のコードされる位置や個数に違いがある。
（右）5SリボソームDNA下流には、運搬するアミノ酸が異なるtRNAがコードされている。tRNA遺伝子の個数や種類は、rrnA-B間、異なる系統のrrnB間で異なっている。rrnA上のtRNA遺伝子は系統間で共通である。rrnB上のtRNA遺伝子は、個数や種類が異なるが、並び順は保存されている。

［コラム］

複数あるリボソーム遺伝子の意味

ファイトプラズマのゲノム上にリボソームRNAオペロンが複数あることは本文で述べた。近縁の細菌であるアコレプラズマにも2コピーあり、遺伝子の並び方も同じことから、ファイトプラズマやアコレプラズマの共通な祖先がすでに2コピーのrrnオペロンを持っていたと考えられる。

進化の法則に当てはめて考えると、rrnAとrrnB上に一つずつある16SリボソームRNA遺伝子は、それぞれランダムに変異が入って独自の進化を遂げるはずなので、同じファイトプラズマのゲノム上には異なる配列を持った2つの16SリボソームRNA遺伝子があるはずだ。しかし、不思議なことに実際には互いによく似た配列である。

このような現象をもたらすメカニズムとして知られているのが、「遺伝子変換」[1]である。遺伝子変換とは、同じゲノム上で配列の似た2つの領域があると、一方の配列により他方の配列が上書きされる現象のことをいう。その結果、2つの遺伝領域がまったく同じ配列になる（均質化する）のだ。

では、なぜファイトプラズマの16SリボソームRNA遺伝子で遺伝子変換が起きているのだろうか。おそらく、2つの16SリボソームRNA遺伝子の機能を保つために遺伝子変換が起こっているのだと思われる。つまり、複数のrrnオペロンがあることが、増殖や宿主への適応に有利にはたらいているのだ。それぞれの16SリボソームRNA遺伝子に別々のランダムな変異が入り、独自の進化を遂げてしまうと、徐々に機能が低下してゆき、細胞機能の維持が困難になる。遺伝子変換はそれを避けるための仕組みとして生物が獲得してきたものなのだ。

ファイトプラズマの中には、16SリボソームRNA遺伝子の配列がオペロン間で異なる系統もあり、これは遺伝子変換が長い間起きていない証拠なので、遺伝子変換の頻度はそれほど高くないようだ。もしゲノム上にある2つの16SリボソームRNA遺伝子の相同性が、種の分類基準である97・5%を下回ると、系統分類に大きな混乱と困難を引き起こすことになる。いまのところ、世界中の研究者は、そのことをあまり気にしていないようだ。こういうところにも、新たな研究のパラダイムがあるのだが、だいたいパラダイムの入り口というものは、さりげなく小さな扉でできているものだ。それに気づく人が新たなパラダイムを構築するのだろう。

1　遺伝子変換：gene conversion

図4.13 2つのrrnオペロンにより生じる課題

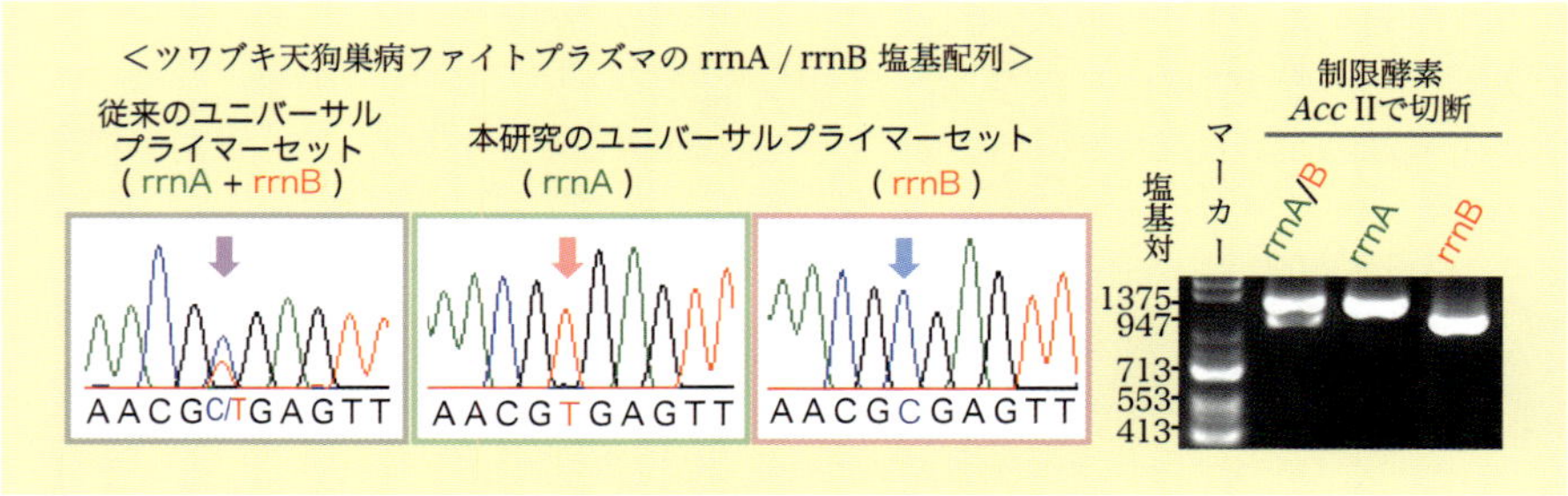

制限酵素 *Acc* IIの認識配列（CGCG）がrrnAでは保存されていない（矢印）ため、*Acc* IIによる切断パターンに違いが生じる（右）。

した。結論は、「ファイトプラズマは2つのrrnオペロンを持つ細菌」だったのである〈図4・12・右〉。

【4・5・2】新たな分類基準

ファイトプラズマのrrnオペロンが2つあり、配列に多様性があることが明らかになったことから、これまで行われてきたRFLP解析では、両オペロンの増幅産物が共存した状態で制限酵素切断後泳動していたため、ほかの種のファイトプラズマが混合感染していると誤解される場合があり〈図4・13〉、見直す必要がある。また、従来の16SリボソームDNAの塩基配列の解読においても、2つのオペロンの配列が混ざった状態で読んでいる〈図4・13〉。

これらのことから、ファイトプラズマの系統分類および暫定種の決定方法についても、再考の余地がある。両オペロンの配列の違いは特に最大の群である16S-groupI[43]で最も多く、16S-groupIIにも認められた。2つのオペロン間で0・3%程度の塩基配列の相違が認められるものもあることから〈図4・14〉、新種であるか否かの判断に影響を及ぼすことがある。したがって、より正確に分類するためには、2種類の16SリボソームDNAのうち、どちらかの塩基配列に絞って行うべきであろう。しかし、未だ海外ではrrnオペロンの多様性に関しては認識すらないため、正確な分類基準を考える

42　OYファイトプラズマ：*Phytoplasma asteris*のタマネギ萎黄病（onion yellows, OY）系統を指す。

43　16S-group：16SリボソームDNAの塩基配列の系統関係に基づき、近縁なファイトプラズマ種同士を括ってグループとしたもの。I～VIIIに分けられ、代表的な種ではIに*P. asteris*、IIに*P. mali*がある。16S-groupの下位分類としてsubgroupがあり、「AY group」などがsubgroupにあたる。

図4.14　rrnAとrrnBの系統樹的位置の違い

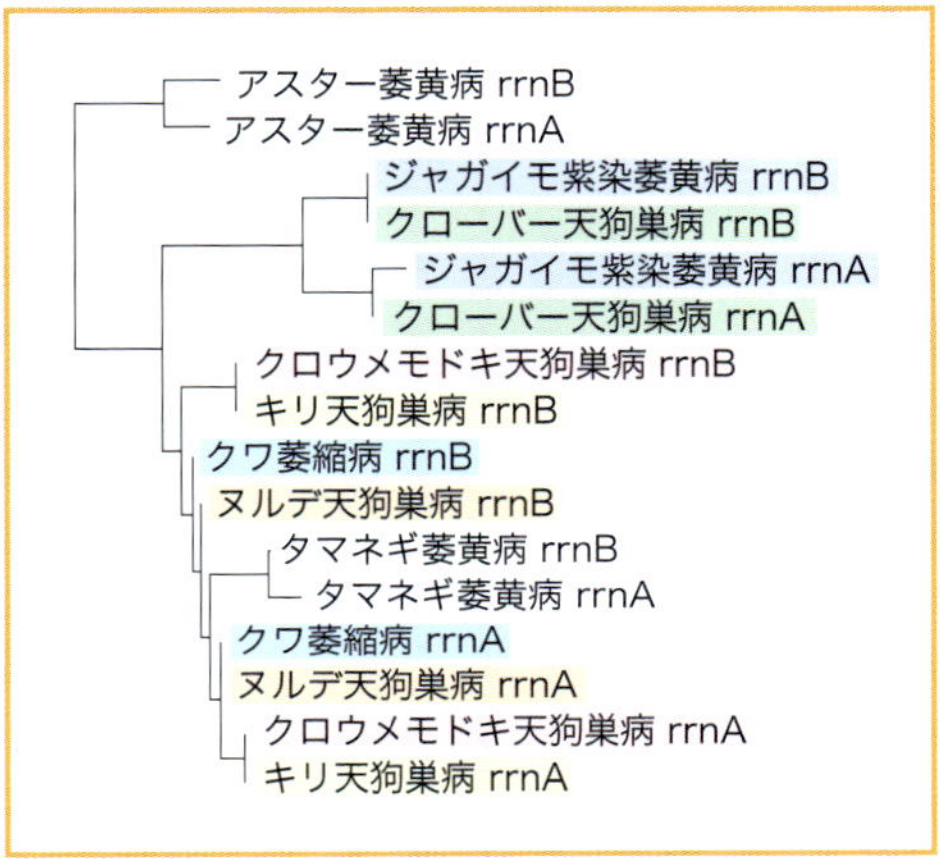

同一系統のrrnAとrrnBとで系統樹上の位置が異なってしまう場合がある。上図では、該当するものについて系統ごとに色分けした。

ためには、唯一本件について詳しく分析している私たちが提唱して国際的な合意形成をはかっていく必要があるだろう。

ファイトプラズマの2つのrrnオペロンは何を意味しているのだろうか。一般に細菌では、rrnオペロンの数が多いほうがタンパク質合成や細胞増殖が盛んで、環境の変化に対する適応力に優れている。2つのオペロンは、おそらくファイトプラズマの増殖や宿主への適応に関わると考えられるが、ファイトプラズマが2つのオペロンを植物と昆虫で使い分けているのだとすれば、それはそれできわめて興味深い。

4・6――ハウスキーピング遺伝子

種内でさらに細かく分ける方法として、「系統[44]」を用いた分類も各国の研究者により試みられている。同種内のファイトプラズマは16SリボソームDNA配列が97・5%以上一致するきわめて近縁な関係にあり、同遺伝子による正確な分類ができない。そのため、16SリボソームDNAよりも配列相同性が低いものの、生物として必須とされる遺伝子（ハウスキーピング遺伝子[45]）の配列を用いた「系統」の分類が行われている。リボソームタンパク質をコードする複数の遺伝子[45]、分泌タンパク質を細胞外へ

44　系統：同じ種のファイトプラズマを、関連する植物病に基づいて区別する下位分類群を「系統（strain）」という。たとえば、タマネギ萎黄病を引き起こすOYファイトプラズマは*P. asteris*の1系統である。しかし、ファイトプラズマはさまざまな植物に感染できるため、他の植物にOYが感染していた場合に、それがOYであるのか*P. asteris*の別系統であるのかを判別することは難しい。実際に、媒介昆虫の特異性やタマネギへの病原性を検証する必要がある。この現状を打破する代替技術としてどのハウスキーピング遺伝子が「系統」の分類に有用となるかに関しては今後検討が必要である。

45　ハウスキーピング遺伝子：細胞で恒常的に発現し続けており、細胞の維持や増殖などに不可欠な遺伝子のこと。

排出するタンパク質のSecY遺伝子[46]、タンパク質の立体構造を正しく折りたたむ分子シャペロンタンパク質のGroEL遺伝子[47]を用いたファイトプラズマ「系統」の分類が試みられている。しかし、種内でさらに細かく分けられて存在する「系統」の分類に際して用いられる遺伝子の種類について世界の研究者間で統一した見解はなく、報告の増え続ける各ファイトプラズマを適切に分類するためには、さらに科学的な根拠に基づいた新たな手法の確立が必要である。

*引用文献

【ファイトプラズマ関係】
〈東大グループ〉
[1] 土居養二 (1967a) 日植病報 33:259–266
[2] 土居養二 (1967b) 日植病報 33:315
[3] 土居養二 (1967c) 日植病報 33:344
[4] 奥田誠一 (1968) 日植病報 34:349
[5] 奥田誠一 (1969) 日植病報 35:389
[22] Namba S (1993a) IJSB 43:461–467
[23] Namba S (1993b) Phytopathology 83:786–791
[24] 難波成任 (1993) 植物防疫 47:86–93
[26] 難波成任 (1995) 植物防疫 49:11–14
[27] 難波成任 (1996) 植物防疫 50:152–156
[28] 難波成任 (1998) 日本細菌学雑誌 53:443–451
[30] Kirkpatrick BC (1994) IOM Lett 3:228–229
[32] IRPCM (2004) IJSEM 54:1243–1255
[33] 前島健作 (2016) 最新マイコプラズマ学 pp. 61–65
[34] Jung HY (2002) IJSEM 52:1543–1549
[35] Jung HY (2003a) IJSEM 53:1037–1041
[36] Jung HY (2003b) IJSEM 53:1925–1929
[37] Jung HY (2003c) JGPP 69:87–89
[38] Jung HY (2003d) JGPP 69:208–209
[39] Jung HY (2003e) Plant Pathol J 18:109–114
[40] Jung HY (2006) JGPP 72:261–263
[41] Sawayanagi T (1999) IJSB 49:1275–1285
[44] Jung HY (2003f) DNA Cell Biol 22:209–215
[47] Mitrović J (2011) Ann Appl Biol 159:41–48
〈北大グループ〉
[6] 四方英四郎 (1968) 日植病報 34:208–209
[7] Maramorosch K (1968) Trans NY Acad Sci 30:841–855
[8] Granados RR (1968) PNAS 60:841–844
[10] 四方英四郎 (1972) 植物防疫 26:184–189
〈米・農務省・デービスグループ〉
[42] Lee IM (1993) Phytopathology 83:834–842
[45] Martini M (2007) IJSEM 57:2037–2051
[46] Lee IM (2010) IJSEM 60:2887–2897
〈米・カリフォルニア大・カークパトリックグループ〉
[17] Kirkpatrick BC (1987) Science 238:197–200
[19] Kuske CR (1990) J Bacteriol 172:1628–1633

〈米・フロリダ大・ハリソングループ〉
[18] Davis MJ (1988) MPMI 1:295–302
〈加・アルバータ大・比留木グループ〉
[21] Deng SJ (1991) J Microbiol Meth 14:53–61
〈独・果樹作物保護研・ジーミュラーグループ〉
[31] Schneider B (1997) Microbiology 143:3381–3389
〈その他〉
[9] Giannotti J (1968) CRH Acad Sci Ser D 267:454–456
[11] McCoy RE (1989) The Mycoplasmas pp. 546–640
[20] Lim PO (1989) J Bacteriol 171:5901–5906
[25] ICSB Subcommittee on the Taxonomy of Mollicutes (1995) IJSB 45:605–612
[43] Liefting LW (1996) AEM 62:3133–3139
【その他の分野】
[12] 岸國平 (1987) 日植病報 53:275–278
[13] Gross HJ (1978) Nature 273:203–208
[14] Franck A (1980) Cell 21:285–294
[15] Mullis KB (1987) Method Enzymol 155:335–350
[16] Saiki RK (1988) Science 239:487
[29] Stackebrandt E (1994) IJSB 44:846–849

5章

不可能と思われたゲノム解読

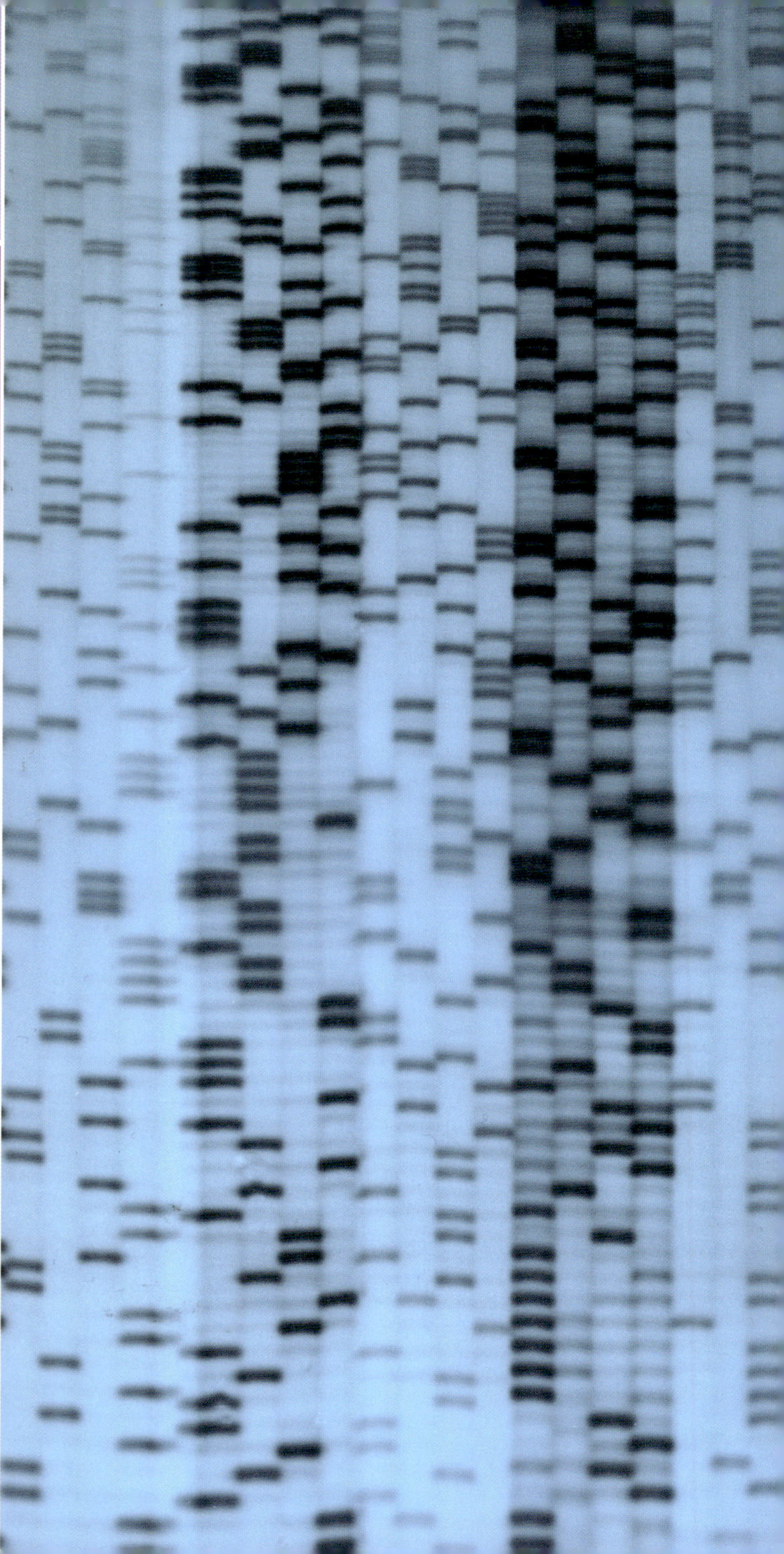

初期のファイトプラズマのゲノム解読。放射性同位元素（^{35}S）を加え反応後、電気泳動してX線フィルムに感光させ、現像したフィルム。1塩基ずつ目視で解読した。

我々の最大の弱点はあきらめることにある。
成功するために最も確実な方法は、
つねにもう一回だけ挑戦してみることである。

トーマス・エジソン

米国の発明王

5・1――コドン暗号は変則的か?

[5・1・1]研究が遅れた要因

ファイトプラズマの研究がこれほど遅れたのは、そもそも、ファイトプラズマがマイコプラズマに近縁の微生物と考えられていたためであった。ほとんどすべての生物は遺伝子のTGAコドン[1]をタンパク質合成を終了させる情報をコードする終止コドン[2]として利用するのに対して、マイコプラズマのゲノムにおけるTGAコドンはきわめて例外的にトリプトファンというアミノ酸をコードしており、一般細菌や真核生物である動植物と異なっている〈図5・1〉。したがって、ファイトプラズマもこのTGAコドンがトリプトファンをコードしているとなると、これは、研究を進める上で、致命的な弱点となる。

つまり、遺伝コードが異なるといくらゲノムを解読しても、コードされるタンパク質を大腸菌や植物、動物(ここでは媒介昆虫)で発現し、抗体を作出したりその機能を解析したりすることが限りなく難しくなるということである。つまり、大腸菌や真核生物にマイコプラズマの遺伝子を導入しても、TGAコドンでタンパク質の翻訳をストップしてしまい、マイコプラズマとは異なるタンパク質を作ってしまうのである。研究者はみなこの理由でファイトプラズマのゲノム解析をためらっていたのだ。マイコプラズマ研究も同様にそれがネックとなって止まってしまっていた。

弱点が見えている場合は、それを克服すればよい。つまり、ファイトプラズマやマイコプラズマの

1 コドン:核酸の塩基配列が、タンパク質を構成するアミノ酸配列へと細胞内で翻訳されるときに、各アミノ酸に対応する3つの塩基配列(トリプレット)のこと。トリプレットと1個のアミノ酸の対応関係を遺伝暗号(遺伝コード)という。これに関連して、あるアミノ酸に対応するコドンや、それを拡張してある遺伝子に対応する配列がゲノム上にあることをそのアミノ酸や遺伝子を「コードする」という。遺伝暗号は生物のゲノム(通常はDNA)上にコードされているが、特定の部分だけメッセンジャーRNAが合成(mRNAが転写)され、そこにリボソームが結合して、遺伝暗号に従って必要なアミノ酸を取り込んでペプチド鎖合成が進み、タンパク質が合成される。DNAは「A, G, C, T」の4種類の塩基が並んでおり、mRNAは「A, G, C, U」が並んでいる。なお、本書では、本来「UGA」と表記するところを「TGA」で統一する。

タンパク質をコードする遺伝子にあるTGAコドンを、大腸菌や真核生物でトリプトファンをコードするTGGコドンにすべて変えれば、解決する話である。ただし一口に「変えれば」と言っても、実際はそう簡単ではない。具体的には、その遺伝子をコードするDNAをプラスミドにクローニング[3-4]して、導入したい変異配列と、その両側にファイトプラズマDNAと同じ配列を持った短いDNA断片（変位導入プライマーという）を合成しプラスミドに対合させ、その変異を含んだプラスミドに変えて複製させ、大腸菌や真核生物に入れて目的のタンパク質を翻訳させる、という実験操作だ。可能ではあるが、すべてのTGAコドンを変えるのは大変な作業である。というわけで、なかなか研究は進展しなかった。

モリキューテス綱に属する細菌は動物から植物まで広く宿主として感染しうる。そのなかにはこのTGAコドンがトリプトファンをコードしているものと、終止コドンをコードしているものが混在している。それぞれの細菌のコドン配列を推定するうえで、ファイトプラズマの起源はもちろんのこ

図5.1　一般細菌や真核生物のコドン暗号表

1番目の塩基	2番目の塩基 T	2番目の塩基 C	2番目の塩基 A	2番目の塩基 G	3番目の塩基
T	TTT TTC フェニルアラニン	TCT TCC	TAT TAC チロシン	TGT TGC システイン	T C
T	TTA TTG ロイシン	TCA TCG セリン	TAA TAG 終止	TGA 終止（マイコプラズマではトリプトファン） TGG トリプトファン	A G
C	CTT CTC	CCT CCC	CAT CAC ヒスチジン	CGT CGC	T C
C	CTA CTG ロイシン	CCA CCG プロリン	CAA CAG グルタミン	CGA CGG アルギニン	A G
A	ATT ATC イソロイシン	ACT ACC	AAT AAC アスパラギン	AGT AGC セリン	T C
A	ATA ATG メチオニン/開始	ACA ACG スレオニン	AAA AAG リシン	AGA AGG アルギニン	A G
G	GTT GTC	GCT GCC	CAT GAC アスパラギン酸	GGT GGC	T C
G	GTA GTG バリン	GCA GCG アラニン	GAA GAG グルタミン酸	GGA GGG グリシン	A G

図5.2　モリキューテス綱の進化的関係

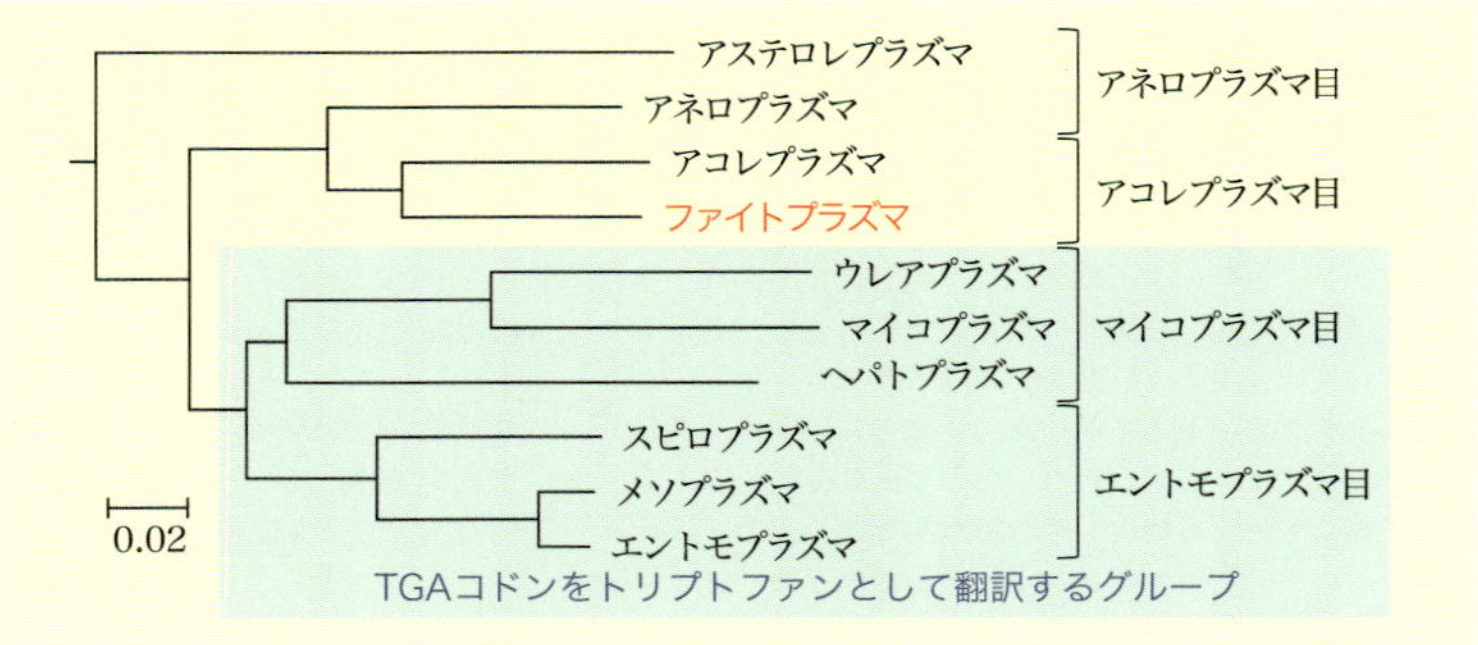

と、進化学的な視点から推定される系統関係に基づいたモリキューテス綱におけるファイトプラズマの分類学的位置はたいへん参考になる。4章で説明したが、ファイトプラズマはアコレプラズマやアネロプラズマ[4-24]に近縁であり、マイコプラズマやスピロプラズマ[2-43]とは離れた関係にあることを、私たちは系統解析から確認していた〈図5・2〉[1]。また、マイコプラズマ目《もく》（マイコプラズマ属[3]、ウレアプラズマ属[4]など）、エントモプラズマ目[5]（スピロプラズマ属など）がTGAコドンをトリプトファンとして使うのに対して、アコレプラズマ属やアネロプラズマ属[4-24]の細菌は一般細菌や動植物などの真核生物と同様に、TGAコドンを終止コドンとして使っていることが分かった[1、2、3]。このことがファイトプラズマのゲノム解読と、その後の遺伝子機能解析に挑戦する勇気を私たちに与えてくれたのだ。

ただ、無謀な挑戦は危険であり、研究室のチームを徒労に終　可能性もあったので、慎重に当たりを付ける必要があった。

[5・1・2] TGAコドンは終止コドンだった

まずS10-spcオペロン[6]と呼ばれる一群の遺伝子に着目した。大腸菌や枯草菌[7]、ウレアプラズマなどの多くの細菌においてS10-spcオペロンの全塩基配列が決定されていて、終止コドンを解析する格好の材料となっている〈図5・3〉。

OYファイトプラズマのS10-spcオペロンの各遺伝子の終止コドンを調べ

図5.3　S10-spcオペロン

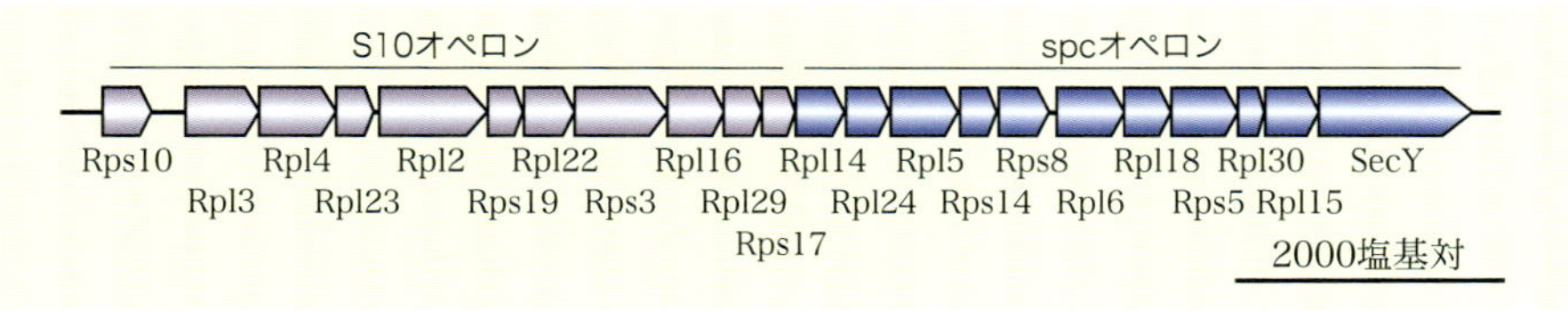

2　終止コドン：ペプチド鎖が合成された後、ペプチド鎖合成の終了を意味するコドンのことをいう。これに対して、ペプチド鎖の合成開始を意味するコドンを「開始コドン」といい、通常ATGコドンで、常にアミノ酸の「メチオニン」をコードする。

3　マイコプラズマ属：*Mycoplasma*属

4　ウレアプラズマ属：*Ureaplasma*属。腹膜炎や尿道炎の原因となる細菌。

5　エントモプラズマ目：*Entomoplasma*目

6　S10-spcオペロン：遺伝情報に従いタンパク質を翻訳するリボソーム関連遺伝子群が20以上並んだ、多くの細菌に共通する領域のこと。オペロンとは、ある一つの機能をはたらかせるために必要な遺伝子の集まりのこと。その上流に発現を制御する因子があり、並んでいるとその機能を必要なときに一気に部品となるタンパク質が発現されて揃うので都合が良い。

た結果、2つの遺伝子（Rps5、Rpl16）において、通常であれば終止コドンがあるべき位置にTGAがある。しかし、TGAコドンがトリプトファンとして読まれる遺伝子は1つもない[4]。このことは、ファイトプラズマではTGAが終止コドンとして使われていることを強く示唆するものである。期待通りの結果であった[5,6]。マイコプラズマではTGAが終止コドンとして読まれる遺伝子は1つもなく、TGAがトリプトファンとして読まれる遺伝子が多数あるのと対照的である。

さらに、この議論に終止符を打ったのは、TGAコドンを翻訳終了のシグナルとして認識するタンパク質（翻訳終結因子、RF2）[8]の遺伝子を発見したことであった。モリキューテス綱細菌では、マイコプラズマ属だけでなくウレアプラズマ属やスピロプラズマ属の細菌もRF2遺伝子を欠いているが、私たちはファイトプラズマのゲノム上にRF2遺伝子があることを確認したのだ〈図5・4〉[7]。つまりファイトプラズマではTGAコドンを終止コドンとして認識するのだ。この研究により、ファイトプラズマ属は、TGAコドンをトリプトファンとして使用するマイコプラズマ属やウレアプラズマ属、スピロプラズマ属とは異なり、一般の細菌と同様にTGAコドンを終止コドンとして使用することが明らかになったのである〈表5・1〉。

[5・1・3] マイコプラズマと近縁ではなかった？

図5.4 マイコプラズマで欠落しているRF2遺伝子（TGAを終止コドンと認識する翻訳終結因子）をファイトプラズマで発見

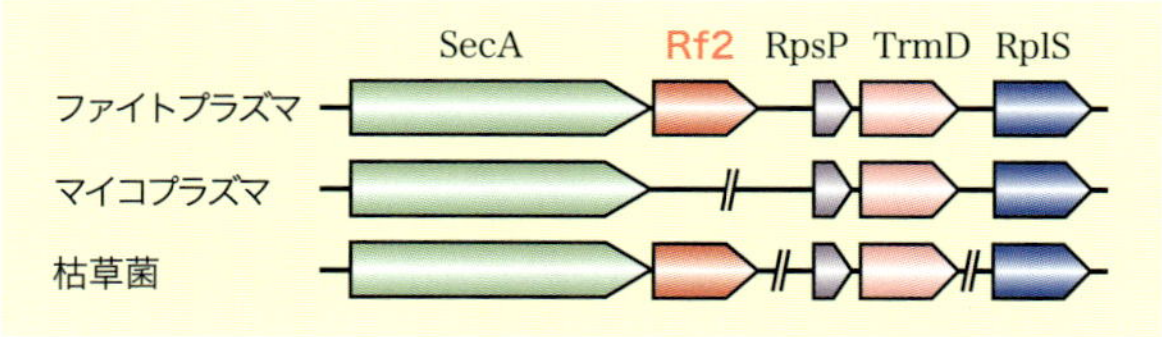

表5.1 終止コドンの比較

目	属	終止コドン			トリプトファン
		TAA	TAG	TGA	TGA
アコレプラズマ目	ファイトプラズマ	+	+	+	−
	アコレプラズマ	+	+	+	−
アネロプラズマ目	アネロプラズマ	+	+	+	−
エントモプラズマ目	スピロプラズマ	+	+	−	+
マイコプラズマ目	マイコプラズマ	+	+	−	+
	ウレアプラズマ	+	+	−	+
バチルス目	枯草菌	+	+	+	−
腸内細菌目	大腸菌	+	+	+	−

細菌の分類は現在、16SリボソームDNAの塩基配列に基づいた系統解析により行われている（▼4・2・4）。それは、この遺伝子がタンパク質の合成に必須の遺伝子であり、いわゆる分子化石であると考えられていて、この遺伝子の塩基配列をもとに細菌同士を比較すれば、その進化の足跡をたどることができるためである。それによると、ファイトプラズマを含むモリキューテス綱細菌は少なくとも4つの目、5つの科に分類されている。すなわち、マイコプラズマ属やウレアプラズマ属などを含むマイコプラズマ目、スピロプラズマ属などを含むエントモプラズマ目、ファイトプラズマ属などを含むアコレプラズマ目、アネロプラズマ属などを含むアネロプラズマ目である〈図5・2〉。

しかし当初は、スピロプラズマやマイコプラズマはまとめてマイコプラズマグループとして分類されていた。そして、マイコプラズマ様微生物（MLO）と最初命名されたファイトプラズマも、当然その形状やテトラサイクリン[2-24]により治療できることなどから、マイコプラズマと近縁であると考えられてきた。したがってファイトプラズマの場合にもTGAが終止コドンではなく、遺伝子の解析などに際して、タンパク質を大腸菌や植物で発現させることが困難であり、研究が難しいと考えられてきた。このことが背景にあって、多くの研究者がその研究を敬遠していたことは既に述べたとおりである。

しかし、S10-spcオペロンに含まれる遺伝子の解析から、ファイトプラズマはマイコプラズマとは遺伝暗号が異なり、TGAはトリプトファンではなく終止コドンであった。さらに、枯草菌など一般細菌と同じようにATGに加えGTGも開始コドンとして用いることもわかった（植物や動物など真核生物ではATGのみ）。マイコプラズマやウレアプラズマなどを含むマイコプラズマ目やスピロプラズマなどを含むエンテロプラズマ目では、GTGを開始コドンとして用いる遺伝子は存在しない。その後、その他の点でもファイトプラズマがマイコプラズマよりも枯草菌に近いことが確認された[8、9]。

7　枯草菌：土壌中や空気中に一般的に存在する細菌（常在菌）の一種。*Bacillus subtilis*（バチルス・サブティリス）。枯れ草からも見つかるために付けられた和名で、芽胞という耐熱性の高い休眠体をつくる。煮沸した稲わらに煮たダイズを包んで作る納豆は、雑菌が死滅し、枯草菌の一種である納豆菌（*B. subtilis* var. *natto*）の芽胞だけが生き残ることを利用したもの。

8　RF2：peptide chain release factor 2。TGAコドンを認識するタンパク質合成終結因子。このタンパク質をコードする遺伝子はPrfBと呼ばれる。

〔コラム〕

デジタル知とアナログ知

思想家、西周《にしあまね》らは、明治初期、西洋の思想・学問等の英語名称に対し、「科学」、「技術」、「哲学」、「農学」など、数多くの和製漢語を考案した。一方、当時の科学者たちの主な仕事は、西洋の学問を輸入することにあった。その後、「科学の役割は知的好奇心のもと真理探究すること」だけにとどまらない段階を迎えた。産業の発展とともに、科学が技術と密接にリンクし始め、技術分野を牽引する役割を果たすようになった。科学は「知識のための科学」であるだけではなく、「社会のための科学」にもなり、技術進歩をもたらし、産業競争力向上の原動力ともなっていったのである。

一方で、依然として技術との間に隔たりを遺している科学もある。地震学、災害学、気象学、環境学である。これらを応用した技術が、地震工学（地震予知）、防災工学、治水工学、気象工学（天気予報）、地球温暖化対策などの技術である。予知や制御は困難であるにもかかわらず、いずれも巨額予算が投じられている。

日本の科学技術研究費は産官学など合わせて約19兆円といわれる。対ＧＤＰ（国内総生産）比で世界2位だ。研究費は1人あたり２２００万円だそうだが、実感はない。日本は工学系の研究者が多い。敗戦後、ＧＨＱが理研のサイクロトロンを品川沖に捨てたことに、当時内務省官僚だった中曽根康弘は反発。政治家に転身し、「日本はこのままでは農業国になってしまう」と考え、工業国へと舵を切ったという。このようなことが影響しているのかもしれない。19兆円の研究費を分野別に見ると、医学32％、工学20％、理学９％、経済学７％、文学６％、農学４％、法学３％であるから、農学はきわめて少ない。しかも農学分野でも最近は医学や理学的研究が増えているから、純粋の農学研究はもっと少ないかもしれない。

話は戻るが、科学が「社会のための科学」にもなった時点で、科学と技術はより密接な関係になった。科学研究により生まれた「知」は、農業の近代化に大いに貢献したが、元々日本人には暗黙知として、「自然のなりわいがよい」、「自然交配がよい」、「有機農法がよい」という発想がある。一方で、水田でも畑でも数十年にわたって同じ作物を植え続け、隔離された植物工場で野菜等の水耕栽培を大規模に行い、多大な恩恵を享受している。その結果、我々日本人は、環境に負荷を与え、コストのかかる農業生産形態をも暗黙知化してきた。しかし、どちらの暗黙知についても、社会的に議論しないままである。

日本の工業や医療産業では、自ら引き起こした公害・医療過誤・薬害問題などについて、そのつど、解決に向け社会的に議論されてきた。しかしながら農業は、農薬問題・環境問題などで課題設定もシステムのリ・デザインもなされないまま今日に至った。トランスサイエンスの問題にも正面から取り組まないままである。細胞培養・細胞融合・遺伝子組換え技術により製造される医薬品は、バイオ医薬品として統合化され、社会に浸透したのに対し、農業ではバイテク作物に遺伝子組換え作物を統合せず、一人歩きさせてしまった点にこれら一連の問題が凝縮されている。

この50年の間に知の構造は大きく変わったのである。ナビなど精緻で利便性の高い電子機器や、大量のネット情報により供給される新たな知は「デジタル知」として我々の生活に急速に浸透しつつある。代わりに、暗黙知の源泉であった人間の五感に対する信頼性は大きく揺らいでしまった。「デジタル知」は限りなく膨張し、直感、思考力を養いはたらかせる機会を私たちから奪い、「暗黙知」は「アナログ知」として、限りなく矮小化しつつある。気になるのは、私たち自身がそのことの重大さに気付いていないことである。

5・2——世界で唯一のファイトプラズマ・ミュータント

[5・2・1] パラダイムシフトの原動力

分子生物学的手法の導入によりファイトプラズマの系統解析が可能になると、それまで不明であった宿主範囲や感染、病徴発現の仕組みの解明に向け、さまざまな波及効果が生まれた。たとえば、ファイトプラズマの宿主範囲や媒介昆虫など生物学的性状と種の分類の間に、相関関係が認められることが分かってきた。当時、ファイトプラズマと同じモリキューテス綱の植物病原細菌であるスピロプラズマの接木による継代中に、ヨコバイによる媒介能を喪失した変異株が得られ、昆虫媒介能に関わる因子の研究が注目されるようになった[10]。そこで、私たちも、そのようなファイトプラズマの変異株を作出すれば、生物現象の分子遺伝学的な解析が進展すると考え、挑戦した。

私たちがモデルとして用いたファイトプラズマは*P. asteris* OY-W株[9]とよばれる、佐賀県のタマネギ萎黄病に感染した植物より分離した強毒株（W）であった[1]。このファイトプラズマはヒメフタテンヨコバイにより媒介され、黄化や萎縮、叢生、緑化、葉化など多様な症状を引き起こす。このW株をヒメフタテンヨコバイによりシュンギク上で11年にわたり継代した結果〈図5・5〉、黄化・萎縮症状などの激しい病徴を示さず、穏やかな叢生症状のみを示し、節間は、ほとんど健全なシュンギクと変わらない変異株が分離され〈図5・6〉、OY-M株[10]と命名した[12、13]。M株はW株と昆虫媒介能は変わらず、また分離後9年を経ても原病徴に復帰することはなく、病原性および昆虫媒介性においてきわめて安定しており、20年かけて確実な弱毒株（M）が確立されたと判断した。

図5.5 弱毒変異株（M株）の作出方法

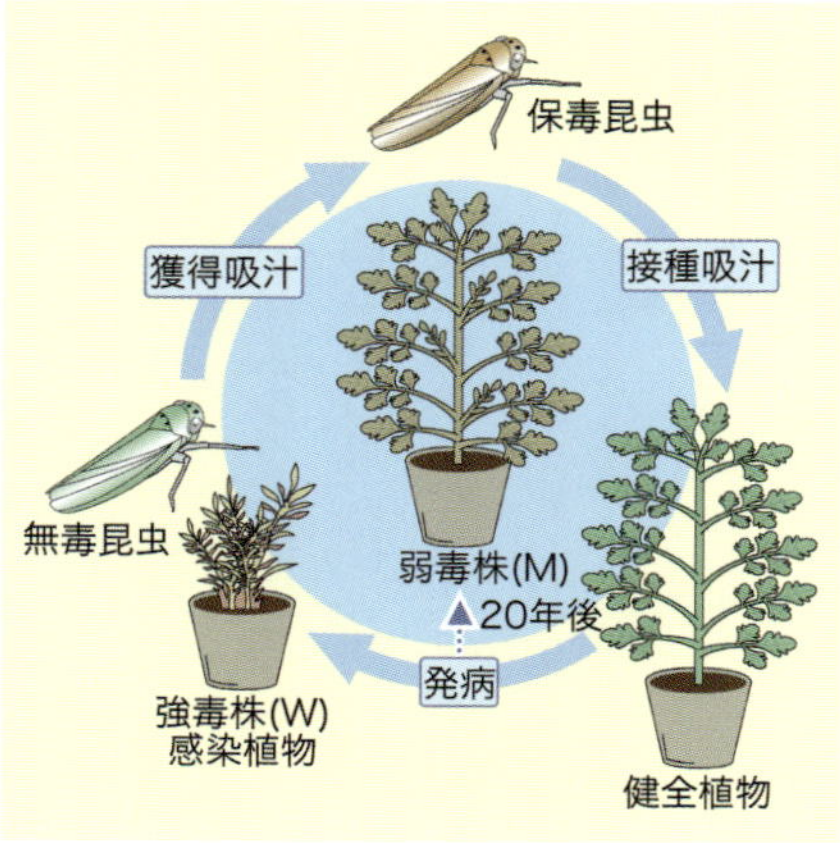

図5.6 各ファイトプラズマに感染した植物の症状

	健全	W株	M株	NIM株
病原性		強い	弱い	弱い
昆虫媒介性		あり	あり	なし

9 OY-W株：OY strain, wild-type line，強毒株，W株
10 OY-M株：OY strain, mild-symptom line，弱毒株，M株

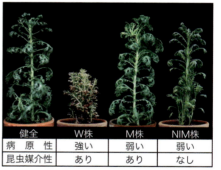

［コラム］タイミングとスタンダード

生命現象が奏でている美しくも見事なハーモニーは、じつは予期せぬイベントにより演出されていることが分かってきた。メンデルの法則に則った現象に対し、遺伝子の塩基配列上は何の変化もないのに、細胞分裂を経てもなお伝わってゆく遺伝子の機能上の（エピジェネティックな）変化は、それまでの概念を覆す発見であった。その仕掛けの一つが、RNAサイレンシングによる遺伝子の不活性化である。1990年、米国とオランダのグループが、紫色の植物に遺伝子組換えにより色素合成遺伝子を余計に入れて濃い紫色の花を咲かせようとしたら、逆に白くなってしまったという発見に端を発する。元々あった紫色の色素合成遺伝子が、あとから入れた遺伝子ともども不活化されてしまったのだ。

その後研究は急速に進み、いろいろな仕組みのRNAサイレンシング機構が生物全般に認められ、それがエピジェネティックな現象を操っていることが分かってきた。この遺伝子発現の抑制現象の発見に対して2006年に異例の早さでノーベル賞が授与された。

生物細胞内のゲノムDNAに刻み込まれている遺伝子はRNAに書き写される。このRNAの段階で、細胞は非常に小さなRNA断片（sRNA）を組織の違いや生育段階に応じて巧妙に繰り出し、似た配列の遺伝子RNAを分解する。「そのRNA、お黙り！」との沙汰がくだるのだ。このsRNAにより、遺伝子の機能は精緻に調節され、細胞の運命（どの部分になるか）を決めたり、細胞の自殺・がん化、記憶、それらのタイミングの調節にまで関わるのである。生物の一生にRNAサイレンシングはなくてはならないのだ。

バラバラに分解されたRNAは、再び新たなRNA合成に利用される。一方でsRNAの標的とならなかったRNAからは種々のタンパク質が合成される。しかし正確な折りたたみに失敗すると、そのタンパク質は速やかに分解装置（プロテアソーム）により分解され、新たなタンパク質合成に再利用される。RNAサイレンシングやプロテアソームはまさに持続的細胞活動の主役なのである。

花色変化の現象が注目されていた頃、私は米国のコーネル大学に留学し、「ウイルス病抵抗性遺伝子組換え植物作出プロジェクト」に参画していた。いまだに植物ウイルス病の特効薬はないものの、当時すでに動物のウイルスワクチンのように弱毒株のウイルスをあらかじめ植物に感染させておくと、強毒株のウイルスに抵抗性になることが知られていて、実用化されていた。しかしその仕組みは不明であった。そこで、当時飛躍的に発展した遺伝子組換え技術を利用して、ウイルスのタンパク質遺伝子を植物に導入するとウイルス抵抗性になることを初めて示したのが米国ワシントン大学の植物病理学者ビーチー博士[1]である。

彼は、植物におけるウイルスタンパク質の産生量が多いほど、そのタンパク質のアミノ酸配列が似ているウイルスに対して、より強い抵抗性を示すと考えた。しかし米国で同様な実験を行っていた私は、そのような彼の報告と自分の結果が合わないことに気付いた。つまり、ウイルスタンパク質をまったく作らないのに別種のウイルスに対してもきわめて強い抵抗性を示す植物がたくさん温室に出現し、困惑していた。しかも、アミノ酸配列の異なるウイルスにも強い抵抗性を示すのだ。仕方なく米国の学会誌に「RNAを発現するだけで、しかも『広域（いろいろなウイルス）』に抵抗性を示す」ことを報告した。もちろん著名なビーチー博士の論文の方が注目された。その後、私の見つけた抵抗性こそがRNAサイレンシングであり、アミノ酸配列が似ていなくとも、発現するウイルスRNAの配列が似ていればウイルス強毒株のRNAをバラバラに分解して抵抗性を示すことが分かった。留学時のこの経験から、私は大きなことを学んだ。それは、どんなに斬新な発見をしても、その価値を証明する分析結果を示さなければ評価されないし、重鎮をしのぐ発見であっても認められない。とば口まで見えていながら、その先を見ることのできる道具立てがなかったのだ。常に最先端技術を用意し、タイミングを逃さないことが重要なのだ。

もう一つ学んだのは、スタンダードとなることの重要性だった。当時はまだ無名ではあったが遺伝子導入しやすい植物を見つけ、その導入技術を留学中に確立したおかげで、どこへ行っても、まだ海のものとも山のものとも分からないRNAレベルの広域抵抗性よりも、この植物への遺伝子導入のほうが興味を持たれ、そのコツを聞かれた。いまでは植物を扱う世界中の研究者がスタンダードな実験植物として研究に使っている。

図 ビーチー博士

ウイルス抵抗性トランスジェニック植物に関する私のポスター発表に見入るロジャー・ビーチー博士（左端）と説明するデニス・ゴンザルベス博士（中央青いTシャツ）。

1　ビーチー博士：Roger N Beachy（1944 〜）米国の生物学者。

[5・2・2] 昆虫で媒介されないミュータント

病原性の弱い変異株を得ることができたので、今度は昆虫に媒介されない変異株の作出に挑戦した。昆虫を使ってファイトプラズマを継代していると、昆虫によって媒介されるのに必要な因子を欠いたファイトプラズマ変異株は駆逐され消えてしまう。そこで、昆虫を使わない（つまり昆虫媒介を必要としない）方法で継代する必要がある。それは接木である。感染植物の頂部を使って健全植物の頂部に接木を何度も繰り返し行うのである。この場合昆虫を必要としないので、ファイトプラズマにとって、昆虫体内に侵入するのに必要な因子や、昆虫体内で増殖し全身に広がるのに必要な因子は不要である。したがってそれらの因子を発現するための遺伝子を捨てた方が、生存戦略上有利なはずである。簡単な挿し木ではなく、接木により継代する方法を選んだ理由は、接木の活着面を通過して、新しい健全な組織に侵入する際に、健全な植物組織の防御応答反応を受けるはずであり、その抵抗を突破するには、余計な代謝系を捨て、増殖と移行により多くのエネルギーと養分を振り向けることのできる変異の入ったファイトプラズマが有利であり、そういう変異株が選抜されるであろうと考えたからである。

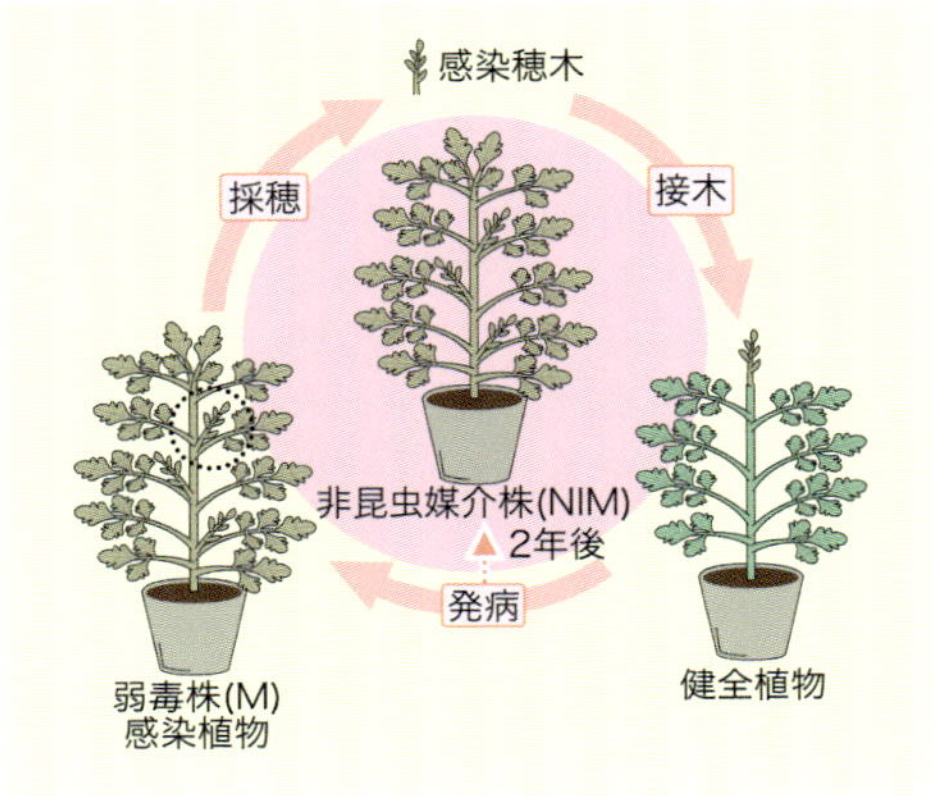

図5.7 非昆虫媒介株（NIM株）の作出方法

さらにもうひと工夫考えた。病原性が強いと、穂木となる感染植物のダメージが激しく、接いでも活着する前に枯れてしまう可能性が高い。そこで、W株ではなくM株に感染した植物を使い、M株からの非昆虫媒介株の作出をねらったのだ。すなわち、M株に感染した植物の先端部分を切り取って穂木にし、健全植物を台木にして接木する操作を2カ月に一度の頻度で継代した。そのつど、健全植物に移行し感染したファイトプラズマが昆虫媒介能を保持しているかどうか、昆虫に吸汁させて、健全植物に移し、ファイトプラズマの増殖をPCRによって確認した結果、約2年間（計約20回）の継代ののちに、昆虫媒介能を喪失したと考えられる分離株が得られた〈図5・7〉。つまり、この感染植物にヨコバイを約1週間獲得吸汁させ、健全植物に移して3週間接種吸汁[2-7]させてもまったく発病しなかった。これを繰り返し確認し、何度やっても昆虫により媒介されないことを見届けた。つまりこのファイトプラズマは昆虫により媒介される性質を喪失していたのである。これをOY-NIM株[11]と命名した[12]。NIM株の植物における病徴は、親株であるM株とほぼ同じであった〈図5・6〉。

[5・2・3] ゲノムサイズの違いがもたらすもの

ファイトプラズマの変異株を作ることができたので、次はその違いをもたらす原因に着目した。スピロプラズマの変異株が作られていることは既に述べたが、その変異株ではゲノムの一部が欠損している[14]。OYファイトプラズマの変異株にも同様に欠損の可能性がある。そこで、パルスフィールドゲル電気泳動[12]とよばれる巨大なサイズのゲノムを分離・比較する特殊な技術を用いてファイトプラズマの3つの株のゲノムサイズを比較した。その結果、W株は100万塩基対、M株とNIM株は同じ大きさで86万塩基対であり、変異株はやはり14万塩基対ほどゲノムサイズが小さいことが分かった〈図5・8〉。おそらく、継代の過程でゲノムに再編成が起こり、一部が欠落したものと思われる。

弱毒株は、強毒株と同様に感染植物に側枝（横に枝分かれすること）

図5.8 W株とM株のゲノムサイズの比較

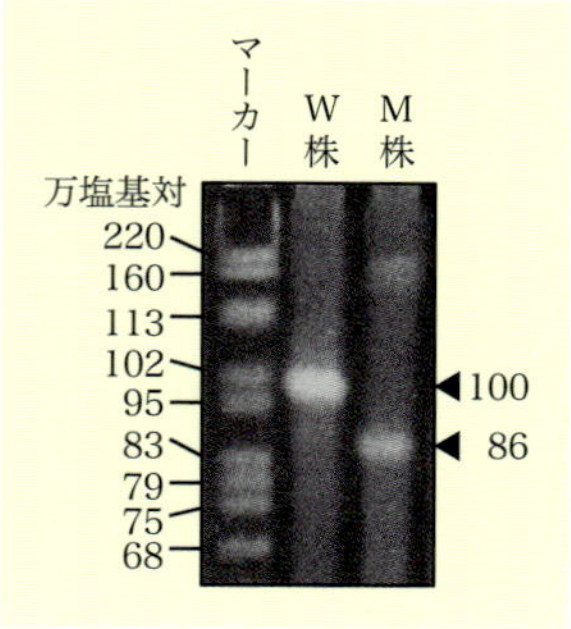

11 OY-NIM株：OY strain, non-insect-transmissible and mild-symptom line，非昆虫媒介株，NIM株

12 パルスフィールドゲル電気泳動：分子量の大きなDNAを分離する際に用いる手法。通常のアガロースゲル電気泳動では、分子量の大きなDNAはアガロースの網目に引っかかってしまい、電気泳動により分離することができない。パルスフィールドゲル電気泳動では、電場の方向を一定時間ごとに変化させることでDNA分子の形態が変化し、アガロースの網目をすり抜けることができる。

［コラム］

三財を散財する日本

２００６年、農水省の伝統ある「マイコプラズマ研究室」が消滅した。２００４年に日本が世界に先駆けファイトプラズマの全ゲノム解読に成功したのに、発想が逆である。むしろ「農水省を挙げて研究すべし」といって欲しかった。公的研究機関の劣化はおおかたこういう発想からきている。

この原因は、官僚や試験研究教育機関の幹部に①資財、②人財、③財源の三財軽視が蔓延していることである。

① 資財：遺伝資源や退任者の成果物に対する国益にもとづいた保存意識がまるでない。一例を挙げると、農業生物資源ジーンバンクにあったファイトプラズマの菌株はすべて廃棄された。この意思確認と最終判断はどのような責任の所在と俯瞰的視点から行われたのだろうか。おそらく「人手が足りない」という理由と「目先のニーズがあるか否か」という判断のもと廃棄の決定をしたのであろう。そこには責任所在の確認はない。わが国のイネいもち病菌のコレクションもそのむかし退任研究者により米国に無償提供された。国が何の配慮も提示しなかったからである。このようなことが半世紀以上続けられているのである。責任は現場ではなくトップにある。

② 人財：採用制度の一貫性のなさ、キャリアパスの不在も半世紀以上続いている。日本の人口ピラミッドよりひどい状況で、20～30代の研究者は数％しかいない。責任は同じくトップにある。トップになると突然、研究者意識が消え、新たなビジョンが決まると必ず始まるリストラが彼らの主たる仕事となる。最後まで研究者でいてほしいものである。

③ 財源：これは官僚に最大の責任がある。別途コラム（▼「文理両道官と胆力理事」384頁）で書いたように、官僚は文理両道官たるべきだと思うのだが、実態はそうではないので、研究に興味がない。1年に1つでも研究論文を読む官僚が何人いるだろうか。聞くと、「どの論文を読んだら良いのか分からない」という。こういう官僚こそ、私がいま関わっている東大エグゼクティブ・マネジメント・プログラムを受講してほしい。

繰り返しになるが、ファイトプラズマ菌株を廃棄した国研・官僚には多大な責任がある。これは氷山の一角であり、長期にわたって三財を散財し国益を失い続けている日本は、その損失の大きさに気づき行動に移すことができるのであろうか。

を出させるが、萎縮は起こさない。この原因として考えられることは以下の2つだ。

① 強毒株は植物に萎縮を起こす因子がゲノムにコードされており、弱毒株はこれが欠損している。

② 強毒株も弱毒株も萎縮を起こす因子を持っているが、弱毒株では、植物体内のファイトプラズマの菌体数が少ないため、萎縮の症状が現れにくい。

いずれにしても、両者の遺伝情報の違いを調べることがファイトプラズマの病徴発現の仕組みを理解するうえで重要であることが分かる。

スピロプラズマの変異体BR3-Gでは、染色体の一部が欠失していることはすでに述べたが、この欠失は、スピロプラズマに感染するファージ[13]が引き起こすゲノムの相同組換え[14]によって生じたと考えられている。このファージ由来の配列はスピロプラズマのゲノム中にたくさん見つかっており[15]、こうしたファージに由来する重複配列が逆位や転座、欠失[15]などのダイナミックな再編成をゲノムに起こす原因となっていると思われる。ファイトプラズマにはファージなどの存在は不明であったが、弱毒株の染色体の大きさが強毒株よりも小さかったことを考えると、ファイトプラズマにも染色体に欠失をもたらす何らかの仕組みがある可能性が高い。

13 ファージ：細菌に感染するウイルスのこと。

14 相同組換え：染色体DNAの相同な領域同士で配列が相互に入れ替わること。

15 逆位・転座・欠失：染色体のある部分の向きが逆になることを逆位、他の染色体に移ってしまうことを転座、失われることを欠失という。

［コラム］
材料がすべて

ファイトプラズマは培養できない細菌であるため、ゲノム解読も手本がなく、試行錯誤から始まった。先の見えないこういうテーマは普通やる気も起こりにくいものだが、ブレークスルーにつながることがある。米国のライバル研究者は、毎回畑から感染植物をとってきてゲノム解読に利用していると聞いていた。そのやり方ではたとえゲノムを解読しても、そのあと誰も追試できない。そこで私たちはまず基準株を作ることを考えた。世界を凌駕しようと思ったら、スタンダードとなることが重要である（▼コラム「タイミングとスタンダード」153頁）。そのころ、農水省の農業研究センターのマイコプラズマ病防除研究室の岩波節夫《せつお》室長と加藤昭輔《しょうすけ》研究員が、ヒメフタテンヨコバイを使って、タマネギ萎黄病ファイトプラズマを維持継代していると聞いていたので、分譲していただくことにした。1992年のことである。こういうときはすべて自分でやろうとすると、専門以外の分野でミスを犯しがちだ。技術の秀でた方にきちんと礼を尽くしてご指導を仰ぐのが一番である。殺虫剤抵抗性のヒメフタテンヨコバイを選抜されており、他の害虫が入りにくい。快く分譲してくださったお二人には大変に感謝している。

そしてこのあと20年かけて、私たちは弱毒株（OY-M）を確立したのである。また、このOY-Mを健全な植物に接木して媒介昆虫なしに継代し、非昆虫媒介株（OY-NIM）を2年かけて分離したのである。これらのアイデアはすべて思いつきであり、教科書に書いてあるわけでもない。この間にこれら3つの株を判別できるPCR技術も確立した。一つの仕事を進める過程で必要性から新たな技術が生まれることはよくある。「必要は発明の母」であり、いろいろな技術を展開しておくと、一見無関係に思える技術もつながり、そこからさらに進化するものである。

ファイトプラズマ研究の大型プロジェクトが始まったのが1996年。別の大型の施設建設予算がつき、1995年の春には農場に温室や実験室の建設が終わっていた。そのときゲノム解読の研究は始まっていたので、プロジェクトは事実上スタートしていたのである。土﨑教授から預かった卒論生が、ファイトプラズマゲノムを抽出し精製する方法の検討に入った。彼は朝から晩まで、時には徹夜で、特注の特大乳鉢に感染植物を入れ、液体窒素でマイナス200℃に凍らせ粉々に砕いて、固い篩部組織を粉砕し、ファイトプラズマ粒子を溶かし出すべく、成功の保証も無い、プロトコールをつくる作業を一生懸命にやってくれた。ようやくファイトプラズマに感染した植物のどの部分を、どの時期につぶすと良いのかが分かってきた。次は、そこからどうやって植物のDNAとファイトプラズマのDNAを分けるかが課題となった。圧倒的に植物DNAの方が多い。そこで思いついたのがゲル電気泳動で分ける方法である。ただ、普通の電気泳動では分かれない。当時まだ新しい機器であったパルスフィールド電気泳動装置というのが使えると考え、200万円ほどする装置であったが、無理して買って試してみたらうまくいった。

結局、急がば回れで、材料が由緒正しいこと、変異株を最初に作ること、これが要《かなめ》であった。どちらも海外の研究者たちは軽視していたし、いまでも日本の私たちだけの独自の系である。

5・3——解き明かされた全ゲノム

[5・3・1]ゲノム解読への挑戦

これまで述べてきたように、私たちはそれまで未知の微生物であったファイトプラズマ研究に初めて分子のメスを入れ、1000種類以上もあるファイトプラズマ病の類縁関係を整理した。すると当初の解釈とはかなり違うことが分かり、それまでの「MLO」という名称と決別し、新たに「ファイトプラズマ」と名付けた。

通常、名称変更は相当な抵抗と議論が伴うものだが、タイミングが実に良かったのである。何事にもいえることだが、「運も実力のうち」。「風を読むちから」は大切であると思う。

① いろいろ試行錯誤を重ね、
② 何かひとつのストーリーが見えてきて、
③ これは新しいパラダイムになるなと感じて詰めを周到に行い、
④ 「いまだ」と思ったときにツボを瞬時に読み取り、
⑤ 直ちに実行に移す。

この一連の、風を読み、風に乗り、風を起こすちからが大切ではないだろうか。

では、要領が良ければ良いかというと、そうでもないように思う。①~②に大半の時間とエネルギーを使うほうが学術面において成功により近いような気がする。要領が良い人の多くが、①~②の時間を節約するタイプだ。③以降で時間を使うタイプの人は、よしなしごとにエネルギーや時間を浪費するために、せっかくのチャンスを逃がしてしまうのではないだろうか。

私たちは、モリキューテス綱の細菌の遺伝暗号が特殊であるという先入観のために、研究者がみな分子生物学的研究を避けていたところにあえて挑戦してみた。そして、ファイトプラズマの遺伝暗号が大腸菌などの一般細菌や動植物と特に変わらないことを見出したのである。この発見は大きかった。

これらの成果はまさに前述の①〜②にあたる、試行錯誤の段階に相当するものだったと思う。いくつもの丘や山を一つひとつ、あの手この手で草木を分けて登り進むかのように踏破してきた感じだ。

次に私たちは、ファイトプラズマのゲノム解読に挑戦することにした。なぜなら、ゲノムの解読により遺伝子情報の解明が進めば、その遺伝子にコードされるタンパク質を大腸菌を利用して大量に作ることができるからである。そのタンパク質を精製してウサギに抗体を作らせれば、ファイトプラズマの動態やタンパク質の機能を可視化することができるのだ。さらに、植物にタンパク質を発現させれば、病原性因子を解明できる。ゲノムの解読によって、ここまでが一気に進むのだ。

また、私たちは病原性や昆虫媒介能の異なるファイトプラズマ変異株を作出した。普通は、培地で培養して変異株を作らせて実験するものだが、培養できないので、植物に感染させたままで変異株を作ってしまったのだ。ファイトプラズマ研究歴は短いが、かえってそれが幸いしたのかもしれない。しかも、多くのファイトプラズマ研究の先輩諸氏に助けられた。これはいくら感謝してもしきれない。

ゲノムの解読に挑戦しようと決めた当時の私たちは、ファイトプラズマが植物において示す病原性や、昆虫による媒介の分子機構の糸口をそれまでの研究成果からつかんだとばかり思っていたし、そのまま頑張れば、ファイトプラズマの全容や、その防除法や治療法の開発に容易にたどり着くとばかり思っていたのだが、それは甘かった。それらのゴールにたどり着くには、さらに大きく高い山をいくつも越えねばならなかった。その最初の山がゲノム解読であった。ただ、その当時はまだ怖いもの知らずだったので、私たちはゲノム解読に取り組むことをすでに決意してしまっていた。

［コラム］
ブレークスルーはどうしたらできるか

ゲノム解読など最初は不可能だと誰もが思っていたし、私自身も無理だろうと思っていた。病原性因子も最初はまさか発見できるとは夢にも思ってはいなかった。だが、事実見つけることができたのである。今になってみれば、目標は掲げれば、何らかのかたちで実現するものだと感じるようになった。留学中にあらゆる失敗を経験したおかげで、実験ではかなわないが、いまでもトラブルシューティングを競ったら25歳以上年下の部下やポスドクにも負けない自信がある。失敗や挫折は若いうちにたくさんしておくことが大切である。ブレークスルーするために乗り越えるべき壁をまとめると、つぎのようになる。

1．解決困難と思い込んで課題設定のチャンスを逃さない

技術的にも機運的にも挑戦すべきと思ったら、まだ誰も成功していないことでも、挑戦するべきである。

2．ミクロ的着想にもマクロ的着想にも固執しない

若い人の多くがミクロ的発想であらゆる事を解決しようとする時代であり、機器もキットも揃っている。しかしまずは現場に立って先入観を交えず現象を見ることである。そこにヒントが隠されているに違いない。

3．先入観から「ありえない」と決めつけず挑戦してみる

初めて成功する人は、そのすべてが初めての経験であり、その前に挑戦した人はその経験をどれも体験できなかったのである。だから、「ありえない」と思わないことが成功の秘訣である。

4．複雑系を安直に単純化しない

複雑系は込み入っているから難しく見えるが、精緻なプログラムで動いているだけで、単純系よりも実は簡単である。単純化したら、その精緻さを見失うことになる。複雑なままじっと見ていれば、答えは自ずと見えてくるものだ。

5．重鎮の無根拠な見解が課題への挑戦を阻害する

重鎮はしばしば自分ができなかったことを取り繕いたくなるものだ。それが新たな発見やパラダイムの出現を阻害する。生命科学の世界では特にその傾向が強い。私もいまはその阻害要因になりかねないから、若い人たちのミーティングには首を突っ込まず、難しいこと、できたらすごいことは「必ずできるよ」と言うよう心がけている。

6．皮相的現象に囚われると本質を見落とす

課題を解決しようとするとき、表面にある問題を直接解決しようとしないで、その周辺にある細かな障害を一つひとつタマネギの皮をむくようにそっと取り除いてゆくとその隙間

に解決のヒントが潜んでいるものだ。焦らないことだ。
アルバート・アインシュタインは「常識とは18歳までに身につけた偏見のコレクションである」といった。私たちは意外と若い頃の受験勉強で身につけた常識を引きずったまま生きてきているものである。知の殿堂であるはずの大学でその殻を脱ぎ捨てられなかったとしたら、皮肉なことである。

[5・3・2] 困難を極めたゲノム解読

その頃すでにいくつかの植物病原細菌のゲノムが解読されていたが、いずれも栄養分の少ない木部の導管に生息する培養の容易な一般細菌であった。私たちは最終的には、2004年、『ネイチャー・ジェネティクス』の1月号にファイトプラズマの全ゲノム配列を世界に先駆けて発表することができたが[16]、発表当時は篩部局在性の植物病原細菌では初めての全ゲノム解読であり、植物・昆虫の両者で増殖する細菌としても世界で初めてのものであった。また、わが国で初めての植物病原細菌の全ゲノム解読でもあった。

しかし、そこに至るまでの道は茨の道であった。最初の難関は、純度の高いファイトプラズマDNAを調製することであった。ファイトプラズマは人工培養に成功していないため、感染した植物や昆虫からDNAを抽出するのだが、その方法では抽出したDNAに多量の宿主DNAが混入してくる。具体的には、ファイトプラズマ粒子を精製する操作を工夫したうえで、全DNAを抽出し、あれやこれやの処理をほどこしてファイトプラズマDNAを濃縮するのだが、それでも全DNAの中でファイトプラズマのDNAの割合は2%程度でしかないのである。私たちはファイトプラズマDNAの濃縮にパルスフィールドゲル電気泳動という巨大な大きさのDNAを分ける特殊な装置を用いて、ファイトプラズマDNAのバンド部分をゲルから切り出し、そのゲルからDNAを溶出する独自の手法を開発した。全工程で10日ほどもかかる作業だ。これにより、精製度は高まったが、ファイトプラズマDNAの絶対量が少ないのがネックであった。仕方ないので、同じ作業を何回も繰り返し、愚直にゲノムDNAを蓄積し、解析可能となる閾値（threshold）を超えることを目指した。

ファイトプラズマゲノムを解読する初期段階で役立ったのは、意外にも、短いゲノムDNA断片しかクローニングできないプラスミドライブラリー[16]であった。感染植物から直接に全DNAを抽出すると、ファイトプラズマDNAの割合は非常に少ないため、ただ闇雲にシーケンスを読んでも植物DNAの配列ばかり読むはめになってしまう。何かいい方法はないものかと考えてはいたのだが、当初はパルスフィールドゲル電気泳動で精製するという方法は誰も試したことがなく、ファイトプラズマDNAの割合がどの程度になるのか不明であった。ある時、たまたまプラスミドライブラリーを作ってみることになって、パルスフィールドゲル電気泳動で精製したDNAをプラスミドにクローニングした（挿入した）ライブラリーを作製した。それらを調べたところ、ファイトプラズマゲノム由来と考えられる塩基配列が7〜8割もあり、この方法がきわめて有効であることが初めて分かった。その後、繰り返しプラスミドライブラリーを作製して塩基配列を解析した結果、その後の全ゲノム解読の詰めの際に大いに役立つ配列情報を多数手に入れることができた。

しかしプラスミドライブラリーを一通り解読していくと、ある時点からもうそれ以上新たな配列情報が出てこなくなった。プラスミドベクターでは組み込めるDNA断片のサイズに限界があるためではないかと考えた私たちは、別のゲノムライブラリーの必要性を感じるようになってきた。ゲノムライブラリーのベクターとしては、このほかに、ファージ[16]やコスミド[16]、BAC[16]、YAC[16]などが知られているが、どのベクターを使うかについて研究チーム内で議論を重ねた。当時、全ゲノム解読の標準的な手法はプラスミドライブラリーを用いた全ゲノムショットガンシーケンス[17]であったため、プラスミドライブラリーをさらに充実させるべきとの意見もあった。また、コスミドやBACベクターの技術導入にもみな精力的

16　ライブラリー：生物ゲノムを酵素や超音波などで物理的に短く断片化し、プラスミド（約3000〜6000塩基対まで）、ファージ（約2万3000塩基対まで）、コスミド（4万5000塩基対まで）、BAC（約5万塩基対まで）、YAC（約100万塩基対まで）などのベクターにクローニングにより組み込んだもの。カッコ内は組み込むのに最適なDNA断片の長さ。BAC（bacterial artificial chromosome）は大腸菌にコピー数の少ないプラスミドを使って大きなサイズのDNAを組み込むベクター。YAC（Yeast artificial chromosome）は酵母菌にその染色体を使って複製できるようにデザインされたベクター。クローニングは脚注3–4参照。

に挑戦してくれた。しかし結局、私の責任でファージライブラリーの構築に集中してもらうことにした。

結果としてファージベクターの選択はファイトプラズマのゲノム解読に非常に適していた。後で分かったことだが、ファイトプラズマのゲノムには重複遺伝子が多く、それらがPMU（▼5・5・2）という数千〜数万塩基対の遺伝子クラスター[18]を形成し、多数散在している。そのため、プラスミドライブラリーを用いて短いDNA断片の塩基配列を決定しても、それがどこのPMUの配列情報なのかわからず、全ゲノム解読の大きな障壁となっていたのである。ところがファージライブラリーなら、2万塩基対程度のゲノム断片を組み込める（クローニングできる）ため、PMUの領域を越えて配列情報が取得できる可能性が高く、PMUの多い領域でも塩基配列データ同士をつなぎ合わせ、それを含む領域全体の構造と塩基配列の決定が期待できる。しかもBACほど取り扱いが難しくないのが利点である。ファージライブラリーのおかげで重複遺伝子の問題をある程度解決できたことが全ゲノム解読の成功につながったといえる。

当時、諸外国（米、英、独、仏、豪、中、伊など）でも、ゲノム解読は精力的に行われており、各国ともに一番乗りを目指していた[17,18]。ファイトプラズマに感染した植物からだけでなく、媒介昆虫（保毒虫）から精製したファイトプラズマDNAを用いた解析も行われていた。また、ファージベクターを用いた解析を中心にさまざまな方法で解読が試みられていた。国際学会で各国研究者と会うたびに情報交換を行ったが、みな苦労しているようであった。

私たちは精力的に解読作業を進め、プラスミドライブラリーとファージライブラリーの塩基配列を大量に読み進めることによって、ファイトプラズマゲノム全体の配列をカバーするような20〜30個のコンティグ[19]にまで到達することができたが、これらの間を埋めてゆく作業がもっとも困難をきわめた。各コンティグの端には、PMUの一部と思われる重複遺伝子群がコードされているケースが多く、コンティ

17 ショットガンシーケンス：長いDNAの塩基配列を決定する際に適用される手法。長いDNA配列を超音波などにより短い（1000塩基程度の）ランダムなDNA断片に切断してプラミスドベクターに組み込み、塩基配列を決定し、オーバーラップした配列情報をつなぎあわせて全長の配列を決定する。

18 遺伝子クラスター：機能的に関連する遺伝子群が一つのまとまりとなって並んだものを指し、ゲノムDNA上で多数存在し、ときにかたまって存在し大きな領域を占めることもある。

19 コンティグ：配列データ同士が重なり合いできた一つの大きな配列の連なり。

グ同士の連結を妨げていることがうかがわれた。この問題を乗り越えるために、コンティグ間の領域をロングPCR[20]によって増幅することを試みたり、アダプターPCRによるゲノムウォーキング[21]によってコンティグの先にある領域を少しずつ読み進めた。またコンティグの端の配列をもとにプローブを設計・合成し、プラークハイブリダイゼーション法[22]でコンティグに隣接するファージクローンをライブラリーから選抜した。ときには1塩基ずつ読み進める牛歩戦術をとるほか方法がないときもあった。

このような試行錯誤をしばらく続けたが、途中で戦略の変更に踏み切った。当初、W株の塩基配列を解析していたが、ゲノムが14万塩基対ほど欠落していて小さいことから、ゴールの近いM株の塩基配列を決定するという方針に切り替えた。とはいえ当初よりそうした展開も想定しており、両方を並行して解析していたので切り替えはすぐに行うことができた。先を読んだうえでの備えと判断が功を奏した。14万塩基対の差は、こういうとき大きかった。実は両方ともほぼ解析はできていたのだが、重複遺伝子群のせいで最後の詰めが難しかったのである。

数百のプライマーの組み合わせでPCRを行う人、ファージクローンをスクリーニングする人、得られたファージからショットガンクローンを作製する人、シーケンス反応を行う人、アセンブル[23]を担当する人など、それぞれの仕事を研究室員で分担し、協力しあってゲノム解読を進めていった。最初の頃は、使用できる装置も初期のDNAシーケンサー（DNA塩基配列自動解析装置）で、人の手でガラス板のすき間にゲルを注入し固化させ、上に反応液をのせて電気泳動させて塩基配列を読み取っていた〈5章中扉〉。そのうち、キャピラリーDNAシーケンサーといって、細いチューブにゲルを注入してそこに反応液を入れ塩基配列を読み取る方式に変わったが、それでも当初は相当な労力を要した。

このように、あらゆる最新の手法を取り入れつつ苦労を経た末にファイトプラズマの全ゲノム解読は成功したのであった。

20　ロングPCR：緩衝液や酵素を工夫することにより通常のPCRより長い1万塩基対以上の長さのDNAをPCR増幅する反応のこと。

21　アダプターPCRによるゲノムウォーキング：塩基配列の決まったDNAの先の未知配列を決めたいとき、未知の領域内部の適当なところで切断し、アダプター（一部二本鎖DNA）を結合させ、その配列に対応するプライマーと、配列の決まったDNAの末端付近の配列に対応するプライマーを使って行うPCRをアダプターPCRという。これにより、塩基配列未知の領域の配列を決定できる。このように少しずつ塩基配列を読み伸ばしてゆくことをゲノムウォーキングと言う。

［コラム］

ブレークスルーに必要な戦略

どういう戦略を取ったらブレークスルーを成し遂げ、組織を成功へと導くことができるのだろうか？ ファイトプラズマ研究の経験をもとに、いくつか重要なポイントを挙げて私なりに整理してみたい。

1．個人課題とチーム課題を設定し、独善と硬直化を防ぐ

よく目標を細切れに要素分解し、それぞれを分業するかのように個人テーマとして与えて済ませるボスがいるが、視野狭窄に陥る。逆にチームテーマだけだと声の大きい人が得をして単なる歯車の一つに成り下がりかねない。両方を経験させ、コミュニケーション能力の醸成に心を砕き、独善と硬直化を防ぐ必要がある。

2．異動しても変わらない持続的核心課題を持つ

いろいろなことを経験することは大切だが、ジェネラリストはもう時代遅れだ。いまの若手研究者はジプシー状態に陥っている。常に異動先の環境に合わせつつも、自分の課題を密かに持ち続け、その場その場でこじつけでいいから展開してみる。発想の筋さえ良ければ、その組織にイノベーションを生み出すような貢献につながることがある。チャンスが到来するまで抱卵《ほうらん》し続けることである。

3．双方向・先鋭的・創造的な議論を習慣化する

ゼミやミーティングは沈滞化した義務的行事になっているところが多い。できるだけ活性化させ、ボスも巻き込みその活性状態を常態化させるとよい。必ず創造性を生む議論につながるはずだ。

4．システムを定期的に変える。コストより独創性を重視する

なにごとも習慣化すると独創性の芽が失われる。定期的でなくてよいから、チームの雰囲気を見ながら、ときに多少の経費がかかってもシステムを変え、マンネリ化から脱却するべきである。

5．決定ルートを二本立てにしてトップに直接相談できるようにする

あいだに何段階も中間管理職が入ると、いつの間にか現場の意見の風通しが悪くなり、トップは問題点を把握できなくなる。両者を生かし、直通ルートもキープし機能させておくべきである。

6．独自の行事で組織力強化をはかり、マンネリ化を防止する

世間の慣習をまねただけの行事はできる避けるべきである。私たちは「忘年会」の乱痴気騒ぎは嫌いでやらない。でも酒を飲まないわけではない。また誕生会と称してケーキと飲み物で数時間プレゼンテーションスキルを磨くトレーニン

グをしている。合宿もハードであった。夜は朝方まで飲みながら談笑している。

7．組織外に出て異文化に学んだ良い点を組織に移植する能力を試す

メンバーにはできるだけ外の空気を吸わせ、チームを客観的に眺める機会を与え、他人ではなく、自らを省みる機会につなげることが大切だ。そして外で学んだ良いシステムを導入するチャレンジの機会を与えると良い。

8．責任・決定権を与え公に組織外活動させる

公認して外の行事に責任を持たせて参加させると、リーダーシップが芽生える。

9．逆境を経験させ「挫折⬇克服」のコツを修得した者を組織に残す

人間、逆境に陥って初めて本音が出るものである。それを体験してこそ自省する気持ちが芽生え、強くなることができる。そういう人材こそが上に立つ意識と資格も持てる。

10．俯瞰能力を涵養し、独創的な課題設定の能力を醸成する

常に俯瞰的にものを見て考えているか問いかけ、注意を投げかける。独創的なものの考え方を重視し、独自の課題設定能力が身につくよう真剣な議論を心がける。その過程でリーダーシップや責任感が芽生える。

ピーター・ドラッカーは「組織とは個人に自己実現させる手段である」といった。弱みも強みも個性であり、両者を生かしてこそ成果を手にすることができる。

［5・3・3］発表を決断するまでの葛藤

ファイトプラズマゲノムの解読は1994年に始めており、1999年にはおおむね終えていた。ずっと以前から私は研究室員に、「自分の出した研究成果を仮に5年間眠らせても、世界中のだれにも先を越されなければ、それを核にパラダイムを構築することができる」と言い続けていた。自分の出した成果がもしとても独創性が高いと確信の持てるものであったら、5年あれば、その内容を慎重に吟味し、その周辺データをさらに肉付けするとともに、独自の世界観を創りあげてゆくことが可能だからだ。実際、ファイトプラズマの全ゲノム解読の発表はその5年後の2004年になった。そして、2番目の全ゲノム解読の発表は米国で、私たちの発表からさらに2年以上もあとであった。

ただそれでも、発表するまでには非常に難しい決断がいくつもあった。世界で初めて「ファイトプラズマゲノムの姿はこれである」と提言するのであるから、当然である。比較したり参照できる情報は、世界中のどこにもない。100万塩基対に近い配列情報であるから、間違いもたくさんあるに違いなかったが、どこが間違っているかどうかも、誤読をゼロにできたかどうかも、確認のしようがないのだ。特に次の疑問に対しては、ギリギリまで悩んだ。

① ゲノムは本当に環状(の二本鎖DNA)なのか、線状(の二本鎖DNA)の可能性はないのか?

② 本当にこれですべてなのか、まだ落としている部分がないのか?

③ 植物や他の内在性微生物の遺伝子が混ざっていないのか?

しかし、どこかで決断しない限り、いつまでも発表できない。葛藤のなか、決断した。W株の方は不完全ではあったが80%弱の解析を終了しており、これを『日本植物病理学会誌』に投稿した。2002年6月3日に投稿したところ、6月27日には受理され、8月発刊の68巻3号に掲載された[19]。そして全ゲノム解読に成功したM株の方は、2003年9月5日に『ネイチャー』に投稿したところ、すぐに編集長から返事が来て、「もうゲノム論文は十分掲載したので、『ネイチャー』ではこれ以上ゲノム解読の論文を掲載しないが、姉妹紙である『ネイチャー・ジェネティクス』なら掲載するかもしれないので、そちらに投稿することを勧める」といわれた。言われたとおり、9月26日に『ネイチャー・ジェネティクス』に投稿したところ、10月21日に副編集長から掲載を前提に修正点を指摘されたので対応し、10月27日に返却、11月13日に受理され、2003年12月7日にオンライン版で公開され、2004年1月4日号に掲載された[16]。

反響は大きく、ニュージーランドなど、海外のメディアからも電話でインタビューを受けたほか、主要各紙、地方紙、専門誌などに大きく掲載され、多くのウェブサイトでもトップ画面に掲載された

22 プラークハイブリダイゼーション法:ファージライブラリの中から、目的の配列を持つDNAを同定する手法。

23 アセンブル:DNAシーケンシングにより一度に読める長さは短いので、短い塩基配列の両末端の重なり合う部分を利用してつなぎ合わせ、もとの長い塩基配列を得る技術。

〈図5・9〉。『ネイチャー』のホームページでもハイライトに「ちっともはたらかずに生き続ける微生物」と紹介され、YAHOO! JAPANニュースでは「究極の『怠け者』細菌を発見」の見出しで掲載され、12月8日のアクセストップ10にランキングされた（▼コラム「名付け親は共同通信」177頁）。そのほか、海外の著名な科学誌である『ネイチャー・レビュー・マイクロバイオロジー』誌の「ハイライト」や『ナショナル・ジオグラフィクス』誌、『ニュー・サイエンティスト』誌でも特集された。

私たちのゲノム解読の報告のあと、しばらくファイトプラズマゲノムの報告はなかった。私たちより少し遅れることおよそ2年半後の2006年5月にAY-WB株（71万塩基対）の全ゲノムが解読された[20]。ゲノムサイズはM株ゲノムより15万塩基対も小さかった。

実は先行データがあれば、後続の研究者は、その配列のうえに、自分のデータの似たものを貼り付けてゆけば良いのである。実際、AY-WB株ゲノムの遺伝子構成は私たちのゲノムのそれとほぼ同じであった。言いかえれば、世界で最初に発表したデータが間違ったものであれば、後続の研究者は混乱する。なおさら、正確なデータを発表せねばならない。相当に決断を要する発表ではあった。

図5.9　大きな反響を呼んだ「究極の怠け者細菌」のゲノム解読

「ネイチャー・ジェネティクス」表紙

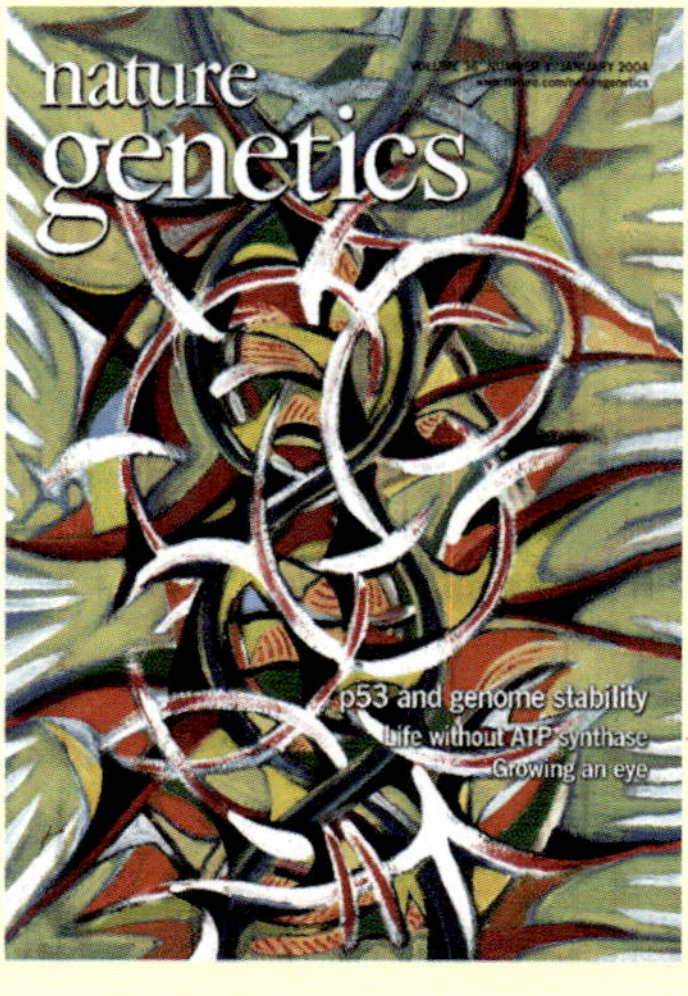

表紙の見出し（2段目）に「エネルギー合成装置の無い生命が見つかった」と書いてある

読売新聞 平成15（2003）年12月8日 夕刊

「不可欠遺伝子」捨てた生物

東大教授 植物病原菌のゲノム解読

イネなどの植物を枯らす原因になる植物病原細菌「ファイトプラズマ」のゲノム（全遺伝情報）の解読に、東京大の難波成任教授（植物病理学）のグループが成功した。この病原菌は生物共通のエネルギー源のATP（アデノシン三リン酸）を作る酵素など、不可欠とされる遺伝子すら持たず、究極まで遺伝子を捨て去った生物であることがわかった。米科学誌ネイチャージェネティクス一月号に発表される。

このゲノムは約八十六万塩基対で、七百五十四個の遺伝子があった。生命活動に必要な物質を作る遺伝子のほとんどを失っており、「最少遺伝子の生物」（難波教授）とも言える。その一方で、寄生する宿主細胞から栄養分などを取り込むための遺伝子が数多く存在した。

遺伝情報を構成する大切な核酸も、自らは作らずに宿主から取っており、栄養分の豊富な細胞内に寄生するという特殊環境に適応した形だ。国立遺伝学研究所の小原雄治教授は「生物の生き残り戦略や進化を考える上でも興味深い成果だ」としている。

ファイトプラズマは七百種以上の植物に感染し、枯れたり、花が葉になったりする害を及ぼすが、毒素を作る遺伝子は特に見当たらず、必要な栄養分を奪うことで、病気を引き起こすらしい。

同時に、この全ゲノム解読を機に痛切に感じたことがある。それは、私たちが20年かけて行ったことは、「ファイトプラズマに分子のメスを入れる」ことであった。これは、物理化学の世界と生物学の世界を融合させるようなものだ。それまでの生物学の世界で閉じていたパラダイムを一気に拡張したようなものだ。一種の発想の転換であった。実際に、この20年間で研究室に迎えた研究者のなかには相当数の化学・工学出身の若者がいた。農学とは本来そういうものであるべきではないかと思っている。農学部は理学・工学・医学・薬学・経済学などを包含するミニユニバーシティなのだ。

5・4——巨大植物産業が微小細菌ファイトプラズマに翻弄される![24]

[5・4・1] マイコプラズマよりも進むゲノム縮退

全塩基配列を決定した結果、ファイトプラズマゲノムは約86万塩基対のゲノムと2つの染色体外DNA[25]（EcOYM（EcM）とpOYM（pM））から構成されていた。ファイトプラズマゲノムは巨大な環状DNAであり、752個の遺伝子[26]をコードしていた〈図5・10〉。遺伝子をコードする領域がゲノムの73%を占め、752個の遺伝子のうち66%が既知の遺伝子、残りの34%が未知遺伝子、すなわちファイトプラズマに固有の遺伝子であった。

◉糖の輸送遺伝子がない

ファイトプラズマは最小ゲノムの生物といわれるマイコプラズマと同様に、一般細菌に比べて大幅にゲノム縮退が進んでいる。マイコプラズマのゲノムより塩基対数では大きい。また、DNA複製や転写、翻訳に必要な遺伝子は持っているものの、アミノ酸合成系[27]、脂肪酸合成系[28]、クエン酸回路[29]、電

24　2010年7月、イタリアで開催の第18回国際マイコプラズマ学会（会員の大半が医師・医学者）において、日本人で初めてエミー・クラインバーガー・ノーベル賞を受賞したときの受賞講演タイトル。原題：A Tiny Phytoplasma with a Reduced Genome Tricks a Giant Plant Industry。

25　染色体外DNA：細胞内で複製され、細胞分裂に伴い伝わる染色体以外のDNAのこと。プラスミドともいう。なお、EcMとはextra chromosomal DNA of OY-Mのことで、pMとはplasmid of OY-Mのことであり、それぞれ本来EcOYM、pOYMと記すが、ここでは煩雑なのでEcM、pMと略記する。EcOYW、EcOYNIM、pOYW、pOYNIMなどについても同様にOYの表記を省き略記する。

26　遺伝子：ファイトプラズマゲノム中でタンパク質をコードする領域。OY-M株ではこのほか機能性RNAとしてrRNA6個、tRNA32個が存在していた。

図5.10 世界で初めて解読されたファイトプラズマの全ゲノム情報

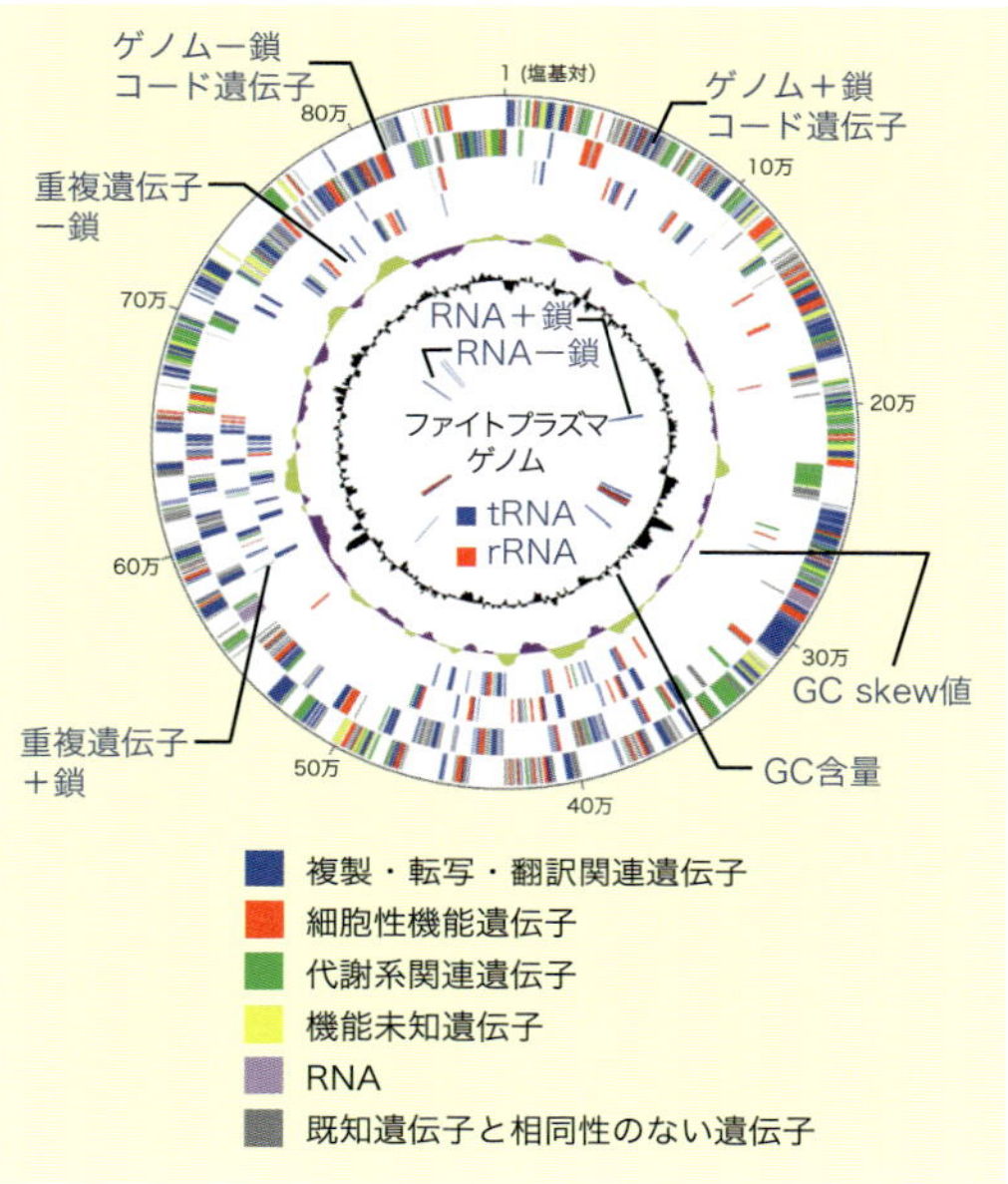

子伝達系[30]（酸化的リン酸化）など生物の代謝に重要な数多くの遺伝子が欠失していた。これらはマイコプラズマと同様であった。しかし、驚いたことに、ファイトプラズマでは、代謝機能に関わる遺伝子数がさらに少なく、マイコプラズマに比べ糖の輸送に関わる重要な遺伝子も欠落していた〈図5・11〉。

◉ペントースリン酸回路[31]もない

さらに、ファイトプラズマゲノムには、DNAや脂肪酸、コレステロールの合成に必要なペントースリン酸回路の遺伝子群がマイコプラズマとは異なり完全に欠落していた〈図5・11〉。ペントースリン酸回路は大腸菌や枯草菌をはじめ、多くの細菌が持っているほか、アブラムシに共生する細菌ブフネラ[32]のほか、ファイトプラズマと同じモリキューテス綱に属するマイコプラズマやウレアプラズマのようなゲノムの小さな細菌でも持っているのだから驚きである[18、19、20]。

◉核酸の再利用システム

また、ファイトプラズマゲノムには、核酸の再利用系（プリン・ピリミジン再利用系）[33]の遺伝子はあるものの、核酸を新たに合成する遺伝子群はなかった〈図5・11〉。これはマイコプラズマにはない特

27　アミノ酸合成：生体内の化合物から生物が生存する上で必須なアミノ酸を合成すること。

28　脂肪酸合成：細胞膜の構成成分やエネルギー源として、生物が生存するために必須な脂肪酸を合成すること。

29　クエン酸回路：解糖系、電子伝達系と並び糖を分解してエネルギーを得る呼吸の過程の一つ。効率的にエネルギー分子であるATPを生産するとともに、アミノ酸の素材を供給する。

30　電子伝達系：糖を分解してエネルギーを得る呼吸の過程の一つ。この経路により生じた細胞膜内外の水素イオン濃度勾配を利用してATPが合成される。

31　ペントースリン酸回路：呼吸の過程の一つである解糖系の経路の一部。派生物として、脂肪酸合成系等に関与するNADPHや核酸合成に関与するデオキシリボース、リボース等が生成される。

32　ブフネラ：*Buchnera* sp.

図5.11　究極の退行的進化を遂げたファイトプラズマの代謝経路

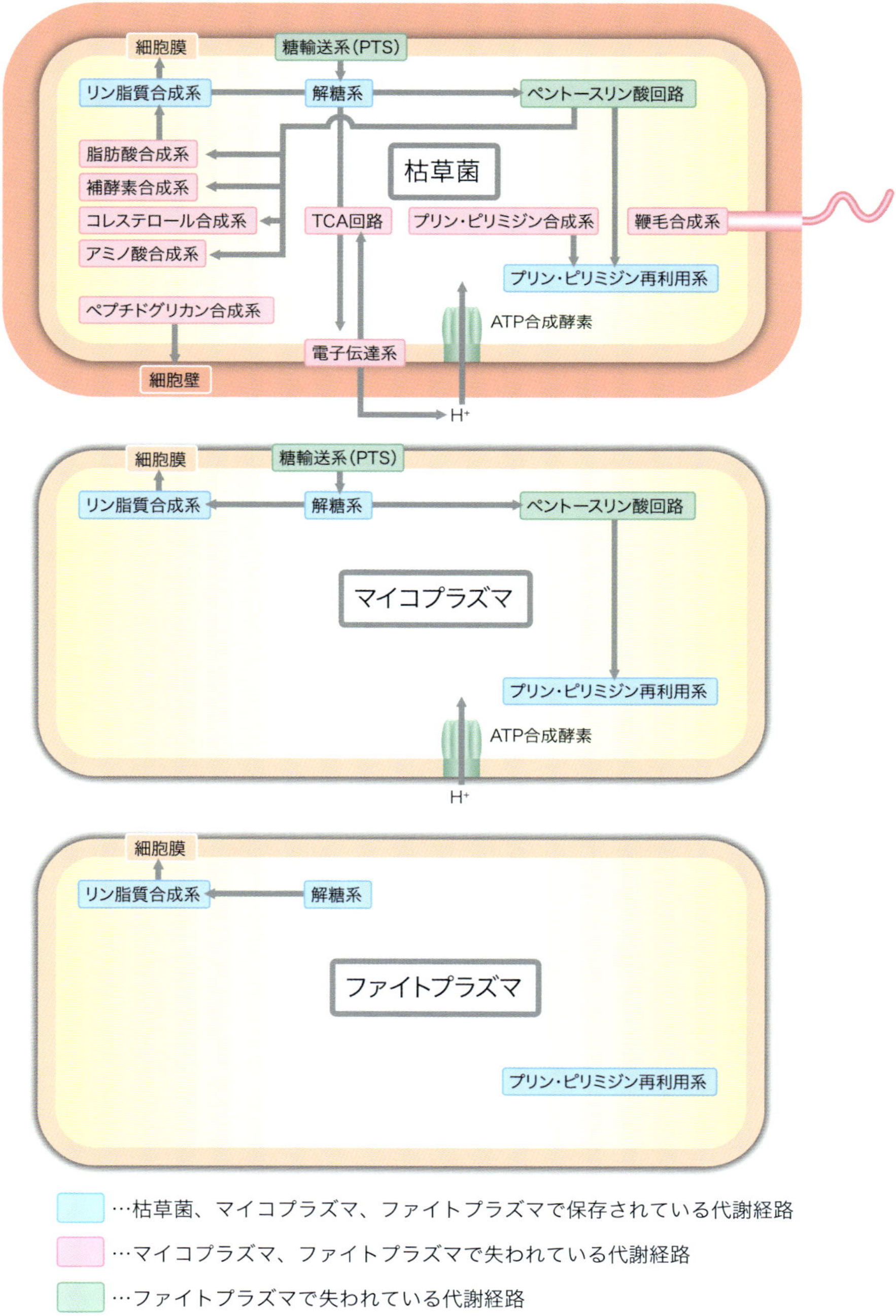

徴であり、核酸の素材を自分では作らず、宿主細胞から収奪して生活している。

◉葉酸合成酵素遺伝子の使い道

ファイトプラズマゲノムには葉酸[34]合成遺伝子がコードされている。これはマイコプラズマゲノムにはない特徴であり、宿主の細胞から核酸やタンパク質の素材を収奪し自身に都合の良い核酸やアミノ酸を豊富にそろえる戦略に役立っている。こうした遺伝子はファイトプラズマが植物と昆虫というまったく異なる宿主環境に対応するために窮余の策として進化の過程で獲得したものなのかもしれない。

◉究極の怠け者細菌！

ゲノムが小さな細菌も含めて、これまで知られている生命体は例外なく、生命にとって必要不可欠な遺伝子の一つであるとされるエネルギー合成装置（膜ATP合成酵素[35]）を持っており、これが生命の条件の一つとされている[21, 22]。実際、マイコプラズマはこの遺伝子を破壊すると生存できなくなる[21]。また、これまでの生物のゲノム情報にもとづいて「生命の最少遺伝子セット」と定義されたリストの中にも、この遺伝子は含まれている[23]。

ところが驚いたことに、ファイトプラズマゲノムには、エネルギー合成装置の遺伝子が1つもないのである〈図5・12〉。これは生物としては、初めての例である。そのため、私たちの論文を掲載した『ネイチャー・ジェネティクス』の表紙にも、「エネルギー合成装置の無い生命が見つかった」という衝撃的なタイトルで紹介されている〈図5・9〉。

ファイトプラズマは、核酸、アミノ酸をはじめとする生存に必要な大半の素材を自らは作らず、宿主細胞から奪い去っているに違いない〈図5・12〉。まさに「究極の怠け者細菌」である！

33　プリン・ピリミジン再利用系：サルベージ経路とも呼ばれる。核酸の分解経路の中間体から再び核酸を合成する経路。プリンとピリミジンは核酸の構成要素。

34　葉酸：核酸の素材を変換する機能（RNAの素材dUMP➡dTMP、このあとdTDP➡dTTPへと変換されDNAの素材となる）や、アミノ酸を変換する機能（グリシン➡セリン）を助けるはたらきを持つ。

35　ATP合成酵素：ADPとリン酸からアデノシン三リン酸（ATP）を合成する酵素。

表5.2 ファイトプラズマとリケッチアの収斂進化

	遺伝子	ファイトプラズマ	リケッチア	マイコプラズマ
プリン代謝系	PrsA, Hpt, DeoD, DeoA, Apt	−	−	+
	Pnp	+	+	−
	Gmk, NrdA, NrdF, Adk	+	+	+
	SpoT, PykF	+	−	+
	PurC, Ndk, Dgt, GppA	−	+	−
ピリミジン代謝系	Upp, ThyA, DeoD, Tdk	−	−	+
	Pnp, PyrG, Dut, TruB	+	+	−
	Cmk, NrdA, NrdF, Tmk, TruA	+	+	+
	Udk, Cdd, DeoA	+	−	+
	Ndk, Dcd	−	+	−
	TrxB	−	+	+

図5.12 ファイトプラズマは生存に必要な大半の素材を宿主細胞から奪っている

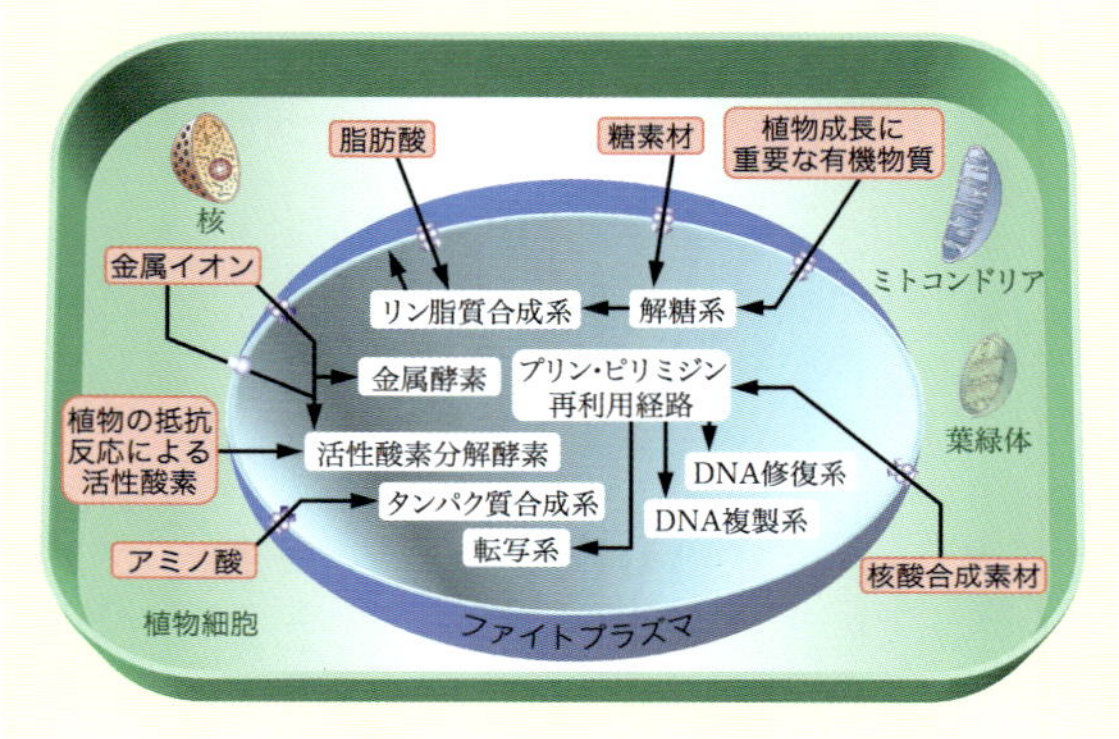

ファイトプラズマは細胞内生命体として比較的栄養が豊富な宿主の植物篩部や昆虫血体腔《けったいくう》[36]内に生息しているので、長い進化の歴史の過程で、環境に適応した結果、退行的進化[37]を遂げ、マイコプラズマよりもさらに多くの遺伝子を失ったのであろう[24、25、26、27、28、29]。こうなると、ファイトプラズマは、自身では合成できない生存に必要な素材の大半を宿主細胞に依存していることになる。

系統学的には離れているが、リケッチア[38]も核酸合成に関わる遺伝子は一部しか持っておらず、この遺伝子の種類と数を比較すると、興味深いことにファイトプラズマはマイコプラズマよりもむしろリケッチアの方に似ている〈表5・2〉。ファイトプラズマとリケッチアはどちらも細胞内に寄生する細菌であり、細胞内で暮らすというライフスタイルをとる方向に進化すると、まったく異なる微生物であってもこのような遺伝子のセットに行き着く（これを収斂進化という）のだ。では、ファイトプラズマはどのようにしてエネルギー合成をして生きながらえているのだろうか。ATP合成遺伝子群を欠落した枯草菌変異株では、解糖系の代謝が高まることか

36　血体腔：昆虫は開放血管系であり、血液は体内に放出され、直接組織に接触し、栄養分などを供給する。昆虫体内の組織と組織の間で血液で満たされた空間を血体腔という。

37　退行的進化：器官の構造や機能の消失といった退化が適応的意義を持つ場合を指していう。これに関連して遺伝子が消失・欠失することも含む。

38　リケッチア：*Rickettsia prowazekii*。発疹チフスの病原となる、細胞内寄生性細菌。

ら[30]、ファイトプラズマはエネルギー合成を解糖系に依存しているに違いない[16]。

[5・4・2] 既知の病原性遺伝子がない

病原微生物は宿主を病気にするためのさまざまな道具（病原性遺伝子）を持っている。言い換えれば、自身の生存に有利な環境条件にするために、宿主生物をコントロールする。そのために、宿主となった生物は正常な代謝活動をさまたげられる。この状態を私たち人間は「病気」と呼ぶ。そして、生物の正常な代謝活動をさまたげるような直接の引き金となる病原微生物の遺伝子を、私たちは病原性遺伝子と呼んでいる。病原微生物に、寄生した相手をコントロールしてやろうといった意思が元々あるわけではない。あくまで結果論である。他の植物病原体（ウイルス、細菌、菌類など）も何かしら病原性遺伝子を持っており、すでに数多くの病原性遺伝子が明らかになっている。

ところが、ファイトプラズマのゲノムには、他の植物病原細菌でこれまで見つかっている病原性遺伝子がない。つまり、ファイトプラズマの感染により植物に引き起こされるさまざまな病気（枯死、黄化、萎縮、叢生、天狗巣、葉化、緑化）には、ほかの植物病原細菌とは異なる新たな病原性遺伝子や発病メカニズムが関与しているに違いない。

図5.13 ファイトプラズマは宿主細胞から栄養分を強力に収奪する

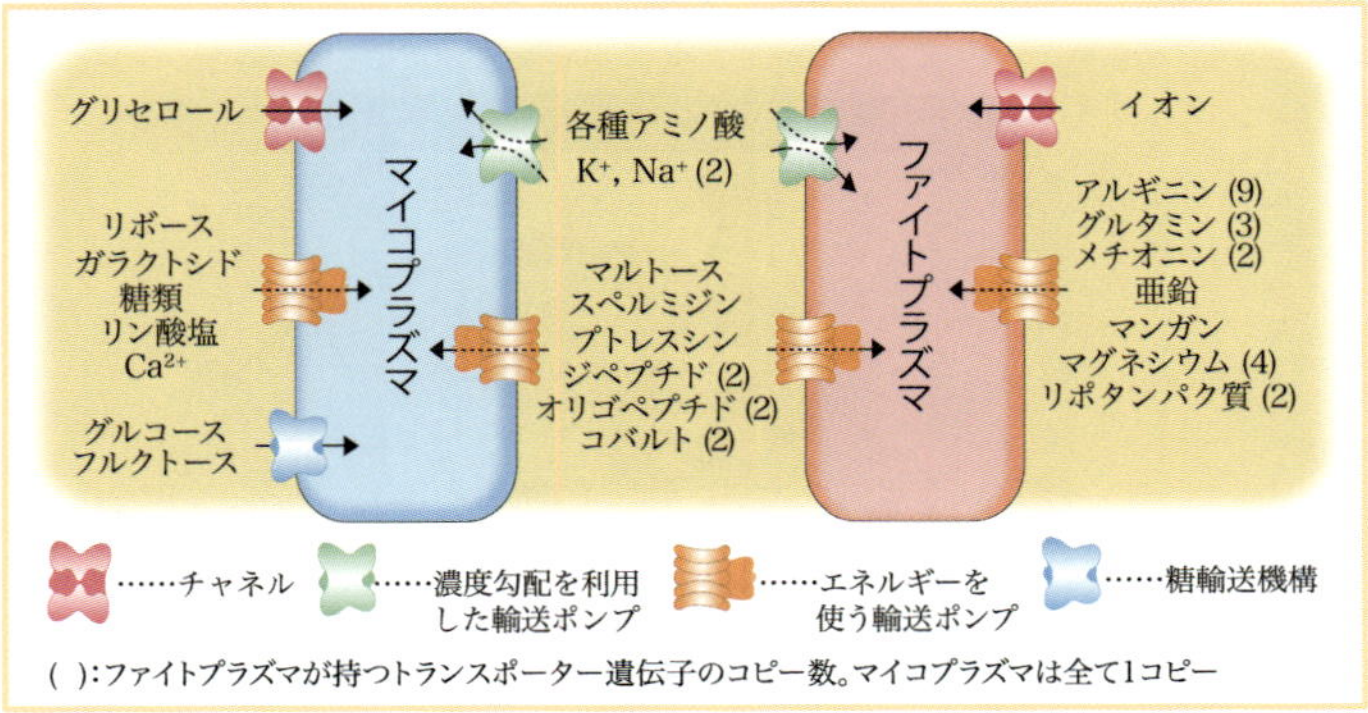

他方で、前述のようにファイトプラズマは多数の重要な代謝系

コラム　名付け親は共同通信

ファイトプラズマのゲノムは、2004年1月の年頭に発刊された『ネイチャー・ジェネティクス』に発表された。反響は大きく、特に、共同通信が全国に配信したニュース原稿のタイトル「究極の怠け者細菌」は、非常にインパクトがあった。このタイトルは私たちが作ったものではない。まれに驚くほど傑作のフレーズが報道媒体により創造されることがある。

ただ、発信には注意が必要だ。こちらの発言を勝手に切り貼りして、読者や視聴者に誤解を与えることがある。「ファイトプラズマはウイルスと細菌の中間に位置するが、自分では何も作らず、生物としては例外的存在だ」と記されていたが、正確ではない。少なくとも、「自分では『ほとんど』何も作らず」と発表資料には書いてあったはずだ。紙面や放送時間には厳しい制約があるため、現場で記者が作成した原稿は、編集長の手を経る間に、こちらが提供した資料や発言の意図とは異なり、誇張されたものになってしまうことがある。

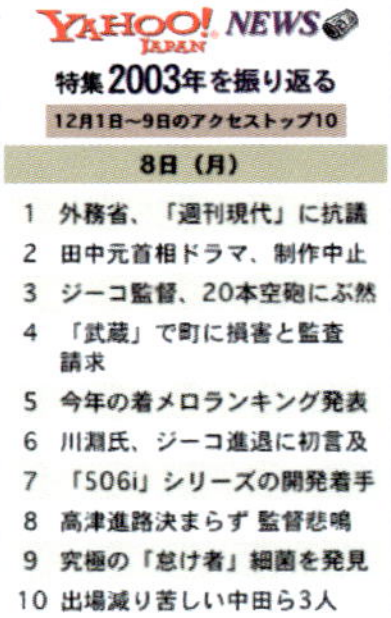
YAHOO! JAPAN NEWS
特集2003年を振り返る
12月1日〜9日のアクセストップ10
8日（月）
1 外務省、「週刊現代」に抗議
2 田中元首相ドラマ、制作中止
3 ジーコ監督、20本空砲にぶ然
4 「武蔵」で町に損害と監査請求
5 今年の着メロランキング発表
6 川淵氏、ジーコ進退に初言及
7 「506i」シリーズの開発着手
8 高津進路決まらず 監督悲鳴
9 究極の「怠け者」細菌を発見
10 出場減り苦しい中田ら3人

2003年12月8日のヤフーウェブサイトのニュースアクセスランキングの9位に入っている。

左記は『ネイチャー・ジェネティクス』2004年1月号への掲載（1月4日発行）を前に私たちの論文について、12月2日に『ネイチャー・ジェネティクス』編集局より、世界中の報道機関に向けて発信された注目論文抄録である。

●報道機関向け注目論文紹介（日本語訳）

怠け者の小さな生命体　生物はどこまで遺伝情報を減らしてなおかつ生きていることができるのか？

『ネイチャー・ジェネティクス』来年1月号で、東京大学の難波成任教授らのグループは、この問いに対するゲノム科学の最新のこたえとして「驚くほど少ない」と述べている。「ファイトプラズマ」と呼ばれる、培養が困難で小さな寄生性の細菌は、通常の細胞が生きていくために保持している生合成能のほとんどすべてを捨て去ってしまったようだ。この生命体は、植物に病気を引き起こすような寄生生活を送っていたため、長い間、栄養分を得るためにはたらく必要がなかったのである。非常に不思議なことに、ファイトプラズマは一般のバクテリアが宿主から収奪しているような栄養分を、あえて取り込むことすらしていないことを彼らは発見した。これらの発見から著者らは、この風変わりで小さな生命体が、植物細胞内からまったく別の種類の栄養分を収奪することにより、通常とは異なる生き方を見つけたのだろうと考えている。

を欠いている代わりに、さまざまな栄養素や金属イオンなどを体外から取り込むための膜輸送系遺伝子を多数保持し、そのうちのいくつかは多コピー存在している〈図5・13〉。

これらのことから、ファイトプラズマは代謝産物の豊富な宿主細胞内に寄生することにより、退行的進化が助長され、多くの重要な遺伝子を失い、これまで生命にとって必須とされていた遺伝子までも失ってしまったと考えられる。代わりに宿主細胞から代謝物を貪欲に奪うために膜輸送系遺伝子をたくさん獲得したのだろうと推測される。ファイトプラズマはこれまでにない新しいタイプの「最小ゲノム」を持つ細菌である。このようなファイトプラズマの遺伝子のあり様は、「生物は生活する環境によって想像以上に多様な遺伝子構成で生きてゆける」ことを示している。また、ファイトプラズマがこれまで人工培養に成功していないことも、これら代謝系関連遺伝子が著しく少ないことに関連しているに違いない。

5・5——ゲノムサイズの謎

［5・5・1］ゲノム上を〝動く〟遺伝子

生物に必須であると考えられていた代謝系遺伝子の多くがファイトプラズマでは失われている[16]。にもかかわらず、ファイトプラズマのゲノムサイズはマイコプラズマほど小さくはない。マイコプラズマのゲノムサイズが81・6万塩基対であるのに対し、ファイトプラズマは86・1万塩基対である。

この違いは何に起因するのであろうか？ その原因として考えられるのは重複遺伝子である。つまり、マイコプラズマより遺伝子数は多いが、実はファイトプラズマの全遺伝子の約3分の1は重複遺伝子だったのである〈図5・14〉。結果的に実質的な遺伝子数はマイコプラズマより少ないのである。それ

39 トランスポゾン：細胞内でゲノム上の位置を転移する機能を持った塩基配列。動く遺伝子、転移因子ともいう。1940年代にバーバラ・マクリントックによってトウモロコシで発見され、その功績により彼女は1983年にノーベル生理学・医学賞を受賞している。

40 反復配列：生物のゲノムDNA上で、16〜38塩基対の同じ配列が数回以上反復して見られるもの。

41 挿入配列：トランスポゾンはゲノム中に組み込まれて存在するので挿入配列（Insertion Sequence, IS）とも呼ばれる。

がマイコプラズマよりも代謝経路がシンプルな理由であったのだ。事実、M株のゲノム上にはDnaBやSsb、Tmkなど、他の細菌ではゲノム上に1コピーしかない遺伝子が多コピー存在している〈表5・3〉。これらの重複遺伝子はまとまったクラスターとしてゲノム上の4カ所に存在する〈図5・14〉[31]。重複遺伝子は元々1つの遺伝子であったのが進化の過程で重複してできたのだが、どのようなメカニズムで形成されたのであろうか？ そのヒントが「動く遺伝子」とよばれるトランスポゾン[39]である。

トランスポゾンとは、あるDNAの配列がゲノム上のある場所から別の場所へと文字通り移動するわけであるが、トランスポゾンの配列の両端には逆向きの反復配列[40]が存在し、またトランスポゾンを移動させるための酵素「転移酵素」の遺伝子がトランスポゾン内にある。ファイトプラズマゲノムには転移酵素遺伝子をコードするTra5遺伝子を含むトランスポゾン様の挿入配列[41]が数多く見出され、その多くは重複遺伝子クラスターの近くにコードされている。これらは、ゲノムが解読されたほかのすべてのファイトプラズマゲノムでも見出されている[32,33]。おそらく、ファイトプラズマの中にDnaBやSsb、Tmkのような遺伝子を含む異種生物由来の

表5.3 ファイトプラズマの重複遺伝子の種類とコピー数

遺伝子	数	機能
Dam	7	DNAメチラーゼ
DnaB	15	DNAヘリカーゼ
DnaG	14	DNAプライマーゼ
FliA	13	RNAポリメラーゼσサブユニット
HflB	24	ATP依存性Znプロテアーゼ
HimA	15	DNA結合タンパク質
SbcC	5	DNA複製に関わるATP分解酵素
Smc	6	ATP分解酵素
Ssb	17	一本鎖DNA結合タンパク質
Tmk	11	チミジル酸キナーゼ
Tra5	12	転移酵素
UvrD	8	DNA, RNAヘリカーゼ

図5.14 ファイトプラズマの重複遺伝子

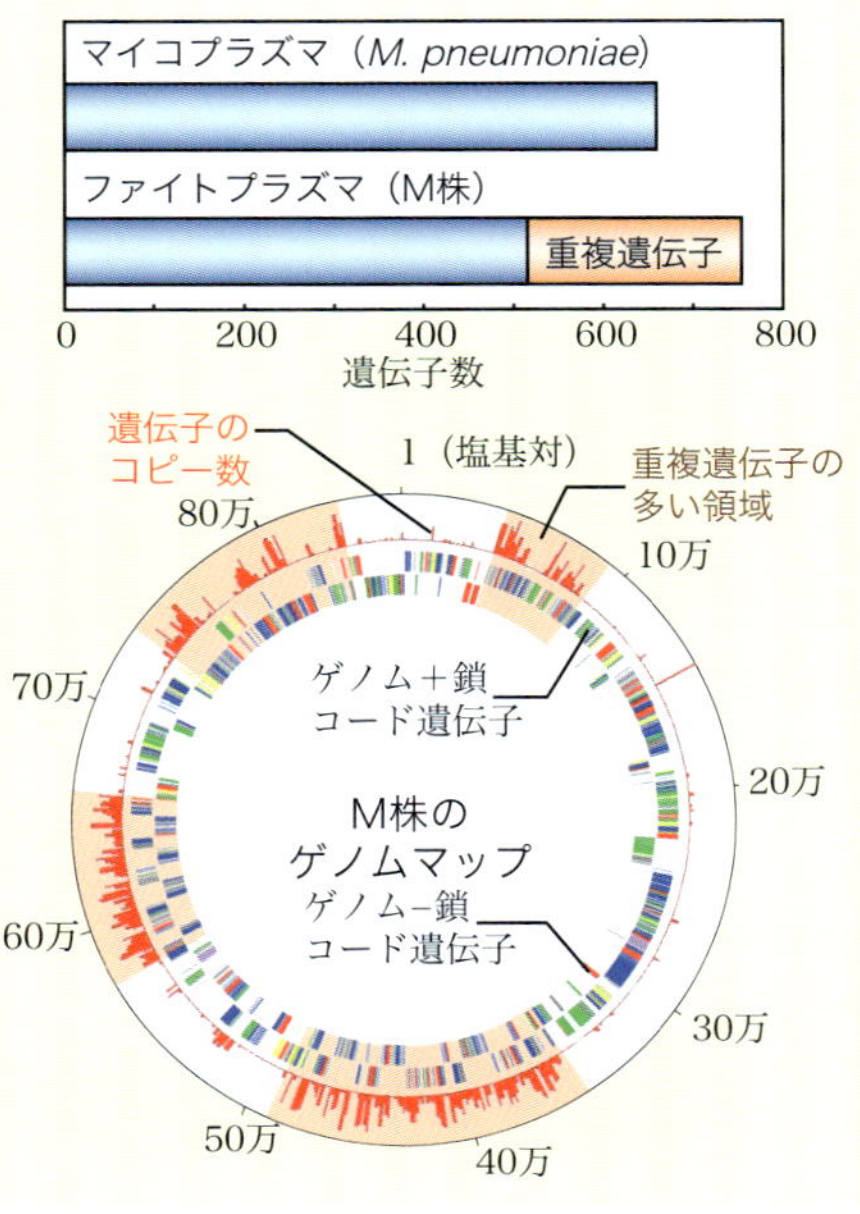

（上）マイコプラズマより実質的な遺伝子数は少ない
（下）M株のゲノム上には4つの重複遺伝子領域が見いだされる

トランスポゾンが外部から入り込み、ゲノムの中に挿入され、これらの遺伝子がトランスポゾンとともにゲノム中の異なる場所に転移したと考えられる。このトランスポゾンとともに移動する複数の遺伝子群のまとまりは、トランスポゾン様配列（PMU）[42]と呼ばれる[20]。

〔5・5・2〕ゲノム進化の原動力

PMUは元々、タンデム（直列）に並んださまざまな遺伝子を含む異種生物由来のトランスポゾンであったものが、ファイトプラズマゲノムに挿入されたものである。そしてさらに転移する過程で切り出され、その一部が環状PMU、すなわち染色体外DNAとなり、それが自律複製により複数コピーできたと考えられる。それらがファイトプラズマゲノムに挿入された結果、重複遺伝子としてクラスターを形成したものと思われる〈図5・15〉[34]。そして、ゲノムに挿入されたトランスポゾンの配列に徐々に変異が蓄積し、ゲノムから切り出される能力を失い、PMUになったのだろう。

図5.15 PMUにより重複遺伝子が生じる仕組み

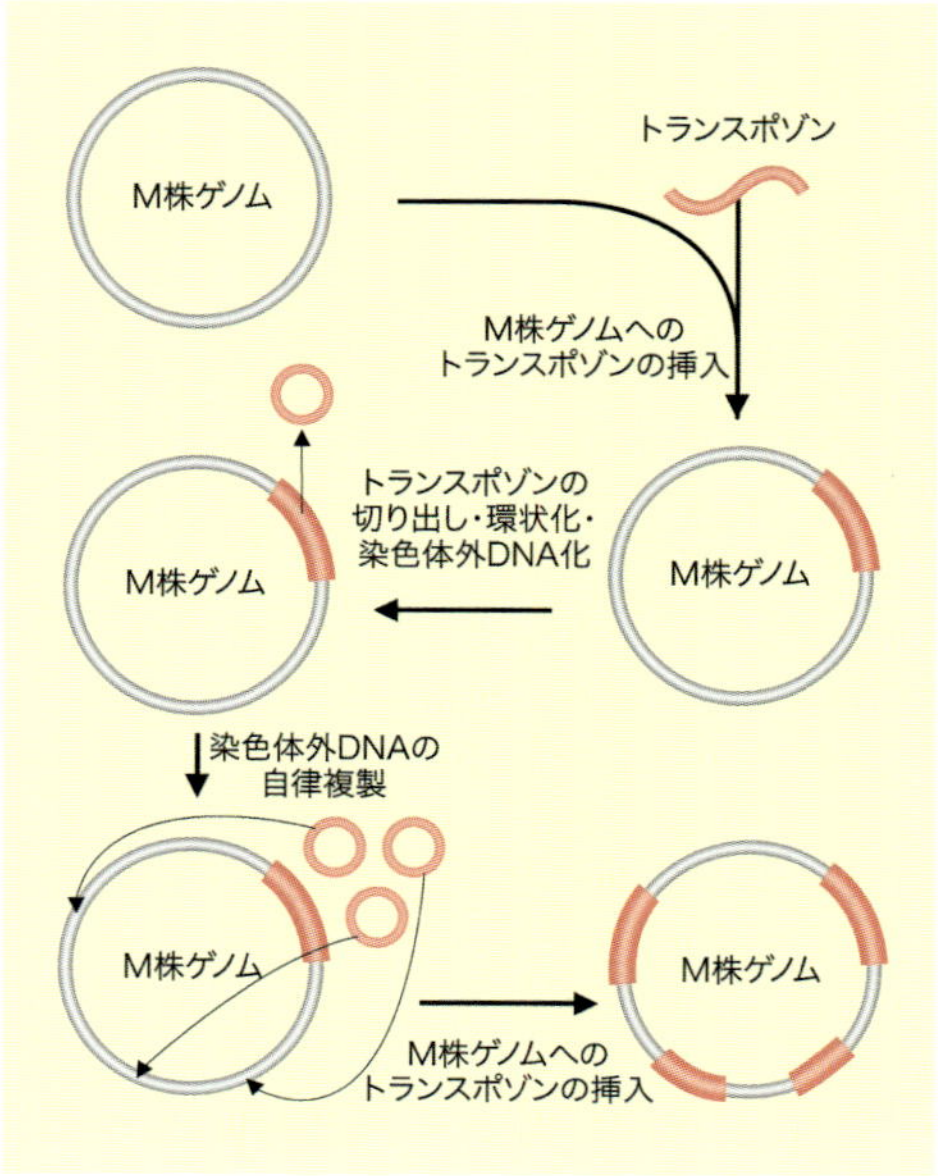

ファイトプラズマゲノムに現在多数存在する重複遺伝子は、染色体外DNAとなってゲノムから飛び出したトランスポゾンがゲノムに繰り返し挿入攻撃をかけた結果、その数が増えたのだろう。実際、重複遺伝子の大半がPMUクラスターにある〈図5・

42 PMU：potential mobile unit
43 MUG：mobile unit gene
44 FUG：fundamental gene

16。

ではなぜ、トランスポゾンはファイトプラズマゲノムの数カ所に集中的に挿入攻撃をかけたのであろうか？　その理由はこうである。染色体外DNAとなったトランスポゾンはその昔、ゲノムのいろいろなところに挿入攻撃をかけたのだ。しかし、重要な遺伝子の中にトランスポゾンが挿入されると、ファイトプラズマは生きていけない。したがってそういうファイトプラズマは絶滅したのであろう。結果的に小さなゲノムの中にわずかだけあるあまり重要でないところに集中的に挿入攻撃をかけたものだけが、ファイトプラズマの存続に影響がないためさらに挿入攻撃をかけやすくなり、大きなPMU領域となって、それがゲノムの中に大きな固まりとなって数カ所できたものと思われる。

PMUにある遺伝子はどれもファイトプラズマにとって本来は1つあれば十分だったものばかりである。実際にこのような重複遺伝子はPMU内部に集中しているが、PMUとは異なる場所にファイトプラズマ本来の遺伝子と思われるものがそれぞれ一つずつ見つかった。そこで、これらを区別するため、染色体外DNAの挿入攻撃を受けてできたと考えられる複数箇所に存在する多コピーの遺伝子をMUG[43]、本来の遺伝子をFUG[44]と名付けた[35]。MUGはFUGと同様な機能を持つと思われる遺伝子であるが、周囲の遺伝子構成

図5.16　ファイトプラズマの重複遺伝子の多くはPMUにコードされる

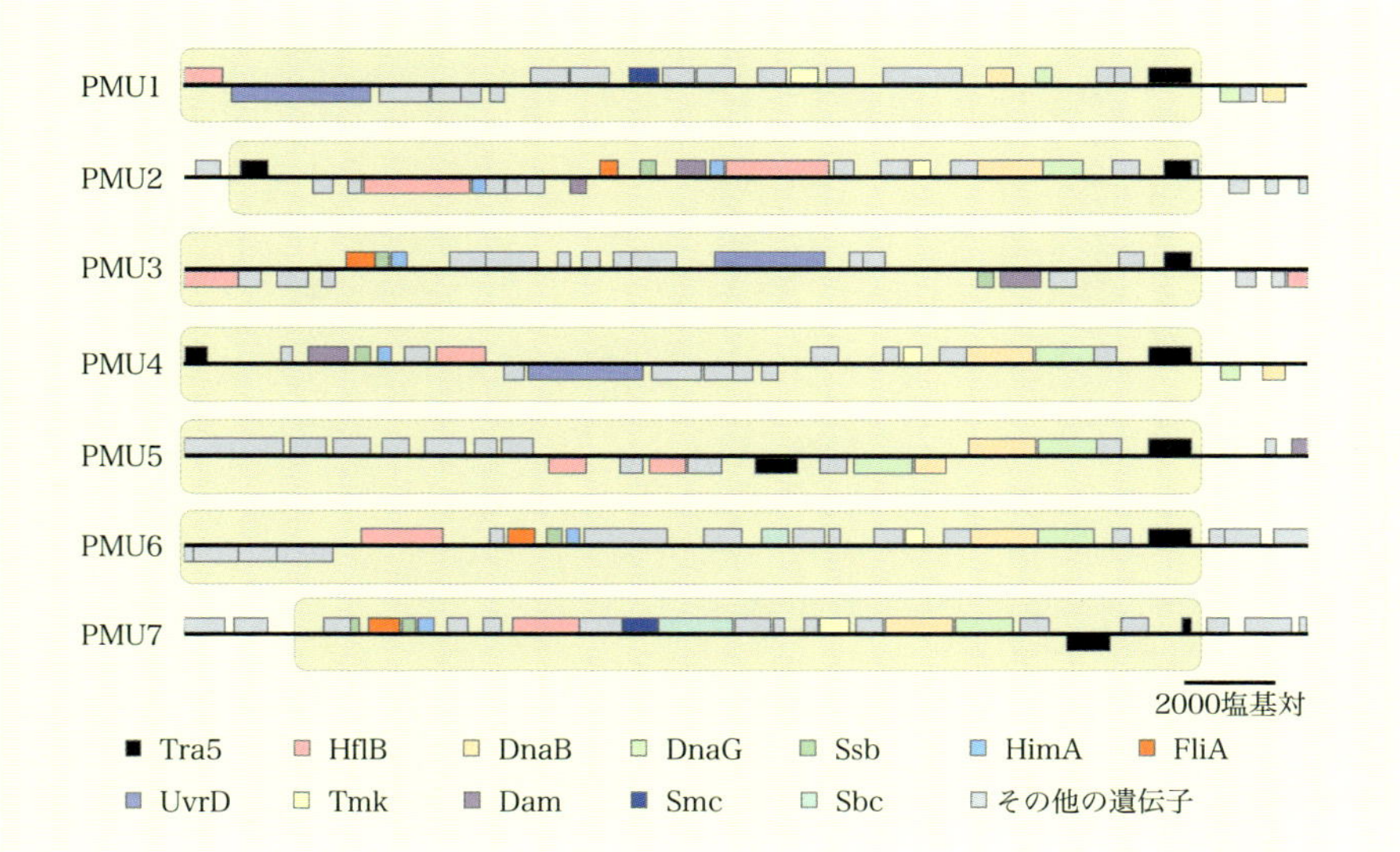

は大きく異なる。すなわち、FUGはリボソームタンパク質遺伝子など生命機能に重要なハウスキーピング遺伝子[4-45]に囲まれているが、MUGはPMUクラスターにコードされている〈図5・16〉。

たとえば、TmkのFUGはどちらも1コピーしかないハウスキーピング遺伝子の間にある。一方、MUGはファイトプラズマゲノム中に複数存在し、M株では12遺伝子[45]からなるPMUクラスターの一員としてゲノムのいろんなところに存在する。MUGとFUGの塩基配列について比較したところ、次のような特徴があった。

① MUG同士は互いによく似ている。
② FUGとMUGはあまり似ていない。
③ FUGはマイコプラズマの同種の遺伝子と似ている。
④ MUGはほかの細菌の同種の遺伝子と似ていない。

このことは、FUGはファイトプラズマの祖先からその機能を受け継いできた遺伝子であり、MUGはその昔、異種の生物からトランスポゾンによりファイトプラズマゲノムに持ち込まれ、独自の進化を遂げた結果、今日のような姿になったものと思われる。

〔5・5・3〕遺伝子が動いた痕跡

それでは、ファイトプラズマの「動く遺伝子」トランスポゾンはゲノムにどのような影響を及ぼしたのであろうか。それを調べるため、用いたのが私たちが全ゲノムを解読したM株（86万塩基対）と、私たちに次いで全ゲノムが解読されたAY-WB株[46]（71万塩基対）である。AY-WBのゲノムサイズはM株ゲノムより15万塩基対も小さいことは既に述べた。これらの違いは「動く遺伝子」によって生じた重複遺伝子の量の違いによるものであることがわかった。

45　12遺伝子：Tmk、Dam、DnaB、FliA、HflB、HimA、SbcC、Smc、Ssb、DnaG、UvrD、Tra5

46　AY-WB株：レタスから分離された*P. asteris*の1系統。米国オハイオ州立大学のホーゲンハート博士（▶126頁，315頁）が、世界で2番目に全ゲノム解読に成功した。

M株とAY-WB株のゲノム配列を比較すると、ゲノムの約3分の1（約25万塩基対）の領域で遺伝子の並び方がまったく同じであった〈図5・17・上〉。異なる生物間で、このように長い領域にわたって遺伝子の並びが同じ領域をシンテニー領域とよぶ。その最上流に位置していたのはLplA[47]とよばれるタンパク質の遺伝子であった。そこで、AY-WB株、M株、W株のLplA遺伝子の上流領域を比較した[35]。その結果、M株、W株、AY-WB株はいずれもLplA遺伝子の上流領域でまったく異なるゲノム配列（遺伝子配列）を持ち、下流領域では同じゲノム配列であった。そしてW株のこの境界領域にトランスポゾンの機能を持つTra5遺伝子があった〈図5・17・下〉。このことは、ゲノム構造の多様性にTra5遺伝子が関わったことを示している。

ファイトプラズマでTra5は実際に遺伝子を転移させる機能を持っているのであろうか。典型的なトランスポゾンでは、その遺伝子配列の両端に反復配列が逆位で存在している。Tra5下流のDNA配列でそれを見てみよう。M株とW株のゲノム中にあるTra5遺伝子の下流の配列を7つ並べ比較したところ、Tra5の終止コドンから下流約350塩基の配列はすべて高く保存されており、PMUの挿入が予測される部位と一致していた〈図5・18〉。また、ここより下流の配列はバラバラであった。本来はこの上流にあるMUGのさらに上流にも、これとは逆位になった反復配列があるはずだが、OYファイトプラズマの場合にはこれが見つからない。おそらく進化の過程で、欠失したのではないだろうか。これらは、Tra5遺伝子を含むPMUがゲノム内を転移した痕跡と思われる。わずか20年の間にW株とM株に分かれた近縁な分離株にPMUが転移した痕跡が認められたことは、最近までPMUは活発にファイトプラズマゲノム上を「動いていた」ことを示している。

47 LplA：lipoate protein ligase A

図5.17 トランスポゾンが生み出すゲノム構造の多様性

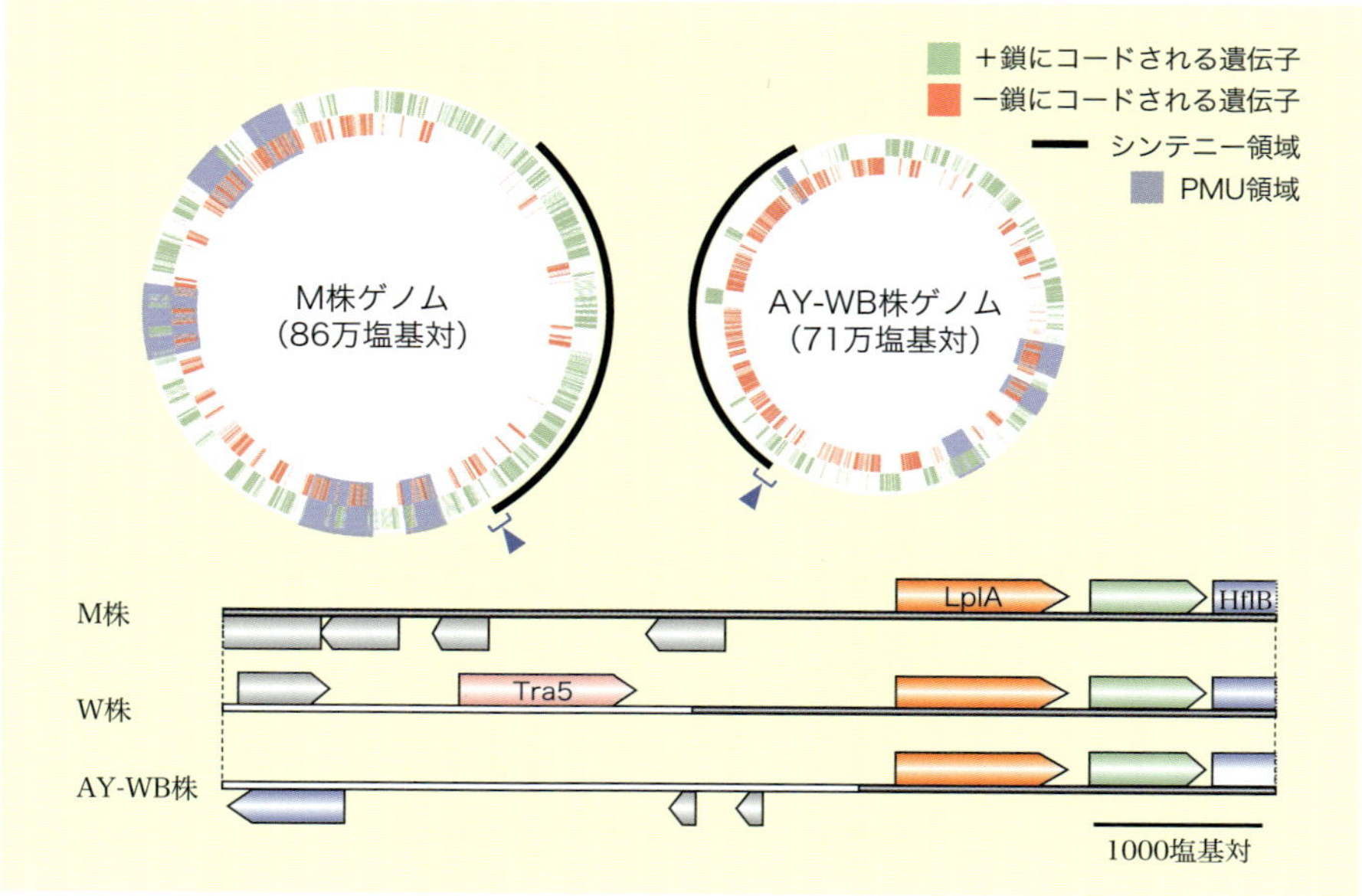

（上）M株とAY-WB株のゲノムマップとシンテニー領域
（下）LplA遺伝子近傍配列の比較。M株、AY-WB株は上図の青矢頭領域をそれぞれ拡大したもの。
W株はLplA遺伝子上流にTra5遺伝子が挿入されている。いずれも右側がシンテニー領域。

図5.18 Tra5下流配列の比較

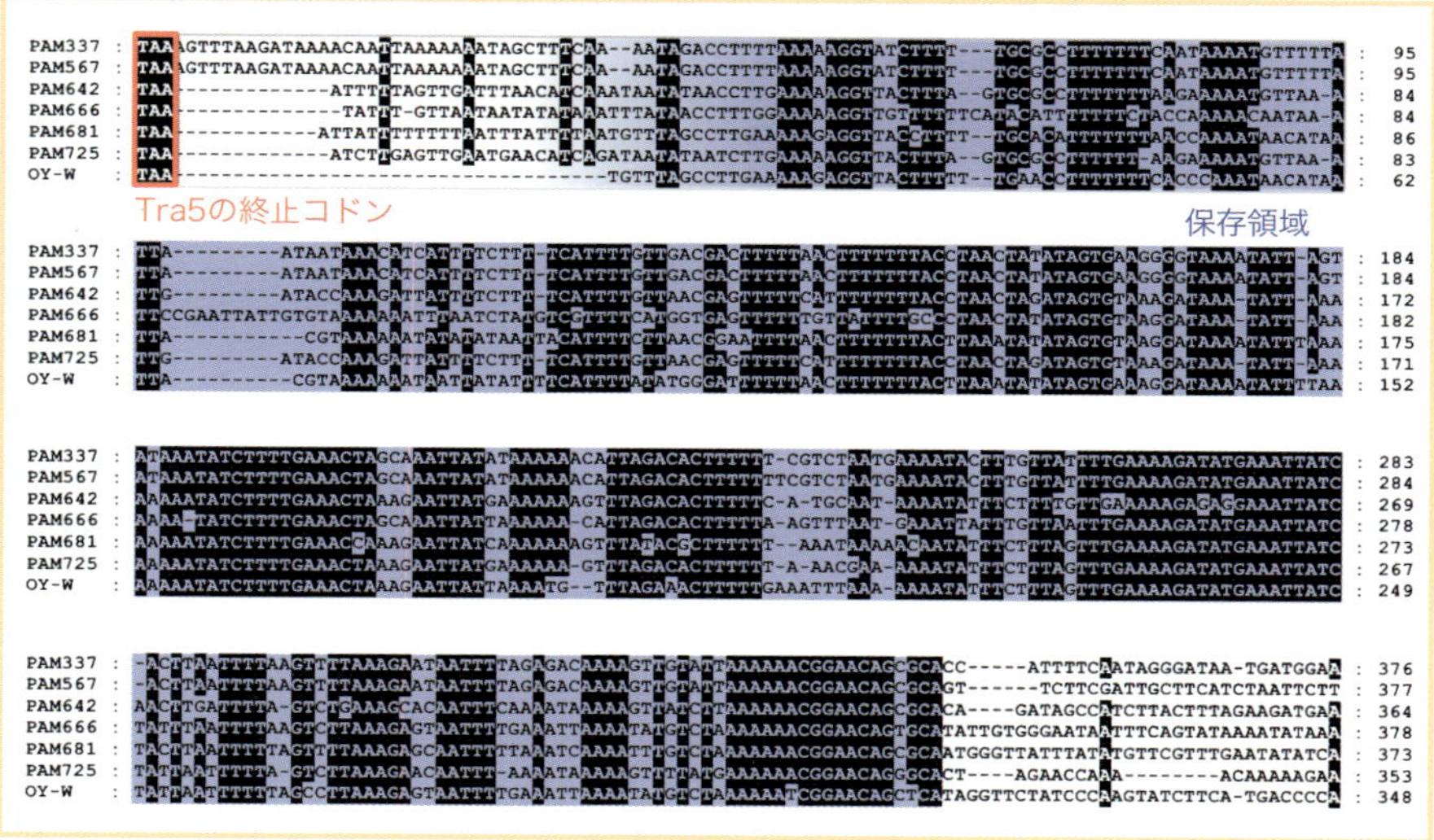

〔5・5・4〕PMUは進化の原動力

細菌のゲノム上にはゲノムアイランド（genomic island、GI）と呼ばれる生存に必須でない遺伝子のクラスターが存在する[36]。GIは1～20万塩基対の大きな可動性遺伝因子群で、①病原性に関連する遺伝子など宿主への適応に関わる遺伝子、②環境や他の微生物との関係に関与する遺伝子、③別の細菌に転移するための遺伝子、などをコードしている[36]。GIの多くは、GC含量[48]やコドンの使用頻度[49]が、ゲノム上の他の遺伝子と異なっていることから、遺伝子の水平伝播[50]によって獲得されたと考えられている[36]。植物病原細菌のGIには、III型分泌装置[51]や、病原性因子、毒素など病原性に関わる遺伝子クラスターがある。病原性因子を持ったGIは特にPAI[52]とも呼ばれる。GIは病原性だけでなく、共生のほか、抗生物質耐性、その他の生態学的適応にもはたらく。GIは微生物の環境適応に重要な役割を果たすため、その解析は細菌を理解する上で重要である。ファイトプラズマのゲノム上にコードされるTra5遺伝子とMUGで構成されるPMUはPAIとも似た可動性遺伝子群であるが、7章で述べる病原性に関わる遺伝子もコードしていることが私たちの研究で分かった。

ファイトプラズマにおいてPMUの存在にはいったいどのような意義があるのだろうか？ 第一に考えられるのは、重複遺伝子クラスターが長く連なった領域がゲノム上に複数カ所あると、ゲノムの相同組み換えの引き金となり、ゲノム再編成につながることにより重要な病原性遺伝子が消えたりする可能性があるということだ。たとえば、アブラナ科野菜黒腐病菌[53]の系統間のゲノム構造を比較してみると、ゲノムの再編成が起こっており、それにより病原性に関連した遺伝子群が消失し、病原性、宿主範囲（どの植物に感染するか）に影響している例がある[37]。ファイトプラズマのゲノムでも、重複遺伝子クラスターがゲノムの再編成につながり、病原性に関わるような遺伝子の欠失を促している可能性がある[20]。この過程で、遺伝子が欠失し（破壊され）たり重複したりすることで、W株とM株の

48　GC含量：DNA中のグアニン（G）とシトシン（C）の割合。ファイトプラズマはアデニン（A）とチミン（T）の含量（AT含量）が多い。

49　コドンの使用頻度：アミノ酸をコードするコドンは複数存在するが、生物種によって自身のタンパク質合成に使用しているコドンにはかたよりがあり、その使用頻度のこと。

50　遺伝子の水平伝播：異なる個体や異なる生物同士の間で起こる遺伝子の移動のこと。生物の進化に影響する。

51　III型分泌装置：病原性因子などのタンパク質を宿主の細胞内に分泌するためにある種の細菌が持っている注射器のような分泌装置。細菌の運動に用いる鞭毛が変化してできたと考えられている。

52　PAI：pathogenicity island

53　アブラナ科野菜黒腐病菌：*Xanthomonas campestris* pv. *campestris*

病原性の差が生まれた可能性がある。実際に私たちの研究では、W株のゲノム上では解糖系遺伝子クラスターが重複しており、それにより病原性が上昇していることが分かった(▼7・2・3)[38]。

PMUのような転移性の因子があると、遺伝子が新たな機能を獲得することにもつながる。一般に、遺伝子が重複すると、新たにできた遺伝子はもとの機能を果たさなくてもよくなる。つまり、MUGは変異を蓄積しやすく、新たな機能を獲得する機会となるのだ[39]。実際に、ファイトプラズマのMUGの一つであるTmk-a（チミジル酸キナーゼ[54]-a）はもとのチミジル酸キナーゼ活性を持たないことから、別のキナーゼとして機能している可能性が高い[40]。PMUはファイトプラズマに新たな機能を創出する役割を果たしており、進化の原動力ともいえる。

5・6——染色体外DNAの進化

[5・6・1] 環境応答のキーファクター

細菌の環境適応や宿主との相互作用において、ゲノムアイランド(▼5・5・4)と同様かもしくはそれ以上に重要な役割を果たすのが染色体外DNA（extrachromosomal DNA）である。染色体外DNAは、ゲノムDNAと独立に細胞内で複製する。一般に環状の二本鎖DNAで（酵母や放線菌では直鎖状のものもある）、多くの生物にあり、プラスミドとも呼ばれる。細菌においては、染色体外DNAの多くは細菌の生存に必須ではないが、抗菌物質の合成、抗生物質耐性遺伝子など細菌の環境応答において重要な役割を果たす遺伝子を持つ。植物の病原細菌においても、染色体外DNA上に、植物に対する病原性遺伝子が存在する場合があり、最も有名なのが植物の遺伝子組換えに用いられる植物病原細菌「アグロバクテリウム」[55]のTiプラスミド[56]である。

54　チミジル酸キナーゼ：チミジン一リン酸（dTMP）、チミジン二リン酸（dTDP）にリン酸を結合し、それぞれチミジン二リン酸やチミジン三リン酸（dTTP）を合成する酵素。DNA合成に関わる。

55　アグロバクテリウム：グラム陰性の土壌細菌で、リゾビウム（*Rhizobium*）属のうち、植物に病原性を持つものの総称。植物に根頭癌腫病を起こす（*Agrobacterium tumefaciens*（*R. radiobacter*の異名））を指す。植物細胞に感染してゲノムにDNAを導入（形質転換）するので、遺伝子組換え植物の作出に利用される。

56　Tiプラスミド：腫瘍誘発プラスミド（tumor inducing plasmid）。20万塩基対にも及ぶ巨大なプラスミド。

[コラム]

壮大なる復讐戦略

ファイトプラズマでゲノム縮退が起こっても、生存に影響がない限り、ゲノムは縮退する方向に進む。その理由は、ファイトプラズマは植物や昆虫宿主体内で頻繁に変異が起こっているためである。そういう状況では、ある遺伝子を「持つ」・「持たない」多様な菌体が相当数共存することになる。そして、偶然その遺伝子を「持たない」菌体で集団の大半が埋め尽くされた場合、もはやこの遺伝子を取り戻すことはできない。この現象のことを「遺伝的浮動による『変異の固定』」という。これが繰り返し起こると、ゲノムはどんどん縮退する。

モリキューテス綱を構成する細菌はマイコプラズマ目、アコレプラズマ目、アネロプラズマ目、エントモプラズマ目（植物病原細菌の一つであるスピロプラズマ属細菌が含まれる）、ハロプラズマ目からなる。アコレプラズマ目細菌はアコレプラズマ属細菌とファイトプラズマ属細菌とからなる。アコレプラズマ属細菌は植物表面など細胞外でも生存が可能で、植物から人にまで広く感染する。ファイトプラズマ属細菌は、約750個しかない全遺伝子のうち3分の1が重複遺伝子（▼5・5・1）であるのに対して、近縁のアコレプラズマの重複遺伝子は7分の1以下（つまり全遺伝子の数十分の1）である。一方で、遠縁のマイコプラズマ（*Mycoplasma penetrans*）は5分の1弱が重複遺伝子である。マイコプラズマは約120種以上あるが400系統くらいしかないのに対して、ファイトプラズマは40種余りしかないが、1000系統以上ある。これに対して、近縁のアコレプラズマは約30種しかない。ファイトプラズマは宿主が生きていないと生きてゆけない絶対寄生菌でありながら、遺伝子重複が起こっていることから考えても、遺伝子重複は何らかのかたちでファイトプラズマが多様な宿主環境に適応する役に立っているに違いない。

遺伝子重複がPMUにより生じることは本章（▼5・5・2）で述べたとおりである。PMUは何をしているのだろうか？

遺伝子重複が新たな機能の獲得や多様化に役立っているだろうことは容易に想像できる。実際にファイトプラズマのPMU内には病原性遺伝子が複数コードされている。（宿主と相互作用すると期待される）膜タンパク質もPMU内に多数コードされている。これらの重複した遺伝子がファイトプラズマに多様な機能をかもしだすことにより、感染効率が上がり、多様な宿主に感染できるようになり、結果的に生存に有利になることが考えられる。

このように、「遺伝子喪失によるゲノム縮退」と「PMU

図5.19 ローリングサークル型複製

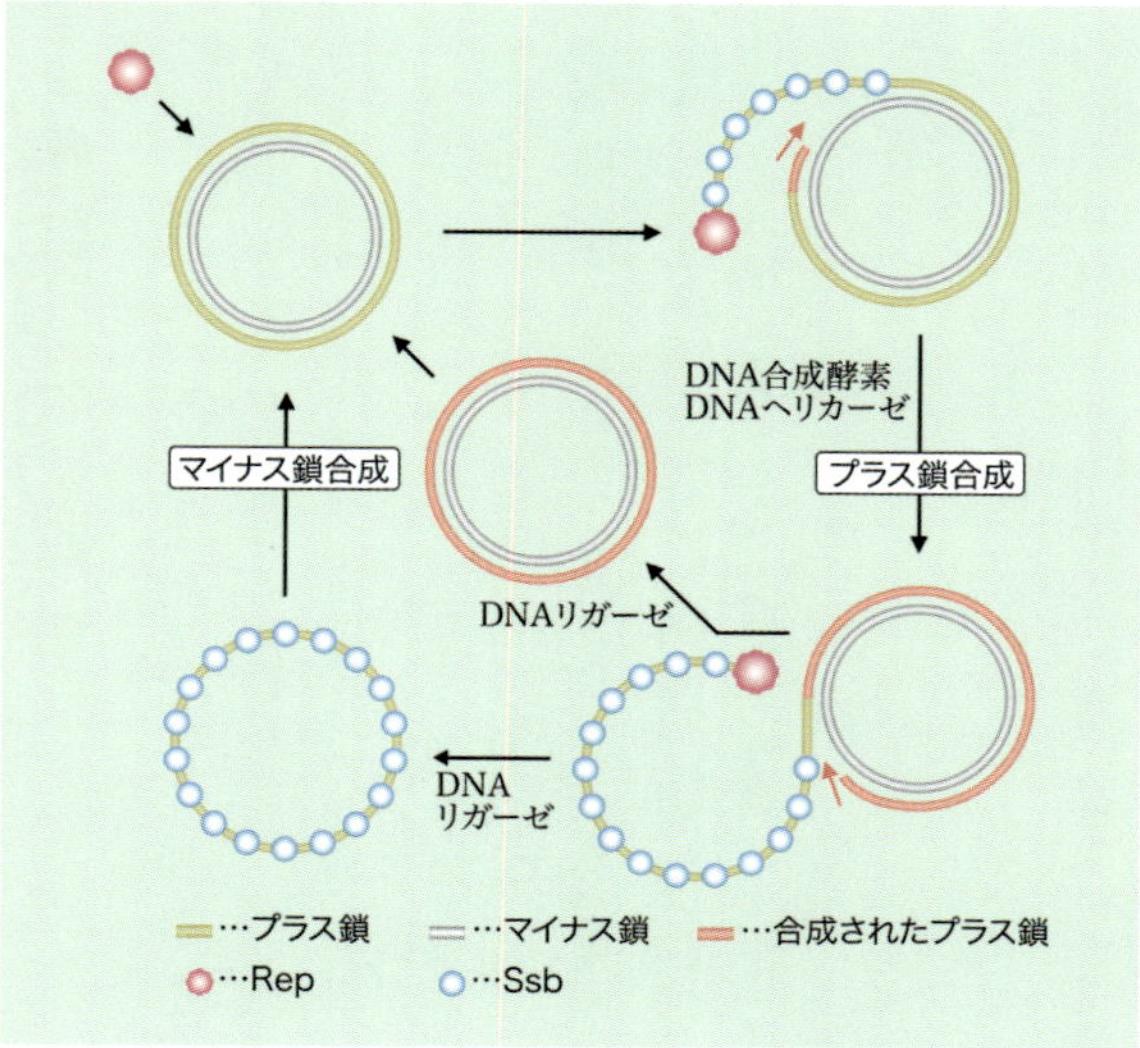

による ゲノムの肥大化」のせめぎあいの結果、「多くの代謝系遺伝子を失う一方で、30％もの重複遺伝子を抱える」ファイトプラズマのユニークなゲノムができあがったのではないだろうか。

重要な遺伝子の多くを捨て去り、ゲノム縮退を進めた一方で、多くの遺伝子重複を起こしているファイトプラズマとマイコプラズマ。両者のダイナミックな宿主適応は、細胞内共生によりオルガネラになり損ねた古代微生物祖先たちの真核生物たちへの時空を超えた「壮大なる復讐戦略」であり、遺伝子重複はそのための強力な武器でもあったと考えられる。

染色体外DNAにおいて重要なのは、その複製様式である。ゲノムDNAとは独立して自身の遺伝情報を後代に伝えてゆくわけであるから、ゲノムとは独立した複製を行う。複製様式もローリングサークル型複製（RCR）[57]〈図5・19〉により行い、ゲノムDNAのシータ（ギリシャ文字のθ）型複製[58]とは異なる。RCR型複製を進めるのに必要なRCR開始タンパク質（Rep）や一本鎖DNA結合タンパク質（Ssb）[59]などがプラスミド上にコードされている。染色体外DNAはこのような特殊な様式により遺伝情報を複製するため、ゲノムからの独立性が高く、サイズも小さいため、小回りがききやすいDNAである。そのため、環境に適応するための遺伝子セットがコードされ、水平感

57 ローリングサークル型複製（RCR）：rolling circle replication。植物、動物、細菌の一本鎖DNAウイルスのゲノムは環状構造であり、これらが環状のマイナス鎖を鋳型に行う複製様式のこと。

58 シータ型複製：真正細菌などで一般的な複製様式。2つの複製フォークにより双方向に進む複製様式。

59 Ssb：single stranded DNA binding protein

染が頻繁に起こる。つまり、染色体外ＤＮＡを受け取るだけで、生物の環境適応度が向上するわけである。

そこで私たちは、植物の篩部細胞という特殊な環境に生息するファイトプラズマが、環境応答に重要なはたらきをする染色体外ＤＮＡを持つに違いないと考え、研究を進めた。その結果、多様な染色体外ＤＮＡを見つけるとともに、昆虫媒介能に関わる遺伝子の発見や、ウイルスの起源に迫ることができた。

[5・6・2] ミッシングリンク

ウイルスは宿主の細胞に感染し自律的に増殖する病原体であり、「真核生物や原核生物のトランスポゾンやプラスミドなどから派生した」とする説がいまのところ有力であるが、ウイルスの起源についてはさまざまな説があっていずれも決め手となる証拠がない。ところが私たちは、これまで例のないタイプのプラスミドをファイトプラズマから2種類見つけた。詳細は後述するが、一つは植物ジェミニウイルス[60]の複製開始タンパク質と似た複製開始タンパク質をコードしていた[41]。もう一つは細菌プラスミドの複製開始タンパク質と動植物ウイルスのサーコウイルスやナノウイルス[61]のヘリカーゼ部分を併せ持った複製開始タンパク質をコードしていた[42, 43]。この2つのプラスミドはウイルスとその祖先をつなぐ「ミッシングリンク」かもしれない。

[5・6・3] パイオニアの苦悩

私たちはＷ株からファイトプラズマで初めて染色体外ＤＮＡの全長塩基配列を決定した[43]。ｐＷと名付けられたこの染色体外ＤＮＡの全塩基配列は３９３３塩基対からなり、５つの遺伝子がコードされている。ｐＷがファイトプラズマの染色体外ＤＮＡなのか、ファイトプラズマに感染するウイルス（ファ

60　ジェミニウイルス：環状一本鎖DNAをゲノムとする植物ウイルスのグループ。球状粒子が2つ結合した双球形という特殊な粒子形態に由来する名称でファイトプラズマ同様ヨコバイなどの害虫により媒介される。
61　サーコウイルスやナノウイルス：どちらも環状一本鎖DNAをゲノムとするウイルスグループ。前者は鳥や豚などに感染する動物ウイルス。後者は植物ウイルスでアブラムシにより永続的に媒介される。

ージ）なのかという疑問に対しては、以下の理由からpWは染色体外DNAと結論した。

① ファイトプラズマ感染植物のみから検出され、健全植物からは検出されない。
② ウイルス様粒子が観察されない。
③ 5つの遺伝子の上流にウイルスにないリボソームが結合するシャイン・ダルガルノ配列[62]がある。
④ pWにコードされている遺伝子がコードするタンパク質とファイトプラズマの局在が一致する。
⑤ ファージに特徴的なファイトプラズマゲノムDNAへのpWの挿入が認められない。

一見簡単のように思えるが、最初の発見を他の研究者に受け入れてもらうのは非常に難しいのである。この研究も当初、外国の総合雑誌に投稿したが、「専門的」という理由で、ウイルスの専門誌に投稿するよう勧められた。それほど、新発見かどうか判断することが難しかったのである。総合誌が審査することをためらったのは、「ファイトプラズマの染色体外DNAがDNAウイルスの祖先である」という主張が原因だった。これはもう「鶏が先か、卵が先か」という問題に近い。しかも、その祖先DNAがファイトプラズマDNAというのだから、余計に理解困難だったに違いない。これが大腸菌のファージであったなら、すぐに俎上《そじょう》に載ったであろう。要するに、ファイトプラズマのDNA祖先説と、「鶏が先か、卵が先か」の問題が絡まり合って、総合誌の編集者を悩ませたのだ。私たちとしては理解してもらえなかったことが悔しかった。

最初の発表はそう簡単に受け入れられることはない。パイオニアが一番苦労するものだ。「オリンピックの表彰台で金メダルをもらえるか銀メダルか」と違って、一位と二位ではまったく意味も意義も違うのだ。

［5・6・4］生きた化石

62　シャイン・ダルガルノ配列：細菌の遺伝子の上流に存在し、その遺伝子の発現を制御する配列。SD配列とも呼ばれる。この配列にリボソームが結合することにより翻訳が開始される。

さて、このpWには5つのタンパク質がコードされていたが、なかでも興味深かったのは「ローリングサークル型複製開始タンパク質Rep[63]（pW-Rep）」であった。プラスミドのRepはみな似た配列を持っており、pW-RepのN末端側半分[64]はプラスミドのRepに似たローリングサークル型複製[57]開始ドメインを持っていた。しかし、驚いたことにC末端側半分[64]にはなんとウイルスのRepが持つヘリカーゼドメイン[65]があったのだ！　その配列は脊椎動物のウイルスであるサーコウイルスやカリシウイルスによく似ていた。すなわち、pW-Rep遺伝子はプラスミドとウイルス両者の特徴を持つタンパク質をコードするキメラタンパク質[66]だったのである〈図5・20〉。これまでそのようなキメラ複製開始タンパク質を持ったプラスミドは例がなかった。

この発見は、DNAウイルスと、その起源とされる原核生物のプラスミドの間を埋めるようなミッシングリンク「DNAレプリコン」として、世界初の発見であった。このキメラ複製開始タンパク質から想起される進化ストーリーは次のようなものである。両者の祖先となるプラスミドのRepは当初、RCR[57]開始ドメインのみであったが、どこかでヘリカーゼドメインを獲得し、両方を持つようになったのであろう〈図5・21〉。pW-Repは、そのプラスミドRepがそのまま残った生きた化石なのかもしれない。

［5・6・5］プラスミド同士の組み換え

さらに調べたところ、新たに2つのプラスミドを発見した。それぞれ全長7005塩基対と5560塩基対で、いずれも7個の遺伝子をコードしていた[41, 44]。興味深かったのはやはりローリングサークル型複製開始タンパク質Repである。こんどは植物DNAウイルスのRepのローリングサークル型複製開始ドメインとそっくりであった〈図5・20〉。すなわちこれらのプラスミドはウイルス型複製開始タンパク質を持つプラスミドである。プラスミド型複製開始タンパク質を持つpWと区別し、EcW1、2と

63　Rep：rolling circle replication initiator protein

64　末端：アミノ酸のつながったタンパク質やポリペプチドの一方はアミノ基（NH_2）で終わっており、他方はカルボキシル基（COOH）で終わっていて、それぞれの領域をN末端、C末端という。

65　ヘリカーゼドメイン：核酸に沿って動きながら、二本鎖になって絡み合う核酸をほどく酵素の役割を果たすタンパク質の領域のこと。

66　キメラタンパク質：2種類以上のタンパク質が連結され一体となったタンパク質のこと。

名付けた〈図5・23〉。W株は3つのプラスミドを持つことになる。

ここでさらに興味深い事実に気づいた。EcW2の4つの遺伝子はpWの4つの遺伝子とそっくりだったのである。つまり、EcW2はpWとEcW1の組み換えにより生じたのである〈図5・22〉。ファイトプラズマにおいて染色体外DNA同士の組み換えの証拠を発見したのは初めてである。

図5.20 ファイトプラズマプラスミドの「キメラ複製開始タンパク質」は細菌とウイルスの両方の特徴を持つ

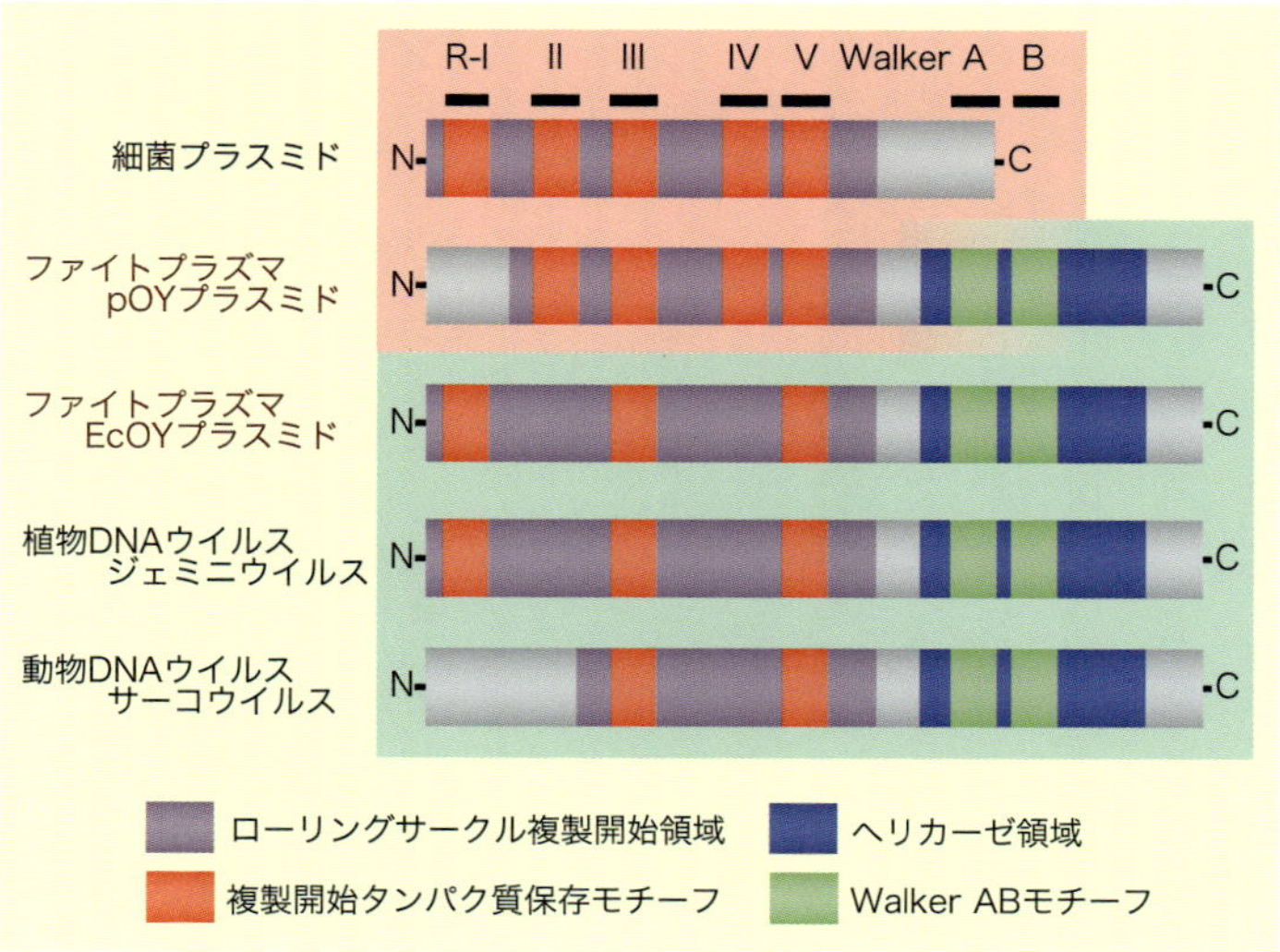

図5.21 ファイトプラズマ・プラスミドと一本鎖DNAウイルスが生まれた仕組み

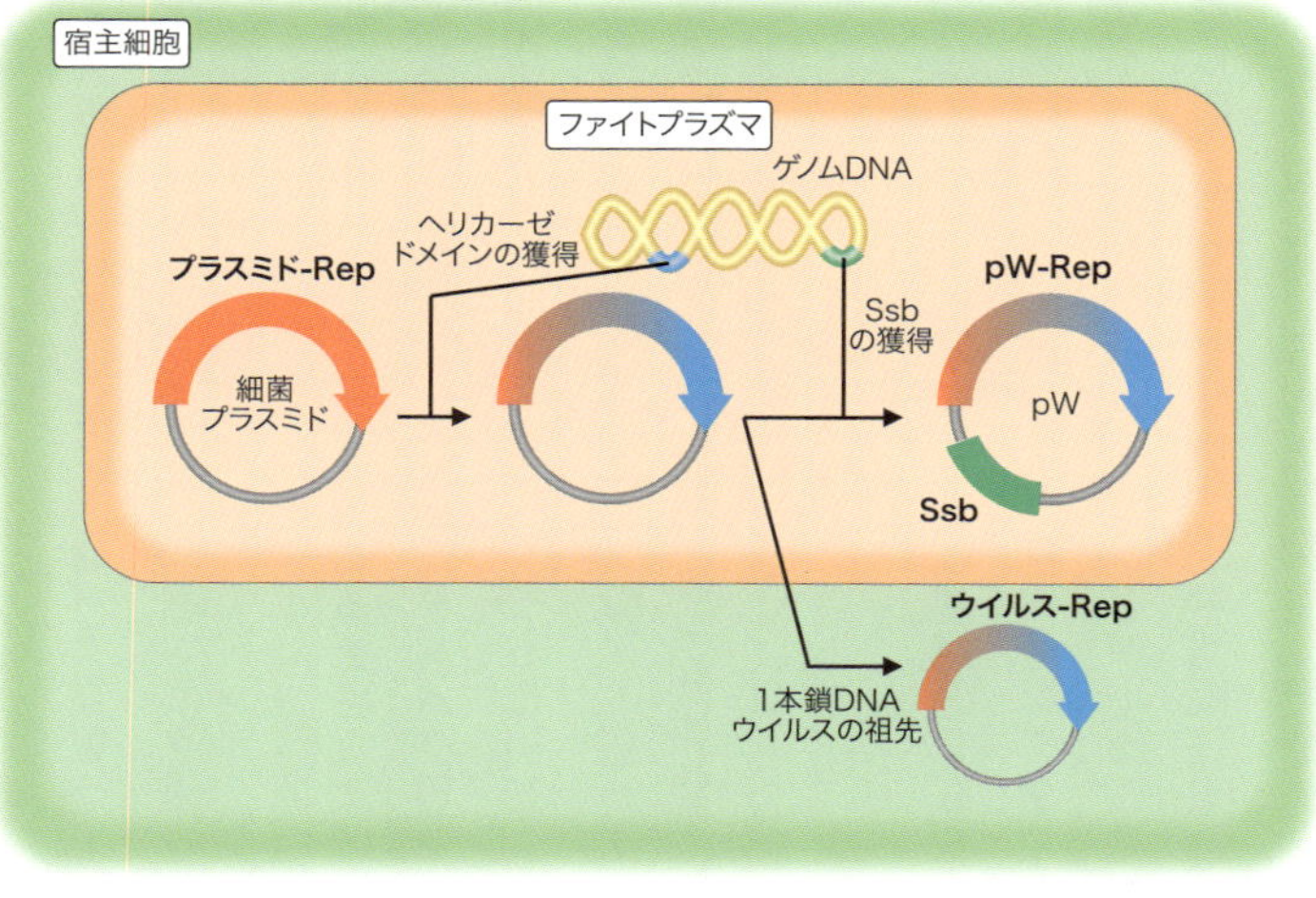

［5・6・6］染色体外DNAと生物学的性質

これらの染色体外DNAはファイトプラズマにとりどのような生物学的意義があるのであろうか？　それを知るため、私たちはM株とNIM株についてもプラスミドを調べた[45,46]。その結果、両株ともそれぞれプラスミド型複製開始タンパク質と、ウイルス型複製開始タンパク質を持つプラスミドが一つずつあったので、M株は「pM、EcM」、NIM株は「pNIM、EcNIM」とした〈図5・23〉。

それぞれを比較したところ、プラスミド型複製開始タンパク質Repは互いに非常に似ており、特にpMとpNIMは完全に同じであった。W株から20年かけてM株が派生し、M株から2年でNIM株が派生したことを考えると、これはうなずけることである。しかし、遺伝子構造においてpWとpMは非常に似ており、いずれも5つの遺伝子をコードし、それぞれの配列も似ていたのに対し、pNIMは3つの遺伝子しかコードしておらず、遺伝子が2つ欠失していた〈図5・23〉。欠失した遺伝子のうちSsbはローリングサークル型複製において重要な役割を果たすが、ファイトプラズマゲノムでは複数コードされている。一方、ORF3がコードするタンパク質は既知のタンパク質には似たものがなく、膜を貫通するヘリックス構造を2つ持つ膜タンパク質で、ファイトプラズマの細胞膜表面にあり、宿主細胞の細胞質に露出していると考えられる。つまり、この膜タンパク質は宿主と直接相互作用していると思われる。そして、ORF3は、20年間にわたる昆虫による媒介においてはず

図5.22　EcW2はpWとEcW1の組み換えにより生じた

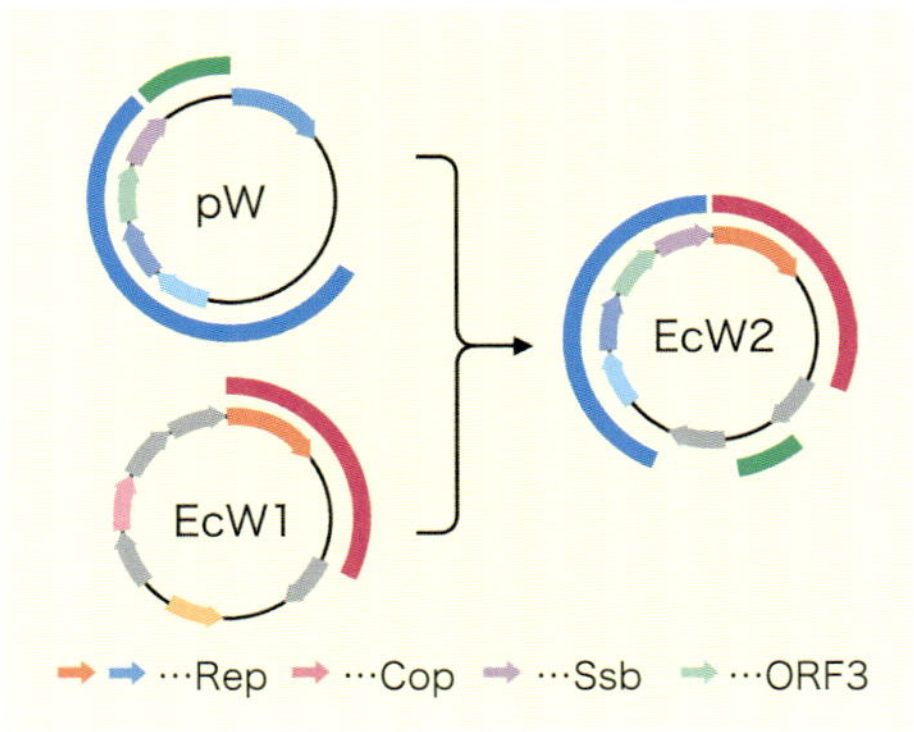

図5.23 ファイトプラズマプラスミドの種類と構造

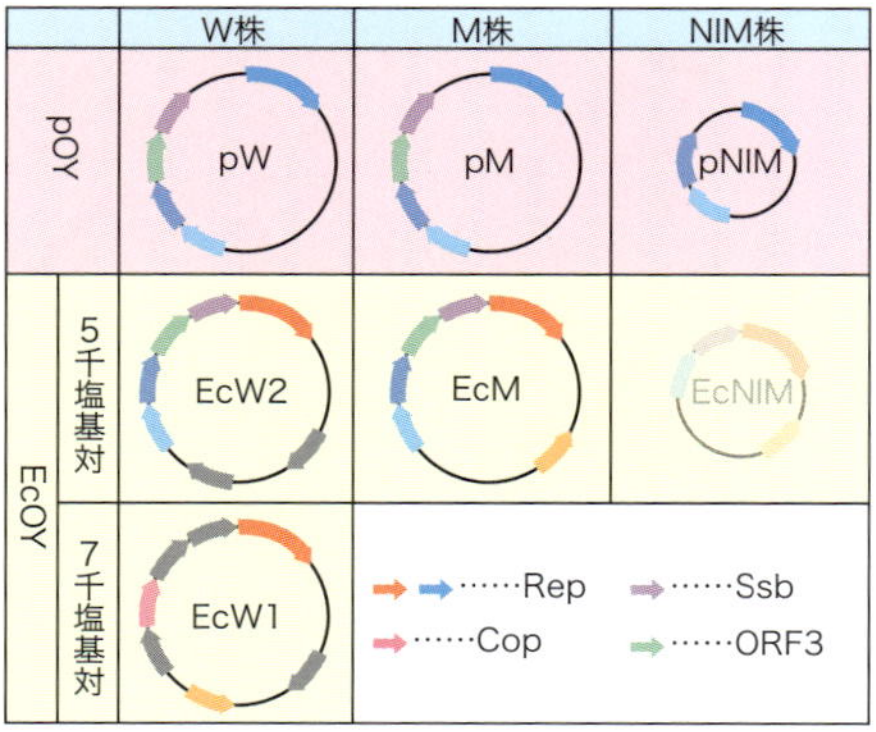

EcNIMは8年間の継代で消失した（▶図5.25）

図5.24 NIM株ではORF3が発現していない

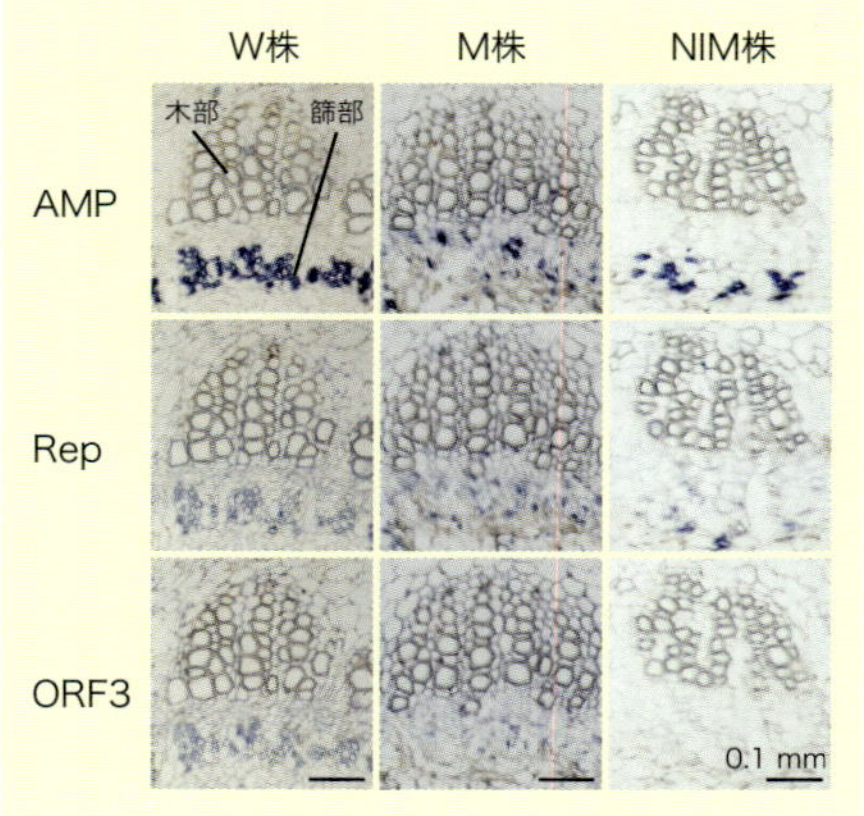

青色のシグナルは免疫染色によってファイトプラズマの各タンパク質が染まったもの。

っと維持されていながら、非昆虫媒介株のNIM株では姿かたちもなく欠落してる。ORF3は昆虫による媒介かあるいは昆虫体内における増殖に必要な遺伝子である可能性が高い。

次いで、ウイルス型複製開始タンパク質を持つプラスミドを比較した。W株では2つあったプラスミドが、M株、NIM株では1つ欠けていた。EcW2、EcM、EcNIMは互いに似ていたことから、EcW2が3つのファイトプラズマで保存され、EcW1が欠けたものと考えられた〈図5・23〉。また、5つの遺伝子は高度に保存されていた。しかし、これらは昆虫による媒介かあるいは昆虫細胞における増殖に必要な遺伝子と推測されるORF3を持っている。EcNIMのORF3が発現しているとなると、ORF3の昆虫における重要性に関する仮説が崩れる。

そこで、ORF3タンパク質を大腸菌で大量に作り、その抗体を作出し、これを使ってNIM株感染植物でORF3タンパク質が発現しているかどうか調べたところ、まったく発現していないことが分かった[47]〈図5・24〉。ではなぜEcNIMはORF3遺伝子を持つのにその膜タンパク質が感染植物で発現していないのであろうか？　その謎を解明するため、EcNIMのORF3周辺の塩基配列を詳しく調べた。遺伝子を発現するにはその上流にプロモーター[67]と呼ばれる配列が必要である。ところが、EcNIMではORF3の157塩基対からなるプロモーター配列が欠失していた。つまり、弱毒株から非昆虫媒介株が派生する過程でEcNIMのORF3は存在していたが、そのプロモーターが欠落したため、ORF3タンパク質が発現しなくなっていたのである[47]。これらのこと

図5.25　NIM株のプラスミドにおけるORF3喪失の過程

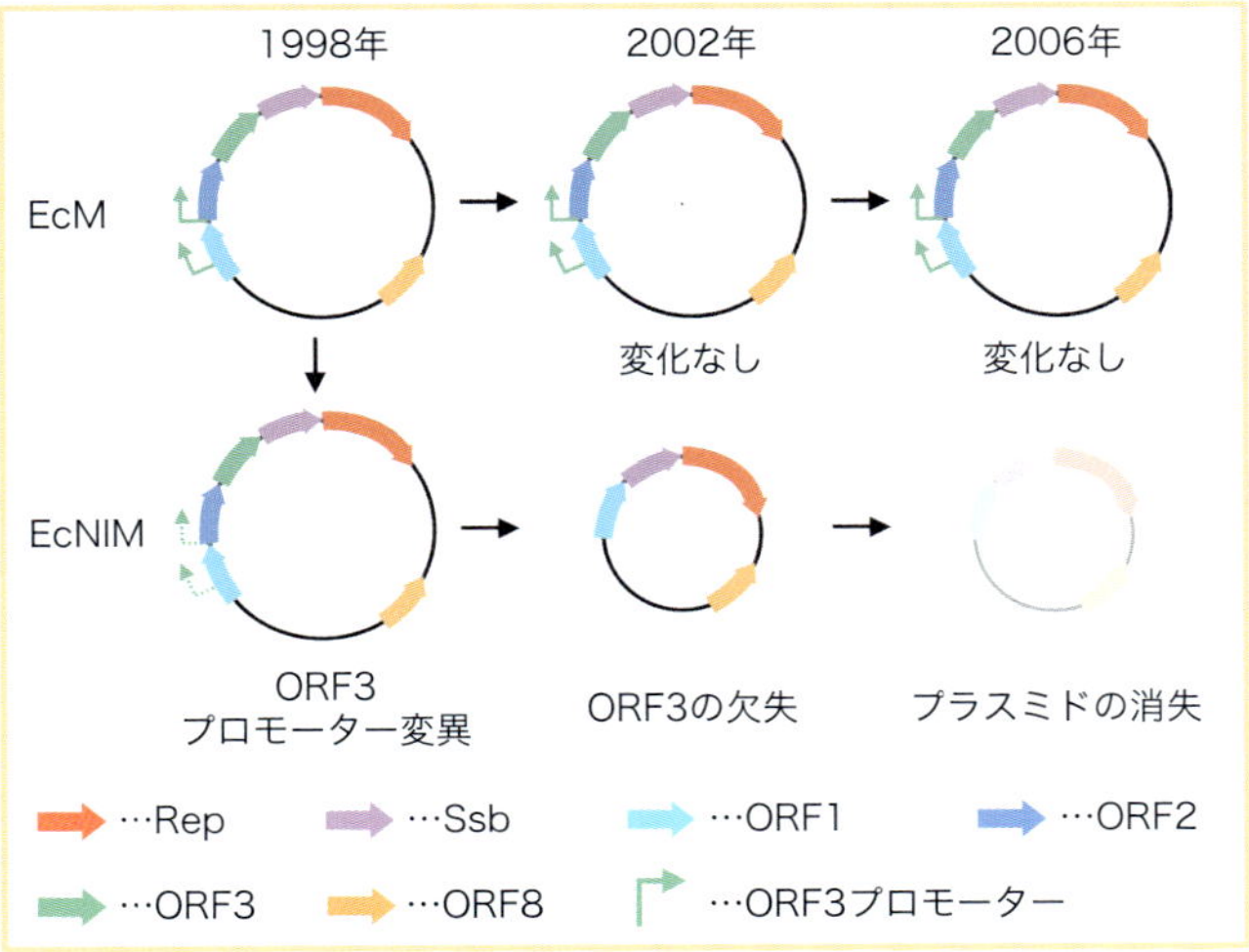

図5.26　NIM株の非昆虫媒介性のメカニズム

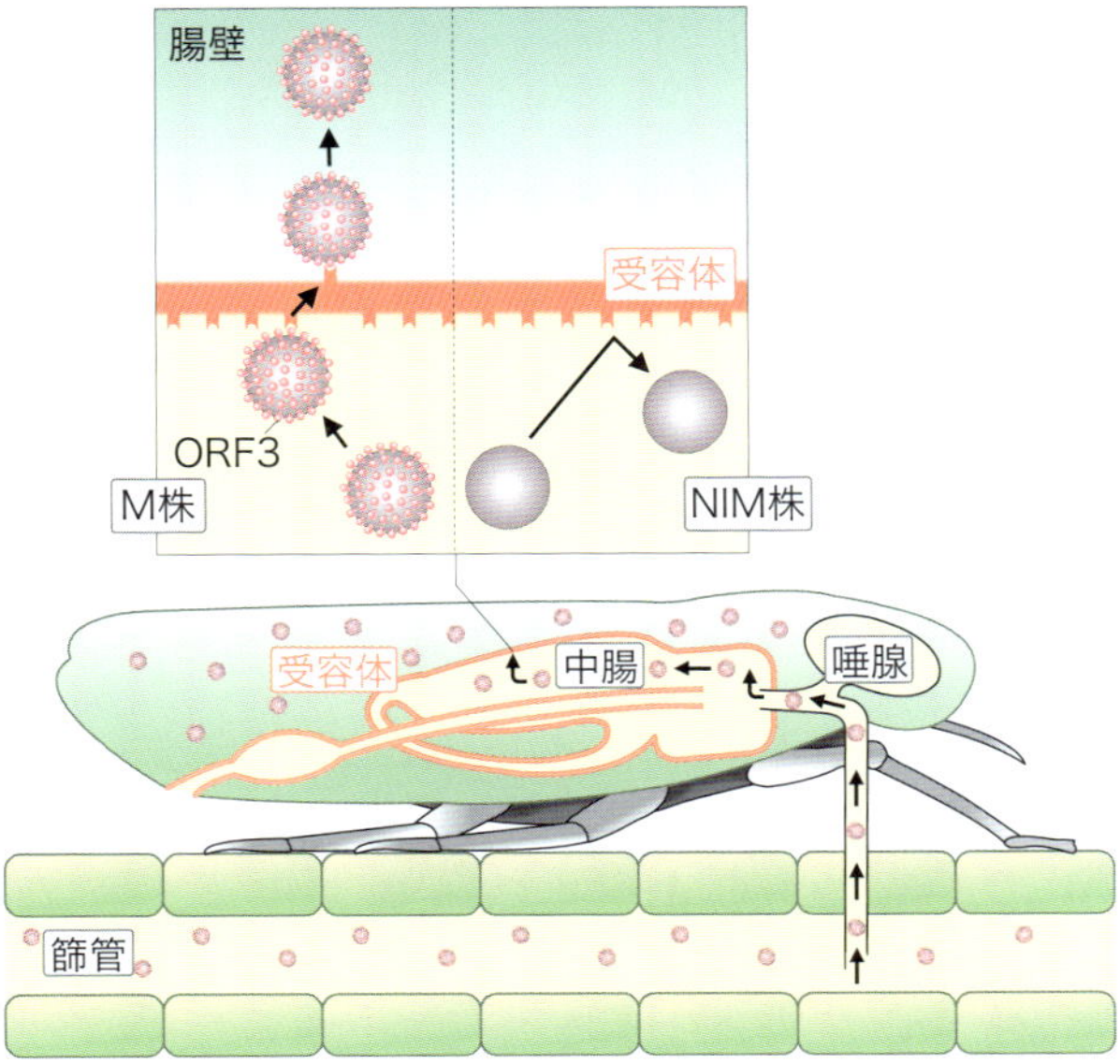

67　プロモーター：遺伝子上流に存在する配列で、RNAポリメラーゼを構成する因子の一つであるシグマ因子により認識されてその下流からmRNAが転写され、そのmRNAからタンパク質が翻訳される。詳細は6・3・3に記載。

から、ORF3がコードする膜タンパク質が昆虫による媒介かあるいは昆虫体内における増殖に関与している可能性がさらに高くなった。

[5・6・7] ダイナミックな進化

それにしても、昆虫を使わず植物だけでM株を2年間という比較的短期間維持するだけで、ここまでダイナミックな変異が起こり、NIM株が生まれるとは想像していなかった。では植物での維持をさらに長期間にわたって続けると染色体外DNAにどのような進化が現れるであろうか？

それを調べるため、10年間にわたりNIM株を植物で継代し続け、定期的にEcNIMがどのような進化をたどるか調べた[48]。その結果、継代2年間はEcNIMにORF3が存在していたが、4年目以降はORF3そのものが欠落してしまった〈図5・25〉。つまり、植物での継代2年でプロモーターが欠落し、さらに4年継代すると遺伝子そのものが失われてしまったのである。

さらに継代を続け8年目、EcNIM自体が消失してしまった〈図5・25〉。しかし、もう1つの染色体外DNA「pNIM」は10年後も維持されていた。これらの結果はEcNIMが植物への感染ならびに植物における増殖に重要なプラスミドではないことを示しており、逆にpNIMは植物への感染と増殖に必要であることを意味している〈図5・26〉。これらの研究を通じて、ファイトプラズマのプラスミドがダイナミックに進化していることが分かった。これらの結果は、ファイトプラズマが周囲の環境（植物体内にいるのか、昆虫体内にいるのか）を感知し適応して、可塑性[68]を発揮していることを示すものである。

68 可塑性：外部からの刺激に対して変形・適応すること。

［コラム］

ファイトプラズマはどのように昆虫・植物に適応してきたか

ファイトプラズマはなぜゲノムが小さくなってしまったのだろうか？　ファイトプラズマの祖先種は当初、植物や動物の表面、落ち葉や生物の遺骸の表層などで腐生的に生きていたと思われる。自立して、周囲の生物の排泄物、不要になってはがれた組織片や分解過程にある物質などを取り込んで栄養源として生きていたのだろう。それがあるとき昆虫体内に侵入し寄生するようになり、病原体となって、卵を通じて子孫に伝染する能力を持ち、昆虫の繁殖能力を利用して生息域を確保するようになったと思われる。

そのうち、昆虫細胞内に入り込むものが現れ、その栄養豊富な状況下では生育に必要な物質を自分で作る必要がなくなったため、それらの物質の合成系遺伝子を次々と失っていったのだろう。また、遺伝子を失うことはタンパク質の種類が減ることであり、寄生するうえで宿主から認識されにくくなるという利点もある。植物や昆虫は獲得免疫（後天性免疫）を持たないが自然免疫（先天性免疫：植物では抵抗性という）を持っていて、病原菌の細胞壁・べん毛などのタンパク質を認識すると、自然免疫系を発動し病原菌を攻撃する。ファイトプラズマの祖先種はこれらの遺伝子をゲノムから捨て去り、植物や昆虫の免疫系に認識されにくくなったのだろうか。

また、昆虫に致死的な病原体では、自身も絶滅してしまうから、淘汰され、昆虫を生かさず殺さず、ほどほどの病原性を維持しているものが生き残ってきたと考えられる。そのうちのあるものが、昆虫体内で唾腺にまで増殖範囲を広げ、昆虫が植物の汁を吸って栄養分を確保するときに、ファイトプラズマの祖先種を篩管内に注入し、その中のあるものが篩管液中で増殖できるようになったのだろう。もちろん植物にとっては当初は毒性の強い病原体であったであろうから、最初はことごとく枯れたに違いない。しかし植物を絶滅させてしまってはファイトプラズマは生きる術を失ってしまうので、昆虫体内で変異を重ね、黄化させ衰弱させるだけでなく、天狗巣や葉化を引き起こして寄生のチャンスを広げられるような遺伝子を持ったものが生存に有利となり、今日まで生き残ってきたと思われる。

植物体で生き残れたとしても、昆虫が再度吸汁しに来てくれないという最悪のケースに備え、当初は種子伝染できるものが生き残ったと思われる。そして、植物体内で盛んに増殖し、十分な数の個体を増やしておき、再び昆虫に乗り移り新たな植物に感染し、生息範囲を広げていったと思われる。そのためには、栄養豊富な植物篩部細胞は絶好の環境であったのだろう。

植物と昆虫というまったく異なる生物界の細胞内の双方で生存することを選択したファイトプラズマ祖先種は、相当な柔軟性を要求されることとなった。両生物は栄養源も細胞内構造も異なる。植物では篩部細胞内、昆虫では血体腔（血液細胞内）という、ともに栄養豊富ではあるが、まったく異なる環境下で生存してゆくためには、自身の代謝系はむしろできるだけ捨て去りシンプルにし、両生物が生合成してくれる、生命体の生存に必要な、両生物界に共通性の高い物質を吸収できる生存システムに特化し、退行的に進化する道を選んだと思われる。

その結果、ファイトプラズマは生きてゆく上で必要な代謝系とその産物のほとんどを宿主細胞に依存することとなった。代謝産物は宿主から収奪した方が省エネルギーだったのである。しかしながら、長い進化の末に、植物において種子伝染するシステムも、昆虫において経卵伝染するシステムも捨て去る退行的な進化を行ってしまったものと推測される。このことは、自身の生息範囲を確保するという生存戦略上、植物と昆虫の両方に適応する代償でもあったのであろう。

独自の代謝系を維持し、目的の物質を作るための素材を宿主と取り合って宿主の生存を脅かすよりも、宿主がたくさん作り出してくれる代謝産物を、分解・再利用する前の中間産物として豊富にある状態のときに収奪する方が、宿主とファイトプラズマ双方の生存戦略上も有利である。その結果、ゲノム縮退はさらに積極的に起こったものと考えられる。

＊引用文献

【ファイトプラズマ関係】
〈東大グループ〉
［1］Namba S (1993) IJSB 43:461–467
［4］Miyata S (2002a) DNA Cell Biol 21:527–534
［5］難波成任 (2002) 日植病報 68:131–134
［6］Namba S (2002) JGPP 68:257–259
［7］Kakizawa S (2001) MPMI 14:1043–1050
［8］Miyata S (2002b) JGPP 68:62–67
［9］Miura C (2012) Gene 510:107–112
［12］Oshima K (2001a) Phytopathology 91:1024–1029
［13］塩見敏樹 (1998) 日植病報 64:501–505
［16］Oshima K (2004) Nat Genet 36:27–29
［17］難波成任 (2011) 日植病報 77:125–128
［18］Namba S (2011) JGPP 77:345–349
［19］Oshima K (2002) JGPP 68:225–236
［24］大島研郎 (2004a) 化学と生物 42:154–160

[25] 大島研郎（2004b）蛋白質 核酸 酵素 49:649–654
[26] Oshima K (2005) Recent Research Developments in Bioenergetics 3:45–61
[27] Oshima K (2013) Front Microbiol 4:230
[28] 柿澤茂行（2005）BRAIN テクノニュース 109:15
[29] Namba S (2005) Mycoplasmas: pathogenesis, molecular biology, and emerging strategies for control pp. 97–133
[35] Arashida R (2008) DNA Cell Biol 27: 209–217
[38] Oshima K (2007) Mol Plant Pathol 8:481–489
[40] Miyata S (2003) Microbiology 149:2243–2250
[41] Nishigawa H (2001) Microbiology 147:507–513
[42] Kuboyama T (1998) MPMI 11:1031–1037
[43] Oshima K (2001b) Virology 285:270–277
[44] Nishigawa H (2002a) Microbiology 148:1389–1396
[45] Nishigawa H (2003) JGPP 69:194–198
[46] Nishigawa H (2002b) Gene 298:195–201
[47] Ishii Y (2009a) Microbiology 155:2058–2067
[48] Ishii Y (2009b) Gene 446:51–57
〈米・オハイオ州立大・ホーゲンハートグループ〉
[20] Bai X (2006) J Bacteriol 188:3682–3696
[34] Toruño TY (2010) Mol Microbiol 77:1406–1415
〈米・農務省・デービスグループ〉
[31] Jomantiene R (2006) FEMS Microbiol Lett 255:59–65
[32] Lee IM (2005) FEMS Microbiol Lett 242:353–360
〈独・果樹作物保護研・ジーミュラーグループ〉
[33] Kube M (2012) Sci World J 185942
〈その他〉
[11] Miyahara K (1982) Ann Phytopathol Soc Jpn 48:551–554
【その他の分野】
[2] Tanaka R (1989) Nucleic Acids Res 17:5842–5842
[3] Muto A (1991) New aspects in population genetics and molecular evolution pp. 179–193
[10] Wayadande AC (1995) Phytopathology 85:1256–1259
[14] Ye F (1996) Biochem Genet 34:269–286
[15] Renaudin J (1994) Adv Virus Res 44:429–463
[21] Fraser CM (1995) Science 270:197
[22] Razin S (1998) Microbiol Mol Biol Rev 62:1094–1156
[23] Mushegian AR (1996) PNAS 93:10268–10273
[30] Santana M (1994) J Bacteriol 176:6802–6811
[36] Dobrindt U (2004) Nat Rev Microbiol 2:414–424
[37] Qian W (2005) Genome Res 15:757–767
[39] Zhang J (2003) Trends Ecol Evol 18:292–298

6
章

植物と昆虫に感染するしくみ

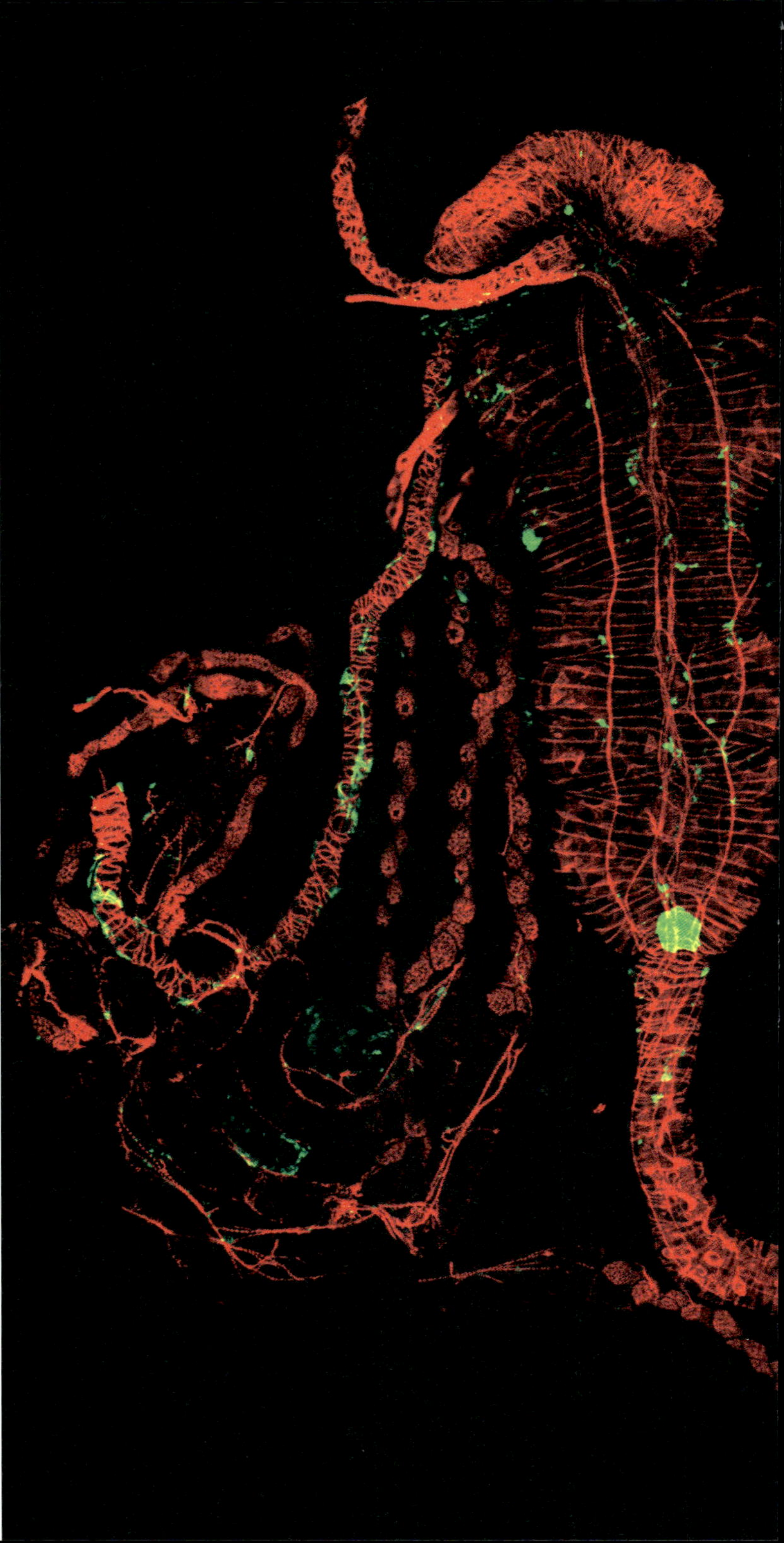

ファイトプラズマを保毒したヨコバイの消化管。アクチン(赤)に結合するファイトプラズマ粒子（緑：膜タンパク質AMP）。

垣間見た真理を自ら確信しようと努力することが
進歩への第一歩であり、
他人を説得するのはその次のことである。

ルイ・パスツール　フランスの生化学者・細菌学者

C. R. hebd. Séanc. Acad. Sci. Paris (1876) 82: 1079.

6・1――ファイトプラズマの動き

[6・1・1] どのように植物と昆虫を渡り歩くのか

ファイトプラズマは主にセミの仲間のヨコバイと一部キジラミやウンカによって媒介され、感染を拡大する〈図6・1〉。ファイトプラズマの生活環は次のようになる。ファイトプラズマ感染植物の篩管に媒介昆虫が口針を差し込み吸汁すると（獲得吸汁）、ファイトプラズマは口針を通って腸管に到達し、腸管から血体腔[5-36]へと移行したのち全身に広がる。約2週間の潜伏期間を経て、唾腺に感染し、十分量増殖すると、ファイトプラズマは昆虫の唾液に混じるようになり、保毒虫[2-7]となる。この保毒虫が健全な植物を吸汁した際に（接種吸汁）、唾液とともにその篩管細胞にファイトプラズマが移行し、植物に感染する〈図6・1〉。数例の例外が報告されているものの[1]、ファイトプラズマの植物における種子伝染や、昆虫における経卵伝染[1]はほとんど知られていないことから、ファイトプラズマの存続にとって、植物と昆虫の両者の存在は必要不可欠であり、ファイトプラズマ病の感染拡大にはその生活環が大きく関わっている。

ファイトプラズマの宿主範囲は植物と昆虫とではその様相が大きく異なる。

ファイトプラズマは一般に多様な植物に感染し、広い宿主範囲を持つ。たとえばファイトプラズマ属で最大の種である *Phytoplasma asteris* は、クワ萎縮病やアスター（エゾギク）萎黄病[2-20]などを含め、39科120属161種もの植物に感染する[4-11]。また、ニチニチソウという植物にはほとんどのファイト

1 経卵伝染：保毒虫の産んだ卵を通じて病原体が子孫へと伝染すること。

図6.1 ファイトプラズマの生活環と媒介昆虫

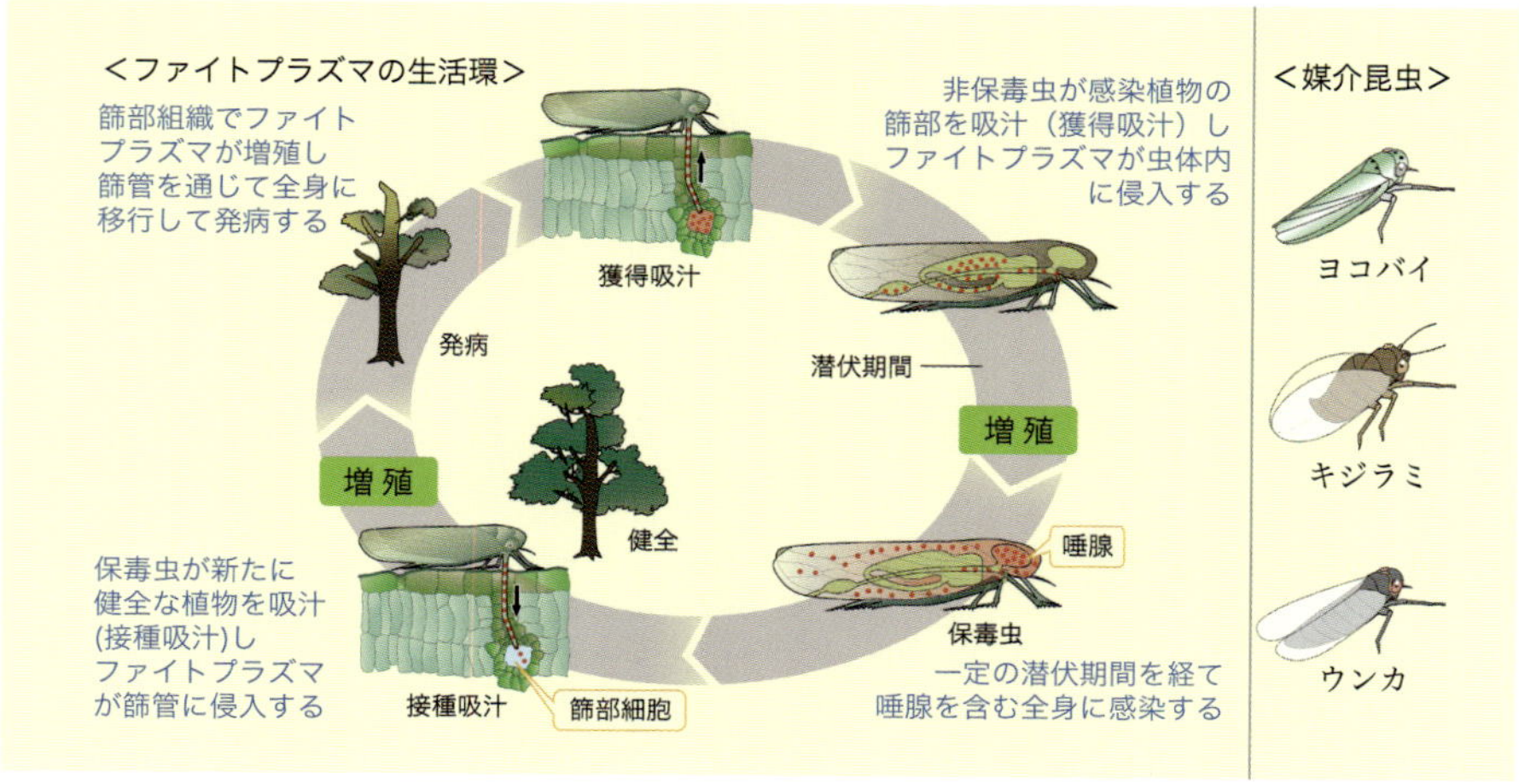

プラズマが感染する[2]。このほか感染しても症状の出ない（無病徴感染という）植物も多数認められており[3]、ファイトプラズマの潜在的な感染源になっている。特に樹木などの多年性植物に無病徴感染すると、農業生産にとって脅威となる。また、樹木の一部のみが発病し、樹が枯れずに保たれる例も知られており、このような場合には長期的にファイトプラズマを保持し続けるため、永続的なファイトプラズマ感染源となる。

一方、昆虫の宿主範囲は一般にきわめて狭く、1種内の1系統のファイトプラズマを媒介する昆虫は1種〜数種に限られる。逆に、1種の昆虫が媒介するファイトプラズマも1種内の1系統〜数系統に限られるのが普通である〈表6・1〉。たとえばOYファイトプラズマの媒介昆虫として知られるヒメフタテンヨコバイは、同じ*P. asteris*の種内でも、クワ萎縮病ファイトプラズマやキリ天狗巣病ファイトプラズマなどを媒介しない[4、5]。当然、異種である*P. oryzae*のイネ黄萎病ファイトプラズマをヒメフタテンヨコバイが媒介することはない。クワ萎縮病ファイトプラズマは農業害虫であるヒシモンヨコバイ[1—20]やヒシモンモドキ[6、7]によって媒介されるが、この昆虫によってアスター萎黄病ファイトプラズマやキリ天狗巣病ファイトプラズマなどが媒介されることはなく、媒介昆虫特異性は非常に厳密であるといえる。すなわち自然界におけるファイトプラズマの感染拡大には媒介昆虫の存在が大きく影響している[8]。

他方で興味深いことに、これらのヨコバイ類は植物ウイルスも同時に媒介できる。たとえば、イネ黄

表6.1 日本に発生するファイトプラズマ病の媒介昆虫

病原	病名	媒介昆虫
P. asteris	アネモネ天狗巣病	ヒメフタテンヨコバイ
	アイスランドポピー天狗巣病	
	イチゴ天狗巣病	
	コスモス萎黄病	
	シネラリア天狗巣病	
	シュンギク天狗巣病	
	スターチス天狗巣病	
	セリ萎黄病	
	チドリソウ天狗巣病	
	トマト萎黄病	
	ネギ萎黄病	
	ホワイトレースフラワー萎黄病	
	マーガレットマイコプラズマ病	
	ミシマサイコ萎黄病	
	リンドウ天狗巣病	
	クワ萎縮病	ヒシモンヨコバイ
		ヒシモンモドキ
		チマダラヒメヨコバイ
	ヌルデ萎黄病	ヒシモンヨコバイ
	タマネギ萎黄病 ミツバ天狗巣病	ヒメフタテンヨコバイ
		ヒシモンヨコバイ
		ヒシモンモドキ
P. aurantifolia	マメ類天狗巣病	ミナミマダラヨコバイ
P. oryzae	イネ黄萎病	ツマグロヨコバイ
		クロスジツマグロヨコバイ
		タイワンツマグロヨコバイ
P. pruni	アスター萎黄病	キマダラヒロヨコバイ
	ウド萎縮病	
	ジャガイモ天狗巣病	
	シラネアオイ天狗巣病	
	ゼラニウム天狗巣病	
	セルリーマイコプラズマ病	
	ツワブキ天狗巣病	
	トマト萎黄病	
	リンドウ天狗巣病	
P. ziziphi	ケンポナシ天狗巣病 ナツメ天狗巣病	ヒシモンヨコバイ
未帰属	サツマイモ天狗巣病	クロマダラヨコバイ
P. asteris	キリ天狗巣病	不明
P. castaneae	クリ萎黄病	
P. malaysianum	ホルトノキ萎黄病	
P. asteris *P. japonicum* *P. ziziphi*	アジサイ葉化病	

萎病ファイトプラズマを媒介するツマグロヨコバイは、イネ萎縮ウイルス[2]やイネゴールドワーフウイルス[3]などを媒介する。

植物は数多くのウイルスやファイトプラズマに感染し、媒介昆虫はこれらの病原体を媒介するにもかかわらず、ウイルスに比べファイトプラズマについては、植物や媒介昆虫体内における動態の知見があまりに少ない。また、ウイルスとファイトプラズマが同時に感染した場合の相互の影響についても何も分かっていない。

実際、植物体内におけるファイトプラズマの動態については、「篩部局在」ということ以外にはあまりよく分かっていない。これはファイトプラズマの人工培養や機械的接種[3-14]の技術が確立されておらず、その解析手法もないためである。篩部局在に関しては、ファイトプラズマ粒子の電子顕微鏡観察や、DAPI[3-5]を用いてファイトプラズマDNAを染色し蛍光顕微鏡で観察するという方法で、篩部組織に局在するファイトプラズマの様子を可視化する方法はあった。しかし、電子顕微鏡観察は手間と時間がかかるものであり、DAPIはファイトプラズマDNAに特異的ではないため、いまひとつ実用性と厳密性を欠いていた(▼8・1・3)。

接種にあたっては健全植物に複数の昆虫を吸汁させるという方法がとられていたが、これでは複数の不特定部位から感染が開始・進行するため、ファイトプラズマ粒子が1点から時間経過と共に植物体全体に広がる様子を可視化する技術はこれまでなかった。また、昆虫体内における電子顕微鏡を用いた動態の解析については、他の共生細菌などとの区別が困難であった。

私たちは、植物・昆虫体内においてファイトプラズマがどのように増殖してゆくか定量化する技術を確立するとともに、拡散してゆく様子を可視化するための新たな解析技術を確立する必要があった。

2　イネ萎縮ウイルス：rice dwarf virus（日本、韓国、中国、ネパール、フィリピンで発生）

3　イネゴールドワーフウイルス：rice gall dwarf virus（中国、タイ、マレーシアで発生）

[コラム]

粒子と波の二面性を持つ微生物

微生物は粒子と波の二面性を持つといったら、「え？」と思われる方も多いであろう。

細胞内に寄生する植物病原微生物は植物細胞内に感染すると、そこで増殖し、細胞から細胞へと移行するときには、粒子として振る舞う。微生物はゲノムが小さく、それだけその複製機構もシンプルなので、エラーが入りやすく、増殖してできた子孫のゲノムには次第に変異が蓄積してゆく。伝言ゲームのようなもので、徐々にもとの情報が分からなくなることも構わず、さらに変異し続けてゆくため、微生物の各粒子は遺伝的に互いに異なったものとなってゆき、多様性を生じるのである。これはナノレベルのスケールの話である。

一方、このような微生物が植物体内を移行すると、組織レベルで拡大するときには、波動的性質を示す〈図〉。これはミクロレベルのスケールの話である。そして昆虫により媒介されるなどして植物個体間で感染が広がり、地域レベルで感染が拡大するときにも波動的性質を示す。これはマクロレベルのスケールの話である。この動態は気候・気象・生態系・農業活動・人間の移動などが複雑に関わるため、スーパーコンピューターでも予想不能である。

このように、微生物の振る舞いは、ナノレベルでは粒子的性質を示すが、ミクロレベル、マクロレベルでは波動的性質を示す。このような挙動は、ウイルス、ファイトプラズマ、一般細菌のような微生物に共通した性質である。

微生物粒子が波動的性質を示す分かりやすい例が、ウイルスに感染した植物の葉の症状である〈図〉。ウイルスは篩管を通って葉から葉へと移動し、さらに葉のなかのいろいろな場所の細胞に移動してゆく。図にある同心円の中央に、ウイルスが最初に感染した細胞がある。細胞内で増殖を始めると、ウイルスは周囲に広がってゆく。葉の黄色い部分はウイルスに感染している細胞からなる組織で、黄色くなるのは、ウイルスの感染により、細胞内の葉緑体が破壊され、緑色が失われるためである。一方、植物側も抵抗反応を示す。それによってウイルス増殖量が減ったところは葉緑体のダメージは少なく、緑色のままである。そして波動的にわずかずつ広がり、急激に増え、葉緑体を破壊し黄色くする。これを繰り返すことで、黄色くなった感染細胞からなる組織は同心円をなしているのである。

〔6・1・2〕植物体内をどのように動くのか？

まず、植物体内でのファイトプラズマの動態を調べるために、次のようないずれも初めての技術を新たに確立した。

① ファイトプラズマ保毒虫を使って、健全な植物の葉の1点に、一度だけ吸汁させる方法（局部接種法）。

② 植物・昆虫からファイトプラズマDNAの有無を正確かつ超高感度に検出する二段階PCR法[4]。

③ 同様にファイトプラズマDNA量を測定するリアルタイムPCR法[5]。

④ 抗体を用いて組織細胞内のファイトプラズマを染色し、ファイトプラズマ存在部位を可視化する手法（免疫組織化学的手法）[6]。

図6.2　従来の接種方法

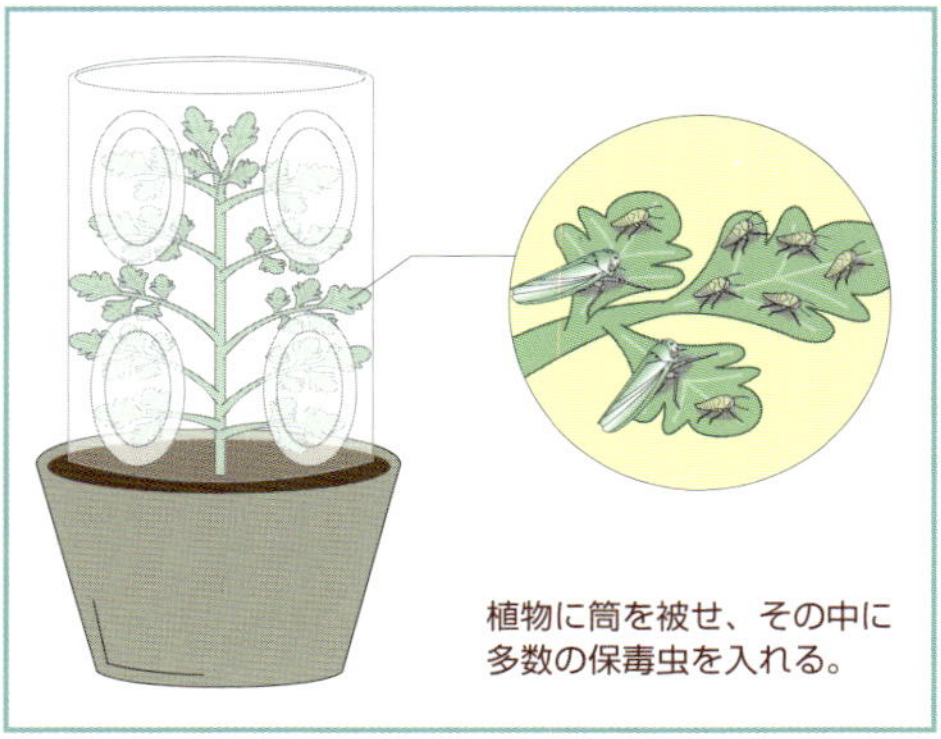
植物に筒を被せ、その中に
多数の保毒虫を入れる。

これらの技術を活用し、観察と定量を行った。

局部接種法はじつに秀逸な方法である。従来の接種方法では、昆虫は植物体の葉のあらゆる場所に口針を刺して篩管液を吸汁するため〈図6・2〉、いつどこにどのような頻度で口針を刺して吸うか分からない。ファイトプラズマがどこから感染し、どのように増えて広がってゆくのか、その動きを追跡するためには1カ所に一度の接種吸汁が望ましい。そこで思いついたのが、小さな穴を空けたフィルムで葉を覆い、その1点だけに、一度しか吸汁できないように短時間接種吸汁させる方法である〈図6・3〉。その後、接種当日から28日後まで定期的に植物の各部位をサンプリングし、第二、第三の新技術である二段階PCR法〈図6・4〉とリ

4　二段階PCR法：nested PCRとも呼ぶ。2組のプライマーを用いた二段階PCR。増やしたい領域の両側に設計したプライマーで1回目のPCRを行い、次に1回目のプライマー設計領域の内側に設計したプライマーを用いて、PCR増幅産物を鋳型にした2回目のPCRを行う。通常のPCRよりも検出感度が高い。

5　リアルタイムPCR法：PCR増幅の過程を蛍光で経時的（リアルタイム）に検出することで、組織や細胞内に存在するDNAやRNAを正確に定量する手法。

6　免疫組織化学的手法：ファイトプラズマの膜タンパク質（抗原）に特異的抗体を結合させ、抗体に結合する色素を反応させ組織内におけるファイトプラズマの局在を可視化する手法。

図6.3　局部接種法

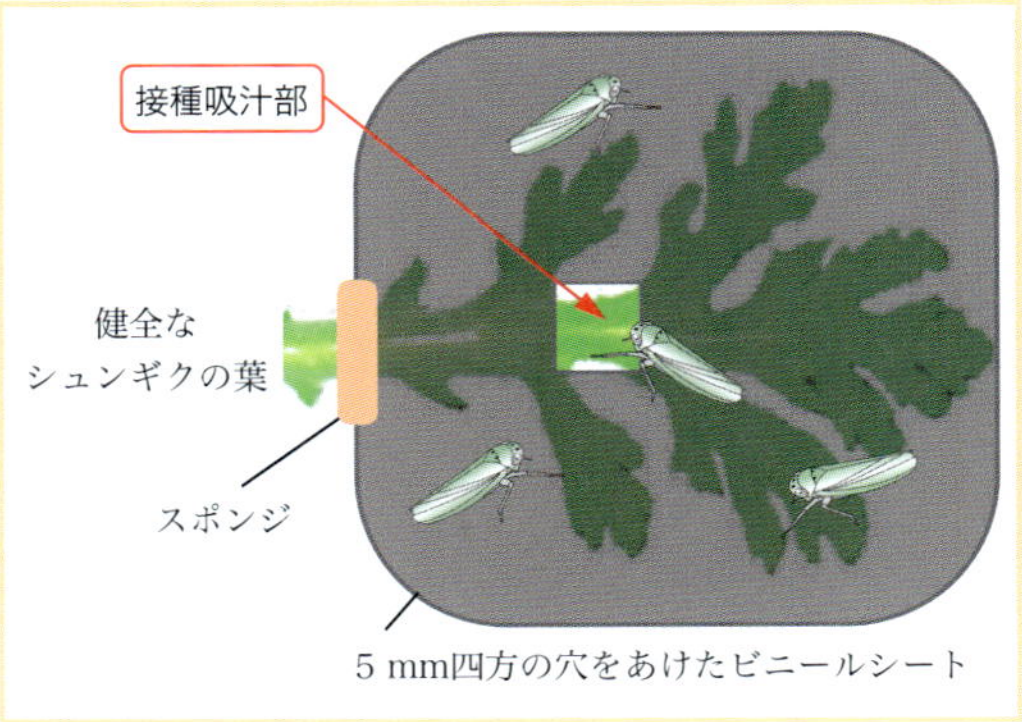

アルタイムＰＣＲ法により、ファイトプラズマの有無の判定と増殖量の測定を行った。

二段階ＰＣＲ法による測定結果では、接種当日に「接種葉＋茎全体」で検出され、2日目には「最上位葉＋根」に、1週間後「下から5枚目以上の葉」に、2週間後「下から4枚目以上の葉」に、3週間後には「植物体全体」で検出された。ファイトプラズマの植物における動態が分かったのはこれが初めてである〈図6・5〉[9]。

次にリアルタイムＰＣＲ法によりファイトプラズマの増殖量の変化を調べたところ、接種後2週間目以降、ファイトプラズマ濃度が「接種葉、主茎、茎頂、最上位葉、根」で1週間に6倍ずつ上昇していた。また根では、接種葉の約10倍量であった。地上部では「接種葉」「最上位葉」で最も高濃度で、「上位葉＞下位葉」と順次ファイトプラズマ濃度は低下する傾向にあった。

さらに第四の免疫組織化学的手法で、細胞レベルでの観察が可能となった。ファイトプラズマは篩部局在性のため抗原タンパク質量が少なく、抗体による検出はこれまで不可能であると思われていたのだが、この免疫組織化学的手法の確立によりそうした先入観は完全に打破された。私たちは、ファイトプラズマゲノムにコードされるタンパク質遺伝子がマイコプラズマとは異なり、大腸菌等の微生物や植物等の真核生物で容易に産生できることを発見しており(▼5・1・2)、その知見を利用してこの技術を確立した。ファイトプラズマを細胞レベルで観察できるようになったことの意義は大きい。観察の結果、

図6.4 二段階PCR法の原理

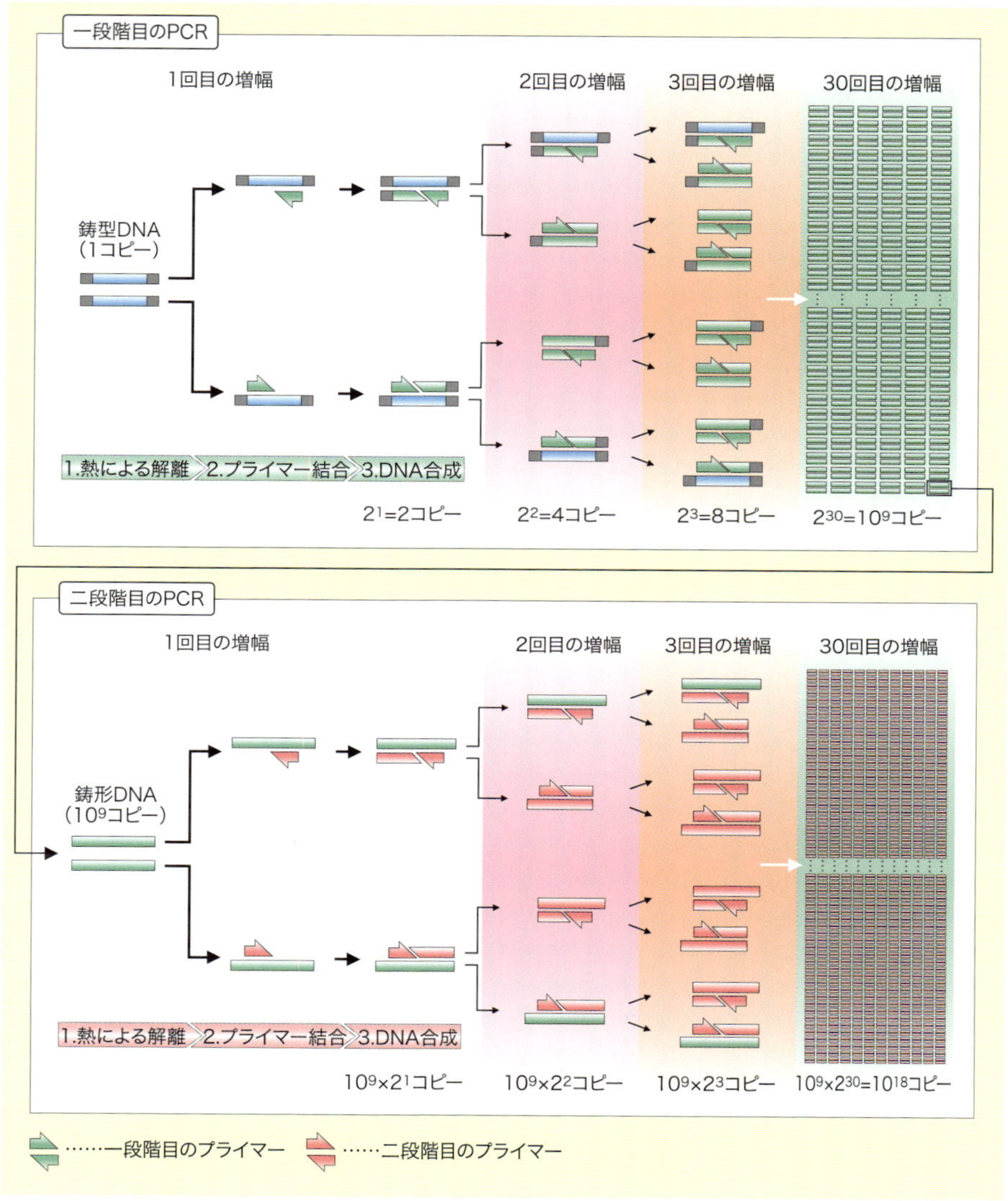

図6.5 植物体内における動態

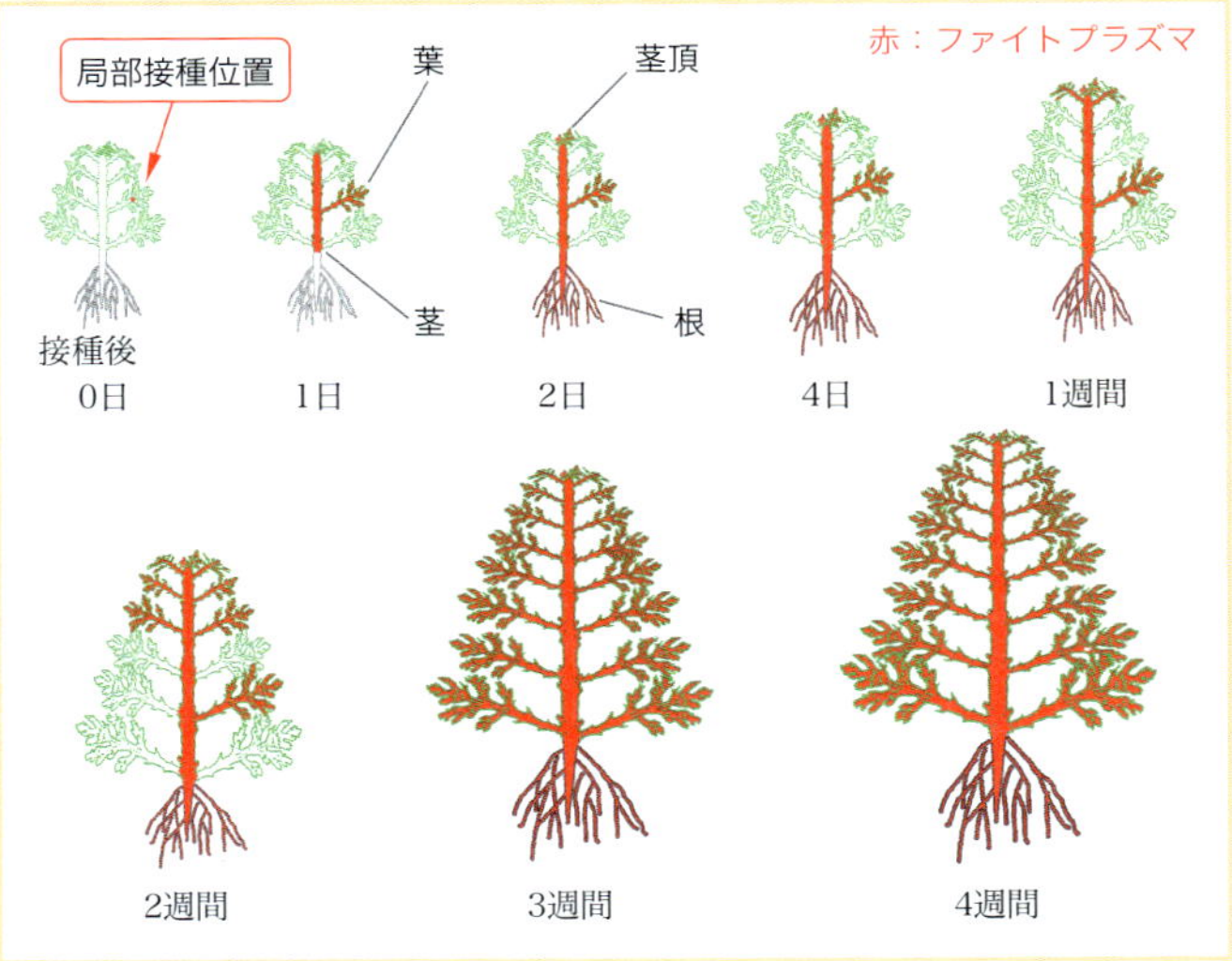

図6.6 植物組織内における動態の可視化

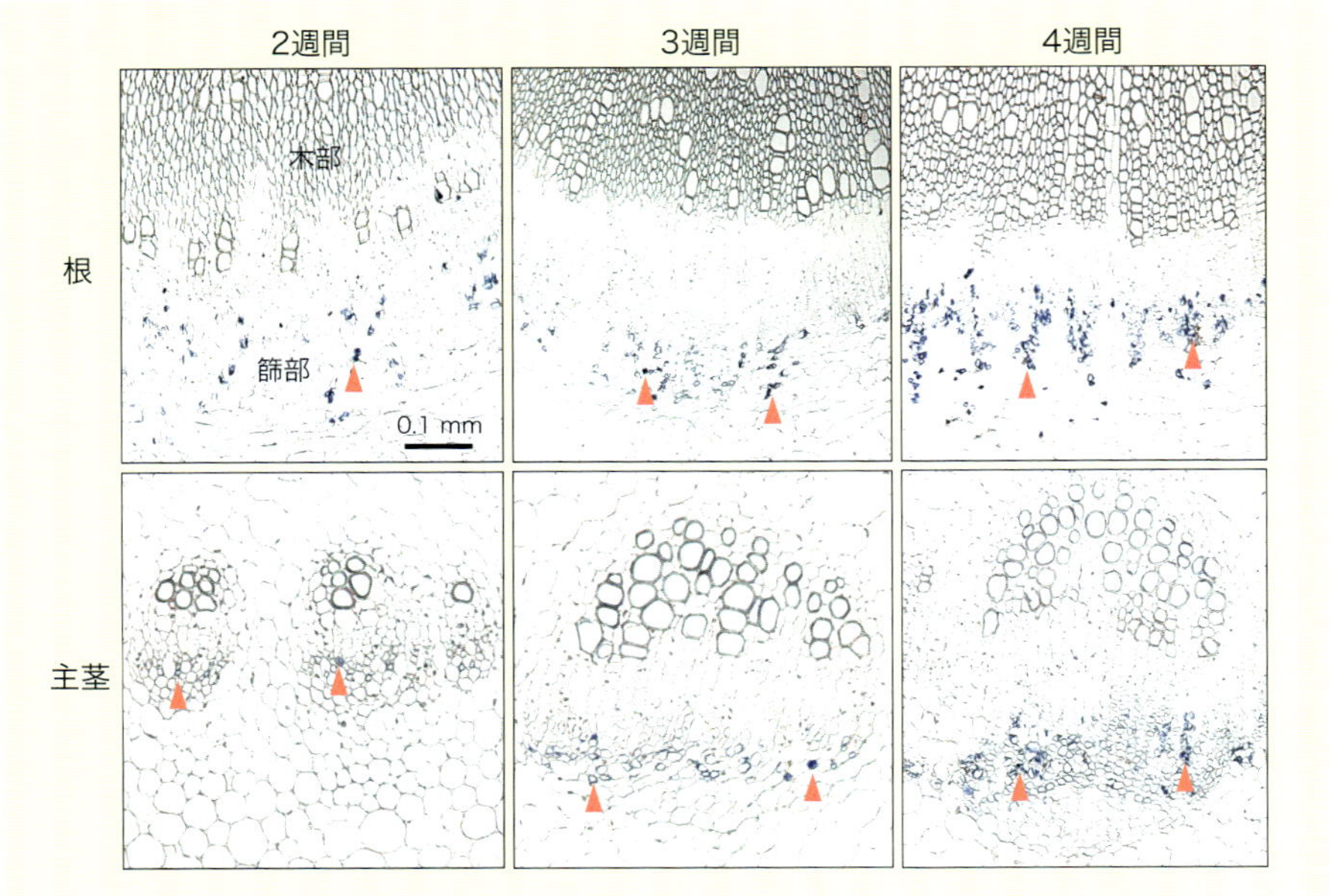

免疫組織化学的手法を用いた横断切片の染色像。青いシグナルはファイトプラズマの所在を示す（赤矢頭）。

葉・主茎・根のいずれにおいても、接種後2週間目から篩部組織の一部にファイトプラズマが認められるようになり、3週間目以降は篩部組織全域で増殖していた〈図6・6〉。4週間後には、根の篩部組織では壊死細胞が、茎では篩部組織の増生が認められ、その時期から植物体には萎縮症状が認められるようになった。

以上の結果明らかになった植物体内におけるファイトプラズマの動態は以下のようになる。すなわち、「接種葉⬇主茎（茎頂）⬇根・最上位葉⬇下位葉」というパターンで移行するようだ。初めにシンク器官[7]に到達したのち、ソース器官[7]へと移行することから、ファイトプラズマは植物ウイルスと同様に、篩管液[2-49]の流れに乗って植物組織内を増殖しつつ拡散すると考えられる〈図6・5〉。

［6・1・3］昆虫体内をどのように動くのか？

◉媒介昆虫とファイトプラズマ

ファイトプラズマの大半がヨコバイ類により媒介される。媒介昆虫が感染植物の篩管液を吸汁すると（獲得吸汁）、篩管液とともにファイトプラズマが昆虫の口針を通って体内に取り込まれ、消化管・筋肉・血リンパ・唾腺など、さまざまな器官の細胞内で増殖し、最終的に全身感染する。ファイトプラズマが唾腺に達すると、増殖後に唾液管に出て、健全植物を吸汁するときに（接種吸汁）、唾液と共にファイトプラズマが口針を通じて篩管細胞に注入され、植物に感染する。

このようにファイトプラズマが全身に増殖・循環し、唾液に混じるまでのレベルに達して、新たな植物にファイトプラズマを接種吸汁できるようになった媒介昆虫のことを「保毒虫[2-7]」という。ごく一部の例外を除き、ファイトプラズマ感染植物における種子伝染や、保毒虫における経卵伝染は認められないことから、ファイトプラズマ病の感染拡大は、ファイトプラズマの媒介昆虫への感染効率や、媒介昆虫

7　シンク器官とソース器官：植物が光合成により光合成産物を生産する器官（葉など）をソース、ソースで生産された光合成産物を消費・貯蔵する器官（茎頂、根、花器官、種子など）をシンクと呼ぶ。

［コラム］

篩部の居心地

吸汁性昆虫に媒介される植物病原体はいずれもそれぞれの媒介昆虫が起源であると考えられているが、特に根拠となる実験データがあるわけではない。しかし、これらの昆虫は篩管液しか吸汁しないので、媒介される病原体は、篩管中に存在する必要がある。

植物の篩管は導管と違って生きていて細胞質があり、リボソームなどの細胞小器官を持ち、細胞活動をしている。しかし核がないのでタンパク質が合成できず、隣接する篩部伴細胞から供給を受けている。つまり篩管は伴細胞や柔細胞により原形質連絡（細胞間をつなぐ小孔）を通じて支えられ生命活動をしているのだ〈図0・1〉。したがって、媒介昆虫によって篩管に注入された病原体は伴細胞や柔細胞で増殖する方が効率的で、それが再び篩管に供給され、篩管細胞を通じて全身に移行し、別の無毒の媒介昆虫の吸汁によりその昆虫体内に移動し、そこで増殖したのち、唾腺からまた新たな健全植物の篩管に乗り移る。これを繰り返すことにより病原体は環境中を拡散してゆくのである。

進化の観点から考えたとき、病原体が突然変異により篩部以外に広がって増殖できるようになったとしても、吸汁性の昆虫に媒介される病原体にとって進化的に有利とはいえない。その意味で、植物細胞内で頻繁に変異しつつも、それまで通り篩部細胞に親和性を持ち、適応した病原体の方が進化的に有利である。ファイトプラズマはゲノムが小さいうえに、昆虫と植物の両者に適応する必要がある。そのような病原体にとっては、活性酸素を発生し防御応答が活発な篩部以外の細胞環境に適応する無駄を考えれば、篩部細胞環境に適応する以上に進化的に安定な戦略はないのである。

このような理由から、ファイトプラズマは植物の栄養供給の血管にあたる篩管とその周辺の篩部細胞に寄生し、植物体全体の篩管細胞に行きわたり、常に媒介昆虫の吸汁を待ち受ける道を選んだのである。

ファイトプラズマの発見者である土居教授は、日頃の雑談のなかで、ファイトプラズマは、「強い酸欠状態で還元性が高く浸透圧も高い苛酷な環境の篩部に適応した結果、それ以外の組織に出て行くことができなくなったんではないか？」、とおっしゃっていたが、最新の知見にもとづく限り、それを否定する証拠は出てこない。ただ、植物体内で頻繁に変異しているはずで、篩部以外の組織に広がって増殖できるような変異体も頻繁に現れていると思われるが、吸汁性の昆虫に媒介される限りそれらの変異体は淘汰されてしまう、という進化的な視点も必要であろう。これらのことは、ファイトプラズマだけでなく、近縁のスピロプラズマ[2-43]や、昆虫媒介性の植物ウイルスについてもいえることである。

「吸汁性の昆虫に媒介される病原体はなぜ篩部にしかいないか」、こういう重厚な課題を考えるとき、私が大学院生時代に土居先生と交わした数多くの雑談がいまでも変わらず重要な示唆を与えてくれるのである。

体内における増殖・移行能、保毒虫の植物への媒介効率に大きく依存している。

媒介昆虫体内におけるファイトプラズマの分布についてはいくつか基礎的な研究が行われている。たとえば、保毒虫の消化器官や唾腺などの器官を解剖して取り分けたのち、電子顕微鏡観察やＥＬＩＳＡ[8]などの手法を用いて、各器官におけるファイトプラズマの存否や増殖量、所在が調べられている。しかし、これらはいずれも、他の昆虫媒介性の病原体（スピロプラズマ[2-43]）の研究成果をなぞらえたものであり、厳密には明らかになっているとは言えないものであった。

そこで私たちは、植物からファイトプラズマを検出するために確立した技術、二段階ＰＣＲ、リアルタイムＰＣＲを昆虫にも応用して、ファイトプラズマを高感度に検出することに成功した。また、昆虫の組織を解剖せず個体をそのまま用いて媒介昆虫体内におけるファイトプラズマの増殖や動態を免疫組織化学的に検出する技術を開発した。この技術の導入により、解剖による他器官の混入を抑え、媒介昆虫体内におけるファイトプラズマの存否や増殖量の変化をより正確に把握し、マクロレベルの動態を可視化することに成功した。

◉昆虫体内の移行

実験の手順は以下のとおりである。ＯＹファイトプラズマの媒介昆虫であるヒメフタテンヨコバイの

8 ELISA：Enzyme-Linked Immuno Sorbent Assay。試料溶液中に含まれる物質（目的のタンパク質）を酵素標識した抗体（または抗原）との抗原抗体反応でとらえ、酵素反応により検出・定量する手法。専用のプレートに抗原または抗体のいずれか一方を吸着させて行う。

無毒幼虫を用い、強毒株（W株）、弱毒株（M株）のファイトプラズマにそれぞれ感染したシュンギク上で吸汁させる。期間は7日間。7日というのは、大半の昆虫が獲得吸汁する期間である。そうして獲得吸汁させたのち、再び昆虫が吸汁することにより起こるファイトプラズマの重複感染の影響を避けるため、健全なシュンギク上に昆虫を移し替え飼育した〈図6・7〉。その後、数日おきに昆虫を取り出し実験に使った。その結果、次のことが分かった。

①腹➡胸➡頭の順に移行する

取りだした昆虫を頭・胸・腹に分け、それぞれDNAを抽出してファイトプラズマの有無と量を二段階PCR法およびリアルタイムPCR法により、詳細に調べた〈表6・2〉。その結果、W株は吸汁1日後には腹部で、

図6.7 昆虫体内における移行を調べる方法

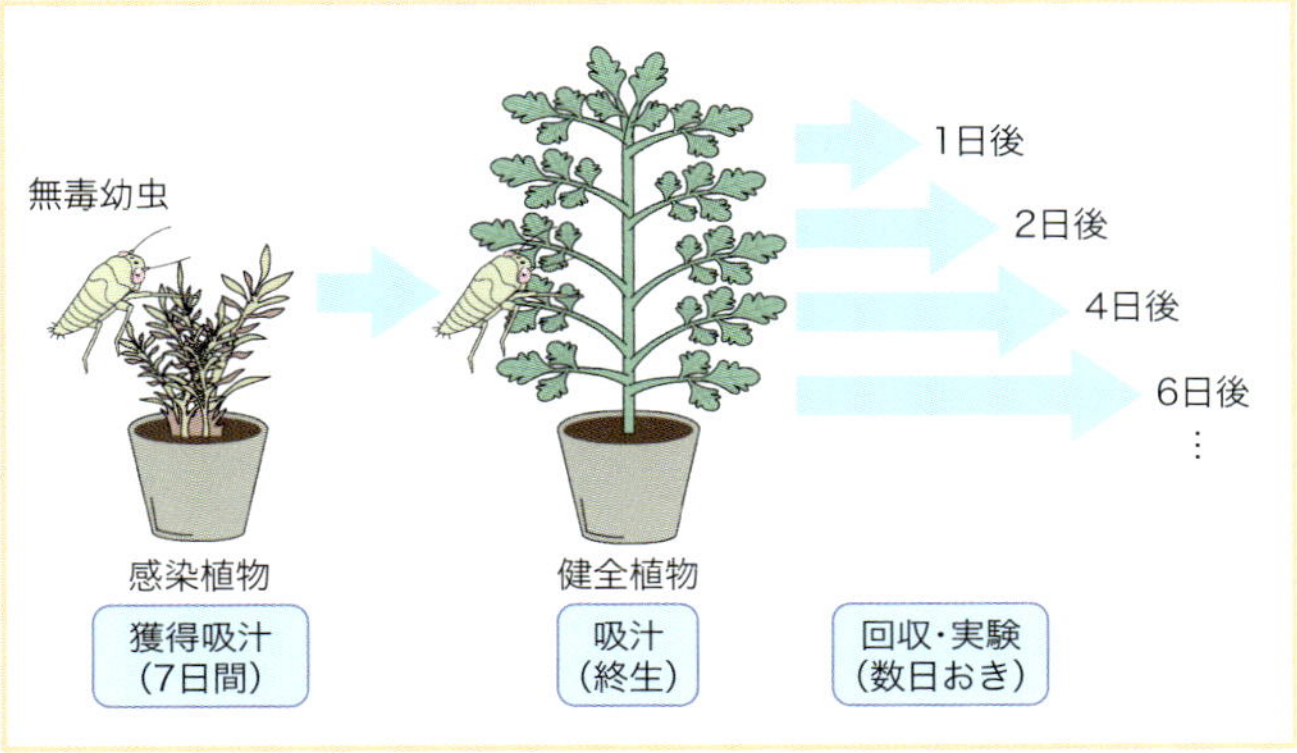

無毒幼虫を感染植物上で7日間獲得吸汁させた後、健全植物に移し、ファイトプラズマの新たな獲得が起きないようにする。やがて成虫になる。数日おきに昆虫を回収し、ファイトプラズマの増殖や分布を調べる。

表6.2 昆虫体内における動態

吸汁後日数	OY-W			OY-M		
	腹部	胸部	頭部	腹部	胸部	頭部
1	+	−	−	+	−	−
2	+	−	−	+	−	−
4	+	+	−	+	−	−
6	+	+	−	+	+	−
10	+	+	+	+	+	−
14	+	+	+	+	+	+
20	+	+	+	+	+	+
27	+	+	+	+	+	+
33	+	+	+	+	+	+
41	+	+	+	+	+	+

ファイトプラズマ感染植物を吸汁した後の昆虫の頭、胸、腹の各部位から、ファイトプラズマをPCR法で検出した。OY-MはOY-Wより4日程度移行が遅れる。

4日後には胸部で、10日後には頭部で検出された。一方、M株は吸汁1日後には腹部、6日後には胸部、14日後には頭部で検出され、W株よりも昆虫体内における移行速度は遅かった。またファイトプラズマDNA量は、どちらも吸汁1日後から41日後まで徐々に増加し、接種7日後から41日後まで、1週間に約10倍ずつ増えていた。つまり増殖率は同じであるが、移行（拡散）速度はM株の方が遅い。

②腸➡唾腺➡脳へと移行する

また、ファイトプラズマの膜タンパク質に対する抗体を用いて免疫組織化学的解析を行い、媒介昆虫体内におけるファイトプラズマの局在および動態を調べた〈図6・8〉。その結果、W株とM株共に、吸汁14日後には腹部の腸の一部に、20日後には「腸の大半（腹）と唾腺の一部（胸部）」に、27日後には「唾腺の大半」に、34日後には「唾腺全体」に、41日後には「脳の一部（頭部）」に検出された。

この免疫組織化学的解析により媒介昆虫の体内を非破壊的に固定し可視化することができ、虫体内においてファイトプラズマは「口針➡腸などの消化器官➡唾腺➡脳」の順で増殖・移行していることが分かった。この移行パターンは、他の昆虫媒介性の植物病原細菌（スピロプラズマ）や植物ウイルスのそれ

図6.8　昆虫体内における動態の三次元解析

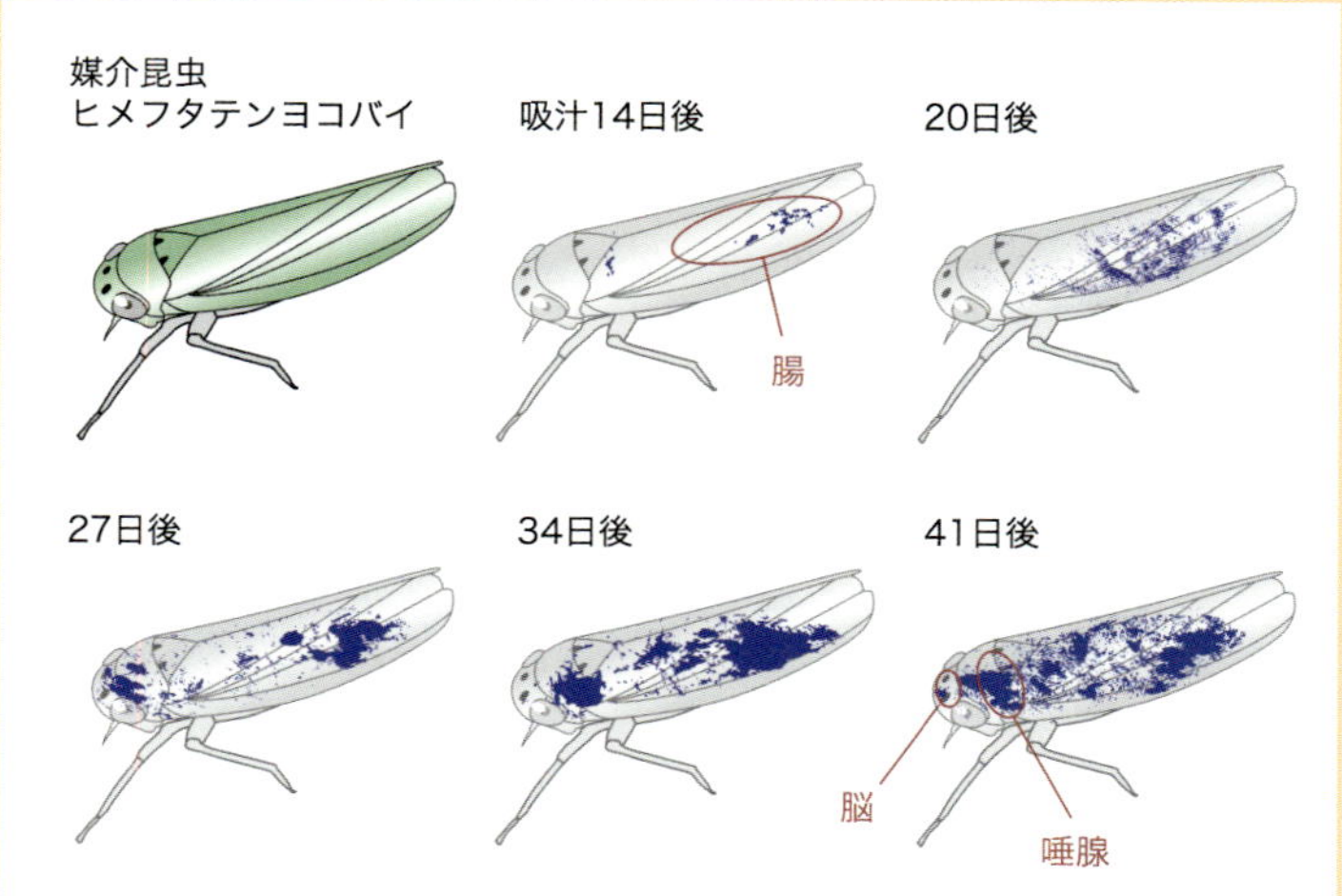

ヨコバイにファイトプラズマ（W株）感染植物を吸汁させ、経時的に虫体内のファイトプラズマ分布を抗体により可視化し、画像を三次元構築した。青色がファイトプラズマの局在を表す。ファイトプラズマはまず腸に検出され、その後唾腺や頭部でも検出されるようになる。

とほぼ一致する。

また、M株はW株より移行速度が遅く蓄積量も常にW株の半分であったが、両株ともに各器官における増殖率は同じで、1週間に10倍ずつ増殖する。昆虫がファイトプラズマ感染植物を吸汁後、新たな植物への感染能を持つ潜伏期間は2週間であるといわれていたが、私たちの解析により、吸汁後4〜6日後にはファイトプラズマは唾腺に到達し、さらに8〜10日経つと唾腺細胞内で十分に増殖し分泌可能となることが分かった。これにより媒介昆虫が接種吸汁能力を持つにいたるメカニズムが明らかになった。

ファイトプラズマが植物から昆虫へ乗り移り、感染を成立させるためには、植物と昆虫の親和性（昆虫の嗜好性）に加えて、昆虫による吸汁後の(1)腸管への侵入と増殖、(2)血体腔を介した全身移行、のステップが必要であり、昆虫の吸汁を介してファイトプラズマが新たな健全植物に乗り移り感染を成立するためには、(3)唾腺への侵入・増殖・分泌、を加えた3つのステップが必要である。

◉NIM株の障壁

では、昆虫に吸汁された非昆虫媒介株（NIM株）は、昆虫体内のどこでブロックされ、なぜ媒介されなくなってしまっているのだろうか。ファイトプラズマの昆虫による媒介過程を虫体内におけるファイトプラズマの所在部位に着目し、ステップに分けると、次のようになる〈図6・9〉。

(1) 体外⬇体内：獲得吸汁された篩管液が消化管（腸管）に達し、腸管壁の細胞に侵入・増殖する。
(2) 全身感染：血体腔に移行し増殖・全身感染する。
(3) 体内⬇体外：唾腺細胞に侵入・増殖したのち唾液に移行し、接種吸汁により新たな健全植物の篩部に移行する。

NIM株は(1)〜(3)のステップのうちどこかでブロックされているはずである[10]。その障壁（バリア）

がどこにあるのかを明らかにするため、昆虫にＮＩＭ株感染植物を獲得吸汁させたのち、ＰＣＲによりファイトプラズマＤＮＡの検出を試みた。すると、ＮＩＭ株ではＷ株やＭ株と異なり、昆虫体内のどこからも検出されなかった。このことから、ＮＩＭ株は前述のステップ(1)がバリアとなり越えられないことが分かった〈図6・9〉[11]。

昆虫がファイトプラズマの侵入を防ぐバリアについてさらに理解を深める目的で、虫体内注射法という技術を利用した。虫体内注射法とは、ファイトプラズマを人工的に昆虫に接種する方法である。ファイトプラズマ保毒虫を緩衝液[2-6]の中ですりつぶして遠心し、ファイトプラズマが含まれる上清を取る。それを0・1マイクロリットル程度のごく微量、マイクロインジェクター（微量注入器）を用いて、炭酸ガスで眠らせた幼虫の胸腹部に注入するという方法である〈図6・10〉。するとファイトプラズマは腸管を経ずに直接血体腔に到達する。そして全身に移行しその幼虫は保毒虫となる。

ＮＩＭ株は非昆虫媒介株なので、接種源とするための保毒虫が得られない。したがって、ＮＩＭ株を用いて虫体内注射法を利用した実験を進めることは不可能であった。そこで私たちは、やや視点を変え、虫体内注射法を、ヒメフタテンヨコバイとヒメフタテンヨコバイにより媒介されないファイトプラズマの組み合わせで行った。この実験により、バリアについてより深く理解できると期待された。

その結果、興味深いことが分かった〈表6・3〉。たとえば、

図6.9　昆虫体内におけるファイトプラズマへの3つの障壁（バリア）

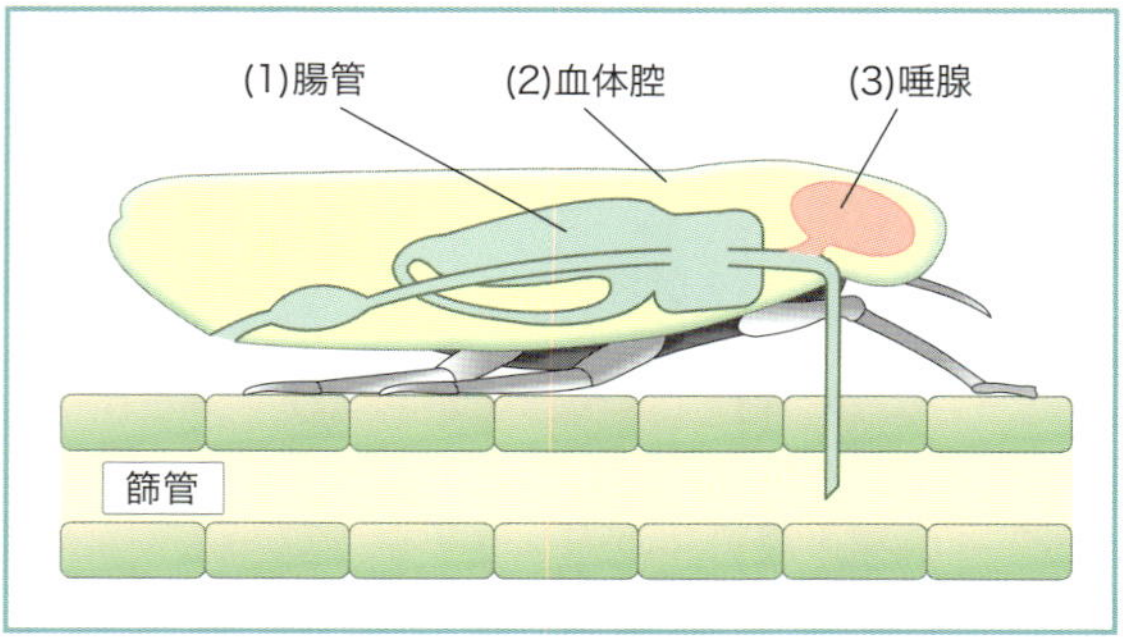

昆虫がファイトプラズマを媒介するためには、ファイトプラズマが腸管（緑色）、血体腔（黄色）、唾腺（赤色）の3つの障壁を通り抜ける必要がある。

図6.10 マイクロインジェクションによる昆虫への人工接種

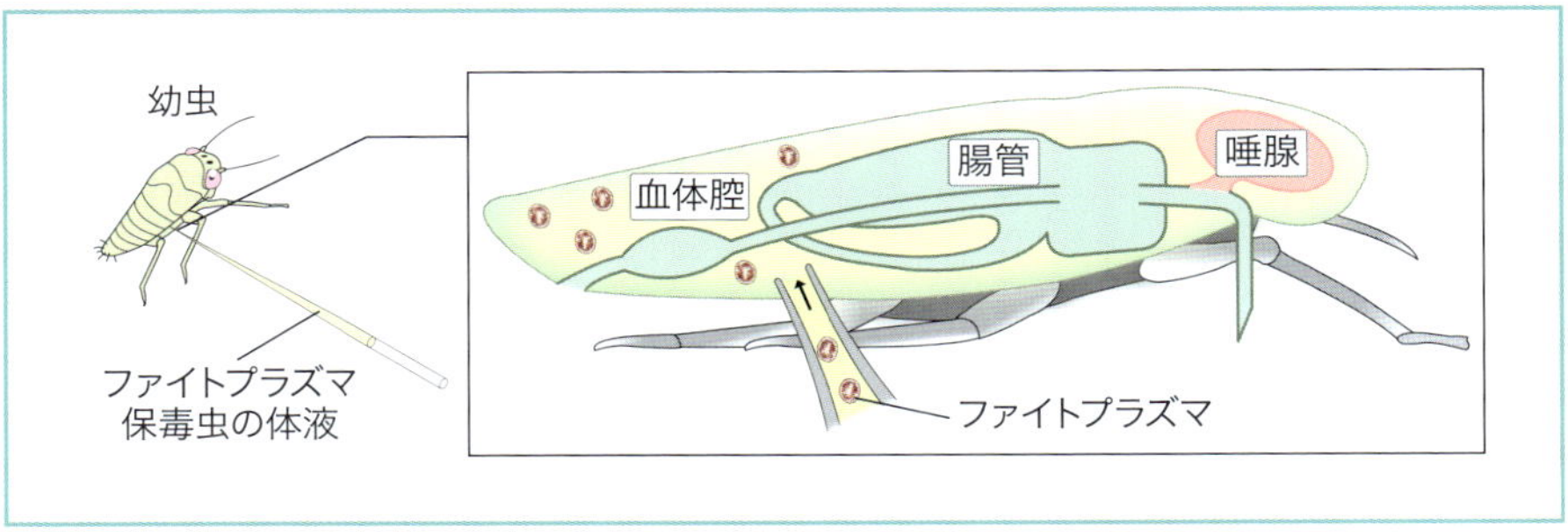

ファイトプラズマ保毒虫をすりつぶし、その体液をマイクロインジェクターを用いて幼虫の体内に注入する。ファイトプラズマは腸管を介さずに血体腔に感染し、増殖する。

ヒメフタテンヨコバイにクワ萎縮病ファイトプラズマ（MD）を吸汁させたところ、昆虫からMDは検出されず、NIM株と同じでバリア(1)を越えられなかった。

ところが、MDを保毒したヒシモンヨコバイをすりつぶした上清をヒメフタテンヨコバイに虫体内注射したところ、驚いたことに、本来MDの宿主ではなく、MDを媒介できないヒメフタテンヨコバイの体内で、MDは確かに増殖し全身感染した。ということは、バリア(2)を越えられることが分かった。しかしながら、バリア(3)を越えることはできず、植物にMDを媒介することができなかった[12]。

さらに私たちは、ツマグロヨコバイにW株感染植物やミツバ天狗巣病ファイトプラズマ（CJW）感染植物を吸汁させたところ、バリア(1)、(2)を越えることができ、唾腺からも検出されたものの、植物に媒介することはできず、バリア(3)を越えることはできなかった[13]。海外にも同様な研究が過去にあるが、すべて保毒虫をすりつぶしたものを健全な非媒介昆虫体内に注入する方法であった。しかも虫体内注射ののち数週間後に解剖し、各器官を取り出してすりつぶし、無毒の（今度は）媒介昆虫に注入して、感染力を示すかどうか調べることで、各器官にファイトプラズマが感染していたかどうかを調べる生物学的検定法であった。ただ

表6.3 昆虫媒介の障壁（バリア）

ファイトプラズマ	非媒介虫	吸汁			虫体内注射			障壁
		腸管	血体腔	唾腺	腸管	血体腔	唾腺	
タマネギ萎黄病（NIM株）	ヒメフタテンヨコバイ	−						腸管
クワ萎縮病	ヒメフタテンヨコバイ	−				+	−	腸管 唾腺
タマネギ萎黄病（W株）	ツマグロヨコバイ	+	+	−		+	−	唾腺
ミツバ天狗巣病	ツマグロヨコバイ	+	+	−		+	−	唾腺
アスター萎黄病	*Agallia quadripunctata*	+	−			−		血体腔
モモX病	*Macrosteles fascifrons*	−				+	−	腸管 唾腺

ファイトプラズマと、そのファイトプラズマを媒介しない昆虫の組み合わせで、吸汁または虫体内注射を用いて媒介の障壁を調べた。障壁を越えている場合は＋、越えていない場合は－で表した。不明の場合は灰色で表した。すべての組み合わせで、植物に媒介することはできなかった。

それによれば、WやCJWと同じ種であるアスター萎黄病ファイトプラズマでは、私たちの結果と異なり(2)はバリアであるとされている〈表6・3〉。

これらの結果の意味するところはきわめて深く大きい。ファイトプラズマが「植物➡昆虫➡植物」の感染サイクルを成立させるためには、越えなければならない3つの生物学的障壁（バリア）、すなわち(1)腸管壁のバリア、(2)血体腔のバリア、(3)唾腺細胞のバリア、があることを意味している。ファイトプラズマにとって、昆虫を媒介者とするためには、これらのバリアにまずは侵入できること、そして増殖できること、さらにそこを突破していくことが必要なのである。そういうバリアが存在することが分かった。

さらに興味深いことは、これらのバリアは同じ性質のものではなく、ある種のファイトプラズマにとっては、(1)腸管壁のバリアを越えることができるが、(3)唾腺細胞のバリアはクリアできないといった具合に、越える能力に組み合せのバリエーションがあるということである。これまでのところほかに同じことを研究している者がいないため研究が進んでいない。しかし、さらに研究を進めていって、ある種のファイトプラズマ系統が、ある種の非媒介昆虫の(1)

腸管壁のバリアは越えることができないが、⑶唾腺細胞のバリアは越えることができるという、先ほどのパターンと逆の組み合わせを発見したら、このファイトプラズマを保毒する媒介昆虫を使って虫体内注射すれば、バリア⑵と⑶を越えることができ、植物に到達できるはずである。私たちはこの一歩手前まで突き止めたが、詳細なメカニズムはまだ分かっていない。非常に興味深い研究分野であり、新たな技術および研究手法によりこのメカニズムを解明できれば大きなブレークスルーとなるであろう。

ファイトプラズマと同様に、ヨコバイにより媒介されるスピロプラズマ[2-43]にも非昆虫媒介株（ＢＲ３-Ｇ、ＧＭＴ４７０）がある。このうち、ＢＲ３-Ｇは、腸管壁と唾腺のバリアを越えることができない。ＧＭＴ４７０は、唾腺バリアを越えることができない。これらの性質はファイトプラズマと似ており、昆虫媒介のメカニズムは共通していると思われる。

◉生存戦略

ファイトプラズマは昆虫と植物を宿主とし、両者を行き交う複雑なライフサイクルを持っている。ファイトプラズマの生存戦略という観点からみれば、植物を介さず、昆虫体内で共生し続けるだけのほうがより有利であるように思われる。ファイトプラズマは当初、昆虫のみに共生し、垂直感染（経卵伝染）する微生物で、その後、徐々に植物に宿主範囲を広げていった可能性が考えられる。その根拠として、①ファイトプラズマは宿主植物に致命的なダメージを与えるが、保毒虫ではむしろ、行動が活発になり、体重が増え、産卵数が多くなり、寿命が長くなる、②ファイトプラズマは唾腺、腸管、血体腔、卵巣、精巣など、昆虫のさまざまな組織や器官に存在するが、植物では媒介昆虫が栄養を摂取する篩部組織のみに感染する、ことなどが考えられる。一方で、広く植物に宿主域を広げることに成功したため、経卵伝染する必要がなくなるとともに、植物宿主なしでは生きられなくなる方向で進化した集団として

［コラム］

ファイトプラズマの起源は植物か昆虫か?

ファイトプラズマは植物に病気を起こすが、昆虫に対する病原性は認められず、むしろ寿命が長くなり、体は大きくなり、産卵数が増加し、雌雄比も変わらず、吸汁活動も活発になる。寄生する昆虫のオスを殺すボルバキア[1]と異なり、共生に近いといえる。これは長期間にわたって昆虫に寄生してきたことを示唆するものである。

スピロプラズマには、ファイトプラズマ同様に植物と昆虫の両者に感染できる種のほかに、経卵伝染し昆虫だけを宿主とするものがある。ファイトプラズマも一部経卵伝染するという報告もあり、祖先は経卵伝染し昆虫だけを宿主としていたのかもしれない。

また、ファイトプラズマが持つ2つの転写因子のうち、昆虫体内ではRpoDが主にはたらいている（▼6・3・3）。RpoDは他の細菌では恒常的な遺伝子発現を担う転写因子であり、このこともファイトプラズマが元々は昆虫体内に生息していたことを強く示唆している。しかも、ファイトプラズマやスピロプラズマは、植物の篩部に局在するが、それは、媒介昆虫が篩管液を吸汁するからである。篩部に局在するこの戦略は、植物病原微生物としてはきわめて効率的である。

昆虫が感染植物を吸汁したのち、昆虫体内では4日後には増殖しているのに、植物に媒介できるようになるまでは2週間かかる。また、1週間あたりの増殖効率も、植物では約6倍なのに対し、昆虫では約10倍である。これらのことはいずれもファイトプラズマが植物よりも昆虫の方により親和性が高いことを示すものである。

以上の事実を総合して考えると、ファイトプラズマは昆虫を起源とする微生物であると考えるのが合理的である。

1　ボルバキア：節足動物やセンチュウの体内に生息する共生細菌の一種で、母から子へ垂直感染し、昆虫の生殖システムを制御する。

ファイトプラズマ属が定着した可能性がある。ごく一部のファイトプラズマで経卵伝染が認められることは、この仮説を裏付けるものである。

6・2――分泌タンパク質は直接宿主にはたらきかける

〔6・2・1〕Secシステムに迫る

ファイトプラズマは細胞壁を持たず一層の細胞膜に包まれていて、植物や昆虫の細胞の中に寄生あるいは共生するので、自身の細胞膜は宿主の細胞質と直接に接して相互作用する。つまり、ファイトプラズマの細胞膜は宿主への感染において重要な役割を果たしていると考えられる。その機能を調べれば、ファイトプラズマはもちろん、モリキューテス綱全体の細菌を理解する上で大切な情報が得られると目を付けていた。また、ファイトプラズマから分泌されるさまざまなタンパク質も、まちがいなく宿主細胞質に直接重要なはたらきかけをしているはずだ。そう考えると、ファイトプラズマ細胞内で翻訳されたタンパク質を細胞外へと分泌するタンパク質分泌装置は、ファイトプラズマの細胞膜上にあるはずで、この装置を見つけ、そのはたらきを明らかにすれば、重要な情報がたくさん得られるはずである。

一般細菌の膜表面には多数のタンパク質分泌装置がある。ファイトプラズマに比較的近縁な枯草菌では、4種類以上ある。なかでも「Secシステム」[9]と呼ばれるものが、大半の分泌タンパク質の輸送を担っており、タンパク質分泌装置のなかで最も重要である。事実、大腸菌や枯草菌、マイコプラズマをはじめとするほとんどの細菌にとって、Secシステムを構成する因子をコードする遺伝子は生存に必須な遺伝子である。このシステムは大腸菌で最もよく研究されていて、構成するタンパク質[10]が解明されている。

Secシステムにより分泌されるタンパク質には、分泌シグナル配列[11]と、シグナル配列を切り離すための特徴的なアミノ酸配列（モチーフ）が必要である。シグナル配列推定プログラム[12]を使えば、ゲノム

9　Secシステム：タンパク質の細胞外への分泌を担う装置。Sec分泌系とも呼ばれる。リボソームがタンパク質を翻訳すると同時に膜上に存在するSecシステムに送り込み、タンパク質は細胞外へ分泌される。

10　Secシステムを構成するタンパク質：SecA、SecY、SecE、SecB、SecG、SecF、SRP、Ffh、FtsYなど。

11　分泌シグナル配列：タンパク質のアミノ酸配列のN末端に存在する特定の短いペプチド配列。Secシステムはこの配列を目印として認識し、この配列を持つタンパク質のみを細胞外へ分泌する。分泌後にペプチダーゼにより切り離される。

12　シグナル配列推定プログラム：SignalPやPSORTなど。

情報からこのような条件を持った分泌タンパク質を網羅的にコンピューター上で探すことができる。一般にSecシステムによるタンパク質分泌の仕組みは次のようになる。まず細胞内で翻訳された分泌タンパク質にSecAが結合し、エネルギーを使って分泌タンパク質と共にSecY、SecEなどからなる孔を通過する。[13] その後、細胞膜の外側に出た分泌タンパク質は、タンパク質分解酵素[14]によりシグナル配列が切断され、成熟タンパク質として細胞外に分泌される。特に、膜貫通領域[15]を持った分泌タンパク質の場合は「膜タンパク質」と呼ばれ、分泌後、細胞膜内に埋まった状態で細胞膜表面を浮遊する。一見複雑そうだが、この反応に必須なのは、SecA、SecY、SecEのみであり、これらだけが存在すれば試験管内でタンパク質が分泌されることが分かっている〈図6・11〉。

Secシステムにより分泌されるものとして、大腸菌では毒素（コリシンE1）や酵素がある。また、枯草菌では約300種類のタンパク質が分泌される。ファイトプラズマでも、Secシステムのような分泌装置が見つかれば、ファイトプラズマ–宿主間の相互作用、つまり病原性や宿主特異性などに関わるタンパク質が明らかになる。実際に、私たちの研究によりいくつかの重要な発見があり、ファイトプラズマと宿主の関係に関する理解は飛躍的に進展した[14]。以下にその概略を説明する。

[6・2・2] 1つしかなかった分泌装置

すでに述べたように、ファイトプラズマの分泌タンパク質は宿主細胞質に直接はたらきかけて重要な機能を担っている可能性が高い。とくに、膜タンパク質はファイトプラズマ菌体表面に露出し、物質輸

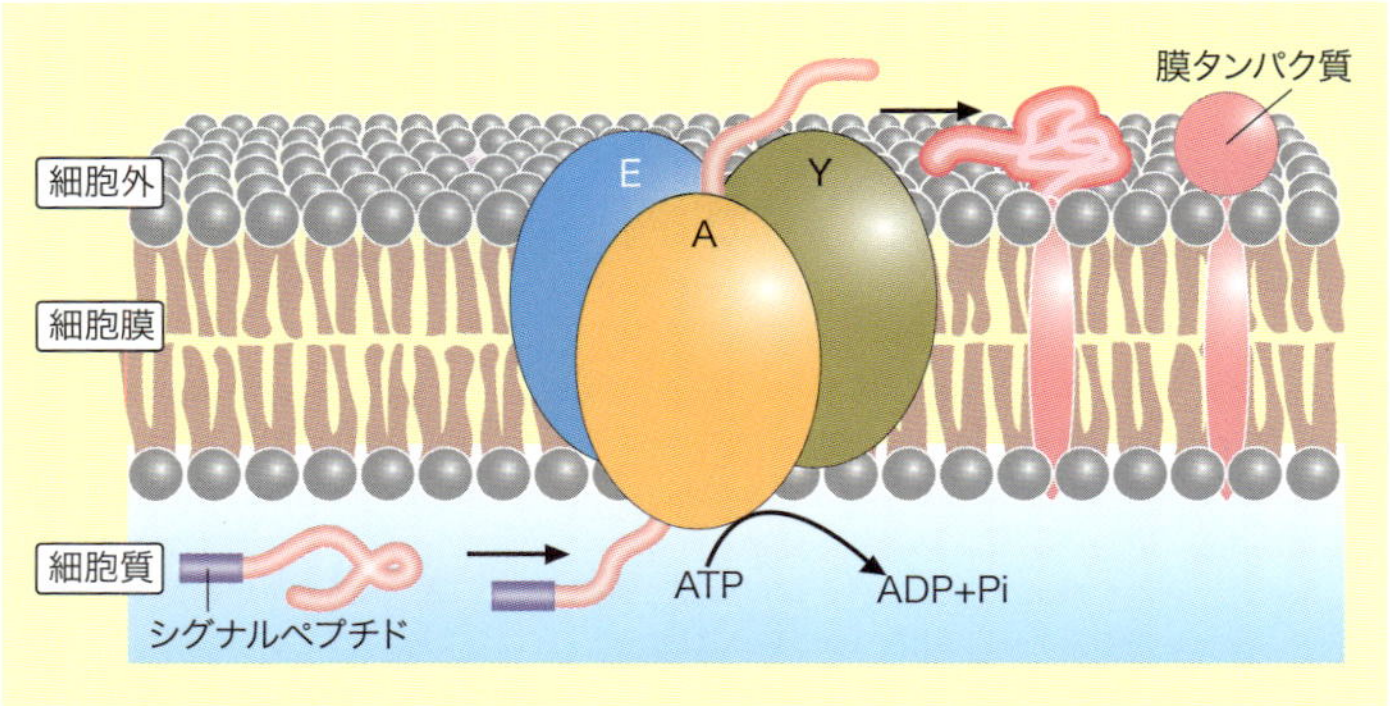

図6.11 Secシステムによる膜タンパク質の分泌機構

図6.12 SecAタンパク質の発現

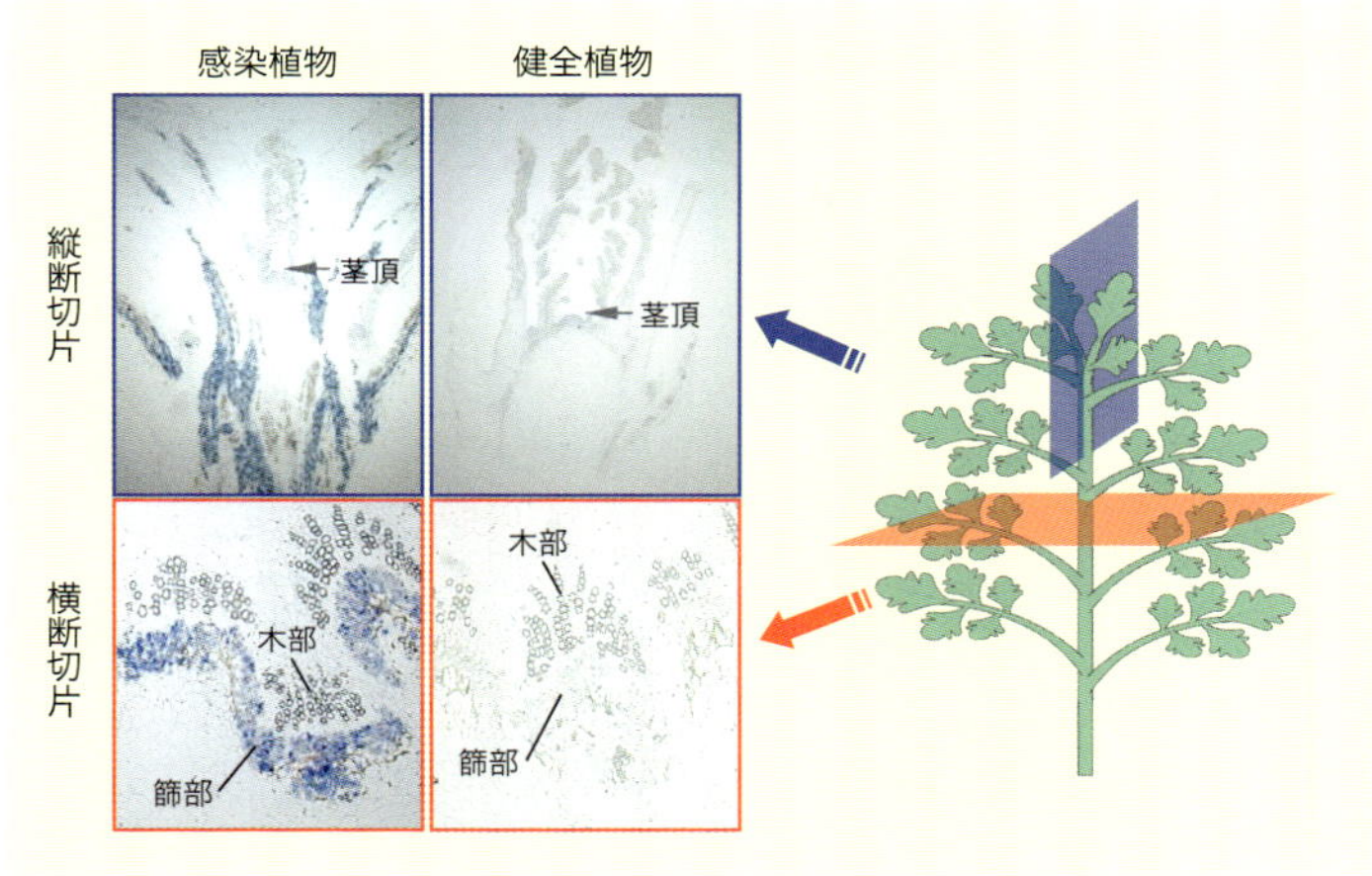

青色はSecAタンパク質で、篩部細胞中のファイトプラズマ粒子の所在部位を示す。

送や病原性など宿主との相互作用に重要な役割を果たしていることは確実であり、その存在はすでに分かっていた。しかし、研究開始当初は、機能の分からない膜タンパク質遺伝子(▼6・4・2)がいくつかクローニングされているだけで詳細は不明であった。

まずSecシステムを構成する遺伝子を探した。その結果、このシステムの必須遺伝子[16]をすべて発見することに成功し、それらがファイトプラズマ感染植物と保毒虫においてタンパク質として発現していることを確認した（青色のシグナル）〈図6・12〉[15、16、17]。これは、機能の明らかな膜タンパク質遺伝子をファイトプラズマから取り出した初めての例である。また、ファイトプラズマにSecシステムがあることを示す強力な証拠でもあり、ファイトプラズマ菌体内で翻訳されたタンパク質が細胞外（すなわち宿主の細胞質内）へと分泌されている証拠でもあった。これがきっかけとなって、分泌タンパク質を丹念に調べ、病原性因子を単離することに成功したのだ(▼7・4、7・8)。

[6・2・3] 分泌シグナルを認識していた！

Secシステムにより分泌されるタンパク質の末端にある分泌シグナル配列は、アミノ酸配列そのも

13 孔を通過する：SecAはSecY、SecE、SecGでできた細胞膜の孔（pore）内で機能する。

14 タンパク質分解酵素：プロテアーゼ。ここではSPase I（signal peptidase）。

15 膜貫通領域：疎水性のアミノ酸20～30個が連なった領域。細胞膜を貫通してタンパク質を膜上につなぎとめるはたらきを持つ。

16 必須遺伝子：SecA、SecY、SecEの3因子。

のには共通性がないが、アミノ酸の性質には共通性がある。つまり、N末端[5—64]にプラスの電荷を帯びたアミノ酸（リシン、アルギニン、ヒスチジン）を含む領域、続いて膜貫通領域があり、そして、シグナル配列を切断するモチーフ（特徴的なアミノ酸配列のこと）であるAXA配列（Aはアラニン、Xは何でもよいアミノ酸）が続く。もしファイトプラズマゲノムから、このシグナル配列を持ったタンパク質が見つかれば、分泌タンパク質の可能性が高いことになる。

そこで、このようなタンパク質をファイトプラズマのゲノム配列データの中から探してみた。その結果、ファイトプラズマの菌体表面の大半を覆っている「主要抗原膜タンパク質」遺伝子（AMP）[17]（▼6・4）を初めて見つけ、その遺伝子にコードされるアミノ酸配列を調べたところ、N末端にSecシステムによる分泌シグナル配列があったのだ！　そこで次に、この主要抗原膜タンパク質が大腸菌とファイトプラズマのSecシステムを介してそれぞれ分泌されるかどうか調べてみた。その結果、両方とも、この主要抗原膜タンパク質のシグナル配列が両Secシステムにより切断され分泌されていることが確認された[16]。

行った実験は以下の通りである。まずシグナル配列に続き主要抗原膜タンパク質をコードする遺伝子を大腸菌に入れて発現させたところ（ここでは大腸菌から分泌されて遊離するようにC末端にある膜貫通領域をコードする遺伝子配列を取り除いてある）、主要抗原膜タンパク質はそのシグナル配列が切断除去されたかたちで、大腸菌のペリプラズム[18]に集積していた。このことは、主要抗原膜タンパク質が大腸菌の細胞膜にあるSecシステムにより、シグナル配列を切断され細胞膜外へと輸送されたことを意味する〈図6・13・左〉。大腸菌では細胞膜外には分泌し、細胞壁から外へは通過しないわけだが、ファイトプラズマの場合は細胞壁がないので、Secシステムにより分泌されると宿主細胞質内にそのまま出ていってしまうはずである。

17　AMP：本来、タンパク質はAmp、遺伝子は*amp*で表記するが、わかりにくいため、本書ではすべて大文字で表記する。遺伝子の場合は「AMP遺伝子」と断って記述する。後出の*imp*や*idpA*も同様にIMP、IDPAと表記する。

18　ペリプラズム：細胞壁と細胞膜の隙間の領域。

次に、ファイトプラズマ感染植物から全タンパク質を精製し、電気泳動して、主要抗原膜タンパク質に対する抗体でウェスタンブロット解析[19]を行い、このタンパク質のバンドを検出したところ、シグナル配列が切断されて小さくなった位置にバンドが確認された。これは、ファイトプラズマでも主要抗原膜タンパク質のシグナル配列の切断が起きていることを示している〈図6・13・右〉。

図6.13 ファイトプラズマの主要抗原膜タンパク質のシグナル配列は大腸菌でも機能する

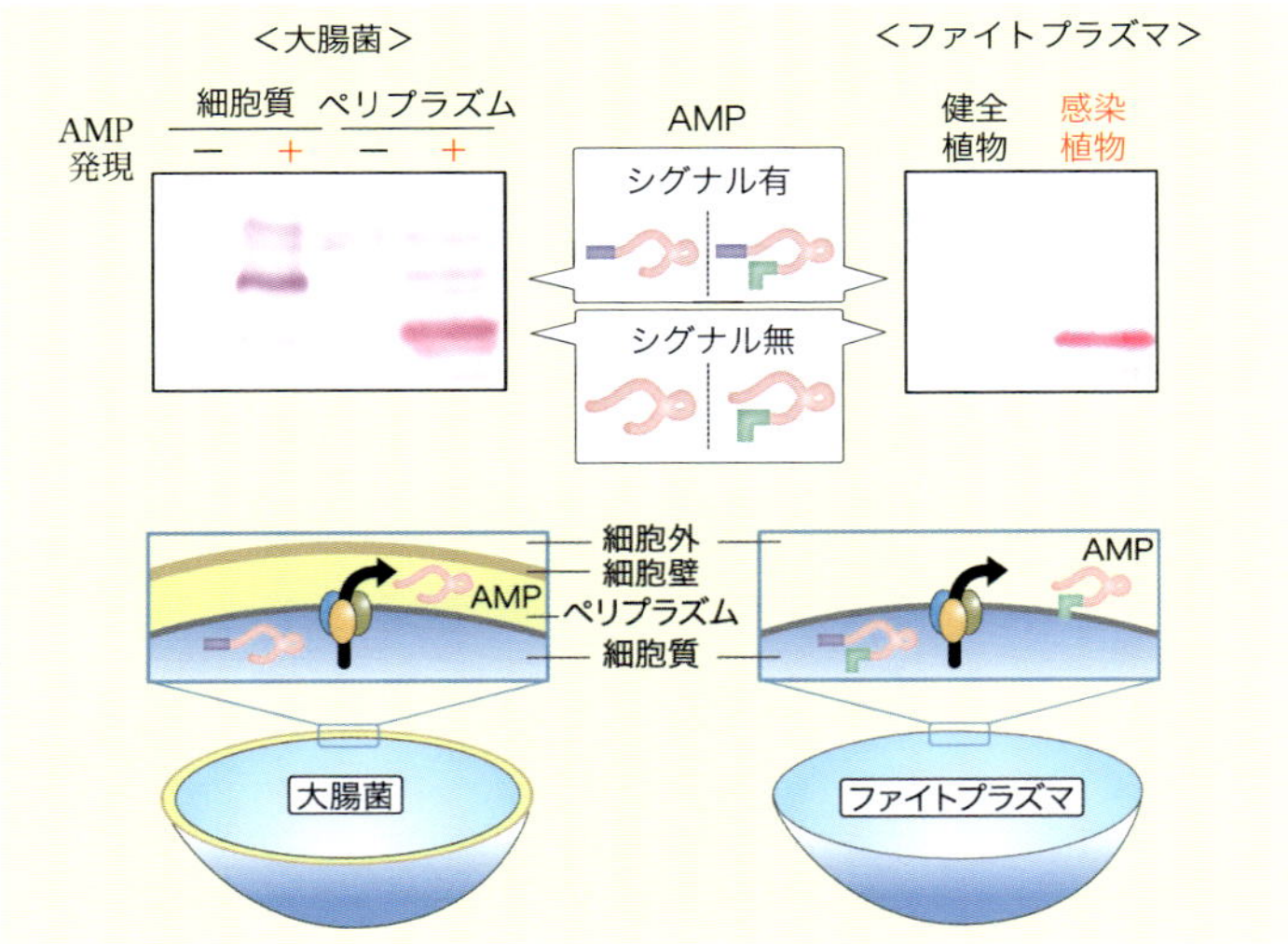

これら2つの実験結果は、①ファイトプラズマの主要抗原膜タンパク質のシグナル配列がファイトプラズマのSecシステムにより認識され切断されているだけでなく、②大腸菌のSecシステムでも同様に認識されることを証明したことになる。すなわち、シグナル配列を推定するプログラムを用いれば、ファイトプラズマの分泌タンパク質をゲノム情報から見つけることが可能であることを示している。これら一連の実験結果は、ファイトプラズマゲノムの遺伝暗号がマイコプラズマとは異なり、一般細菌（真正細菌）や動植物（真核生物）と同じであることを示すと同時に、機能も正常に果たすことを示した初めての例である。

これにより、ファイトプラズマ研究は、病原性因子を究明する次のステップへと進むこととなった（▼7・3）。ファイトプラズマ研究を始めて約10

19　ウェスタンブロット解析：電気泳動により分離したタンパク質を膜に転写し、目的のタンパク質（ここでは主要抗原膜タンパク質）に対する特異的な抗体を用いた抗原抗体反応で目的のタンパク質を検出し、その分子量や分子数を検出する手法。

年、この成果を発表した2004年1月は全ゲノム解読の論文も発表したときであり、研究に脂が乗り始めた時期であった。それまでは、ファイトプラズマの分類や変異株作出、断片的な遺伝子群の配列の報告など基盤的な研究成果ばかりであったが、それらがつながり始め、遺伝子情報の蓄積とともに、ファイトプラズマの性質や各遺伝子の性質などが分かり始め、いよいよ遺伝子の機能に関する領域へと乗り出せそうな機運を感じていた。つまり、普通なら「ゲノムを解読しても結局何も分からないことが分かった」で終わるところ、ファイトプラズマのゲノム情報を解析すれば、分泌タンパク質を探索でき、それらの機能を調べれば、病原性因子を突き止められる可能性がでてきたのである(▼7・4)。その後、主要抗原膜タンパク質がファイトプラズマの宿主特異性（特定の昆虫により媒介される仕組み）にまで関わっていることを明らかにすることができ、研究は大幅に進展した(▼6・4・4)。

6・3——少ない遺伝子を植物と昆虫で使い分ける

［6・3・1］マイクロアレイの開発

ファイトプラズマの分泌タンパク質はすべて植物と昆虫という異なる宿主の細胞質と直接に接してはたらいており、宿主によって何らかの使い分けがあるはずだ。それを調べる目的で考えたのがDNAマイクロアレイ解析であったが、当時は、培養もできないファイトプラズマを対象にどうやって解析するのか、そもそもマイクロアレイを作れるのか、研究室の中では侃々諤々《かんかんがくがく》の議論が戦わされていた。

DNAマイクロアレイ（DNAチップとも呼ぶ）とは、ある生物の遺伝子発現状態を網羅的に調べるために、そのゲノムにコードされるできるだけ多くの異なる遺伝子をPCRで増幅し、このDNA断片を遺伝子ごとにガラスなどでできた基板上に高密度に固定・整列したもののことである。

図6.14 DNAマイクロアレイ

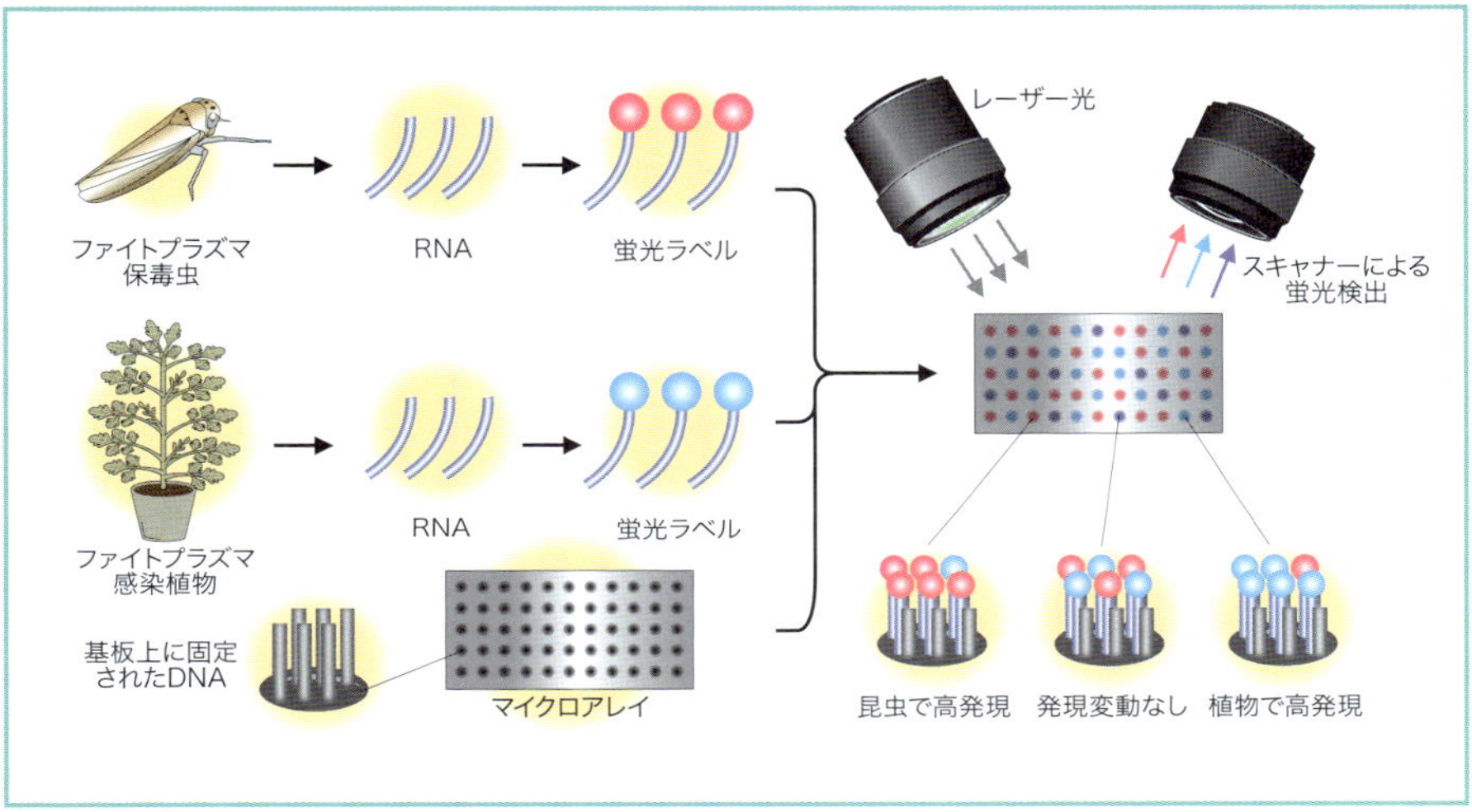

基板上に固定するDNAは、数十塩基の短い合成DNA配列を使う場合もあり、そのような基板はタイリングアレイといい、固定するDNAをPCR増幅する必要がないほか、何も遺伝子をコードしていない領域も含め、ゲノム全体の領域の発現量を数塩基ずつ判別して網羅的に解析することができるので、非常に有効なツールである。

私たちはファイトプラズマの遺伝子を構成する塩基がATリッチ[20]であり、培養できないため植物や昆虫由来のRNAが非常に多いことから、短い合成DNAを使ったタイリングアレイでは、標的遺伝子以外の遺伝子が結合して正確な情報が得られない可能性が高いと予想し、PCR増幅によるDNAマイクロアレイを作製し、以下のような手順で解析を行った〈図6・14〉。

① 対象とする生物（昆虫あるいは植物）の組織からRNAを抽出し、蛍光色素ラベルしたランダムプライマー[21]を用いて逆転写反応[22]を行い、その相補的DNA（cDNA）を合成する。

② cDNAをDNAマイクロアレイと反応させ、

20 ATリッチ：アデニン（A）とチミン（T）含量が多いこと。

21 ランダムプライマー：ATCGのランダムな配列を有する6塩基程度のプライマー。6塩基でできている場合、4^6通りのプライマーが含まれていることになる。

22 逆転写反応：一本鎖RNAを鋳型にしてこれと塩基対を形成し結合する一本鎖のDNAを合成する反応。できたDNA鎖を相補的DNA（cDNA）という。

ハイブリダイゼーション（相補的な複合体を形成できる条件をつくること）させる。するとアレイ上に固定したDNAと同じ遺伝子配列の相補的な部分を持つcDNAのみがその固定した位置に相補的複合体を形成（ハイブリダイズ）する。

③　この基盤上に固定したそれぞれのDNAに結合したcDNA量を蛍光量により測定すれば、各遺伝子がRNAとして発現したか否か、またその相対的発現量を知ることができる。

④　数百の遺伝子由来のDNA断片によりDNAマイクロアレイを作製しておけば、1回の解析でそれら数百の遺伝子の発現の有無や相対的発現量を知ることができるので、効率的な遺伝子発現解析が可能となる。

難培養性の病原性微生物の遺伝子発現をマイクロアレイで解析する場合は、純粋培養できる生物と異なり、いくつもの障害がある。まず、対象とする生物のRNA量がきわめて少ないため、マイクロアレイを用いて解析する際には感度の高さが求められる。また、植物自身や植物に存在する内生菌のRNAのほか雑菌、昆虫では昆虫自身や共生菌のほか雑菌などのRNAの混入（コンタミネーション）もノイズを生じ問題となる。そのため、難培養性微生物のマイクロアレイ解析は、マラリア原虫などを除きほとんど例がなかった。

ファイトプラズマは、植物と昆虫（動物）という異なる生物界の宿主間を水平移動しながら拡大する。これを「ホストスイッチング」[23]というが、その詳細は明らかではなかった。ファイトプラズマのマイクロアレイ解析ができれば、ファイトプラズマゲノムの全遺伝子の発現量や発現パターンを網羅的に解析でき、宿主において顕著に発現上昇している遺伝子のなかに病原性や宿主特異性に関わる遺伝子を探すことができるだけでなく、植物と昆虫における遺伝子発現調節の仕組みが分かり、ホストスイッチ

23　ホストスイッチング：宿主交代。寄生を行う生物が、その生活サイクル（生活環）の中で異なる生物種（ここでは昆虫と植物）を交互に行き来しながら生活すること。

ングのメカニズムの解明につながると考えた。

[6・3・2] 解析から分かったこと

ファイトプラズマの遺伝子を固定・整列させたマイクロアレイを作製するといっても、難培養性細菌であるファイトプラズマの場合は簡単ではない。また、植物の篩部にしか寄生しないため、ファイトプラズマ感染植物組織全体のRNA量に占めるファイトプラズマ由来のRNA量はわずか0・1％以下であり、マイクロアレイ解析の際にはその感度がネックとなる。サザンブロッティング解析[4-11]によって、DNAプローブの長さが300塩基あれば検出できることが分かったため、300塩基以上の長さの遺伝子をPCR増幅したのち基板上に固定することにした。ファイトプラズマゲノムには重複遺伝子(▼5・5・1)が多く、その発現量は区別できないため、752個の全遺伝子のうち、重複遺伝子以外の遺伝子531遺伝子についてすべてPCR増幅を行い、DNAマイクロアレイを作製した。ファイトプラズマのDNAマイクロアレイを作製したのはこれが初めてである。

早速、作製したDNAマイクロアレイを用いて実験を行った。ファイトプラズマに感染した植物および昆虫から全RNAを抽出し、cDNAを合成してマイクロアレイ解析を行ったところ、ファイトプラズマゲノムの約3分の1に相当する246個の遺伝子の発現が、植物に感染しているときと昆虫に感染しているときとで変化していた。そのうち134個の遺伝子は植物に感染しているときに明らかに発現レベルが上がっており、112個の遺伝子は昆虫宿主に感染しているときに顕著に発現レベルが上がっていた〈図6・15〉[18]。

まず、膜にある細胞内外の物質を輸送する装置を構成するタンパク質遺伝子の発現がホストスイッチングに伴い変化していた。たとえば、機械刺激受容チャネル遺伝子[24]、多剤排出ポンプ遺伝子[25]、コバルト

24 機械刺激受容チャネル遺伝子：MscL (large-conductance mechanosensitive channel)
25 多剤排出ポンプ遺伝子：MdlB (ABC-type multidrug/protein/lipid transport system, ATPase component)

輸送体遺伝子[26]が植物で高発現し、亜鉛・糖・オリゴペプチドの膜輸送装置遺伝子[27]が昆虫で高発現していた〈図6・16〉。なかでも浸透圧調節に関わるMscLの発現変動は顕著で、植物に感染しているときには昆虫に感染しているときの5倍も発現していた。そこで、ファイトプラズ

図6.15　ファイトプラズマのゲノムマップと植物・昆虫宿主における各遺伝子の発現量

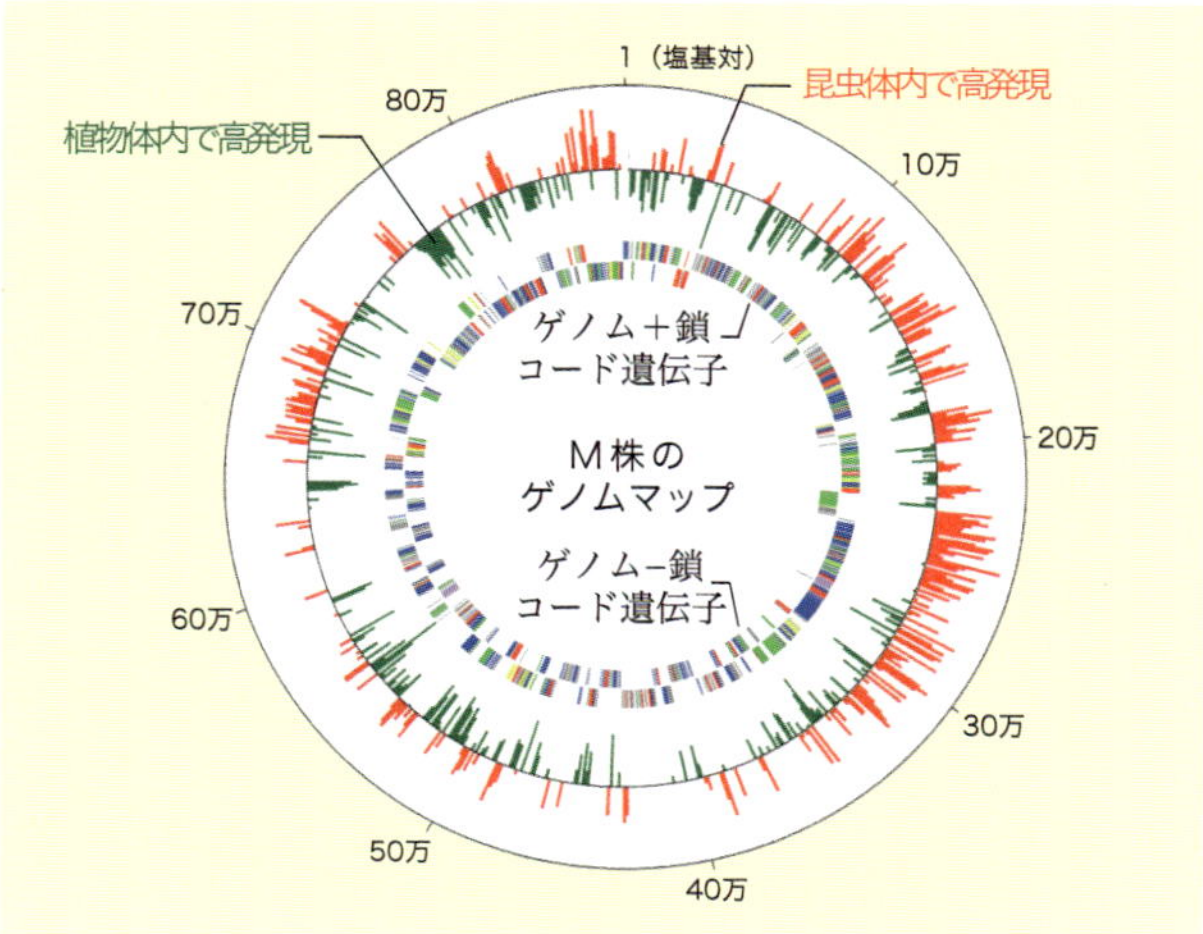

図6.16　宿主間で遺伝子の発現傾向が異なる

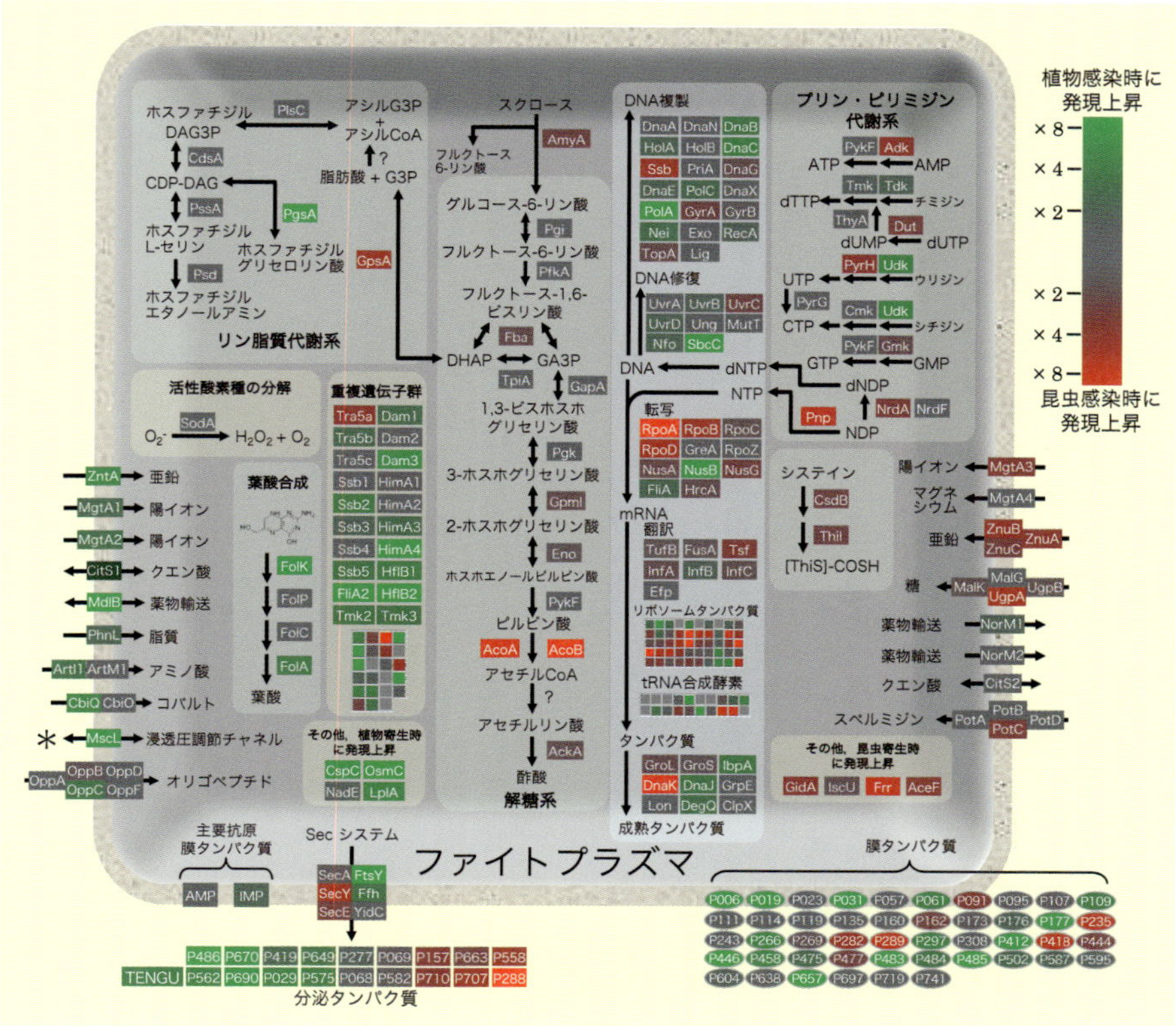

マにとって、MscLタンパク質がどのくらい重要なのか調べるため、MscLタンパク質の機能を阻害する塩化ガドリニウムを土に混ぜ、植物に吸収させたときのファイトプラズマ増殖量を調べたところ、ファイトプラズマの増殖量は60%も低下した〈図6・17〉[18]。MscLは、植物篩部細胞内の高い浸透圧に適応し、ファイトプラズマ菌体内部の浸透圧を調節し、増殖量を維持するために重要な役割を果たしているに違いない。

また、ファイトプラズマの分泌タンパク質遺伝子28個のうち13個はホストスイッチングにより発現量が2倍以上変化していた。たとえば、Secシステムにより分泌されるタンパク質の一つ「TENGU」は、後述するように植物に天狗巣症状（萎縮および叢生症状）を誘導する病原性因子である(▼7・4)。このタンパク質はファイトプラズマが植物に感染しているときには、昆虫に感染しているときの5倍も高レベルで発現している[19]。このことは、TENGUが植物に天狗巣症状を引き起こすことが、ファイトプラズマの生存戦略上有利にはたらくため、植物体内でより高レベルで発現するようになったと考えることができる。

マイクロアレイ解析の結果は、ファイトプラズマが分泌タンパク質遺伝子の多くを植物と昆虫とで使い分けて、異なる宿主のそれぞれに適応した感染システム、増殖様式、病徴発現を行っていることを示唆していた。そのうちPAM486遺伝子[28]は興味深いタンパク質をコードしており、植物細胞内で昆虫の90倍も高レベルで発現している。そこでPAM486タンパク質に対する抗体を作出して免疫組織化学的な観察を行ったところ、昆虫感染時にはほとんど検出されなかった同タンパク質

図6.17 ホストスイッチング阻害薬によるファイトプラズマの増殖抑制

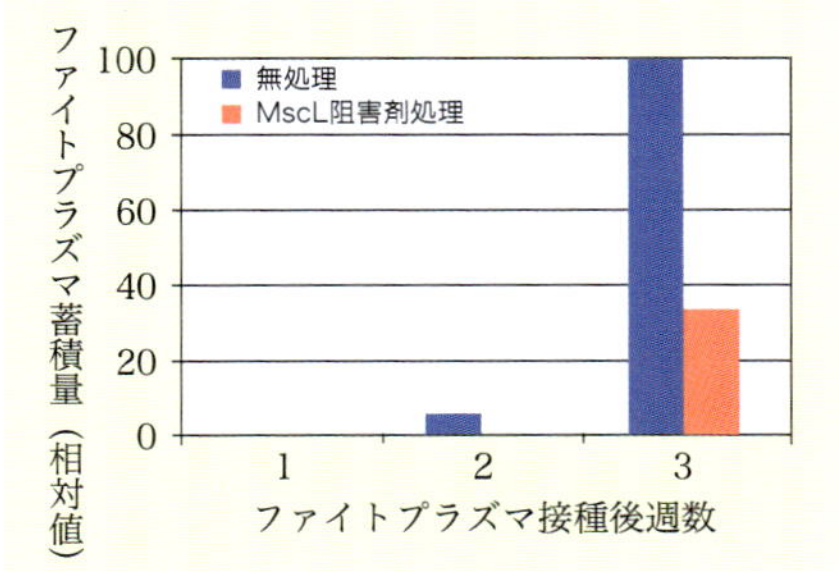

浸透圧調節チャネルMscL（▶図6.16左下＊印）阻害剤によりファイトプラズマの増殖量は低下する。

26 コバルト輸送体遺伝子：CbiQ (ABC-type cobalt transport system, permease component)

27 膜輸送装置遺伝子：ZnuB (ABC-type Mn/Zn transport system, permease component); UgpA (ABC-type sugar transport system, permease component); DppD (ABC-type dipeptide/oligopeptide transport system, ATPase component)

28 PAM486遺伝子：機能未知のタンパク質（hypothetical protein）

が、感染植物では明瞭に検出された[18]。ＰＡＭ４８６はファイトプラズマの植物宿主への感染時に重要な役割を果たしていると思われるが、まだその機能は分からないままである。

また、ファイトプラズマは、２種類の転写因子[29]ＦｌｉＡとＲｐｏＤを持っていて、植物感染時にはＦｌｉＡが、昆虫感染時にはＲｐｏＤがそれぞれ相対的に多く発現しており、植物宿主内と昆虫宿主内に感染した際に、手分けして遺伝子発現をコントロールし、それぞれの宿主に適応していることが分かった〈図6・16〉。

こうして私たちはファイトプラズマのＤＮＡマイクロアレイを作製し、ファイトプラズマの遺伝子発現を網羅的に解析することにより、ファイトプラズマが植物‐昆虫のホストスイッチングに伴いダイナミックに自身の遺伝子発現を変動させ調節している様子を突き止めた。これは当初予想だにしていなかったことである。なぜなら、ファイトプラズマはたった７５２個の遺伝子しか持っておらず、宿主が変わる（ホストスイッチングする）たびに、そのうちの3分の1の遺伝子発現量を宿主に合わせて変化させて、トランスポーター[30]や酵素、分泌タンパク質などを巧みに使い分け、それぞれの宿主に適応するという、いかにも複雑な操作をそんなに少ない遺伝子で行っているとは思わなかったからである。ファイトプラズマは退行的進化によりゲノムを縮退させ、限られた数の遺伝子しか持っていないにもかかわらず（▼5・4）、そのわずかな遺伝子群を使い分けて発現し、巧妙な宿主適応戦略を駆使し、異なる生物界の宿主の防御応答をくぐり抜け、感染・増殖を成立させているのだ。きわめて巧みなファイトプラズマの生存戦略の一端が、ＤＮＡマイクロアレイで初めて明らかになったのである。このアレイがなければ、こうしたことは分からなかったはずである。ファイトプラズマにはいまのところ特効薬がなく、防除や予防はとりわけ困難である。しかしこの研究によってホストスイッチングに関わる遺伝子が明らかになったので、その後、これら遺伝子発現やその機能発現をターゲットにした新規薬剤の探索や、治療・予

---

29 転写因子：遺伝子の転写を制御するタンパク質。標的遺伝子上流のプロモーター配列に結合し、標的遺伝子のmRNAの転写を促進もしくは抑制する。

30 トランスポーター：生体膜上に存在し、膜内外の物質の輸送に関わるタンパク質。

防法の開発につながる研究に取り組んでいる。その成果については後述する（▼8・4）。

〔6・3・3〕試験管内で再現されたRNA合成

ＤＮＡマイクロアレイ解析を通じてファイトプラズマの遺伝子発現にはＦｌｉＡ、ＲｐｏＤなどの転写因子が重要なはたらきをすることを突き止めた。転写因子とは、ＲＮＡ合成酵素とともにプロモーター[5-67]と呼ばれるＤＮＡ上の特定の配列に結合して、ＲＮＡ合成を開始するタンパク質のことである〈図6・18〉。ファイトプラズマの転写因子ＲｐｏＤとＦｌｉＡのうち、特にＲｐｏＤはファイトプラズマの種間でよく保存されており、重要であると予想されたが、結合するプロモーター配列などを含め、その機能は分かっていなかった。プロモーター配列を調べるには、一般に、転写因子やそれが結合する遺伝子上流のプロモーター領域に変異を入れて、細胞内で遺伝子の発現がどのように影響を受けるか調べないと分からない。しかしファイトプラズマは培養も変異導入も困難なので、この種の研究は困難と考えられていた。それに対して私たちは、同じ細菌であればＲＮＡ合成酵素の親和性が高い可能性、すなわち「ファイトプラズマ由来のタンパク質」を、扱いやすい「大腸菌由来のタンパク質」と混ぜ合わせたヘテロな実験系により転写反応を行える可能性があるのではないかと考えた。「大腸菌由来のＲＮＡ合成酵素」、「ファイトプラズマ由来のＲｐｏＤ」、「プロモーターを含むＤＮＡ断片」、「ＮＴＰ[31]」を混ぜ、試験管内で転写反応を再現する「試験管内転写系」の構築を試みたのだ。その結果、世界で初めてファイトプラズマ転写因子を使ったファイトプラズマ遺伝子の試験管内転写系を確立した〈図6・19・左上〉。早速この「試験管内転写系」を利用して、ファイトプラズマゲノムからさまざまな遺伝子の上流領域を取り出して調べた結果、ＲｐｏＤがハウスキーピング遺伝子[4-45]だけでなく、ＡＭＰ（昆虫宿主決定因子）（▼6・4・2）やＰ38（昆虫タンパク質接着因子）（▼6・4・6）など、昆虫との相互作用に関与する遺伝子の転写を制御

31　NTP：RNAを構成する4種類のリボヌクレオシド三リン酸（ATP、GTP、CTP、UTP）を混合したもので、RNAを合成するための素材となる。

していることを明らかにした〈図6・19・右上〉[20]。

これらの遺伝子の上流領域の塩基配列には、共通する配列が見つかった。そこでその配列に変異を入れ、そのDNA断片について改めて試験管内転写系で転写を試みたところ転写が起きなくなったことから、この配列はRpoDの結合に重要なプロモーター配列であると判断された〈図6・19・下〉。このプロモーター配列についてOYファイトプラズマだけではなく他のファイトプラズマのゲノムにも存在するかどうか、データ

図6.18 細菌の転写因子がプロモーターを認識しRNA合成が起きる仕組み

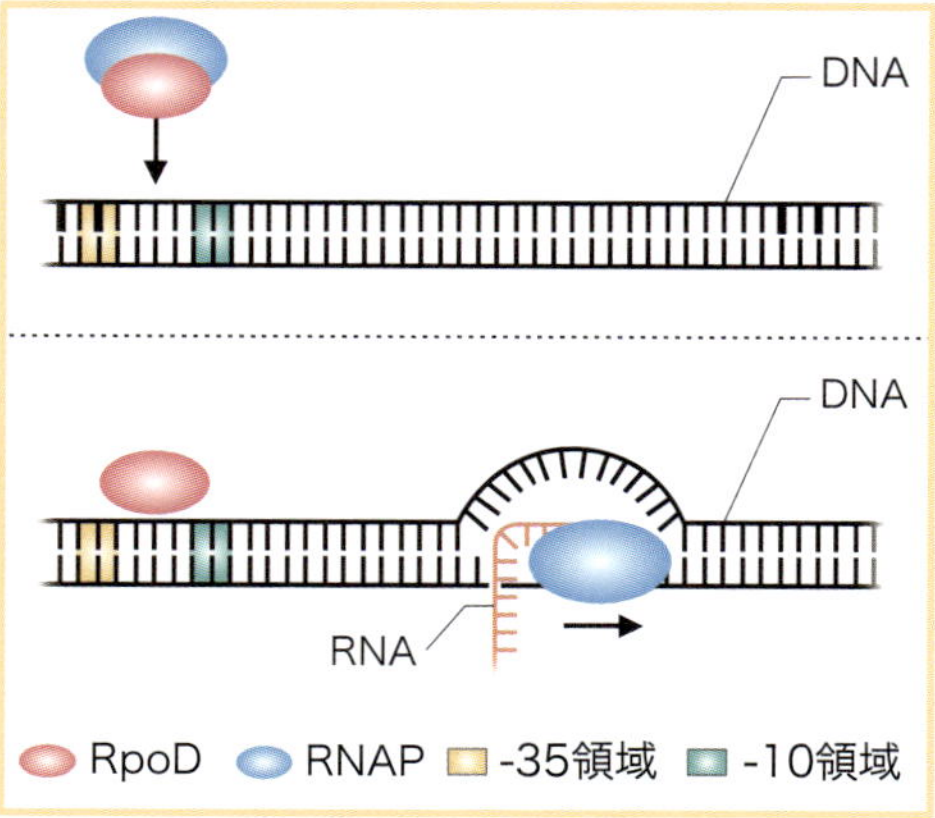

（上）転写因子（RpoD）がRNA合成酵素（RNAP）と複合体になり、DNA上のプロモーター配列（-35、-10領域）に結合する。（下）RNAPがプロモーターの下流からRNA合成を開始する。

図6.19 昆虫との相互作用に関与する遺伝子の発現を制御するRpoD

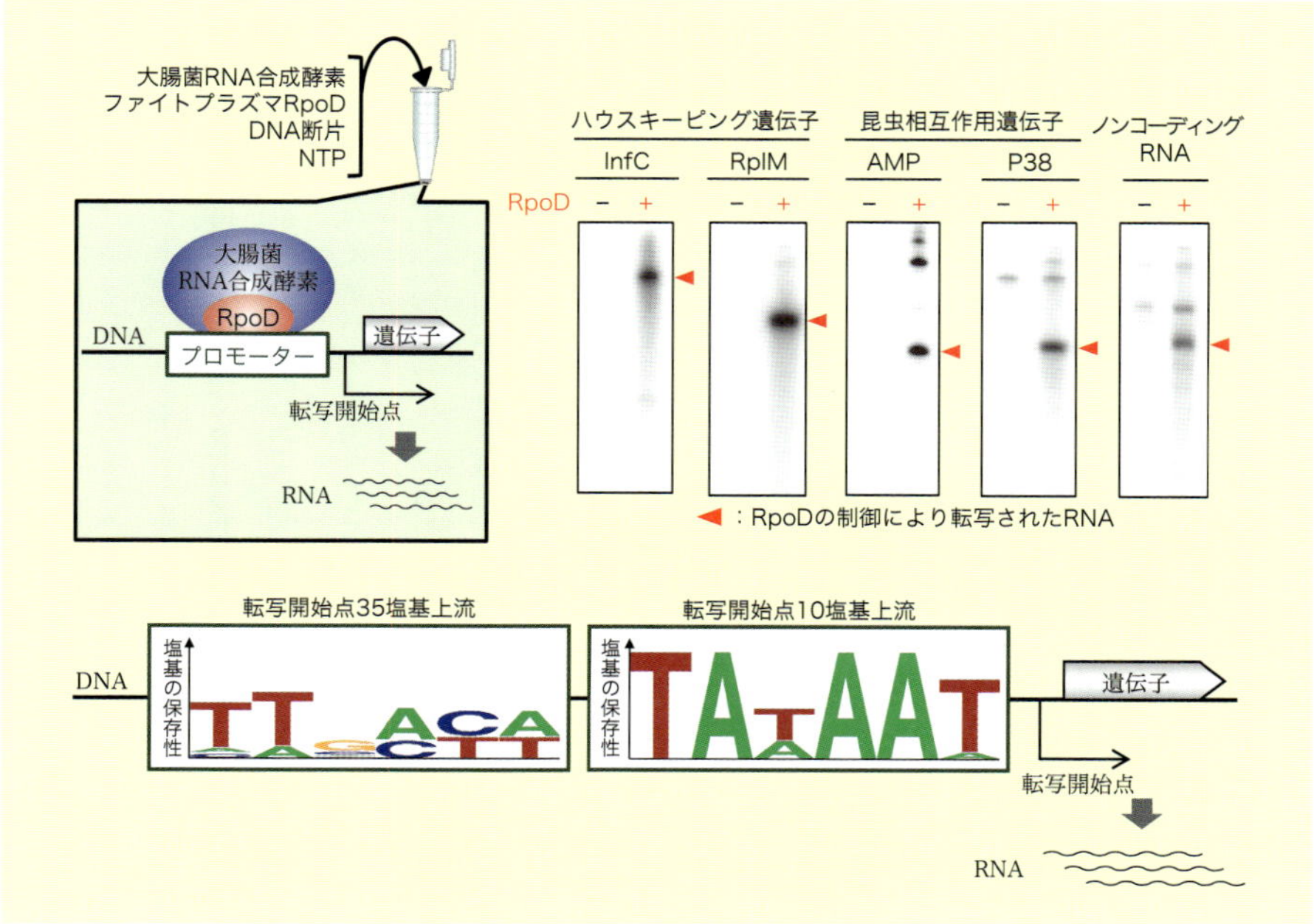

（左上）ファイトプラズマの転写因子RpoDによる試験管内転写系の構築
（右上）RpoDの制御による遺伝子およびノンコーディングRNAの発現
（下）RpoDが認識する共通プロモーター配列

ベースを用いて調べたところ、他のファイトプラズマにも同様なプロモーター配列が多数存在し、さらに遺伝子以外のノンコーディングRNA[32]の転写も行われていることがわかった〈図6・19・右上〉。

そこでファイトプラズマ細胞内でもこのプロモーターからRNA転写が行われているかどうか調べるため、大規模シーケンス[33]解析を行った。DNAマイクロアレイ解析においても述べたとおり、ファイトプラズマRNAは感染組織内に微量しか存在しないため、解析は困難を極めたが、次のような技術を開発することにより解決した。すなわち、ファイトプラズマのRNAと異なり、宿主のRNA分子は末端が修飾されていることを利用し、それを見分けて宿主RNAを特異的に分解する酵素で処理し、ファイトプラズマ由来RNAだけを取り出した。このようにして調整したRNAを用いて大規模シーケンスによる網羅的解析を行ったところ、期待された通り、RNA合成はRpoDが認識するプロモーターから行われており、多数のノンコーディングRNAの存在も初めて確認された。他の一般細菌ではノンコーディングRNAにより遺伝子の転写・翻訳の制御が行われていることが最近報告されている。

これまでの結果をまとめると、ファイトプラズマゲノムは、RpoDとFliAというわずか2つの転写因子に加え、多数のノンコーディングRNAを利用して複雑な遺伝子発現制御ネットワークを構築し、環境に適応して遺伝子を選択的に発現していると考えられる。ファイトプラズマの小さなゲノムにはまだまだ多くの謎が秘められており、興味は尽きない。

6・4——膜タンパク質が媒介昆虫を決める

［6・4・1］1種類しかできない抗体

次に取り組んだのは、分泌タンパク質のなかでも、とくに膜タンパク質である。ファイトプラズマの

32　ノンコーディングRNA：タンパク質をコードしないRNA。タンパク質を発現しない代わりに他の遺伝子の発現調節に関わると考えられている。

33　大規模シーケンス：次世代シーケンス技術とも呼ばれる。試料中のDNAを無数の細かい断片に分け、シーケンシング反応を大規模に同時並行で行い膨大な数の塩基配列を一度に解読する技術。

［コラム］

表と裏

物事には表と裏があって、表のありようを支える裏方のような存在がある。

土壌養分は通常、窒素・リン酸・カリの三大栄養素が議論の的になるが、実際はその裏で、多くの必須微量元素が重要な役割を果たしている。同じように、土壌中の微生物叢がある。これも裏方的存在と見られがちである。これらの微生物群は、生物の排泄物や遺骸を瞬く間に無機物へと分解するものもあれば、その無機物をエサに有機物を合成するものもある。花が咲き鳥がさえずろうとも、必ずや彼らに訪れる命の終焉とともに、再び迎える春に向け、その陰で微生物による分解と合成の連係プレーが肥沃な土壌を生み出す。

「表と裏」といえば、最近注目されている話題の一つに、ヒトゲノムのノンコーディング領域がある。ヒトゲノムは約30億塩基対からなり、遺伝子は2万個余りで、イネの約半分、シロイヌナズナより若干少ない。ヒトの遺伝子数はウニのそれとほぼ同じで、その70％が共通していると分かったときの、科学者の驚愕と衝撃には察するにあまりある。ジャレド・ダイアモンドの『人間はどこまでチンパンジーか』でも予見されていたが、ヒトとチンパンジーのゲノムは99％一致するという。その割には、両者の姿かたち・行動・生態はどうしてこんなにも違ってしまったのか。

一方で、ヒトゲノムの98％はジャンクDNAといわれ、ノンコーディング領域である。しかし、この領域から実は膨大な量のノンコーディング（つまりタンパク質を翻訳しない）RNAが作られ、生命現象において重要な役割を果たしていることが分かってきた。遺伝子発現制御などの生理機能調節のほか、病気にも関与している。ノンコーディングRNAは、ここ数年急速に研究が進んだ分野で、「生命現象の裏社会」とか、「ゲノムの暗黒物質」などと表現され、ゲノム解読に次ぐ新たなパラダイムとして注目されており、原因不明の各種疾患の犯人が隠れているという。ゲノムを解読しさえすれば生命の仕組みが分かり、不治の病が治り、思い通りの形質を持ったデザイナーズ植物を作ることができると期待していた研究者たちが肩すかしを食らったのは、これが理由である。

そもそも「セントラルドグマ」という「DNA⬇RNA⬇タンパク質」の流れの中で、ノンコーディングRNAがタンパク質を翻訳するよりもっと重要な役割を果たしていることなど、誰も想像していなかった。最近の報告では、ヒトゲノム上の約8割の部位からノンコーディングRNAがつくられ、一部はタンパク質と共にゲノムに結合し、染色体構造を形づくっているという。その機能はまだよく分かっていない。おそらく核など細胞内構造の設計や、一部の難病の発症に関わっている可能性があるという。とくに、ほ乳類のような高等生物の生命現象は、ノンコーディングRNAにより絶妙なさじ加減で制御されているにちがいない。また、近縁生物種間でノンコーディングRNAの類似性は低く、種特異的な性質を決めている可能性もあり、近縁種の似ている遺伝子を見比べていることこそが、むしろ本質を分かりにくくさせているのかもしれない。『人間はどこまでチンパンジーか』の疑問に答えることができるか、興味深い。しかし、植物ではノンコーディングRNAがどの程度重要か分かっていない。

生物は生長・生殖の過程で細胞を分裂させる必要があり、そのつどゲノムを複製するというエネルギーを消耗するステップを踏んでいる。しかも、その大半が遺伝子をコードしていない領域であるとすると、生命進化の意義から考えて、何か意味があるはずと考えるのが自然であろう。しかし、遺伝子の機能解明もまだおぼつかないというのに、その50倍もある領域の、何のタンパク質もコードしていない領域の機能を知ることは困難に違いない。生物の体を作っているタンパク質や炭水化物に意味があり、ゲノムはその情報を格納しているだけであろうと考えてきた我々は、ここで大きな壁にぶつかったことになる。

人間とチンパンジーを遺伝子で比べる表の戦略では、ひょっとすると大した事実はつかめないのかもしれない。ノンコーディングRNAという裏の戦略にこそ、無限のかたちがあり、実は生命の本質を秘めている可能性が出てきたような気がするのだが。

膜タンパク質のなかで主要抗原膜タンパク質は最もよく知られている。どうしてこのような名前がついたかというと、感染植物や保毒虫からファイトプラズマ粒子を粗精製してマウスに注射すると、ファイトプラズマ粒子の表面に結合する抗体が産生されるわけだが、どんなファイトプラズマ種について抗体を作っても、それぞれ特定の1種類のタンパク質に対する抗体しかできないのだ。すなわち、ファイトプラズマの菌体表面には、ファイトプラズマ粒子に対する抗体を作るときに主要な抗原となるタンパク質があって、どうやら多様性に富むのだ。これが主要抗原膜タンパク質と呼ばれるのだ。要するにフファイトプラズマの菌体表面の大半を覆っている膜タンパク質のことなのだ〈図6・20・左上〉。主要抗原膜タンパク質の抗体を用いて免疫電子顕微鏡観察[34]を行うと[21]、ファイトプラズマの菌体表面にIgG抗体分子[35]が強く結合する。

主要抗原膜タンパク質は宿主との相互作用において重要な役割を果たしている可能性が高い。しかし当時はまだその機能などについては分かっておらず、主要抗原膜タンパク質の遺伝子が複数のファイトプラズマよりクローニングされ、そのアミノ酸配列などが比較されているだけであった[22、23、24、25、26]。

そこでこのタンパク質の性質と機能の解明に取り組んだ結果、Secシステムにより分泌されることを明らかにしたことはすでに述べたが（▼6・2・3）[16]、それが宿主細胞内において膜タンパク質として発現していることを確認し[27]、その多様性が適応進化（後述）によるものであり[28]、特定の昆虫により媒介される仕組みを担っていることを発見した[29]。

[6・4・2] 3種類ある膜タンパク質

まず、いろいろなファイトプラズマ種から主要抗原膜タンパク質遺伝子をクローニングし、比較した。その結果、主要抗原膜タンパク質には少なくとも3種類あることが分かり[36]、それぞれAMP、IMP、IDPAと名付けた〈図6・20・右上〉。また、どのファイトプラズマもIMP遺伝子は必ず持っていた。一部はIMP遺伝子しか持っていなかったが、その他の大半の種はAMPかIDPAをさらにもう1つ持っており、この2個の遺伝子のうち、どちらが主要抗原膜タンパク質となるかはファイトプラズマの種によって異なることが分かった〈図6・20・下〉。意外なことに、AMP、IMP、IDPAタンパク質のアミノ酸配列は互いに似ておらず、膜の貫通の仕方も異なり〈図6・20・右上〉、ゲノム上の主要抗原膜タンパク質遺伝子周辺にある遺伝子も異なることから、それぞれ進化的に由来が異なる（ホモログ（相

34 免疫電子顕微鏡観察：抗原抗体反応を利用して、抗原にIgGなどの特異抗体を結合させ、電子顕微鏡下で抗原タンパク質の存在部位を観察すること。

35 IgG抗体分子：免疫グロブリンG。抗体は構造の違いにより5種類の免疫グロブリンに分類されるが、免疫グロブリンGは単量体の抗体で、ヒトの血中に最も多く存在する。

36 3種の主要抗原膜タンパク質：AMP（antigenic membrane protein）、IMP（immunodominant membrane protein）ならびにIDPA（immunodominant membrane protein A）

同遺伝子）ではない）と考えられる〈図6・20・下〉[30]。

ＯＹファイトプラズマの属する*P. asteris*の主要抗原膜タンパク質はＡＭＰであるが、ＩＭＰの遺伝子も持っている。そこでＯＹファイトプラズマに感染した植物における、この2種類のタンパク質の発現量をＡＭＰとＩＭＰに対する抗体を用いたウェスタンブロット解析[19]によって調べたところ、ＡＭＰの方がＩＭＰよりも約10倍発現量が多かったことから、ＯＹファイトプラズマではＡＭＰが主要抗原膜タンパク質であることが確かめられた[27]。

［6・4・3］適応進化

このことは何を意味するのであろうか？　主要抗原膜タンパク質は1つあれば十分ではないかと思われる。事実、一部の種では主要抗原膜タンパク質はＩＭＰ1つしかない。

私たちは次のような仮説を立てている。「ファイトプラズマの共通祖先が持っていた主要抗原膜タンパク質はＩＭＰであった。次第に種が多様化しても、現在あるファイトプラズマ種はどれもＩＭＰを保持している。依然

図6.20　主要抗原膜タンパク質

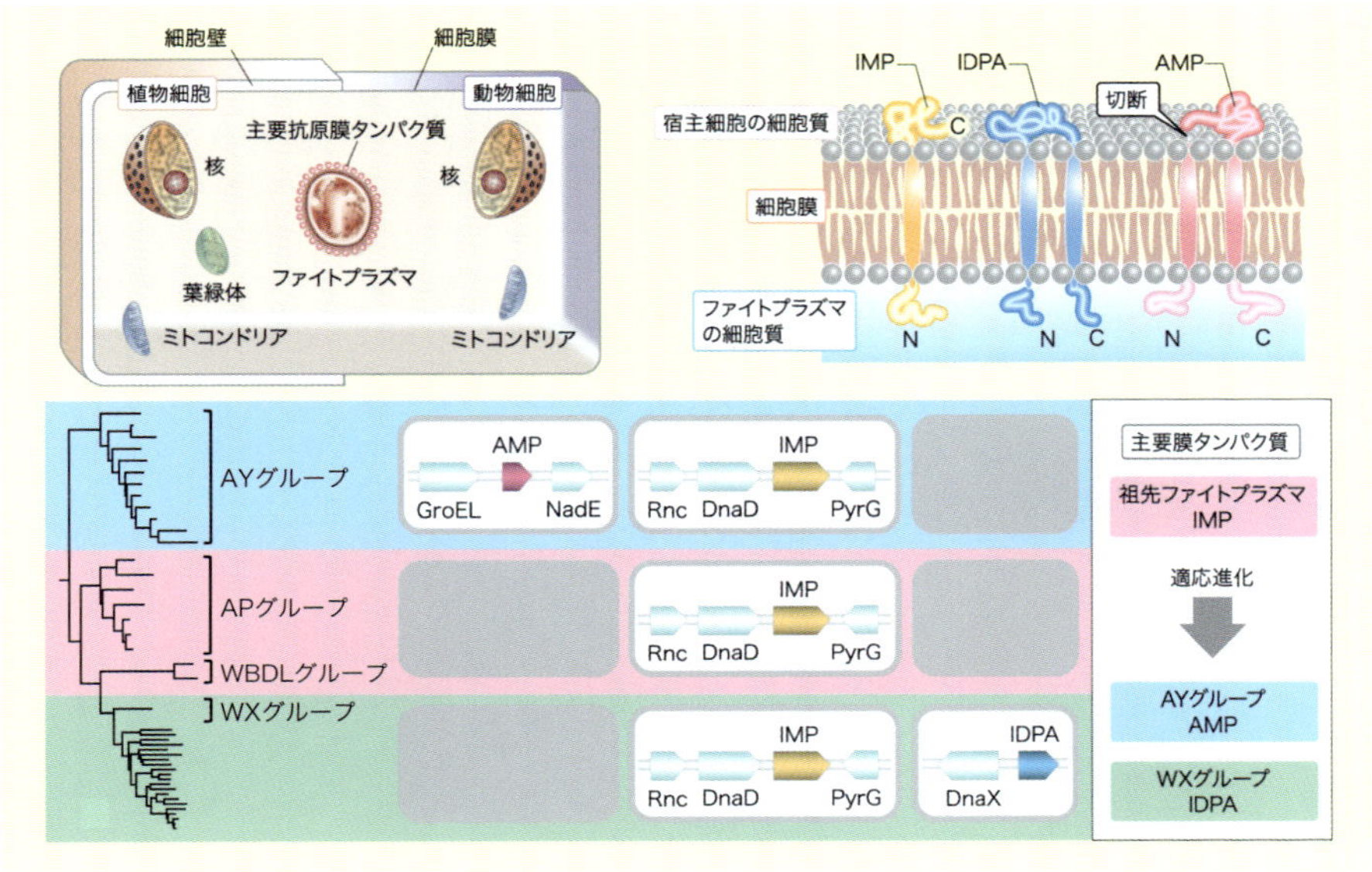

（左上）菌体表面を覆う主要抗原膜タンパク質
（右上）3種類ある主要抗原膜タンパク質
（下）主要抗原膜タンパク質の保存性と適応進化

としてIMPを主要抗原膜タンパク質として使っている種もあるが、種によってはAMPあるいはIDPAの発現量のほうが上昇し、やがてIMPの発現量が下がって、代わりにAMPやIDPAが主要抗原膜タンパク質の役割を担うようになったのではないか」という進化仮説である。

このように、主要抗原膜タンパク質の交代は、ファイトプラズマにとって何らかの意義があったに違いない。それを説明する鍵となるのが、多様化する植物と昆虫の進化現象の過程で起こったファイトプラズマの媒介昆虫に対する適応現象である。IMPからAMPやIDPAへの交代は、そのために必須だったのであろう。すなわちそれは、この膜タンパク質遺伝子群の適応進化だったのである。以下ではこの点について解説していく。

◉適応進化とは?

主要抗原膜タンパク質のアミノ酸配列を比較してみると、周辺のタンパク質に比べ、きわめて多様性に富んでいることがわかる〈図6・21〉。ファイトプラズマ種内の近縁な系統同士であっても、主要抗原膜タンパク質は、ゲノム上のその周辺の他のタンパク質に比べて、アミノ酸配列の変異が大きい。

遺伝子はその役割が厳密に制約されている(機能上の制約が大きい)ほど進化スピードは遅い。逆に、ある遺伝子(以下、塩基配列のことをいう)の多様性が高い(系統間の変異が多い)ということは、進化スピードが速いということであり、こういう場合、その遺伝子に対する「選択圧は弱い」という。つまり、その生物にとってその遺伝子は生存に必須ではないことを意味している。

一方で、生存に有利になる(適応力を向上させる)ような変異が遺伝子の塩基配列に蓄積してゆく場合、「選択圧は強い」といい、タンパク質はアミノ酸配列を変異させることでその生物の生存に有利なものに変異する。これを「適応進化」という。すなわちこのような有利な変異がたくさんあるほど、その遺伝子には系統間で多様性が生まれてしまうのである。以上を整理すると、ある遺伝子の塩基配列に多様性が認められる場合には、その原因として(i)遺伝子の機能が生存に必須でない場合と、(ii)遺伝子が適応進化をしている途上、の2通りの可能性があるというわけだ。

◉適応進化の意義

ただ、変異の量や遺伝子全体の進化スピードを見ただけでは、どちらが原因なのか分かりにくい。こういう場合には適応進化によるものかどうか見極める次のような方法がある。遺伝子はタンパク質に翻訳されてはじめて機能を発揮するので、そのアミノ酸配列が重要である。アミノ酸配列を決めるのは塩基配列であるが、機能が重要でない遺伝子の場合はアミノ酸配列の変異も重要ではないはずなので、アミノ酸配列に影響するような塩基配列であるか否かにかかわらず塩基配列への変異は均等に入るはずである。こういうときは、アミノ酸の変化を伴う塩基配列の変化（非同義置換）の量（d_N）と、アミノ酸を変化させない塩基配列の変化（同義置換）の量（d_S）は同じ（$d_N/d_S=1$）はずである。一方、機能が重要で、アミノ酸が変わると困るような場合は、アミノ酸が変わらない範囲で塩基配列に変異が入る〈図5・1〉。こういう場合は、非同義置換の量（d_N）は同義置換の量（d_S）より少ない（$d_N/d_S<1$）はずである。一方、アミノ酸が変異すれば、環境への適応度が上がる場合には、非同義

図6.21　主要抗原膜タンパク質のアミノ酸配列は多様性に富む

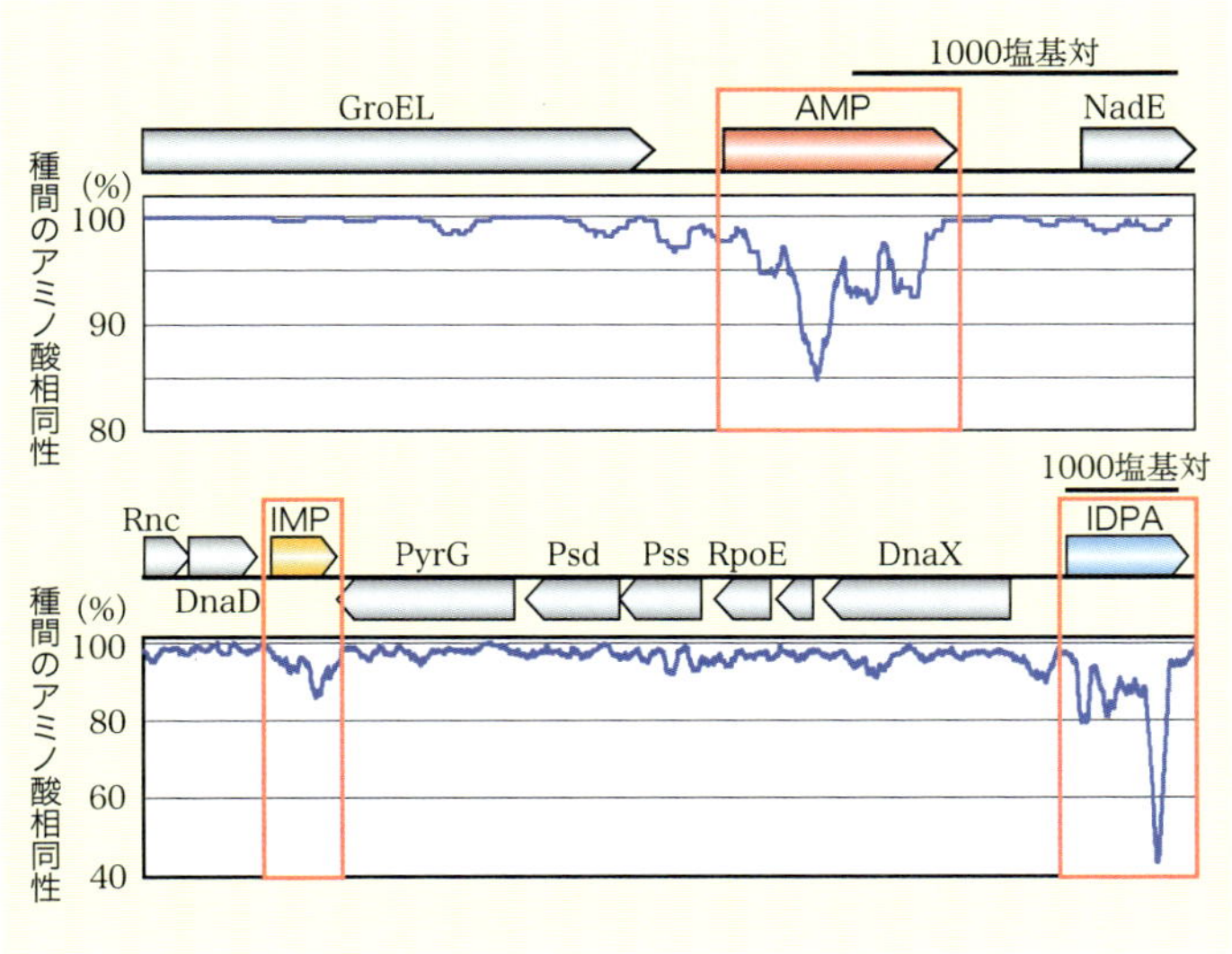

（上）AMP遺伝子周辺の遺伝子構成と種間のアミノ酸相同性
（下）IMP遺伝子およびIDPA遺伝子周辺の遺伝子構成と種間のアミノ酸相同性

変異が次世代に受け継がれてゆく頻度は同義置換の場合よりも高くなる。つまり、d_Nがd_Sを上回り、$d_N / d_S > 1$となるのだ。この場合に「適応進化している」と判断することができる〈図6・22〉。

◉強い適応進化が起こっている

図6.22　適応進化（正の選択圧）の考え方

アミノ酸置換を伴う変異の進化距離（d_N）と
サイレントな変異の進化距離（d_S）の比較により計算

アミノ酸置換変異　… 機能的・構造的変化が生じる可能性がある
サイレント変異　… 機能的・構造的変化は生じない

通常は、サイレントな変異が圧倒的に多い（$d_N < d_S$）
しかし、アミノ酸置換によって適応度が上がる場合、$d_N > d_S$となることがある

$d_N / d_S < 1$ →	負の淘汰（通常の遺伝子）
$d_N / d_S = 1$ →	中立（偽遺伝子など）
$d_N / d_S > 1$ →	正の選択（適応進化している遺伝子）

ファイトプラズマの主要抗原膜タンパク質AMPについてd_N / d_Sの値を調べたところ、d_N / d_Sは1を大幅に超え、「主要抗原膜タンパク質は適応進化している」ことが確認された。これとは反対に、ゲノム上で、この遺伝子の上流や下流に位置するほかの遺伝子では、生存に重要なタンパク質遺伝子を含め、いずれもd_N / d_Sは1以下であり、適応進化はまったく検出されなかった。また、AMPの一つひとつのアミノ酸ごとに適応進化の強さ（d_N / d_S値）を計算したところ、主要抗原膜タンパク質の中央領域、つまりファイトプラズマ菌体外の（宿主の細胞質に露出している）領域で強い適応進化が認められた〈図6・23〉[28]。このd_N / d_S値は、これまでさまざまな生物で報告されている中でもきわめて高い数値であり、非常に強い適応進化が起こっていることが分かった。このことは、主要抗原膜タンパク質に入った変異によってファイトプラズマの生存環境における適応度が高くなり、自身の生存に有利にはたらいていることを意味しており、宿主‒ファイ

図6.23 AMPには強い適応進化が起きている

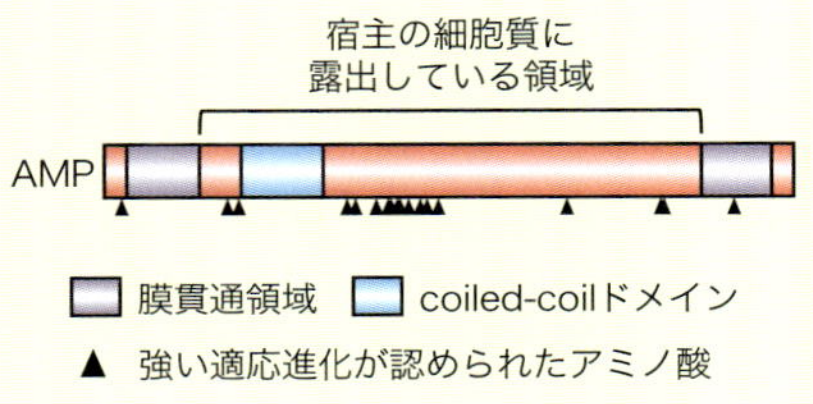

トプラズマ間の相互作用において主要抗原膜タンパク質は非常に重要な役割を担っていると考えられる。

このように、遺伝子情報の比較により、生物学的に重要な遺伝子を見つけ出すことも可能であり、培養や遺伝子導入、変異株作出が容易でないファイトプラズマの研究において強力な戦術の一つである。

[6・4・4] 特定の昆虫が媒介する仕組み

マラリアやスピロヘータ、リケッチア、それにファイトプラズマなど、特定の昆虫により媒介され動植物に感染する病原微生物は、動植物に重篤な病気を引き起こす。また、その被害の大きさは、昆虫の媒介効率によって左右される。

しかし、なぜ特定の昆虫によって媒介されるのか？　その特異性を決定する仕組みは、どの病原体においても謎であった。したがって、この仕組みを解明することは、病原体の拡散を阻止する防除法の確立につながるものであり、その意義は大きい。

動物病原細菌の多くは、その菌体表面の膜タンパク質が感染の過程で重要な機能を担っており、宿主のタンパク質に結合する役割を果たし、それが宿主細胞への侵入や発病につながる。ファイトプラズマの菌体表面は、主要抗原膜タンパク質が大半を占めており[16]、これが宿主と相互作用するうえで重要な役割を果たしているに違いない。

◉昆虫タンパク質の探索

主要抗原膜タンパク質が、昆虫との相互作用においてどのような役割を果たすのかを調べるために、OYファイトプラズマを用いて実験した。OYファイトプラズマの主要抗原膜タンパク質はAMPである。そこで、AMPと結合する昆虫タンパク質を探すことにした。もしこの昆虫タンパク質を見つけることができれば、昆虫に接着し、侵入・増殖する手がかりになるかもしれないと考えたわけである。AMP遺伝子を大腸菌に入れ、大量発現させ、精製したAMPタンパク質を用いてアフィニティー・クロマトグラフィー・カラム[37]（以下、カラム）を作製した〈図6・24・左〉。このカラムは、アガロース（寒天）でできた小さなビーズにAMPタンパク質を溶液中で結合させたのち、筒状の容器に詰めたAMP結合カラムである。AMP結合カラムの上からファイトプラズマの媒介昆虫であるヒメフタテンヨコバイより精製した可溶性タンパク質溶液をAMP結合カラムに通すと、AMPに結合する昆虫タンパク質はAMP結合カラムの中に結合タンパク質として残り、結合しないその他の昆虫タンパク質は下から流れ出てしまう。そのあと、溶出液を上から加え、結合タンパク質をAMPから乖離させ、結合タンパク質を精製した。

この結合タンパク質を電気泳動により分離した結果、3つの昆虫タンパク質（P30、P42、P200）がAMPに結合することが分かった〈図6・24・右〉。この3つのタンパク質について、MALDI-TOF MS[38]を用いたペプチドマスフィンガープリンティング[39]によりアミノ酸配列の概略を決定した。調べたい試料を酵素でさまざまな大きさのペプチドの断片に分解し、紫外光レーザーを当てると、タンパク質試料が気化し、プラスに電気を帯びた大小のペプチド分子が反対方向に飛び出し、分子量の小さなものほど検出器に向かって速く飛ぶので、その飛行時間の差によって、検出器が到着した時間を計測することにより、ペプチドの分子量を正確に測定する。測定した分子量をコンピューター分析し、あらゆるアミノ酸

37　アフィニティー・クロマトグラフィー・カラム：特殊なビーズ（担体）に特定の物質（リガンド、ここではAMPタンパク質）を固定したカラムのこと。リガンドと特異的な結合をする物質（タンパク質）のみを担体中に保持させた後、溶出液を加え、リガンドと結合する物質を精製できる。

38　MALDI-TOF MS：マトリックス支援レーザー脱離イオン化飛行時間型質量分析計。「マルディー・トフ・マス」と読む。主にタンパク質の質量を精密に測定する装置。

図6.24 アフィニティー・クロマトグラフィー・カラムによるAMP結合因子の探索

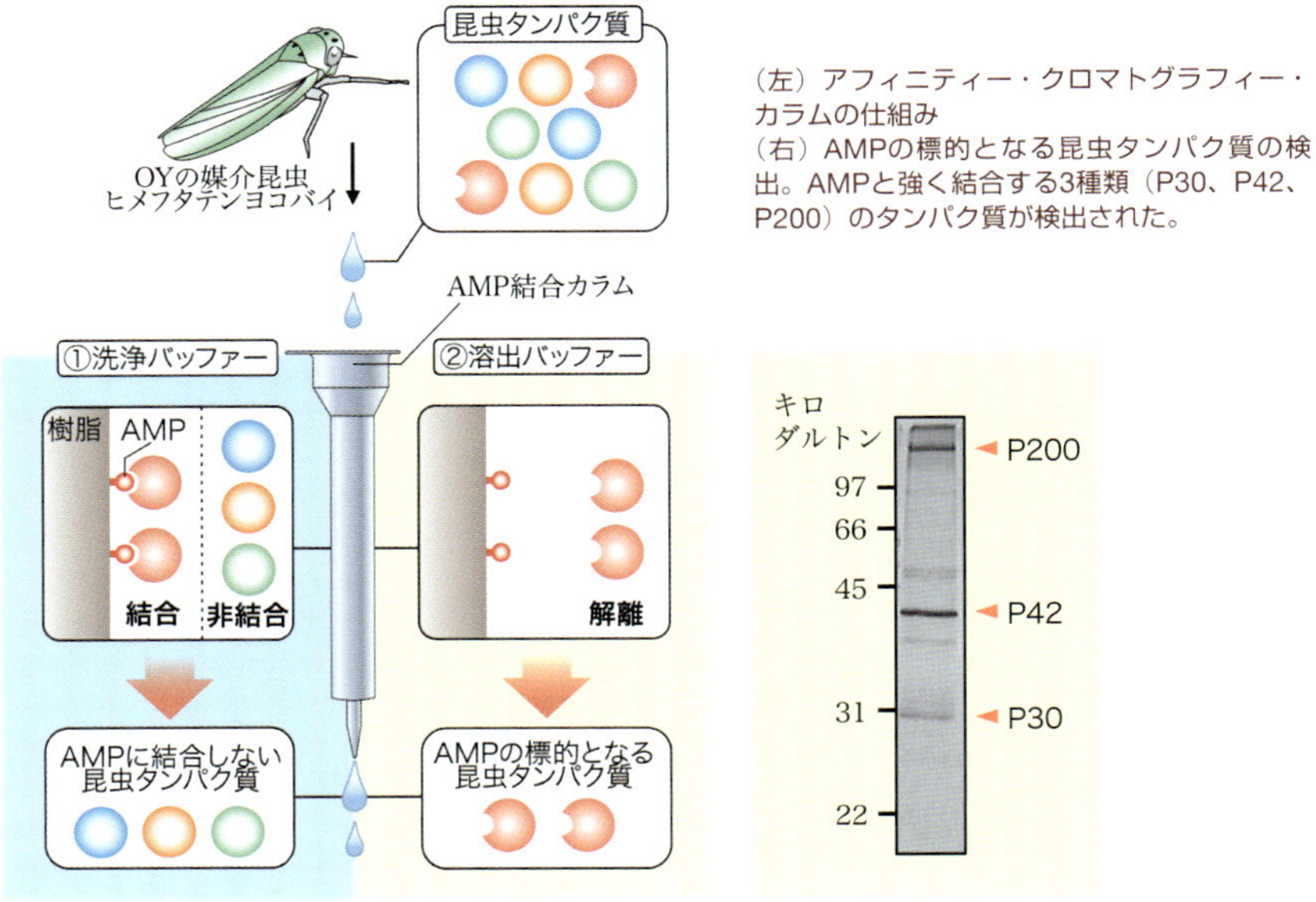

（左）アフィニティー・クロマトグラフィー・カラムの仕組み
（右）AMPの標的となる昆虫タンパク質の検出。AMPと強く結合する3種類（P30、P42、P200）のタンパク質が検出された。

組成のペプチドに関するデータベースに基づき、アミノ酸配列が分かる仕組みになっている。また、ペプチドシーケンスにより、さらに正確にアミノ酸配列を解読し、既知のタンパク質に対する抗体を用いたウェスタンブロット解析を行い最終的に予測したタンパク質であることを確認した。

その結果、P30はミオシン軽鎖、P42はアクチン、P200はミオシン重鎖であり、これら3つの昆虫タンパク質がファイトプラズマのAMPタンパク質と複合体を形成することが分かった。アクチンとミオシン[40]によって構成される構造体はマイクロフィラメントと呼ばれることから、以降、この複合体を「AMP–マイクロフィラメント（AM）複合体」と呼ぶ。

では、AMPとマイクロフィラメントは昆虫の体内でも同様に複合体を形成しているのだろうか。私たちは2つの方法で検証に挑むことにした。一つはAMPに対する抗体を結

39　ペプチドマスフィンガープリンティング：peptide mass fingerprinting。タンパク質の同定方法の1つ。未知のタンパク質を細かい断片（ペプチド）に分け、その質量（マス）をMALDI-TOF MS等で測定することで部分的にアミノ酸配列を決定し、データベース上の配列と比較して未知のタンパク質を推定する。

40　アクチン・ミオシン：アクチンは真核生物の細胞骨格の一つであるマイクロフィラメントを形作るタンパク質で、ミオシンはマイクロフィラメント上を運動するタンパク質であり、軽鎖と重鎖からなる。細胞の形態変化や物質移動に関与し、筋細胞では筋収縮に関与する。

図6.25 昆虫体内におけるAM複合体の検出

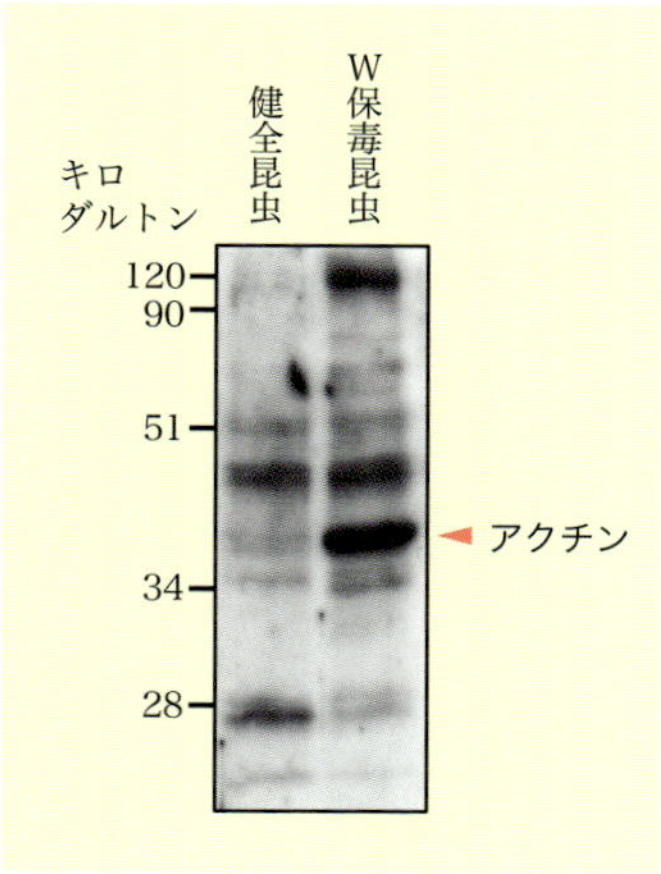

合させたカラム（AMP抗体カラム）である。このカラムに昆虫の体内組織を摩砕した粗汁液を通すと、昆虫体内でファイトプラズマが増殖し保毒虫となっている場合に限り、アクチンがカラムに吸着された〈図6・25〉。このことは、昆虫のアクチンがファイトプラズマのAMPと複合体を構成しているため、カラムに吸着されていることを示すものである。別の視点から確認する方法として、共焦点レーザー顕微鏡〈図6・26〉による直接観察がある。昆虫体内のAMPとアクチンを異なる蛍光色素で染色し、共焦点レーザー顕微鏡下で観察すると、両者が体内で同じ位置に局在するかどうか確認することができるのだ。その結果、ファイトプラズマは確かにマイクロフィラメント上に強い蛍光として観察された〈図6・27〉。これらの結果から、昆虫体内でも間違いなくAM複合体が形成されていることが明らかになった。では、この複合体にはどんな意味が秘められているのだろうか。

◉複合体を形成できる昆虫が媒介する

AM複合体の形成がファイトプラズマの昆虫媒介にどのようなはたらきをするかを調べるため、OYファイトプラズマと媒介昆虫あるいは非媒介昆虫との組み合わせについて、AM複合体の形成能を調べた。OYファイトプラズマを媒介するヨコバイ3種と非媒介ヨコバイ2種のそれぞれのアクチンがAMPと結合するかどうかをAMP結合カラムとウェスタンブロット解析により調べたところ、OYファイトプラズマ媒介ヨコバイ（ヒメフタテンヨコバイ、ヒシモンヨコバイ、ヒシモンモドキ）のアクチンはAMP

図6.26 共焦点レーザー顕微鏡と光学顕微鏡・電子顕微鏡の仕組みの比較

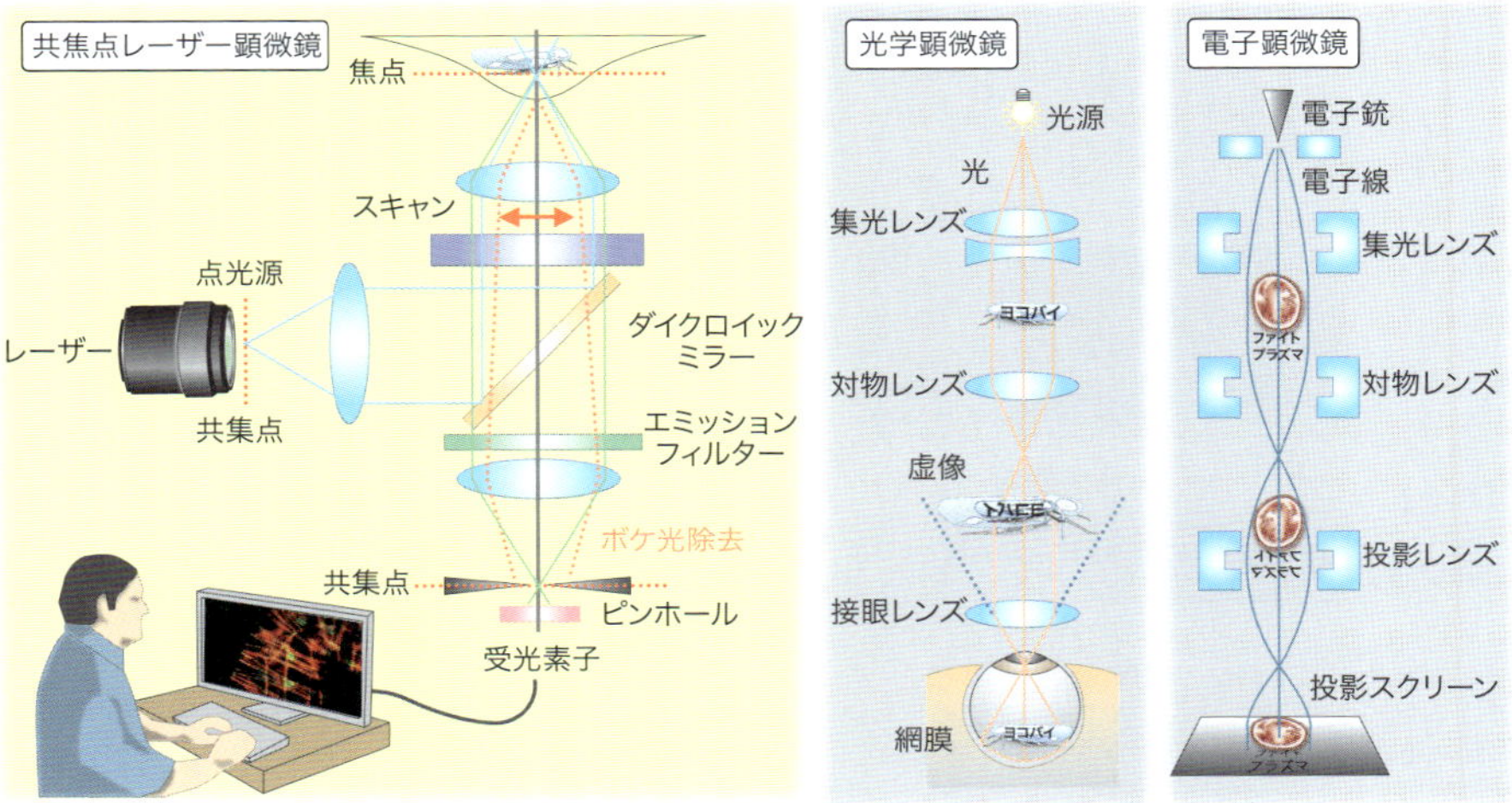

光学顕微鏡は、可視光を投射し、光学レンズを用いて収束・拡大・投影して観察する。電子顕微鏡は、電子線を電子レンズによる磁場を用いて収束・拡大・投影して観察する。電子線は可視光より波長が短いため、分解能（2つの点を見分けられる最短の距離）に優れる（▶図0.2）。共焦点レーザー顕微鏡は蛍光顕微鏡の一種。レーザー光を試料中の一定の平面で横断して走査し、焦点の合った位置からの蛍光のみを検出し、コンピュータ上で画像を構築するため、焦点の合った鮮明な画像が得られる。したがって、焦点深度を変えて操作することにより画像の三次元構築が可能である。

図6.27 昆虫体内でマイクロフィラメント上に結合するファイトプラズマ

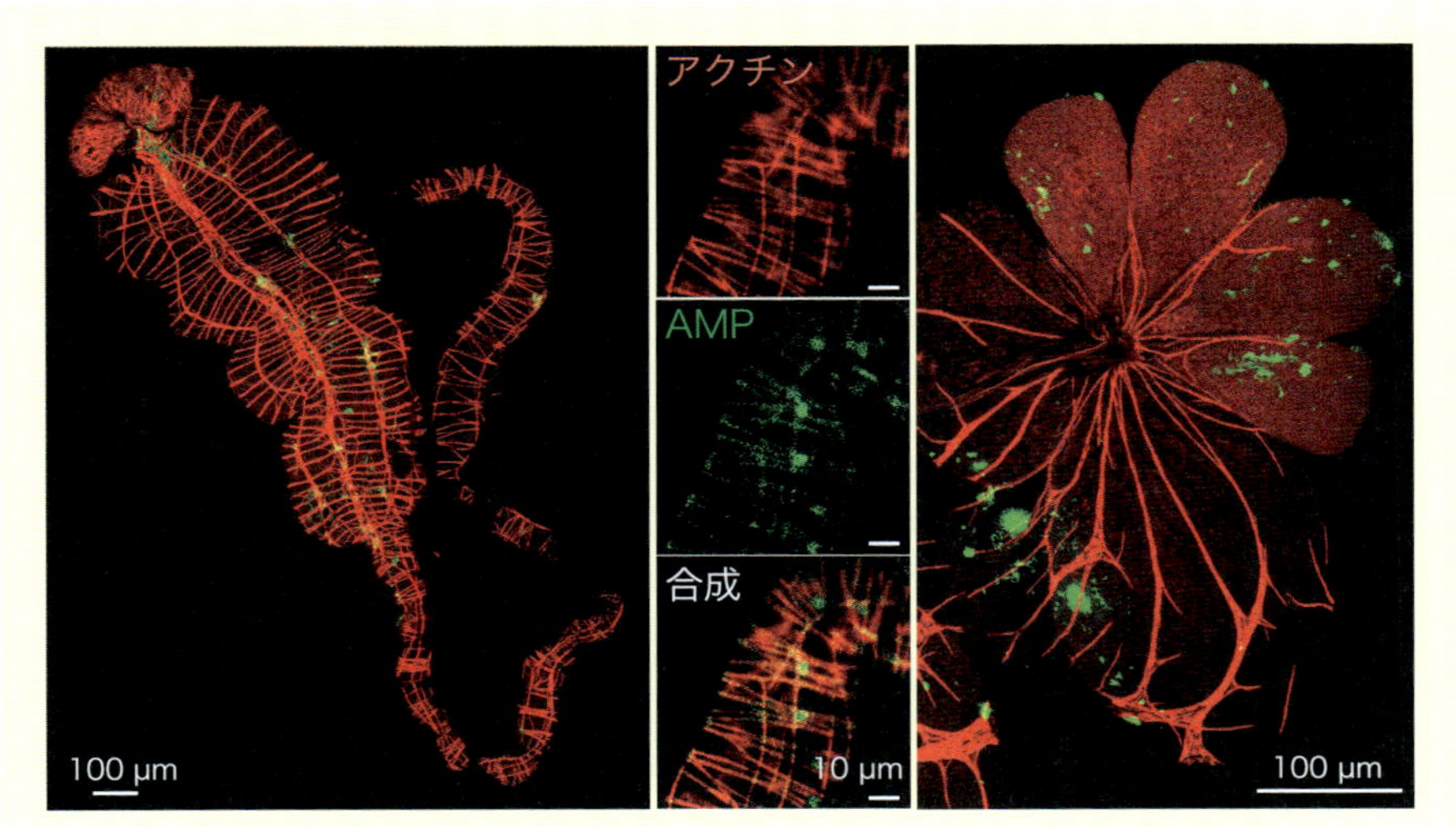

緑色：蛍光抗体で染色したファイトプラズマのAMPタンパク質。
赤色：アクチン染色試薬で染色した昆虫のアクチン。
感染昆虫の中腸ではアクチンのマイクロフィラメントに沿ってファイトプラズマ粒子の凝集する様子が観察され（左）、拡大観察するとマイクロフィラメント上にファイトプラズマが観察された（中央）。唾腺においても同様のファイトプラズマの凝集が観察された（右）。

と結合してAM複合体を形成したが、非媒介性ヨコバイ（キマダラヒロヨコバイ、ツマグロヨコバイ）のアクチンはAMPと結合せず、AM複合体は確認されなかった〈図6・28〉。以上の結果は、AMPと昆虫のマイクロフィラメントとの結合の可否が、ファイトプラズマの昆虫媒介能を決定づけることを示すものであった[29]。

ファイトプラズマは媒介昆虫の腸管より侵入し、全身に感染するが、非媒介昆虫においては体内のバリアに阻まれる。このことは、AMPとマイクロフィラメントの複合体形成能の可否が、腸管からの侵入やその後の全身感染移行の可否を決定し、最終的に昆虫媒介の可否につながっていることを示している。アクチンと結合したミオシンは分子モーターと呼ばれ、細胞内の物質を各所に運ぶために利用される。赤痢菌、サルモネラ菌、ペスト菌、リステリア菌などの病原細菌はこれを利用し、細胞内外を感染移行することが知られているが、病原細菌と分子モータータンパク質との結合の可否が昆虫媒介能の可否を決定することを示したのは、これが初めてである。

図6.28 媒介昆虫でのみ形成されるAM複合体

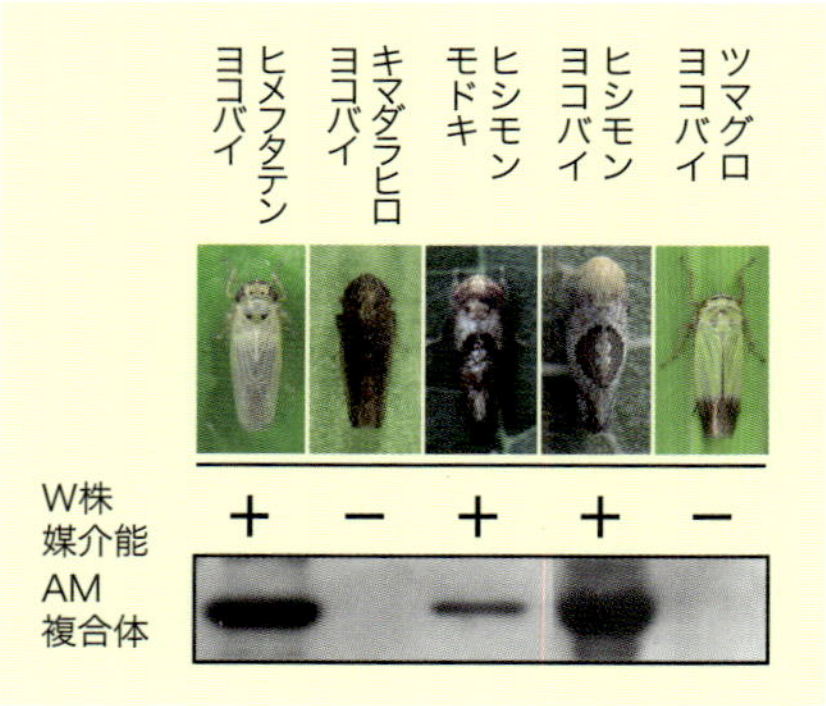

AMP結合カラムを用いて各種昆虫についてアフィニティー・クロマトグラフィーを実施した。その結果、媒介能を持つ昆虫のアクチンは検出されたが、非媒介昆虫のアクチンは検出されない。AM複合体（▶247頁）の形成能が媒介の可否を決定している。

ファイトプラズマにおける昆虫宿主決定の分子機構を明らかにしたことは、ファイトプラズマ研究の新展開につながる成果であった。その後、イタリアの研究グループが追試を行い、私たちの研究と同様にAMPと昆虫のマイクロフィラメントとの結合を確認した[31]。彼らは、AMPが昆虫宿主のATP合成酵素[5—35]とも結合することを報告した。ヒトなどのウイルスではATP合成酵素に結合したのち宿主細胞への侵入が始まることが知られており、ファイトプラズマにおいても同様のメカニズムで感染を成立させている可能性がある。ファイトプラズマの宿主への侵入メカニズムの詳細はまだ不明な部分が多く、やることは山積である。

［6・4・5］膜タンパク質を利用した巧妙な生存戦略

私たちの研究により、ファイトプラズマの主要抗原膜タンパク質には適応進化が認められ、このタンパク質と昆虫のマイクロフィラメントとの親和性が昆虫媒介能を決定することが分かった[32]。主要抗原膜タンパク質は新たな昆虫種に適応して宿主とするべく、親和性を持つ方向に変異を蓄積し続けているのではないだろうか？ ファイトプラズマは、主要抗原膜タンパク質のアミノ酸配列の変異を容認することによって、昆虫宿主を乗り替えるよう進化を遂げてきた可能性がある〈図6・29〉[33]。

たとえば昆虫AとBが存在し、そのうち昆虫Aにのみ感染できるファイトプラズマXがいると仮定する。この場合、ファイトプラズマXの主要抗原膜タンパク質は昆虫Aのマイクロフィラメントとのみ複合体を形成できる。その後、主要抗原膜タンパク質に変異が蓄積し、昆虫Bのマイクロフィラメントと弱いながら結合能を持つようになると、そのファイトプラズマ変異体は昆虫Bにわずかながら感染能を獲得することとなり、新たな昆虫宿主Bはその変異体のファイトプラズマによって占有され、その変異は安定化する。さらに、昆虫宿主Bへの感染能を増すような変異が主要抗原膜タンパク質に次々と入り、それらの変異も次々と安定化する。最終的に、それらの変異体ファイトプラズマはもとの昆虫Aへの感染能を失い（つまり、その主要抗原膜タンパク質は昆虫Aのマイクロフィラメントとの結合能を失い）、新たなファイトプラズマYの集団が確立されると考えられる〈図6・29〉。

この仮説は、主要抗原膜タンパク質に認められた高度な適応進化の原因を強く支持するものである。

図6.29　昆虫宿主域の拡大メカニズム

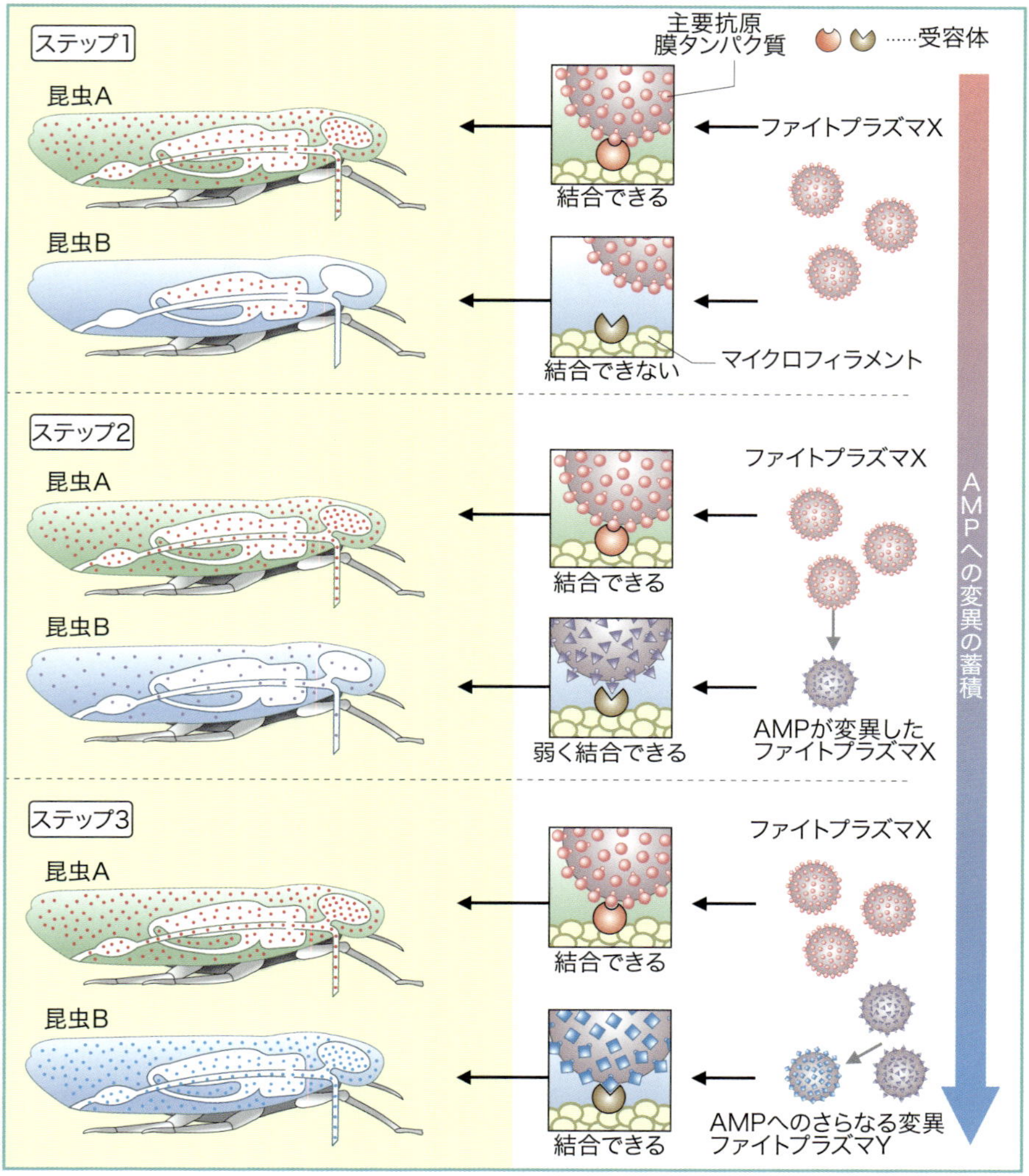

ファイトプラズマの主要抗原膜タンパク質のアミノ酸配列に変異が蓄積すると、新たな昆虫宿主の獲得につながり、その結果ファイトプラズマの拡散が促進される。これが新たな種の誕生と、ファイトプラズマの進化につながる。

すなわち、主要抗原膜タンパク質の変異は宿主域の拡大と新たなニッチ（生態域）の獲得につながり、ファイトプラズマの適応度の向上に寄与しているものと考えられる。ファイトプラズマがダイナミックに昆虫宿主を乗り替えることで生息域を拡大してきた巧妙な生存戦略がうかがえる。

[6・4・6] 宿主に接着する

ファイトプラズマは、主要抗原膜タンパク質以外にもさまざまな膜タンパク質を発現し使っている。前出のＯＲＦ３タンパク質はＮＩＭ株の昆虫媒介能の喪失に深く関わる因子であった（▼5・6・6）。また、私たちはＰ38と命名した膜タンパク質も発見しており、これは近縁のマイコプラズマやスピロプラズマが持つ宿主細胞への接着因子と共通する約40アミノ酸の保存モチーフ（ＭＡＭ[41]と命名した）を持つタンパク質で、ＭＡＭを介して昆虫宿主のタンパク質に結合性することが分かっている[34]。

このように、ファイトプラズマの菌体表面にある膜タンパク質は、宿主との相互作用において重要な役割を果たしている。膜タンパク質はファイトプラズマの生存戦略を統合的に理解するうえで欠かせない因子である。

[6・4・7] 植物の選《え》り好み

私たちの研究により、これまで分かっていなかったファイトプラズマの膜タンパク質の多様性や進化について多くの新たな知見を得ることができ、昆虫宿主の特異性を決めている分子機構が明らかになった。ファイトプラズマがこのように多様な昆虫により媒介されるにもかかわらず、異なるファイトプラズマがそれぞれ別々の昆虫により媒介される不思議な現象は、昆虫宿主の乗り替えを繰り返しながら多様化してきた結果であることが分かった。

41　MAM：Mollicutes adhesin motif。モリキューテス綱細菌が持つ宿主細胞への接着因子に共通して認められるモチーフ。

ファイトプラズマは人工培養や遺伝子導入が困難であるが、分泌タンパク質や適応進化しているタンパク質を探索することにより、重要な因子を見出すことが可能であることを、私たちの研究は示したことになる。

ファイトプラズマは昆虫だけでなく植物も選り好みする場合もある（宿主特異性が高い）。たとえば*P. oryzae*はイネには感染するがアスター（エゾギク）には感染できない。長い間、昆虫の植物に対する嗜好性と考えられてきたが、いくつかの実験により、そうではないことが分かってきた。この植物宿主の特異性の仕組みについては謎のままである。

また、ファイトプラズマの3種類の主要抗原膜タンパク質のうち、ＡＭＰが昆虫媒介能を決定することは明らかになったが、残る2種類のＩＭＰとＩＤＰＡの機能は依然として不明である。しかしこれらのタンパク質もファイトプラズマの菌体表面の大半を覆っており、一部はＡＭＰと同様に適応進化が認められることから[35]、重要な機能を担っているはずである。それらが解明されれば、ファイトプラズマの適応進化の戦略に関する新たなる側面も明らかになるであろう。

［コラム］

菌と金

植物病原体（菌）を貨幣（金）に喩《たと》えてみよう。作物に感染する病原体（菌）を媒介する昆虫は、事業に資金を投資する人間のようなものである。農業も経済も文明の発展とともに築き上げてきた人間のみが行える高度に知的な営みである。農作物に感染する病原体は媒介昆虫によって運ばれ、作物に感染することによって増殖する。事業に投資される資金も、投資家によってある事業から別の事業に活発に移され、事業が成功すれば莫大な富を生む。作物はしかし、病原菌が増殖しすぎると全滅し、反対に作物の抵抗力が強すぎると菌はまったく増えない。事業も、多くの資金が注ぎ込まれてもうまく行かなければ何の価値も生まず、失敗となる。

病原体を吸汁して作物から作物へと飛び回る媒介昆虫は、

事業に群がる投資家に似ている。しょせん病原体も地球という閉じた生態系の中では、気候や作物量という制約のなかでその総量は限られる（▼コラム「生命の軸」331頁）。事業をめぐる限られた規模の経済活動全体に流通する資金の総量も限られたものである。病原体が過剰に増えすぎると、農業は破滅する。事業に誤った投資をし、コントロールを怠れば恐慌となりかねない。

ただ一つ言えることは、これまでの事例を見る限り、地球史では大規模な気候変動による生物の大量絶滅を何度も経験している。植物も病原菌も同様に絶滅を繰り返してきているはずだが、変異しながら生き延び、今日に至る。同様に、人間の経済活動もいくどとなく大恐慌を経験してきたが、そのつど大きな犠牲を払いながらも何とか再生してきた。

ただし、地球温暖化という後戻りの難しそうな課題は、人類の文明を崩壊させ地球を丸ごと滅ぼす可能性がないとはいえない。農業を高度に集約化・大規模化し、水資源や希少化石資源を大量消費し、持続的な農業が行き詰まり、資本主義経済のみが生き残った現在、私たちは農業生産だけでなく経済そのものの仕組みに行き詰まりを感じている。

菌を金にかけて考えてみたが、菌も宿主とする作物や媒介昆虫が無ければ存在しえない。資金も金鉱から掘り出された金をもとにした金本位制によって成り立つものであった。しかし昨今のグローバル化の中で資金の電子的瞬間移動も可能となり、事業の浮沈もその本来の実力を十分に発揮する間もなく短時間の間に崩壊するリスクを常に負っている。

持続可能性をめぐるこの問題は、どちらも解決は相当に難しそうだ。そしてどちらも人類の存亡がかかっている。次元がまったく異なるようでいて、考えていくと同じ問題に帰着しそうなこれらの課題を人類はどう乗り切るのだろうか？

＊引用文献
【ファイトプラズマ関係】
〈東大グループ〉
［4］西村典夫（2007）関東病虫研報 54:93-97
［5］Nishimura N (1998) Ann Phytopath Soc Jpn 64:474-477
［7］西村典夫（2004）日植病報 70:22-25
［8］Bertaccini A (2016) Vector-Mediated Transmission of Plant Pathogens pp. 21-28
［9］Wei W (2004a) Phytopathology 94:244-250
［10］Hogenhout SA (2008) Mol Plant Pathol 9:403-423
［11］Oshima K (2001) Phytopathology 91:1024-1029
［12］中島智（2002）日植病報 68:39-42
［13］中島智（2009）日植病報 75:29-34

[14] Kakizawa S (2010) Phytoplasmas: genome, plant hosts and vectors pp. 37–50
[15] Kakizawa S (2001) MPMI 14:1043–1050
[16] Kakizawa S (2004) Microbiology 150:135–142
[17] Wei W (2004b) Phytopathology 94:683–686
[18] Oshima K (2011) PLoS ONE 6:e23242
[19] Hoshi A (2009) PNAS 106:6416–6421
[20] Miura C (2015) Sci Rep 5:11893
[27] Kakizawa S (2009) FEMS Microbiol Lett 293:92–101
[28] Kakizawa S (2006a) J Bacteriol 188:3424–3428
[29] Suzuki S (2006) PNAS 103:4252–4257
[30] Kakizawa S (2006b) Trends Microbiol 14:254–256
[32] Hoshi A (2007) Bull Insectol 60:105–107
[33] 柿澤茂行 (2009) 感染・炎症・免疫 39:48–51
[34] Neriya Y (2014) FEMS Microbiol Lett 361:115–122
[35] Neriya Y (2011) FEMS Microbiol Lett 324:38–47

〈農水グループ〉
[3] Wei W (2000) J Seric Sci Jpn 69:261–269
〈伊・ボローニャ大・ベルタッチーニグループ〉
[1] Calari A (2011) Bull Insectol 64:S157–S158
〈米・農務省・デービスグループ〉
[2] Lee IM (1998) Phytopathology 88:1359–1366
〈独・果樹作物保護研・ジーミュラーグループ〉
[23] Berg M (1999) Microbiology 145:1937–1943
〈米・カリフォルニア大・カークパトリックグループ〉
[25] Blomquist CL (2001) Microbiology 147:571–580
〈その他〉
[6] 石島嶄 (1971) 日蚕雑 40:136–140
[21] Milne RG (1995) Eur J Plant Pathol 101:57–67
[22] Barbara DJ (2002) Microbiology 148:157–167
[24] Yu YL (1998) Microbiology 144:1257–1262
[26] Morton A (2003) Mol Plant Pathol 4:109–114
[31] Galetto L (2011) PLoS ONE 6:e22571

7章

病原性因子の発見

重鎮の言葉を跳ね返すまで

ココヤシ立枯病ファイトプラズマに感染し枯死したジャマイカのココヤシ農園。

たとい古い時代の学説が全然間違いであるときまっても、
未開の境地に斧《おの》をふるい鍬《くわ》をいれて新学説をたてた学者の功労は
不滅のものとして、これを尊敬しなければならない。

逸見武雄《へんみたけお》

大正・昭和初期の植物病理学者

7・1――ユニークな病徴

［7・1・1］植物の形態異常

ファイトプラズマに感染すると、植物は共通して特徴的な症状を呈する〈図7・1〉。植物体は萎縮し、葉などが黄化し、枝が叢生するほか、さまざまな症状を呈し、多くの場合最終的に枯死する。ファイトプラズマにより植物に引き起こされる症状をまとめると次のようになる。

萎縮：茎や葉の生長が阻害され、著しく小型化する症状
黄化：葉や茎などが養分欠乏状態のように退緑し黄色くなる症状
叢生[1-8]：側枝が異常に多く生ずる症状
天狗巣：側芽が異常に発生して小さな葉や枝が多数密生し、小型化する症状
葉化：花びら・がく・雌しべ・雄しべが葉に置き換わる症状
緑化：花びらなどに葉緑素ができ、緑色を帯びる症状

黄化症状の場合、まず新葉が退緑・黄化し、次第に生育不良となる。特徴的なものは、ファイトプラズマに感染したイネの刈り取り後の晩冬〜越冬時、水を落とした田んぼ一面に生じた「ひこばえ[1-15]」などで顕著に見られる。このほか、ファイトプラズマに感染したクワやトマトなどを切り戻したあとに出てきた新たな芽などにもよく見られる。叢生症状については、主枝の伸長が止まり、代わりに側芽から新たに枝や葉がたくさん出てくる。一方、天狗巣症状を呈することも多く、節間（葉や枝の付け根の間隔）

図7.1　ファイトプラズマ感染植物の病徴

が極端に短くなり細くなった枝に（時に黄化した）小さな葉がたくさん付いた状態となる。ただし、天狗巣症状を引き起こす病原はファイトプラズマだけでなく、菌類などによっても同様な症状が現れる。たとえばサクラの天狗巣病[1]〈図7・2・左上〉など、ファイトプラズマ病と見分けが付きにくいものもある。菌の感染による場合は、天狗巣症状を示した部分に増生組織[2]は新たにできない。その点がファイトプラズマと異なる。また、宿り木

図7.2　ファイトプラズマ以外の原因による植物の形態異常の例

図に示した緑化カタクリや葉化バラは、遺伝的な変異など病原体以外の原因により形態異常が生じたと考えられる。

1　サクラ天狗巣病：糸状菌の *Taphrina wiesneri* によって引き起こされる。

2　増生組織：「増生」とは、何らかの原因で細胞が過剰に分裂し、組織や器官が大きくなる現象。その結果生じた組織を増生組織と呼ぶ。

（ヤドリギ）も天狗巣症状に似ているが、別種の植物（セイヨウヤドリギ）が寄生したものである〈図7・2・左下〉。このほか、突然変異などによっても葉化や緑化を生じることがある〈図7・2・右〉。

［7・1・2］勢力拡大を狙うファイトプラズマ

ファイトプラズマは花器官（がく、花びら、雄しべ、雌しべのそれぞれを指す）にも特徴的な症状を引き起こす。花びらやがくの緑化（ヴァイレッセンス）や葉化（フィロディー）、がくや雌しべの肥大、不稔（葉化によるほか、雄しべや花粉の成熟不良により結実しないこと）、突き抜け（花器官から新たに茎や枝が伸びること）など際立った形態変化をもたらすのだ〈図7・1〉。

なかでも「葉化」と呼ばれる症状は、私たちにとって一見魅力的で、歴史的にも古くから人々の関心を惹きつけてきた。花が葉と同じ緑色に変化してしまう葉化や緑化は、それが病気であるという認識のなかった1000年以上前には、むしろ非常に魅力的で貴重なものとされていたことは1章で述べたとおりである。緑化や葉化した花を、中国の皇帝が年貢として徴収していたという記録もあり、古代中国の統治者は知らず知らずのうちにファイトプラズマ病の熱狂的ファンになっていたのである。

葉化したアジサイが現在でもインターネットなどで高く売られている。青色や薄紫色のアジサイに混じって、葉のような緑色をした珍しいアジサイを目にしたことがある人もいるのではないだろうか。がく（アジサイでは花びらのように見える部分）に葉のように縁にギザギザの切れ込みが入り、厚ぼったく濃い緑色になった「葉化アジサイ」が品種として珍重されているが、実はそれはファイトプラズマによる葉化病である[1]。

このような花の葉化という形態変化がなぜ起きるのかを考えてみると、そこにはファイトプラズマの生存戦略が見え隠れしている。すなわち、花を葉化させることが、ファイトプラズマにとって勢力拡大

［コラム］ポインセチアは天狗巣病？

毎年クリスマスになるとポインセチアを飾り、クリスマスムードを盛り上げる文化を私たち日本人はいつの間にか身につけてしまった。

ポインセチアは中米やメキシコに自生する熱帯植物で、メキシコでは「聖夜（ノーチェ・ブエナ）」と呼ばれる。初代米国駐メキシコ大使ポインセットが1825年に米国に持ち込んだことが「ポインセチア」の名の由来である。日本には明治時代に渡来し、苞葉《ほうよう》[1]が鮮やかな赤色に染まることから「猩々木《しょうじょうぼく》」という和名が付けられた。米国では1920年代に本格的に栽培が始まり、20世紀末には全米で400億円もの産業になった。日本でも約20億円規模の市場を持つ重要な園芸植物の一つである。

現在出回っている鉢植えのポインセチアは、1920年代に米国のエッケ社が開発したものである。本来、ポインセチアは頂芽優勢を示し樹高5メートルにまで生長する大型植物であるが、同社のポインセチアは小振りで分枝が多く、葉や苞葉が密集してはなやかであったため、鉢植えと流通に適した品種として巨大市場へと発展したのだ。しかし、実はその人気の小型品種がすべてファイトプラズマに感染していることが、近年明らかになった。

1980年代、小型品種のポインセチアが、成長点培養や高温処理などの伝統的な植物病原体の除去手法（フリー化技術という）により大型化することが確かめられた。また、接木により小型品種の形質が伝染することも確認されたことなどから、植物病原微生物の関与が疑われたが、ウイルス説は否定され、電子顕微鏡観察やテトラサイクリン処理では、ファイトプラズマの存在を確認できなかった。

1997年、米国の植物病理学者イン・ミン・リー博士（▼127頁）は、PCR法により小型品種のポインセチアからファイトプラズマを検出した。また、ネナシカズラを用いて大型のポインセチアにファイトプラズマを感染させると小型になることを示し、このファイトプラズマはポインセチア天狗巣病[2]ファイトプラズマ（PoiBI）と命名された。

PoiBIはサクラ属の果樹に甚大な被害を引き起こすウェスタンX病ファイトプラズマ[3]に近縁である。私たちは、PoiBIの膜タンパ

1　苞葉：花と思われている部分は葉が赤色、ピンク色、白色などに変化したもので、苞葉と呼ばれる。クリスマスの時期に合わせ、短日処理をして色を付け、緑色の葉とのコントラストが楽しまれている。
2　ポインセチア天狗巣病：poinsettia branch-inducing disease（便宜上和名を付けた）
3　ウェスタンX病ファイトプラズマ：western X-disease ファイトプラズマ（*Phytoplasma pruni*）

ク質に配列多様性が認められ、そこには正の選択圧がかかっていることを見つけている。Po・iBIが接木伝染によりポインセチアに適応してきた証拠である。

Po・iBIは人間によって約1世紀の永きにわたり飼い慣らされてきた、最も身近なファイトプラズマといえる。市販のポインセチアのほとんどはPo・iBIによる「天狗巣病」の症状を呈しているが、生産者および消費者にとっては付加価値の高い形態であるため、現在でも病気として認識されておらず、国際的に流通しているわけである。しかし、Po・iBIが元々どんなファイトプラズマであったのかは依然不明なままであり、他の植物へと伝染するリスクも含めて検証していく必要があろう。

の機会を増大するのだ。たとえば、媒介昆虫であるヨコバイは緑色に誘引される習性がある[2]。ファイトプラズマはそれを利用して、より多くのヨコバイを呼び寄せて自身を媒介させるために、花を緑化させているのだ。また、花は通常、咲いた後は実を付けやがて枯れてしまうが、枯れるのを遅らせるように若返りをねらって葉化させ、ファイトプラズマが寄生できる期間を延ばし、感染拡大する機会を増やしているのではないかと容易に推測される。これらはいずれもファイトプラズマの生き残りに有利にはたらくはずであり、このような病徴を誘導することはファイトプラズマの生存戦略の一つである。

また、ファイトプラズマの病徴は植物の外部のみならず、内部組織にも現れる。ファイトプラズマの増殖により、感染組織の篩部細胞（篩部組織にある細胞）は壊死するため、篩管を含む周辺細胞は閉塞《へいそく》し、光合成産物の転流が阻害される。このため、糖類やデンプンが過剰に蓄積した葉緑体はその存在意義が低下するため、崩壊が進み、細胞も次第に壊死してゆく。これを補うため、篩部組織は横方向に異常増殖するとともに肥大する〈図7・3〉。これらの内部病徴は、そのまま黄化や萎縮などの外部病徴となって現れる[3]。

このように特徴的で興味深い多様な症状を示すファイトプラズマ病だが、いったいどのようなメカニズムでそれらが発現するのか、私たちが明らかにしてきたことを以下に述べていこう。

7・2——ファイトプラズマで初めての病原性遺伝子

[7・2・1] 病原性遺伝子が見つからない!

私たちが *Phytoplasma asteris* OY-M株[5-10]の全ゲノム配列を世界に先駆け解読した2004年を起点に(▼5・3・3)、以後数多くのファイトプラズマゲノムが解読された。その結果、ファイトプラズマは最小ゲノムの生物といわれるマイコプラズマ以上に、代謝機能に関わる重要なシステムを失っていることが分かった。これまで知られているどの生物にも存在する必須の生命維持システムとされているものが、ファイトプラズマには無いのだ。

また、ファイトプラズマには、Ⅲ型分泌装置[5-51]がない。これも注目すべき点である。Ⅲ型分泌装置とは、病原細菌が菌体内で生産したタンパク質(病原性因子)を宿主細胞内に注入する注射器のような装置で、病原細菌のゲノム中のHrp遺伝子クラスター[3]にコードされているのだが、ファイトプラズマにはこの装置がない。しかも、植物病原細菌にあるような既知の病原性遺伝子を何一つ持っていないことも、ファイトプラズマによる症状の原因を考えるうえで特筆すべき点である。

[7・2・2] 激しい篩部細胞の壊死と増生

M株は、W株から突然変異により作出した弱毒株である(▼5・2・1)。W株は宿主植物に黄化、萎縮、叢生、天狗巣、緑化および葉化などの激しい症状を引き起こすが、M株は軽度の叢生を引き起こすだけで、ほかの症状は起こさない〈図5・6〉。

3 Hrp遺伝子クラスター:細菌の病原性に関わる遺伝子の集積領域。非宿主植物においては、これらの遺伝子のコードするタンパク質が、過敏感反応と呼ばれる抵抗性反応を誘導することもある。Hrpはhypersensitive reaction and pathogenicityの略。

［コラム］

生命と非生命のあいだ（前）：農業・食料の保守性

『生命と非生命のあいだ』は、米国の作家であり生化学者でもあったアイザック・アシモフにより1967年に出版された科学エッセイである。本書には、当時の未来予測が描かれている。

それによると、はるか過去に植物が化石燃料として蓄えたCO_2を人類が利用した結果、2000年には大気中のCO_2は25％増加し、地球温室効果ガスとして気温上昇につながると警告している。1990年には、人口爆発により、世界人口は約50億人になり、人口調節が制度化され、高齢化が進む。都市は地下に移され、地上は耕作や牧畜に当てられ、人類は海中の大陸棚に住む。食肉獣は絶滅し、害虫・病原菌も駆除される。人口爆発により食料危機に見舞われ、食物も肉類から魚類や穀物に切り替わる。藻類や酵母を培養してつくられた、肉・レバー・チーズもどきの食品がスーパーで売られる。2014年には、世界人口は65億人になり、人口調節はさらに進むが、農業生産は追いつかなくなり、高生産性の微生物農場が出現する。酵母を使ってできた「七面鳥もどき」や「ステーキもどき」を食べることになる。こういった食品革命に対し反対運動が起こる。

こうしてみると、興味深いことに、一部を除きほとんどの予測が現状と大幅に異なる。では、我々はアシモフの予測に反し、技術を巧みに制御することができたのだろうか。もちろん科学者とはいえ一作家のエッセイをもとに論ずること自体に異論もあろうが、彼の未来予測を糸口にして議論を進めてみたいと思う。

温室効果ガスについては、日本でも宮沢賢治が80年も前にSF短編小説「グスコーブドリの伝記」のなかで触れている。主人公のブドリが高名な学者にこんな疑問と提案を投げかけているのだ。「先生、気層のなかに炭酸ガスがふえて来れば暖かくなるのですか？」「それはなるだろう。地球…の気温は、…空気中の炭酸ガスの量で決まっていた…くらいだからね」「カルボナード火山島が、いま爆発したら、この気候を変えるくらいの炭酸ガスを噴くでしょうか」「それは僕も計算した。あれがいま爆発したら、ガスは…地球全体を包むだろう。そして…熱の放散を防ぎ、地球全体を平均で5度ぐらい暖かくするだろう（…：一部略・表記改変）」。冷害に悩む日本の東北地方の農業を科学によって改良しようと努力していた宮沢賢治であるが、地球温暖化を見事に見通している。

アシモフは人口爆発（実際は彼の予測以上の増加率であるが）

や温室効果ガスに関しては両者ともにほぼ言い当てている。

しかし、科学的に実現可能であっても、個別技術の複雑な組み合わせを必要とする農業や都市計画の場合、「安全性」、「信頼性」、「経済性」など幾多の壁を乗り越えることが実現の鍵を握っている。思わぬ技術的障壁によって制約されることもあれば、技術の過信にもとづいた災害により方向転換することもある。社会のニーズは変化するものであり、アシモフの予測が外れても不思議はない。

では農業、食料についてはなぜここまで大きく予測が外れたのであろうか？現実は、予測ほど劇的な変化を起こしていない。農業生産や食はそれぞれの地域文化と密接に関わっている。一方で、今日のグローバル化の流れに乗って、寿司やハンバーグは世界各国の食文化に溶け込みつつある。エネルギー効率的には合わない畜産だが、動物愛護の観点から規制されることもなく世界中で大規模に展開されている。しかし、捕鯨や遺伝子組換え作物は反対派から受け入れがたい食料生産活動として攻撃対象となっている。宗教の中には教義的に食の制約を謳《うた》っているものがたくさんある。こうしてみると、客観的には合理性に乏しいにもかかわらず、歴史や文化のなかで根づいた食習慣を反映した農業生産は頑《かたく》ななまでに不変である。科学・技術の発展的側面から単純に将来を予測することはできないのかもしれない（後編：269頁）。

では、植物の内部病徴にはどのような差異があるだろうか。私たちは、ファイトプラズマの感染により植物内部に生ずる病変について、強毒株（W株）と弱毒株（M株）の差異を調べてみた［4］。W株は篩部組織[0-5]を増生[2]させ、横に発達して隣接した篩部組織同士は手をつなぐように融合し環状となる〈図7・3〉。さらに増生が続くと、篩部組織は円状から次第に波打った環状構造となる。また、形成層[4]細胞から篩部組織が新たに作られ、もとの篩部組織は外周へと押しやられてゆく。篩部細胞はW株の感染に伴う壊死（篩部壊死）のため篩管液の輸送に支障を生じることから、それを補うために篩部細胞が増生するものと思われる。篩部壊死は篩部の背軸（成長点と反対側）の部分で起こり、壊死した細胞の中にカロース[5]が沈着する〈図7・4〉。これに対して、M株や、M株から作った非昆虫媒介株であるNIM株のような変異株に感染した植物では篩部細胞の増生はなく壊死も少ない〈図7・4〉。しかしカロースは

4　形成層：木部と篩部の間に存在し、細胞分裂が活発に行われている組織。植物体を太くする肥大生長の役割を担う。

5　カロース：病原体の侵入や種々のストレスにより細胞に生じた傷害に応答して、細胞壁と細胞膜の間に蓄積される多糖類である。アニリンブルーで染色され、蛍光顕微鏡で観察できる。

沈着する。また、ファイトプラズマ菌体数はW株より少ない〈図7.4〉。

W株に感染した植物で特徴的に認められる篩部細胞の壊死と篩部組織の増生について、私たちは、ある疑問とともに着目していた。たしかに、強毒株の感染によって引き起こされた篩部組織の増生は、篩部組織における細胞死により低下した篩部の機能を補うために誘導されたという因果関係説は、それなりに納得できるものではある[5]。しかし、この篩部組織の増生はとても活発で、このような単純な理由だけでは説明しきれない。何か別の理由があるのではないかと考えていた。つまり、「W株が篩部組織の増生を誘導する因子を持っている可能性があ

図7.3 ファイトプラズマ感染による篩部組織の壊死と増生

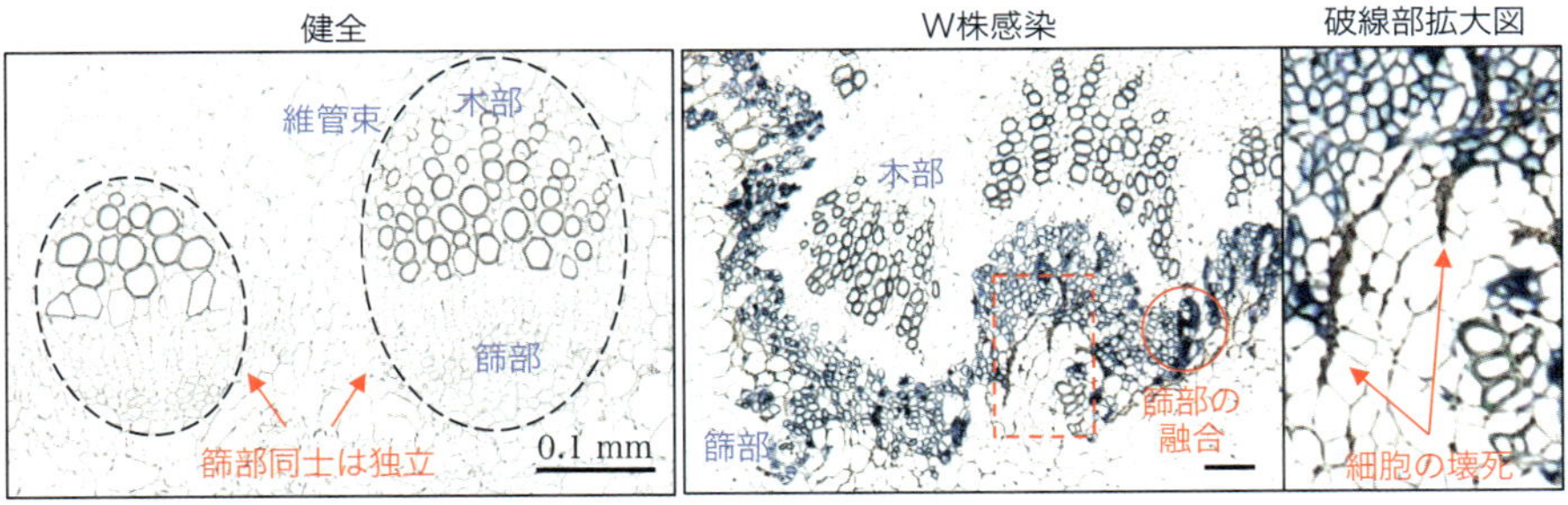

青いシグナルは免疫染色によって染まった篩部内のファイトプラズマ。W株が感染した植物では篩部が増生し、互いに融合している。また壊死して褐色になった篩部細胞が観察される。

図7.4 感染植物におけるカロースの沈着（上図）と、ファイトプラズマの感染部位（下図）

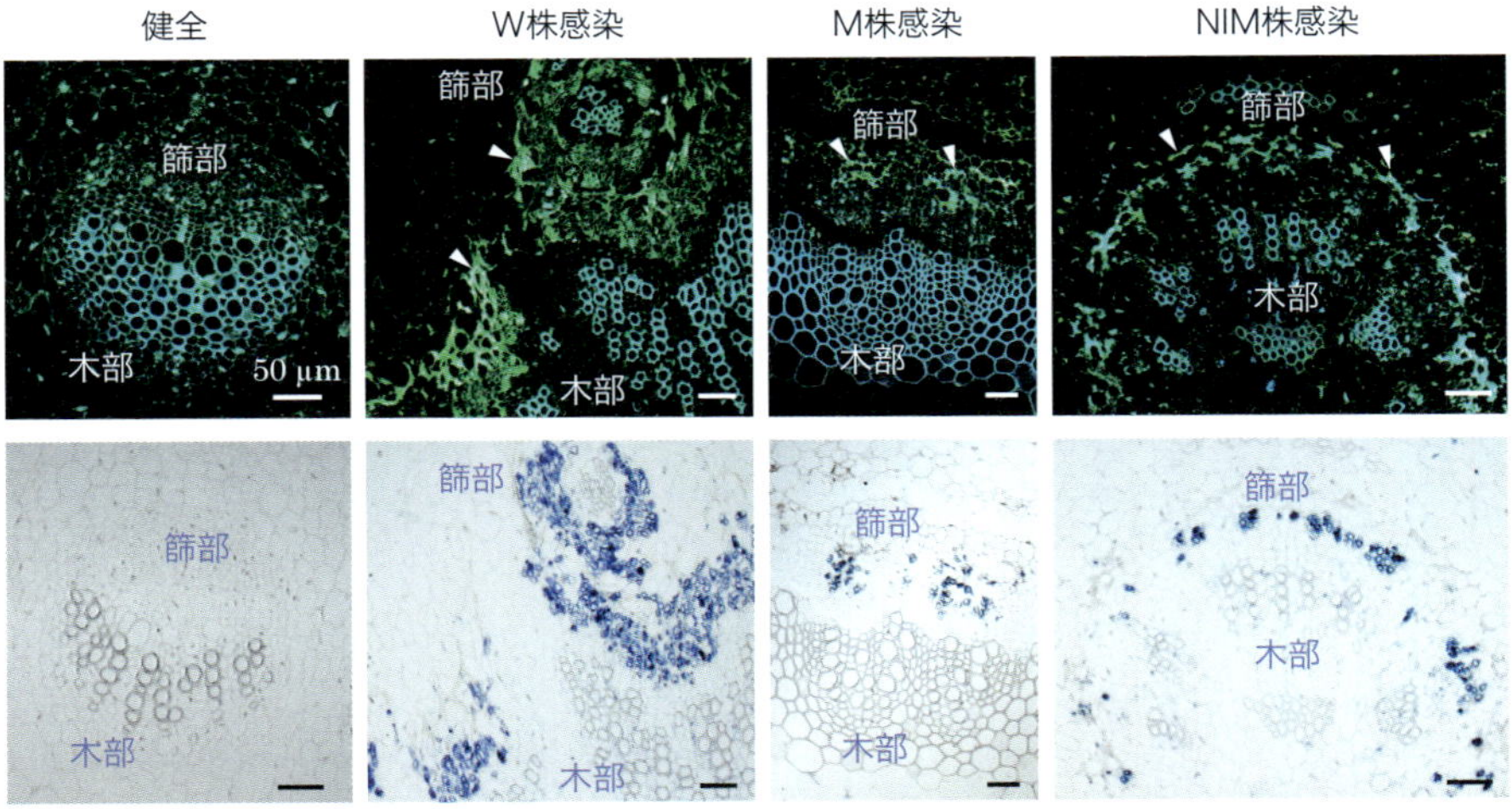

感染植物ではカロースが黄緑色蛍光として観察される（上図矢頭）。木部の水色の蛍光は、健全植物にも観察される自家蛍光である。カロースの蓄積およびファイトプラズマ（下図、青いシグナル）の増殖は、W株感染植物で顕著である。

る」ということだ。

たとえば、アグロバクテリウム[5-55]、シュードモナス属[6]、リゾビウム属[7]、ロドコッカス属[8]などの細菌の感染によっても植物に細胞の異常増殖が起こり、癌腫《がんしゅ》などができる。このような細菌は、植物ホルモンを合成する遺伝子を持っている。ファイトプラズマも同じような遺伝子を持っていて、篩部増生を起こしているのではないかと容易に推測される。ただし、そのような遺伝子は通常、染色体ゲノム上ではなく、染色体外ＤＮＡ（プラスミド）にコードされている[6]。その点で、１９９８年に私たちが初めて染色体外ＤＮＡを発見し報告するまでは[7]、ファイトプラズマがゲノム以外にプラスミドを持っていることは分かっていなかったため、疑問は解けなかった。しかし、結果から言えば、この疑問がのちにプラスミドの発見とその解析につながったのである。このプラスミド上に篩部増生の原因遺伝子があるかどうかはまだ分かっていないが、現象の細やかな観察とそこから生まれる疑問や発想は大切にしなければならないことを示す典型的な例である。

［7・2・3］植物を黄化・枯死に至らせる原因

強毒株（Ｗ株）と弱毒株（Ｍ株）の違いの話に戻ろう。ゲノムの大きさはＷ株は１００万塩基対、Ｍ株は86万塩基対で、Ｗ株がＭ株よりも大きいことが分かっており〈図5・8〉、ゲノムサイズの差が病原性の違いに関係している可能性がある。そこで思い起こされるのが、ファイトプラズマが重要な代謝経路の大半を失っていることと、それを補うためにおそらく宿主細胞から生存に必要な栄養を搾取し、その養分収奪のメカニズムが宿主に悪影響を及ぼしているのではないかと予測されたことである。そこで、Ｗ株について養分収奪に関わる解糖系の遺伝子領域を解読したところ、Ｍ株の倍の約6万塩基対あった。Ｍ株では約3万塩基対からなる解糖系の遺伝子領域がＷ株では2セット並んでいて（これらの領

6　シュードモナス属細菌：*Pseudomonas* 属細菌。土壌細菌で、植物病原細菌や霜害の原因菌が含まれる一方、生物防除に利用されたり、植物の生長を促進する有用菌も含まれる。

7　リゾビウム属細菌：*Rhizobium* 属細菌。代表的な根粒菌で、土壌に生息し、マメ科作物の根に侵入して肥大させ、根粒を形成する。空気中の窒素を固定してアミノ酸を植物に供給し、植物からは光合成産物の糖を摂取する共生関係を築く。

8　ロドコッカス属細菌：*Rhodococcus* 属細菌。放線菌の仲間で土壌中に生息し、植物細胞の異常増殖を引き起こし、帯化病などの病気を引き起こす。

［コラム］

生命と非生命のあいだ（後）：科学・技術の進歩は直線的ではない

科学・技術の進歩は、直線的ではない。あるとき、ある特定の分野が急速に発展する。おそらく、近年もっとも進歩を遂げたのは生命科学とそれに関連した技術であろう。問題はそれに対峙できるだけのリテラシーを身につける場と機会が我々に十分に用意されていなかったことである。アシモフの時代にはまだ遺伝子に関する知識はほとんどなかった。にもかかわらず彼は、「誰もが血液を一滴取って『遺伝子分析』を行えば、未来の健康状態を予測し、予防を講じるような時代がやってくる」と、テーラーメード医療を予見している。当時は、技術は開発そのものであり、そこにこそ、人類の輝かしく明るい未来が待っているものと考えられていた。現在、農学の直面している課題は、「環境保全」・「食の安全」であり、昔はなかった視点である。当時の「枠組みの単純さ」に比べ、状況は著しく変化したのである。

科学は生命を創り、魂を理解し、宇宙を制覇してしまうのであろうか。あるいは結局限界が訪れるのだろうか？科学を追究する先には哲学がある。そしてその究極の解は宗教である。中世にグーテンベルグによって印刷技術が発明され、それまで写本に頼っていた科学知が一気に衆目知になる時を以て、科学は宗教的意味合いを失った。そして現代は中世で経験した転換点を再び迎えている。いまや科学はインターネットの普及を契機にその信頼が揺らぎつつある。

科学者でさえもはや「地球温暖化」・「遺伝子組み換え」・「地震予知」など難しい課題について明確な発言をしにくい状況に置かれている。不用意な一言でたちまちネットサイトが炎上する時代である。

話は戻るが、アシモフの作品『生命と非生命のあいだ』の原題は知らない限り想像することは難しい。『Is anyone there?』である。この邦訳の絶妙さに比べると、専門家やマスコミの邦訳のセンスの悪さは周知のところである。「genetically modified organisms：遺伝子組換え生物」、「pesticide：農薬」、「single cell protein：石油タンパク」など枚挙に暇《いとま》がない。アシモフは本書で「生命と非生命のあいだ」を専《もっぱ》ら論じているわけではないが、生命の永続性と非永続性の二面性を説いている。

生命は移ろいゆくものであり、動的平衡をもってダイナミックに過去のものが時間と共に入れ替わり、限りなく繰り返される営みの末に死を迎える。この間、二度と同じ状態は無いが、しかし「私が私であり続ける」ことができ、「今」だけの表現のなかで時間を生み出してゆく。
先頭に立つ勇気を持った、センス豊かな科学者がたくさん生まれ、自然の営みのダイナミズムを俯瞰《ふかん》的視点から熱く語り、自然に恵まれたこの地球の大切さを知らしめてほしい（前編：265頁）。

域をそれぞれA、Bとする）、遺伝子の構成も同じであった〈図7・5〉。これはおそらく、遺伝子重複（ゲノムの複製時に2度にわたって繰り返し複製されつながること）によって生じたと思われる。A領域とB領域にはそれぞれ5つの解糖系酵素遺伝子[9]とそれ以外の10遺伝子[10]が1セットずつ存在していた[8]。このような機能遺伝子領域の倍化現象は、他のどの細菌にもなく、ファイトプラズマに特徴的である。しかも、同種のファイトプラズマ *P. asteris* の米国株（AY-WB株[5-46]）の解糖系遺伝子領域はM株と同様に1セットしかない。M株から作った非昆虫媒介株（NIM株）の解糖系遺伝子領域も1セットであった。つまり解糖系遺伝子領域を2セット持つW株は特別な株ということになる。

◉重複遺伝子はいずれ消えてゆく

さらに調べていくと、W株では、A領域、B領域のそれぞれにある5つの解糖系酵素遺伝子のうち3つと、それ以外の10遺伝子のうち8つで、重複した遺伝子のどちらか一方の塩基配列に変異が起こり、偽遺伝子《ぎいでんし》[11]となっていた〈図7・5〉[9]。これは何を意味しているのだろうか。

そもそも遺伝子重複はゲノム進化の原動力である。高等真核生物では一般に、重複した遺伝子の一方が新たな機能を持った別の遺伝子へと進化して、長い時間をかけてその生物システムのなかで調和しつつ新たな役割を果たすようになる。そのため真核生物では遺伝子重複により完全に同じ機能を持った2つの遺伝子セットが生じても、一方が完全に退化しないことが多い。これに対し、原核生物では、W株

9　5つの解糖系酵素遺伝子：Pgi、PykF、Gpml、Eno、PfkA

10　それ以外の10遺伝子：NorM、SmtA、GreA、OsmC、CitS、ArgE、ThyA、FolA、PlsC、AlaS

11　偽遺伝子：もともと遺伝子として働いていたが、変異などで遺伝子機能を失ってしまったDNA領域のこと。

図7.5 W株とM株の解糖系遺伝子領域の比較

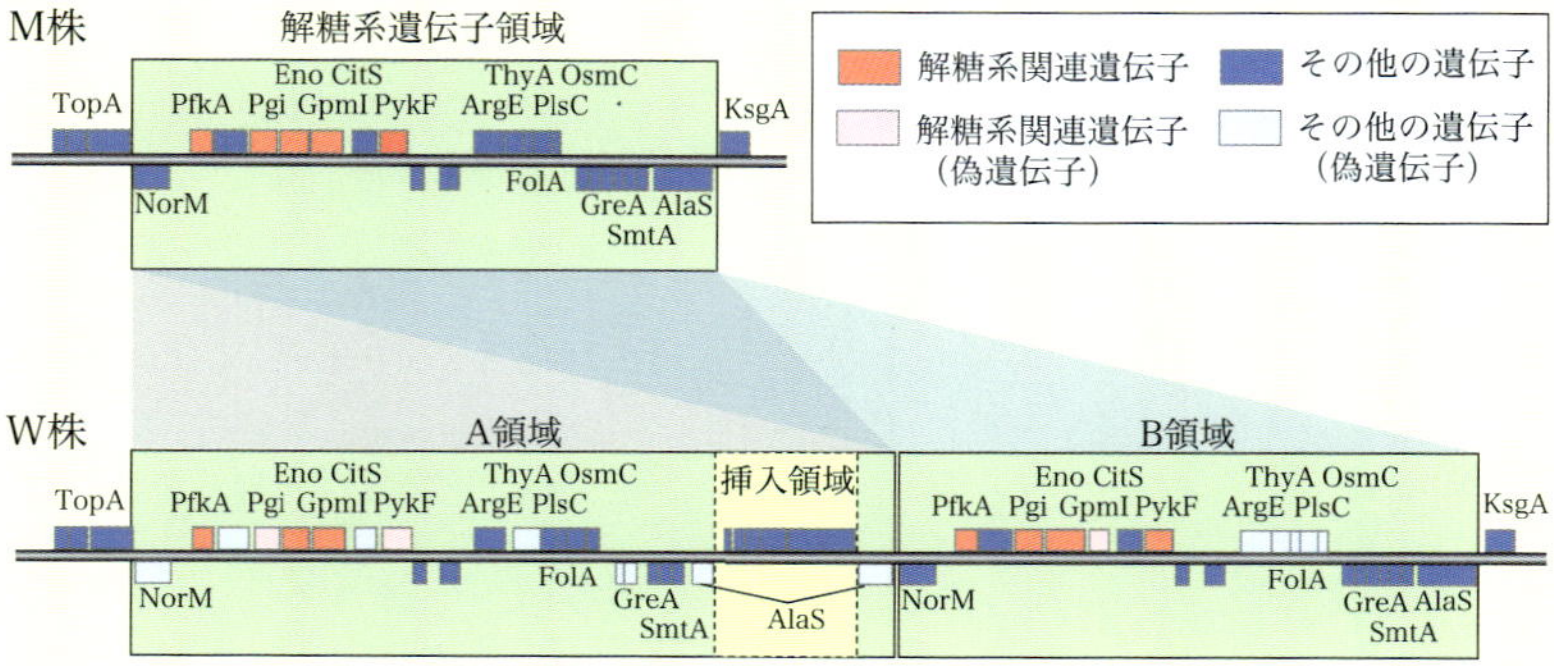

W株では解糖系遺伝子領域が重複している（AおよびB領域）。A領域のAlaS遺伝子は挿入領域（黄色）によって分断されている。

のA領域とB領域のように、どちらか片方が本来の機能を失い偽遺伝子となり、速やかに消えてゆく[10]。これはファイトプラズマでも同様であったのだ。一方で、W株の偽遺伝子では、非同義置換(▼6・4・3)よりも、同義置換のほうが高い割合で生じていた〈表7・1〉。このことは、塩基配列上の変異は生じながらも、機能が失われず残るような選抜が最近まで起こっていたが、徐々に偽遺伝子になり、ついには欠失へと向かう途上にあることを示している。M株とW株は、細菌の遺伝子重複の行く末をリアルタイムで見ることのできる重要な生きた化石といえる。

◉増殖力が旺盛《おうせい》なわけ

偽遺伝子にならず、A、B両方の領域で機能を維持している解糖系酵素遺伝子はホスホフルクトキナーゼ遺伝子とエノラーゼ遺伝子だけであり、そのうち、特にホスホフルクトキナーゼ遺伝子は解糖系のなかで最も反応速度の遅い酵素（律速酵素）遺伝子である〈図7・6〉[11]。律速酵素遺伝子は、解糖系の反応速度を決めるキーとなる遺伝子である。解糖系の経路は道路でいえば追い越し車線のない1車線、鉄道でいえば待避線のない単線のようなもので、反応経路の始点と終点のあいだに迂《う》回路《かいろ》がないわけである。そこに、ホスホフルクトキナーゼ遺伝子が2コピーあり、それに加えてエノラーゼ遺伝子も2コピー残っているので、解糖系の反応スピードはその分高まることになる。道路でいえば2車線、鉄道でいえば複線化していることになり、反応スピードはその分はるかに高くなるはずである。

篩部組織には光合成産物（糖）の主要通路（篩管）があり、炭素源が豊富である。ファイトプラズマがそのような篩部細胞の環境に適応していくには、律速酵素遺伝子を2コピー維持し、糖を旺盛《おうせい》に代謝し続けることが生存戦略上きわめて重要なのであろう。W株とM株のこの遺伝子数の違いは、解糖系の活性、ひいてはファイトプラズマの増殖量に大きな影響を与えているはずだ。強毒＝W、弱毒＝Mとい

表7.1 W株解糖系遺伝子領域中の偽遺伝子には同義置換が高い割合で生じている

偽遺伝子	偽遺伝子化前の機能	d_N / d_S比
Pgi	解糖系関連酵素	＜1
GpmI	解糖系関連酵素	＜1
PykF	解糖系関連酵素	＜1
NorM	ナトリウムポンプ	＞1
CitS	ナトリウム/クエン酸共輸送体	＜1
ArgE	アルギニン生合成関連酵素	＜1
ThyA	チミジル酸合成酵素	＜1
FolA	葉酸代謝関連酵素	＞1
PlsC	リン脂質合成関連酵素	＞1
AlaS	アラニルtRNA合成酵素	

d_N / d_S ＜ 1：同義置換の割合が高い
d_N / d_S ＞ 1：非同義置換の割合が高い（6章参照）

M株の相同遺伝子と比較した際の d_N / d_S 比を示した。AlaS遺伝子は中途に挿入領域が存在し（▶図7.5）、M株の遺伝子と大きく構造が変わってしまうため、d_N / d_S 比の計算を行わなかった。

図7.6 ファイトプラズマの持つ解糖系関連酵素

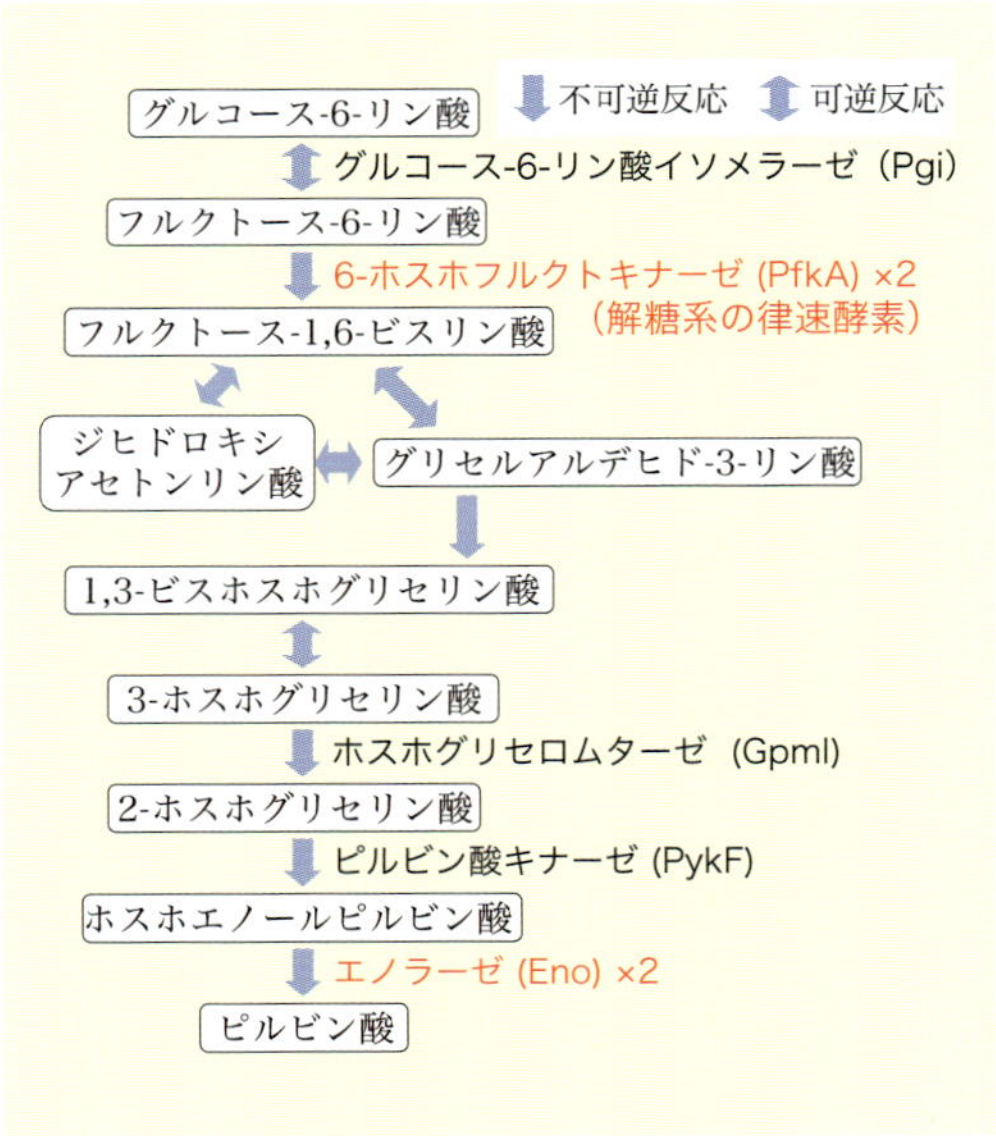

W株の持つ重複した解糖系関連酵素遺伝子のうち、赤字はA、Bの両領域で偽遺伝子化していないもの、黒字はいずれか一方が偽遺伝子化したもの。律速酵素であるPfkAが両領域で偽遺伝子化していないため、W株では解糖系全体の反応速度が高い。

うとおり、ファイトプラズマの増殖量はW株の方がM株よりも多い〈図7・4〉。

ファイトプラズマは生きるのに必要な代謝系遺伝子の多くを欠いていることから、自身が増殖し生き延びるうえで必要なありとあらゆる物質を宿主細胞から収奪しているに違いない。したがって宿主細胞には相当な負荷となっているはずである。

モリキューテス綱の微小細菌スピロプラズマ[2-43]はファイトプラズマと同様、昆虫に媒介され植物篩部に局在して植物に病気を引き起こす。そして、植物の光合成産物である糖の一種「フルクトース」を利用する遺伝子群を持っており、これらが植物から栄養を収奪し衰弱させることで、病原性に関与する〔12〕。しかし、ファイトプラズマにはフルクトースを代謝する遺伝子がない。ファイトプラズマはスピロプラズマと近縁でありながら、異なる糖代謝経路を持ち、異なる糖分子を使っていると思われるが、まだ何を利用しているのか、どのように取り込んでいるのか、分かっていない。

前述のように、ホスホフルクトキナーゼ遺伝子およびエノラーゼ遺伝子のコピー数が、W株ではM株の2倍あることから、篩部細胞における糖の収奪力はW株がM株の2倍大きいと考えられる。M株に感染した植物は植物の高さ（草丈）において健全植物と大きな差がないのに対して、W株の感染植物は激しい黄化、萎縮を引き起こし、多くの場合、最後に植物は枯死にいたる。W株に感染した植物では、ファイトプラズマによる宿主細胞からの糖の収奪力が強く、そのためソース[6-7]である葉からの糖供給が間に合わず、葉の細胞が自己分解を起こして、糖の供給を補おうとするため黄化症状を呈し、シンク[6-7]である成長点は栄養不足に陥るため植物体が極端に萎縮し、最後には栄養バランスが崩れ枯死してしまうものと思われる。

要するに、植物の黄化・枯死という症状の原因は、解糖系遺伝子領域の遺伝子の数によるもので、W株ではM株の2倍あることで激しい養分収奪が起こり、植物が養分欠乏に陥ってそれらの症状を起こしていることが解明された。その養分収奪を担っているホスホフルクトキナーゼ遺伝子およびエノラーゼ遺伝子は、ファイトプラズマの病原性遺伝子として重要な役割を果たしているのだ。

［7・2・4］人間の営みが病原性を変える

一般に病原体の病原性が強くなればなるほど自身が絶滅するリスクも高めることになる。それは、人間が行っている農業のメカニズムを考えればわかることで、森林を大規模に伐採しあるいは焼き払い、単一の作物を大面積で連作する農業において、ある農作物に寄生する病原体を考えたとき、病原性の強い病原体が優占種となれば、宿主植物も絶滅するリスクが高まる。宿主植物がいなくなってしまえば、病原体も絶滅せざるをえない。しかしファイトプラズマの場合、いくつかの要因が重なり、病原性の強いものでも生きながらえることができる。

その要因の一つとして、ファイトプラズマは宿主生物において一般に垂直感染せず（植物における種子伝染と媒介昆虫における経卵伝染を指す）[6-1]、媒介昆虫も1～2種程度に限られるため、拡散範囲が限定的であり、宿主植物の集団全体が致命的な状況に陥る最悪の事態にはなりにくい。また最も大きな要因として、農薬が使用されることで、唯一の媒介・拡散システムである昆虫の密度が相当に抑えられるので、宿主作物を全滅させる可能性がその分低くなる。このような環境条件の下では、W株のような強毒株のファイトプラズマが優占株になっても宿主植物は絶滅のリスクを免れ、繁栄しうるのである。事実この株は、野菜生産の盛んな農地から分離された株である。

こうして、宿主に対する病原性と、種子伝染性、媒介昆虫の種類、経卵伝染性のバランスが適度に保たれたもののみが宿主植物を絶滅させない程度に生き残り、このバランスを崩したファイトプラズマ種は絶滅し、今日に至っているのであろう。見方をかえれば、作物を冒す病原体は、人間の高度な農業生産という営みの産物でもあるのだ。人間の手の加わらない自然の生態系では、互いに絶滅に至らない程度に生存し繁栄し続けるために、W株は絶滅し、M株のような弱毒株が優占種となるにちがいない。

7・3――タンパク質分泌装置

〔7・3・1〕独自のシステム

病原細菌は、宿主の免疫反応を回避し、感染することを狙っている。その戦略の一つとして、動植物に病気を引き起こすグラム陰性細菌[12]の多くは、III型分泌装置を持っていて、それにより宿主細胞内にエフェクター[13]を注入する。エフェクターは、宿主が元々持っている機能タンパク質を模倣して、宿主の代謝経路を巧妙に操り、細胞内の防御応答を抑え、病原細菌の侵入や増殖、全身移行、病原性の発揮に有利な環境を作る。しかし、前述のとおりファイトプラズマには、III型分泌装置の遺伝子が1つもない。その代わり、タンパク質分泌装置であるSecシステムがあり、タンパク質を菌体外へと分泌している〈図7・7〉(▼6・2)。

図7.7　ファイトプラズマのタンパク質分泌機構

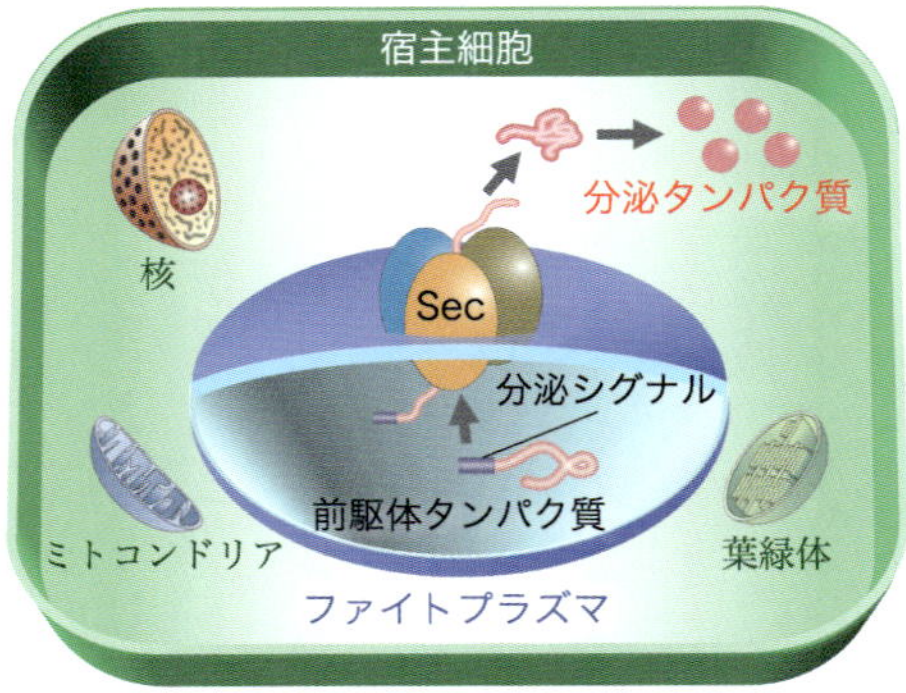

分泌タンパク質は、分泌シグナルの付加された前駆体タンパク質として翻訳され、Secシステムを介して菌体外に分泌される。ファイトプラズマは、宿主の細胞内に寄生するため、ファイトプラズマの分泌タンパク質は宿主細胞と直接相互作用するため、病原性因子の有力な候補である。

〔7・3・2〕病原性因子の最有力候補

ファイトプラズマは、細胞壁を欠いており、宿主細胞内に局在するため、ファイトプラズマが菌体外へと放出する分泌タンパク質は、宿主細胞内に直接放出されるは

12　グラム陰性細菌／グラム陽性細菌：デンマークの細菌学者ハンス・グラムにより発明された、「グラム染色」にもとづく細菌の分類。細菌の細胞壁構造の違いにより染色性が異なり、赤色に染まる細菌をグラム陰性細菌、紫色に染まる細菌をグラム陽性細菌と呼ぶ。

13　エフェクター：細菌や菌類などの病原微生物が持つ分泌タンパク質で、種々の分泌装置により宿主の細胞内に分泌される。宿主細胞内ではさまざまな活性を持つが、総じて病原微生物の感染を促進するはたらきを持つ。

ずであり、病原性因子の最有力候補である。ファイトプラズマと同じ植物病原性のグラム陽性細菌であるトマト潰瘍《かいよう》病菌[14]のPat-1は、Secシステムのシグナル配列を持つタンパク質で、植物に萎縮症状を引き起こす病原性因子である[13]。このように、Secシステムにより菌体外へ分泌されるタンパク質は病原性を持つものが多いが、ファイトプラズマの病原性を直接決定している分泌タンパク質はこれまで特定されていなかった。

7・4――天狗巣病の病原性因子「TENGU」

〔7・4・1〕発想の転換

ファイトプラズマに感染した植物に起こるさまざまな症状は、見る人すべてに興味を呼び起こす。実際に、ファイトプラズマに感染した植物のなかで、形態形成に関わる遺伝子の発現がどのように変動するか、一時期盛んに調べられた。しかし、それらの遺伝子の発現に何らかのストーリーを思い起こさせるような傾向を見出すことはできなかった。天狗巣症状や葉化症状を引き起こす因子は本当に実体のあるものなのかどうか。私が研究を始めたころはまだ、その疑問に答える手がかりも手段もなかなか見つかりそうにはなかった。

しかもファイトプラズマは篩部に局在し、狭い篩管を通じて全身に移行するため、仮に病原性因子があったとしても、ファイトプラズマから分泌されているであろう「その物質」をファイトプラズマから切り離して単離することが困難であるために、研究の技法が確立できなかったのである。もちろんファイトプラズマの人工培養系や形質転換系[15]が確立できれば、遺伝子欠損変異株を作ることもできるだろうから、その分子生物学的研究も可能となる。病原性因子もすでに発見されていたことであろう。しかし

14 トマト潰瘍病菌：*Clavibacter michiganensis* subsp. *michiganensis*。欧米では古くから知られた重要な病気で、日本では昭和33（1958）年に北海道で初めて発見され、その後急速に広がった。主に種子および土壌を介して伝染。発病したトマトの茎は褐変し、のちに空洞になる。葉は周縁部から枯れ、果実に潰瘍状の病斑ができる。激発すると収穫は皆無になる。

15 形質転換：細胞に外からDNAを導入し、その遺伝的性質を変えることやその操作のこと。本書では「遺伝子組み換え」と表記することもあるが、できるだけ平易にするため「導入する」と表記するだけのこともある。細菌だけでなく植物も対象に形質転換する。

現実はそうではなかった。そのため、植物の正常な形態形成や花形成が、「ファイトプラズマの養分収奪でも病原性因子でもない何らかの二次代謝産物[16]によって単に攪乱《かくらん》されているだけなのではないか」という植物生理学の重鎮から投げかけられた見解に反論できなかったのである。植物生理学者は実験系の確立したモデル植物を使って現象を証明してゆく。しかし植物病理学者は、植物に加えて微生物や昆虫が介在するために、実験系は超複雑系なのである。全ゲノム解読でも「メタゲノミクス」という「感染植物を丸ごと全ゲノム解読する」という発想の転換が必要であったことを思い出す。

容易ではなかったとはいえ、全ゲノム解読後の約10年間の研究で、解糖系遺伝子領域の数によって養分欠乏に似た「黄化・萎縮・枯死」症状の原因は解明された。続いて、Sec分泌装置を発見することができた。また、このシステムにより分泌されるファイトプラズマの主要抗原膜タンパク質のAMPが、昆虫媒介能を決定していることを明らかにした(▼6・4・4)。

〔7・4・2〕分泌タンパク質の中に小さな犯人はいた

私たちは、宿主の細胞内に寄生しているファイトプラズマから分泌され、宿主と直接的に相互作用しているタンパク質が病原性因子の最有力候補であると考えていた。そこで分泌タンパク質のなかから犯人を探すことにした。まず、ファイトプラズマの全ゲノム情報のなかから、分泌シグナルを目印にタンパク質遺伝子を徹底的に調べることにした。

M株の全ゲノム情報は、ゲノムにコードされる750個以上のタンパク質遺伝子とともに国際ゲノムデータベース[17]であるDDBJ[18]に登録し公開していた。シグナル配列推定プログラム(▼6・2・1)を使えば、この中から分泌タンパク質を容易に探すことができるのである。10個ずつ分泌タンパク質遺伝子を選んでは、私たちが開発したウイルス発現ベクター[3-18]に入れ、植物に感染させることにより、分泌タンパ

16　二次代謝産物：発生や生殖などの基本的な生命活動に直接関与しない代謝活動（二次代謝）によって、合成される物質のこと。

17　国際ゲノムデータベース：これまでに決定されたさまざまな生物のゲノム情報が登録されている国際的なデータベース。国内外から閲覧し情報を得ることが可能である。

18　DDBJ：日本DNAデータバンク（DNA Data Bank of Japan）の略称。国立遺伝学研究所により運営されている。

［コラム］

何かことを極めるにはマクロよりもミクロから入れ

1970年代は電子顕微鏡が生命科学研究の最先端の武器であった。分子生物学的研究も急速な進歩を遂げた時期であったが、静的研究であり、決して動的研究ではなかった。静的研究の良いところは、決定論的である（相関関係が分かる）点だ。しかし、それが分かっても、生物現象の仕組み（因果関係）は分からない。電子顕微鏡のようにビジュアルな分析機器は情報量が多いため、読者にストーリー（因果関係）をイメージさせる利点があった。

いまや蛍光プローブ（蛍光物質で標識したタンパク質や遺伝子の存在位置を可視化する分子マーカー）など分子生物学的ミクロツールを用いて、生物組織をマクロ観察する仲介役を果たす画期的機器であるレーザー顕微鏡可視化システムが確立しており、隔世の感がある。

当時、ウイルス研究者のなかにとてもミクロ的な研究を行っている人たちがおり、その後、ウイルス研究から糸状菌や細菌研究に転向する人がいたが、（その良し悪しは別として）特に無理を感じている風ではなかった。しかし、その逆の転向は難しかったようで、大半の場合、中途で苦しむ姿を見ることになった。事実、それぞれの研究者の行く末を見ていると、大体傾向は同じであった。もちろん例外はいくらでもあって、研究対象の問題というより、要はミクロな視点から物事を考えるセンスを持った人が、マクロな世界で新たなパラダイムを築くことはできても、その逆は難しいということだ。私もウイルス研究から始めて良かったと思っている。

マクロな視点からミクロな視点に転向することが不可能とは思わないが、マクロなものの見方に凝り固まってしまうと、いまの生命科学で必要とされるミクロな視点を踏まえたパラダイムシフトを起こすことは困難である。最後までマクロな視点に立ったまま、対象を変えることの繰り返しになってしまいがちである。ミクロな視点からマクロな視点に転向できる柔軟性、そのダイナミズムは、その人の研究能力の高さに影響するかも知れない。環境のせいにするのは簡単であるが、視点を変換できる柔軟性の大きさに見合ったかたちで環境が与えられるのが現実なのだろう。

ウイルスをナノレベルでとらえ自然現象を眺めていると、それまでマクロな視点からしかアプローチしていなかったファイトプラズマ研究に新展開の可能性が見えてきたのである。ファイトプラズマ研究はそこから始まったといえる。

ク質を植物全体で発現させ、影響を調べた。その遺伝子がファイトプラズマの病徴誘導に関わる因子であれば、その植物でも同じ症状が現われるはずだ。

しかし、実は犯人はこの中にはいなかったのである。片っ端から候補タンパク質をウイルス発現ベクター[3–18]に入れ、植物に感染させるが、何も起こらない。そこで、「ひょっとして」と目を付けたのが、もっと小さなタンパク質であった。私たちは常識に従って１００アミノ酸以上のタンパク質しか探していなかった。しかしファイトプラズマのような退行的進化を遂げたゲノムには小さくても機能を持つタンパク質があるかもしれない。そこで「１００アミノ酸以下の分泌タンパク質遺伝子を探したらどうか？」ということになり、藁《わら》にもすがる思いでやってみることにした。逆転の発想である。実はＰＭＵ（▼5・5・2）付近には壊れたかけらのような遺伝子がたくさんあったのだが、そのような小さな分泌タンパク質を見過ごしていたのだ。

ただ、その中でも最も小さなＰＡＭ７６５遺伝子は、ウイルス発現ベクターに入れても、タンパク質を発現する方向に入ってくれない。ことごとく逆に入る。何度もやり直して、ようやく目的の方向に入ったが、おかげで実験は最後の10番目になった。ところがその10番目が当たりだったのである。植物は萎縮し、小さな側枝をたくさん出し、天狗巣症状になった。ついに発見したのだ！　最後まで諦めてはいけないということを改めて学んだ。

植物に天狗巣症状を誘導する因子ということで、私たちはこの遺伝子を「ＴＥＮＧＵ」と命名した〈図7・8、図7・9〉。植物のかたちを変える病原体由来の分泌タンパク質は「ＴＥＮＧＵ」が初めてであった。

実は「ＴＥＮＧＵ」という名称は、見つける前から私がすでに決めていた名前であった。ネーミングはとても大事で、あらゆる数個のアルファベット文字の組み合わせの名称は、よほど縁起が悪いか語呂の悪い名称でない限り、すでにすべて使われているといってよい。同じ名称で違う遺伝子を指したりする困った例もある。私たちが子供に名前を付けるときに困るのと同じである。ネーミングは、他の人から親しまれ、覚えやすく、愛着を持たれなければならない。「天狗巣病」を起こす因子が見つかったらどうしようか？　研究を進めているときすでに、私は悩んでいた（相当に不謹慎な話ではあるが）。「グーグル」で引くと「TENGU」が世界中の飲食店で使われていることに気づいた。赤提灯と天狗の面が知らぬ間に世界中で広まっていたのである。認知度の高い名称は、すぐに覚えてもらえる。世界各国で相当使われている「TENGU」は格好のネーミングであった。発見されたら「TENGU」と名付けよう。こうして元々決まっていた名前であった。生まれる前の子供に名前をあらかじめ決めているようなものである。米国科学アカデミー紀要誌の編集長から「洒落《しゃれ》た名前だ」というコメントをもらった。

図7.8　TENGUを発現させた植物に生じる萎縮と枝分かれの増加（天狗巣症状）

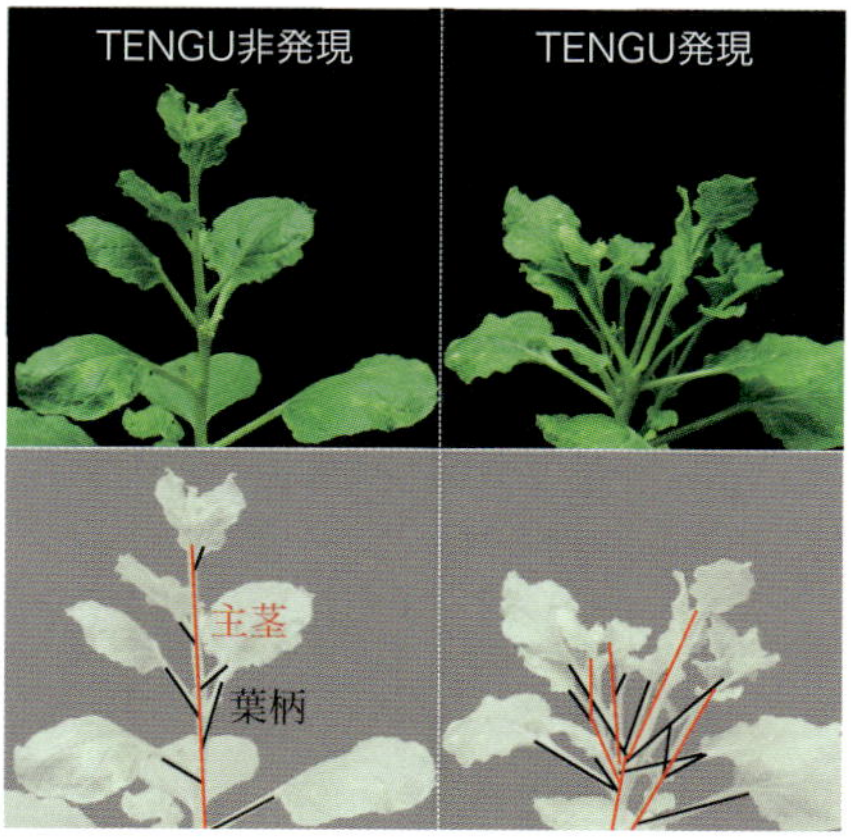

図7.9　OYファイトプラズマ感染植物とTENGU形質転換植物の比較

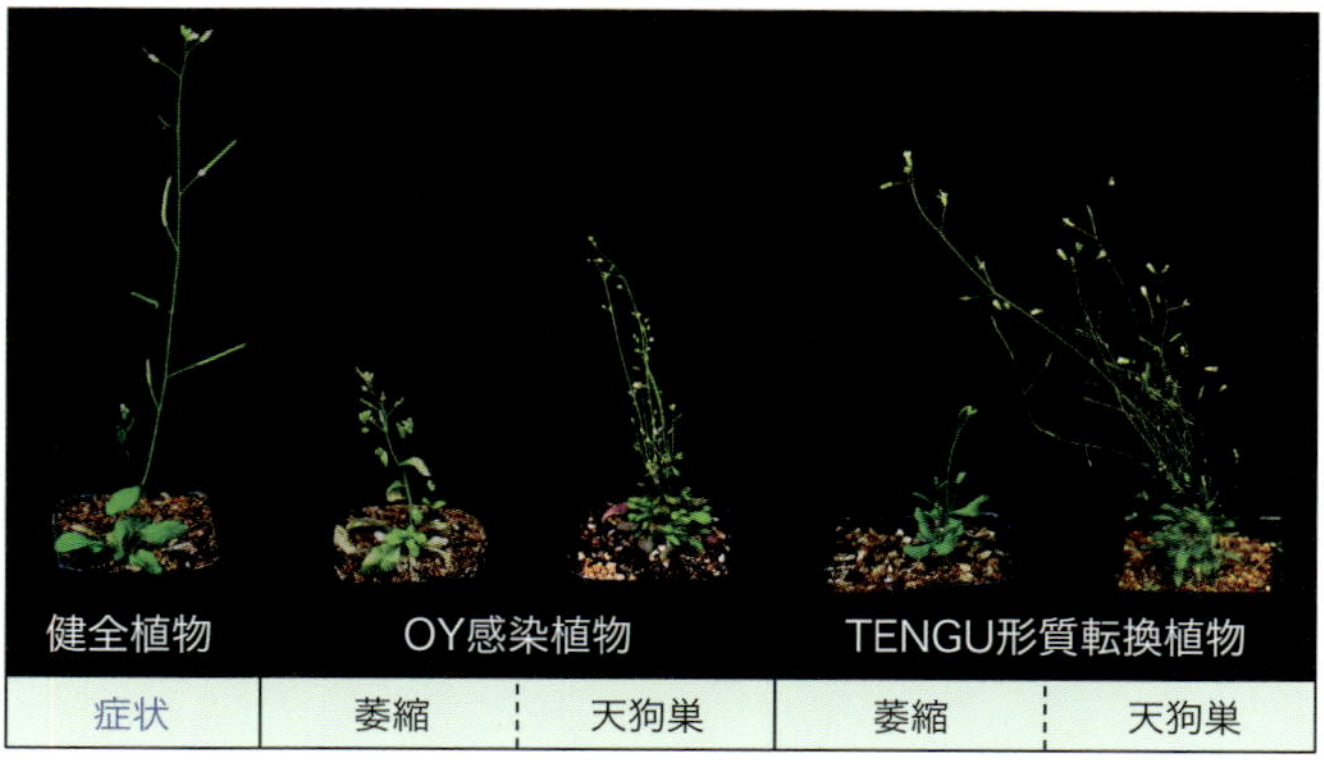

［7・4・3］タンパク質であるところがこれまでと異なる

植物に天狗巣様の症状を引き起こす病原体はファイトプラズマ以外にも存在する。たとえば、ある種

〔コラム〕ネーミングがすべて

日本はどこも横並びの競争ばかりしている。共創でも協創でもなく、むしろ狂騒に近い競争だ。植物工場、ＡＩ、ゆるキャラ、地域創生、道の駅、スーパーグローバル大学創成支援……。そういえば、近頃よく目にするこの「創成」という言葉、柏キャンパスに新研究科を設置する際、設置委員会のメンバーだった私が自分の研究室に付けた名前だった。当時は自ら造語したつもりであった。当時は「グーグル」で「創成」と引いても一つも出てこなかった。それを新設の研究科の名前に使って、「新領域創成科学研究科」ができた。本郷の年配の先生から「天に唾するような名前だ」と言われた記憶がある。次いで、文科省学術調査官だったときに奈良先端科学技術大学院大学を視察した際に渡した私の名刺の研究室名と研究科名にあった「創成」の文字を見て、そのときの研究科長が「これは良い！」とおっしゃって、できたばかりの物質創製科学研究科がすぐに物質創成科学研究科に変更され、それから20年、今やそこら中で見かける言葉になった。各大学の組織名にも多用されるようになり、「創成」という熟語を使った教育研究機関の名称だけでも数百はある。あとで分かったことだが、太宰治や寺田寅彦がすでに作品中で使っていた。私の造語だと思っていたが、今やインターネットで調べれば、容易に古書の中身までも検索できる時代となった。学生のレポートもウェブ検索とコピペで容易にできる時代であり、博士論文も、審査と同時に、大学のウェブ上に置かれた剽窃《ひょうせつ》ソフトを使ってコピペがないかどうかチェックせねばならない。何とも切ない時代である。こんなことを教授がやっていては、大学のランキングを維持するのも容易ではない。それと比べれば、先程の「創成」を造語した話はわずか20年ほど前のことである。今よりずっと不便だったが、しかし、ずっとのどかだった気がする。

造語といえば、ファイトプラズマ、ファイロジェン、ＴＥＮＧＵ、植物医科学……。すべて私の造語だ。また、ファイロジェン、ＴＥＮＧＵはともに遺伝子本体を発見する前から名前をすでに決めていた。風を読むことが新たな言葉につながり、それが影響力を発揮し、発見にもつながるはずだ。自分の造語を連呼するには勇気が必要だが、新たな言葉は新たなパラダイム構築につながりうるのだ。また、斬新なネーミングはモチベーションアップにつながる。横並びの発想は、中味の無いものになりがちであり、長続きしない。

の細菌[19]は、側芽伸長[20]を促進する植物ホルモン「サイトカイニン」[21]を分泌し天狗巣症状を引き起こす[6]。また、サクラ天狗巣病[1]やタケ天狗巣病[22]を起こす糸状菌は、オーキシン[23]やサイトカイニンなどのホルモンを分泌して病気を起こす[15]。このように、これまで知られていた天狗巣病の原因物質は植物ホルモンであり、菌が分泌して植物のかたちを変えていたのだ〈図7・10〉。

しかし、ファイトプラズマは、植物ホルモンを生合成する遺伝子を持っていない。つまりファイトプラズマは植物ホルモンではなく、独自のタンパク質「TENGUペプチド」を分泌することにより天狗巣病を起こす初めての例だ。

興味深いことに、TENGUは驚くほど小さなタンパク質であった。ファイトプラズマ菌体内で翻訳された直後は70アミノ酸の前駆体タンパク質[24]である〈図7・11〉。しかし翻訳後、Secシステムによってファイトプラズマ菌体から分泌される際に、32アミノ酸からなるN末端のシグナル配列が切断・分解されると、わずか38アミノ酸（4・5キロダルトン）[25]のペプチドになり、しかも、植物細胞内でタンパク質分解酵素（プロテアーゼ）によりさらにC末端側が切断され、N末端の12アミノ酸だけの微小ペプチドになって、天狗巣症状を引き起こす〈図7・11〉[16]。リアルタイムPCR[6-5]により、植物と昆虫の両宿主におけるファイトプラズマのTENGU遺伝子の発現量を比較したところ、植物では昆虫の5倍も高レベルで発現していた（▼6・3・2）。このことは、TENGUが植物において重要な役割を果たしていることを示している。

〔7・4・4〕植物全体に移行する

篩部細胞にしかいないファイトプラズマが、どうやって植物体全体に影響を及ぼし、かたちを変えてしまうのだろうか。

---

19 *Rhodococcus fascians*。植物に天狗巣・茎の肥大・矮化・帯化などの症状を起こす。

20 側芽伸長：側芽は、葉の付け根や茎の途中に形成される芽であり、通常、その伸長は抑制されている。

21 サイトカイニン：植物ホルモンの一種。細胞分裂の促進や、側芽の生長促進、種子の発達等に関与する。

22 タケ天狗巣病：*Aciculosporium take* という糸状菌による病害。

23 オーキシン：植物ホルモンの一種。細胞の伸長を促進する機能や、側芽の伸長を抑制するはたらきがある。

24 前駆体タンパク質：タンパク質の中には翻訳後に余分な部分が除去されたり、リン酸など別の物質と結合することで初めて機能を持つものがある。そのような修飾を受ける前の未活性な状態のタンパク質のこと。

ＴＥＮＧＵはあまりにも小さなタンパク質（微小ペプチド）なので、篩部組織で分泌されたのち、篩部以外の組織へと容易に移動できるのではないか、と私たちは考えた。動物と違って細胞壁を持つ植物では、栄養分をはじめいろいろな物質を植物体全体に輸送するため、特別な細い通路を隣り合う細胞同士の間に作っている。これを原形質連絡[26]という。原形質連絡は、実は物質の通過する単なる孔ではなく、物質の種類と大きさをそこで判別し、輸送する方向も時にコントロールしている。しかも篩管に近い細胞ほど通す分子のサイズ規制を緩めるなど、この通路は相当に賢い交通整理を行っているらしい。それによると、篩管と伴細胞[27]をつなぐ原形質連絡を通過できる物質の分子量の上限（分子量排除限界）

図7.10 植物ホルモンを分泌し天狗巣病を引き起こす病原体の例

図7.11 TENGUタンパク質の成熟ステップ

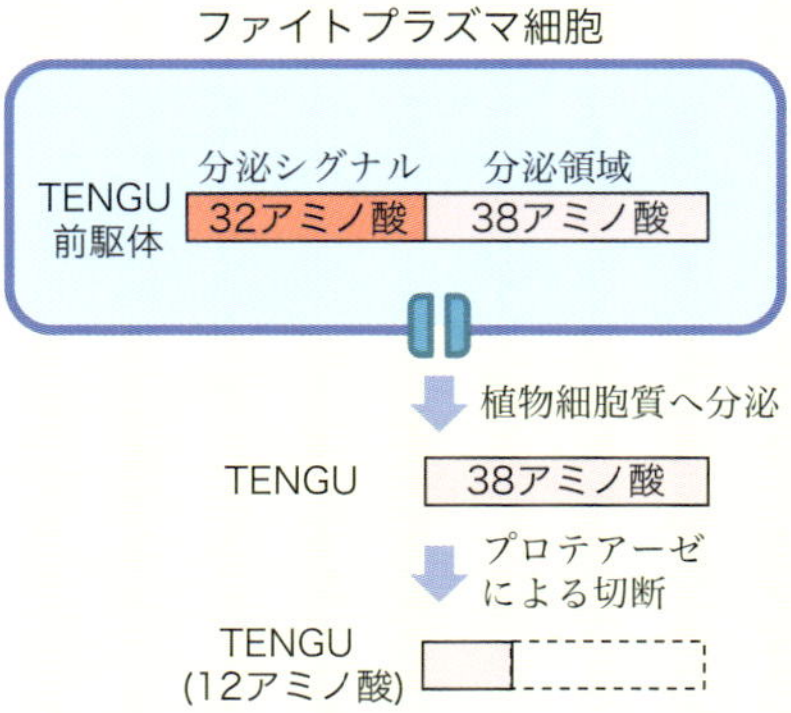

25 キロダルトン：kDaあるいはk。分子量（相対分子質量）のことで、^{12}C原子の質量の1/12を1と定義する公式の国際単位系で、それをもとに表示する方法。質量を意味するが、あくまで相対値なので単位はない。マッハなども同じである（無次元数という）。本文は慣用表記であり、正しくは「分子の質量は10kDa」あるいは「分子量は10k」と書く。

26 原形質連絡：plasmodesmata。植物や藻類の細胞壁の間に存在する、物質輸送や情報伝達を行うための微小な通路。アミノ酸、塩基、タンパク質、RNA等あらゆる物質が輸送される。ウイルスの細胞間移行タンパク質はこの通路を拡大し、巨大分子であるウイルスゲノムの移動を可能にしている。

27 伴細胞：篩管に沿って隣接する細胞。原形質連絡を介して、篩管に物質を供給している。

は、10〜40キロダルトンであり、葉肉細胞の通路では1キロダルトン以下となるのに比べ非常に大きい。実際に、緑色蛍光タンパク質（GFP）[28]を篩部細胞でのみ発現させると、27キロダルトンのGFPタンパク質が葉や花、根の篩部組織周辺の細胞に広がる様子をレーザー顕微鏡で見ることができる[17]。

これに対してTENGUは1・3キロダルトンしかない微小タンパク質であることから、篩部以外に広がっている可能性は十分に考えられた。そこで、TENGUタンパク質に対する抗体を作り、ファイトプラズマに感染した植物から作製した切片を、色素を付けた抗体で染めてTENGUタンパク質の広がる様子を調べた。すると、予想通りTENGUはファイトプラズマの寄生する篩部組織だけでなく、茎とその中心部（髄）全体のほか、成長点や側芽が枝分かれする部分にまで広がっていた〈図7・12〉[14]。このことは、TENGUがファイトプラズマから分泌されたあと、篩部組織から隣接組織、そ

図7.12 TENGUタンパク質は篩部の外に移行する

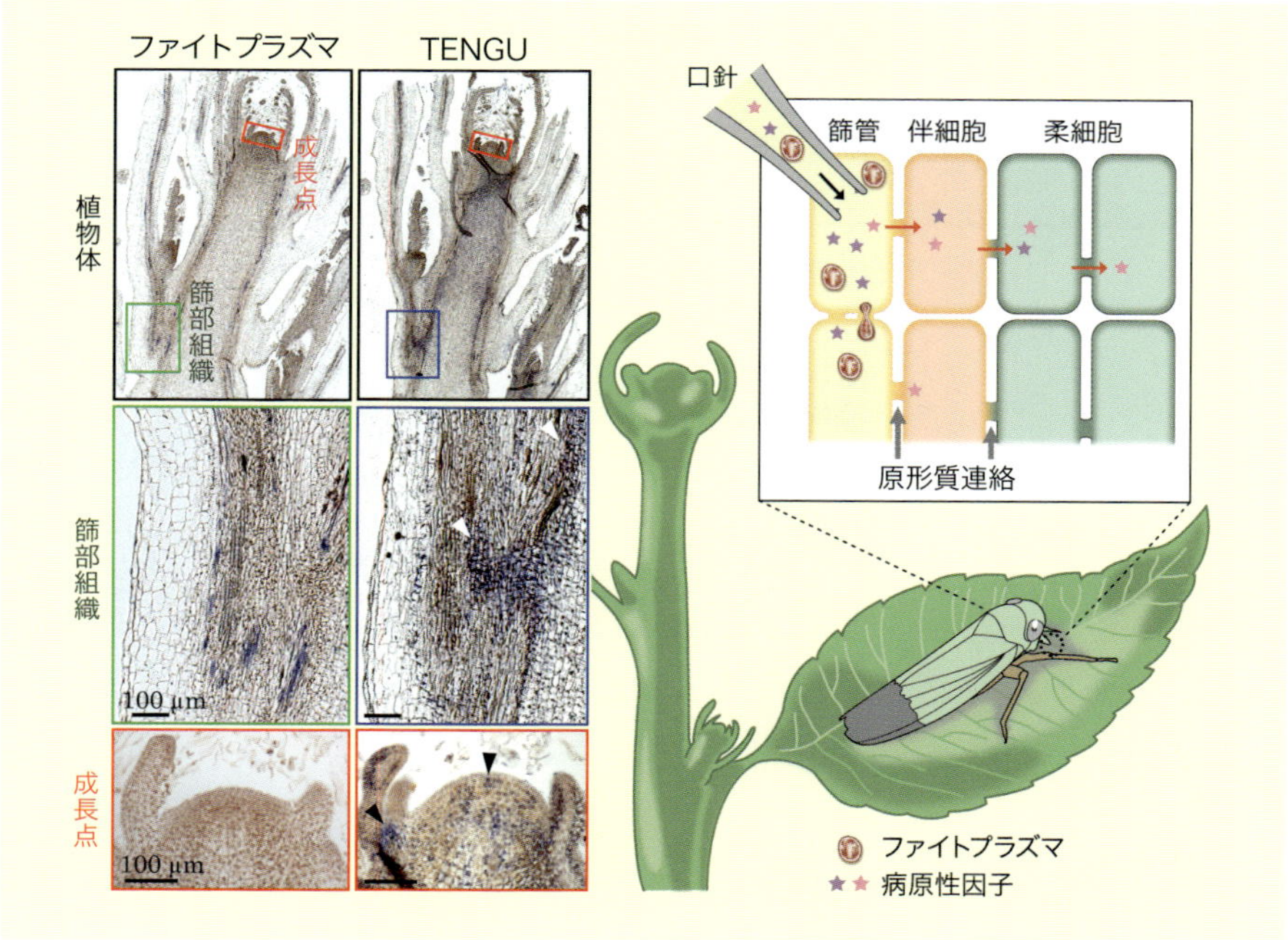

（左）青いシグナルは免疫染色で染まった篩部内のファイトプラズマあるいはTENGUを表す。ファイトプラズマは篩部にのみ存在するが、TENGUはファイトプラズマの存在しない茎内部（髄）や成長点でも検出され、植物全体に移行している。
（右）ファイトプラズマから分泌されたTENGUなどの病原性因子は原形質連絡を通じて篩部の外へと移行することができる。

して植物体全体にくまなく移行することを示している。

［7・4・5］小さくなるほど病原性が強くなる

分泌直後は38アミノ酸あったTENGUタンパク質は、細胞内のプロテアーゼによってさらに短く切断されることはすでに述べた。このプロテアーゼはまだ特定できていないが、少なくとも一部はセリンプロテアーゼ[29]が担っている。N末端の12アミノ酸（この部分を機能領域という）のほか、19アミノ酸や、21アミノ酸といった複数の長さのペプチドができるが、いずれも天狗巣病を起こす（天狗巣病誘導能がある）。また、TENGUのN末端を遺伝子工学的にいろいろな長さにしてウイルス発現ベクターに入れ、植物で発現させると、19、12、11アミノ酸にしても天狗巣症状を起こした〈図7・13〉。TENGUは*P. asteris*のすべての系統で見つかっており、この機能領域の11アミノ酸は共通しているので〈図7・14〉、細胞内で38アミノ酸から12アミノ酸への切断もすべての系統のTENGUタンパク質で起こっていると考えられる。ただ、天狗巣病誘導能に関係のないC末端側の領域も共通しているので、この部分にも何かしら未知の機能があるのだろう。

切断を受けて12アミノ酸となったTENGUの方が全長の38アミノ酸よりも天狗巣症状が激しくなることから、TENGUタンパク質の切断は天狗巣症状を起こすうえで重要であるといえる。事実、植物体における実験で、TENGUタンパク質の切断部位である12番目のロイシン（L-12）と13番目のイソロイシン（I-13）を両方とも変異させると、切断が正常に行われなくなったためか天狗巣症状が起こらなくなった〈図7・13〉。

28　GFP：緑色蛍光タンパク質（green fluorescent protein）。オワンクラゲが持つ分子量約27キロダルトンの蛍光性を持つタンパク質。下村脩は1960年にこのタンパク質を発見・分離精製し、2008年にノーベル化学賞を受賞した。

29　セリンプロテアーゼ：活性中心（標的物質の結合部位）の構成成分にアミノ酸の一種セリンが含まれるプロテアーゼ。

図7.13　TENGUタンパク質は機能領域だけで天狗巣症状を誘導する

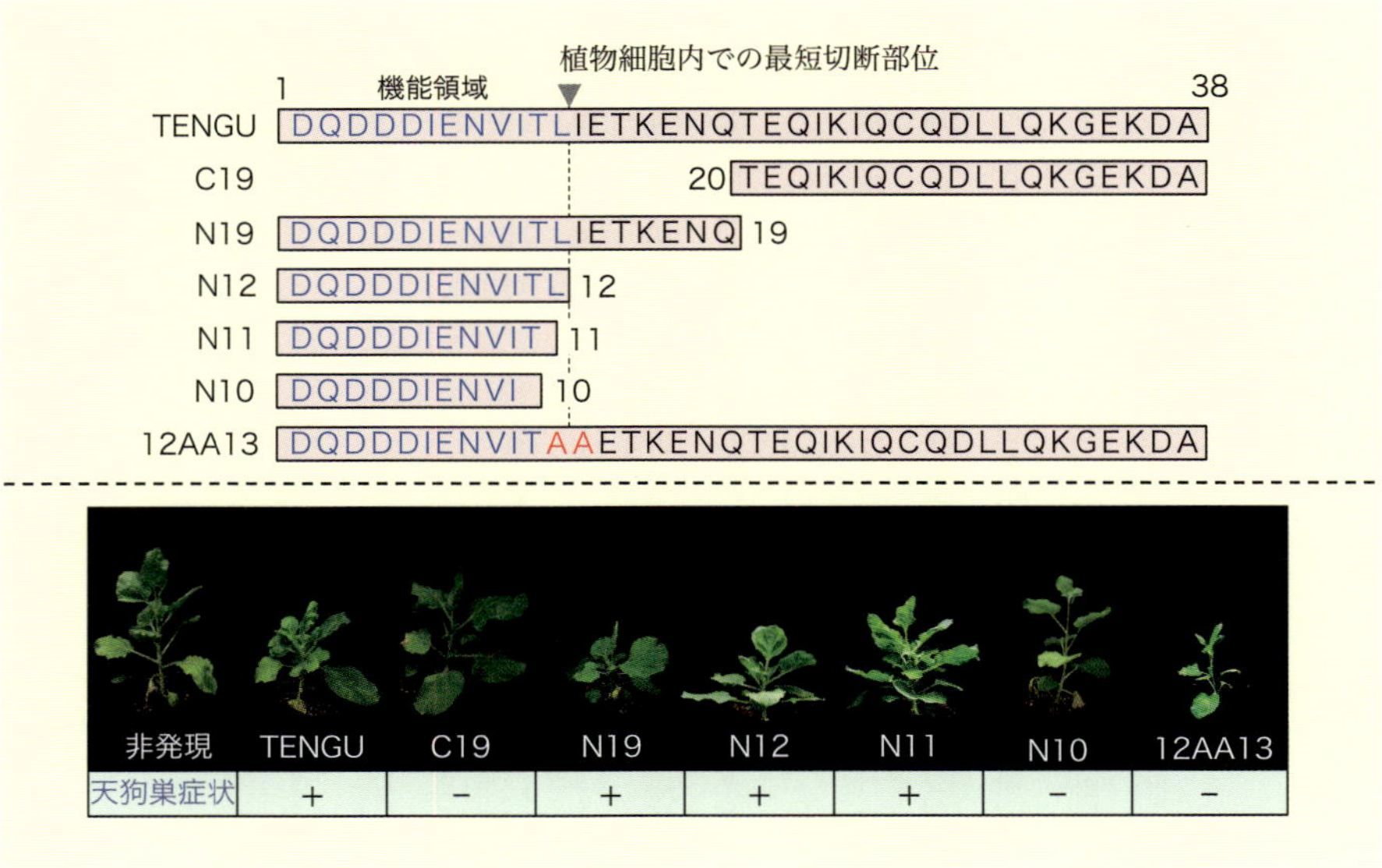

図7.14　*P. asteris* 間でのTENGUタンパク質の配列保存性

系統名	分泌シグナル	機能領域	分泌領域
OY-M	MVKLKKHKAKLLIFAGFWAILLFLNHNYLIFA	DQDDDIENVITL	IETKENQTEQIKIQCQDLLQKGEKDA
OY-W	MVKLKKNKAKLLIFAGFLAILLFLNHNYLIFA	DQDDDIENVITL	IETKENQTEQIKIQCQDLLQKGEKDA
GY	MVKLKKNKAKLLIFAGFLAILLFLNHNYLIFA	DQDDDIENVITL	IETKENQTEQIKIQCQDLLQKGEKDA
WDWB	MVKLKKNKAKLLIFAGFLAILLFLNHNYLIFA	DQDDDIENVITL	IETKENQTEQIKIQCQDLLQKGEKDA
MD	MVKLKKNKAKLLIFAGFWAILLFLNHNYLIFA	DQDDDIENVITL	IETKENQTEQIKIQCQDLLQKGEKDA
PvWB	MVKLKKNKAKLLIFAGFWAILLFLNHNYLIFA	DQDDDIENVITL	IETKENQTEQIKIQCQDLLQKGEKDA
BWB	MVKLKKHKAKLLIFAGFWAILLFLNHNYLIFA	DQDDDIENVITL	IETKENQTEQIKIQCQDLLQKGEKDA
PaWB	MVKLKKHKAKLLIFAGFWAILLFLNHNYLIFA	DQDDDIENVITL	IETKENQTEQIKIQCQDLLQKGEKDA
SWB	MVKLKKHKAKLLIFAGFWAILLFLNHNYLIFA	DQDDDIENVITL	IETKENQTEQIKIQCQDLLQKGEKDA
KV	MVKLKKNKAKLLIFAGFWAILLFLNHNYLVFA	DQDDDIENMITL	IETKENQTEEIKTQCQDLLQKGEKDA
PPT	MVKLKKNKAKLLIFAGFWAILLFLNHNYLVFA	DQDDDIENMITL	IETKENQTEEIKTQCQDLLQKGEKDA
AY-WB	MVKLQKDKVKLLIFAGFWAILLFLNHNYLIFA	DQDDDIENVITL	TETKENQTEEIKMQCQDLLQKGEKDA

保存性の低いアミノ酸は、灰色の背景で示した。
GY：garlic yellows、WDWB：water dropwort witches' broom、MD：mulberry dwarf、PvWB：porcelain vine witches' broom、BWB：bamboo witches' broom、PaWB：paulownia witches' broom、SWB：sumac witches' broom、KV：clover phyllody、PPT：potato purple top

30　アポプラスト空間：植物の細胞膜より外側の空間、つまり細胞壁とその外側の細胞間隙の総称。アポプラスト（特に細胞壁）は物質の移動や代謝の場として重要で、糖やタンパク質の加水分解酵素や一部の酸化還元酵素など、多くの機能タンパク質が存在する。

31　PSK：ファイトスルフォカイン（phytosulfokine）。約80アミノ酸からなるPSK前駆体のN末端にあるシグナルペプチドがサブチリシン様セリンプロテアーゼ（AtSBT1.1）により切断されてC末端にできる、わずか4あるいは5アミノ酸の植物ペプチドホルモンの一種で、細胞の増殖や分化を促進する。

32　AtRALF23：138アミノ酸からなるAtRALF23前駆体のN末端にあるシグナルペプチドがサブチリシン様セリンプロテアーゼ（site 1 プロテアーゼ）により切断されてC末端にできる、50アミノ酸の植物ペプチドホルモンの一種で、植物の生育を抑制する。

［7・4・6］植物ペプチドとは異なるところに分泌される

実は正常な植物もTENGUと同じように別の短いペプチドを生産し、それらが重要な役割を果たすことが分かっていた。これらは植物ペプチドホルモンと呼ばれる。植物で作られるペプチドホルモンの多くはN末端にシグナルペプチドを持っており、シグナル配列が切断されたのち、アポプラスト空間[30]に分泌される（ファイトプラズマのTENGUペプチドが分泌される細胞質とは場所が異なる）。この時点ではまだ活性のない前駆体タンパク質であり、プロテアーゼなどによって分解されると活性型となる。シロイヌナズナ[3-17]の生育を制御するPSK[31]やAtRALF23[32]はセリンプロテアーゼによって切断・活性化されるペプチドホルモンで、TENGUに似ている。それぞれを切断するプロテアーゼの発現を抑制すると、これらの前駆体タンパク質は切断されなくなりホルモンとしての機能はなくなる[18]。TENGUを切断するプロテアーゼを突き止め、このプロテアーゼの活性を阻害する薬剤を見つけることができれば、天狗巣病の治療につながると考えられる。

［7・4・7］植物ペプチドの模倣ではない未知の存在

成長点の分裂を阻害する植物ペプチドホルモンCLV3はN末端に18アミノ酸のシグナルペプチドを含む96アミノ酸からなる植物ペプチドホルモンで、切断後12アミノ酸になる[19]。なんとTENGUと同じサイズではないか！

CLV3は植物の発生を制御するCLEペプチド[33]のパラログ[34]であり、植物寄生性線虫の病原性因子CLEエフェクターはCLEペプチドと配列が似ていることからそう名付けられた。線虫は植物細胞に口針を差し込み、CLEエフェクターを分泌し、植物細胞の分化を制御して線虫に都合の良い組織構造に作り替える。CLEエフェクターは植物細胞内に注入されたのち、アポプラストに移行し、切

33 CLEペプチド：CLAVATA/ESR-relatedペプチド。CLEファミリーと呼ばれ、C末端の14アミノ酸領域「CLEドメイン」を持つペプチド群。100アミノ酸程度の比較的大きな前駆体タンパク質の形で翻訳された後に、プロセシングを受けて20アミノ酸以下の短いペプチドになる。CLEドメイン内の12あるいは13アミノ酸が切り出されて機能する。

34 パラログ：遺伝子重複によって生じた2つの遺伝子をパラログと言い、一般に機能や構造が異なるタンパク質である。これに対し、異なる生物に存在する同じような機能を持った遺伝子群はオーソログと呼ばれ、種が分化する過程で生じたものである。ホモログとは同じ祖先から出てきた類似した遺伝子のことをいう。

断され、細胞表面の受容体にはたらきかけ、根の形を線虫が感染しやすいように都合よく作り替えるのだ[20]。

しかし、TENGUは植物や媒介昆虫のどのタンパク質とも似ていない。したがって、TENGUは植物のペプチド分子を模倣しているのではなく、植物ペプチドホルモンとは異なる未知の方法で形態異常を起こしている。このメカニズムを解き明かすことができれば、植物の生長制御におけるペプチドの新たな役割が明らかになるだろう。

多くの植物ペプチドホルモンがアポプラスト空間に分泌されるのに対して、TENGUと同様に、細胞質内に分泌される植物ペプチドホルモンもある。篩部細胞内で産生・分泌されるROT4で、植物の側枝などの形態を制御する53アミノ酸からなる微小ペプチドである。中央部（アミノ酸30～34番目）が機能領域といわれており、切断はされない[21]。アミノ酸配列は似ていないが、機能はTENGUと似ている。

[7・4・8] オーキシンによる頂芽優勢の仕組み

TENGUは篩部組織から頂芽をはじめとする植物体全体に拡散して、いったいどのような仕組みで天狗巣病を起こしているのだろうか？　そのヒントとなったのが頂芽優勢という、頂芽があると側芽の成長が抑えられる現象である。

頂芽優勢のメカニズムでは、オーキシンと呼ばれる植物ホルモンが重要なはたらきをしている〈図7・15・左〉。

植物では、頂芽や側芽など各器官の生長を決めるオーキシンの最適濃度（感受性）が器官ごとに異なり、頂芽から根に向かって、生長が促進される最適オーキシン濃度は徐々に下がってゆく。一方オーキシンは、頂芽で生合成されたのち、根に向かって極性輸送[35]される過程で、徐々に濃度が低くなる。これが植物体としての「すがたかたち」を決める重要な仕組みとなっているのだ。頂芽が切り取られると、側芽のオーキシン濃度が低くなるので、それまで抑制されていた側芽の生長が促進されるのである。

オーキシンは、特定のタンパク質によって細胞に取り込まれ、別のタンパク質によって細胞外へ排出される。これが隣接する細胞間で連続して起こり輸送される。オーキシンは細胞のどの面からも取り込むことができるが、排出を担うタンパク質は、細胞の下端の細胞膜付近のみに存在するため、排出できるのは下端の一面のみであり、それゆえに下に向かって極性輸送されるのである。

図7.15　頂芽優勢になる仕組み（左図）とTENGUの影響（右図）

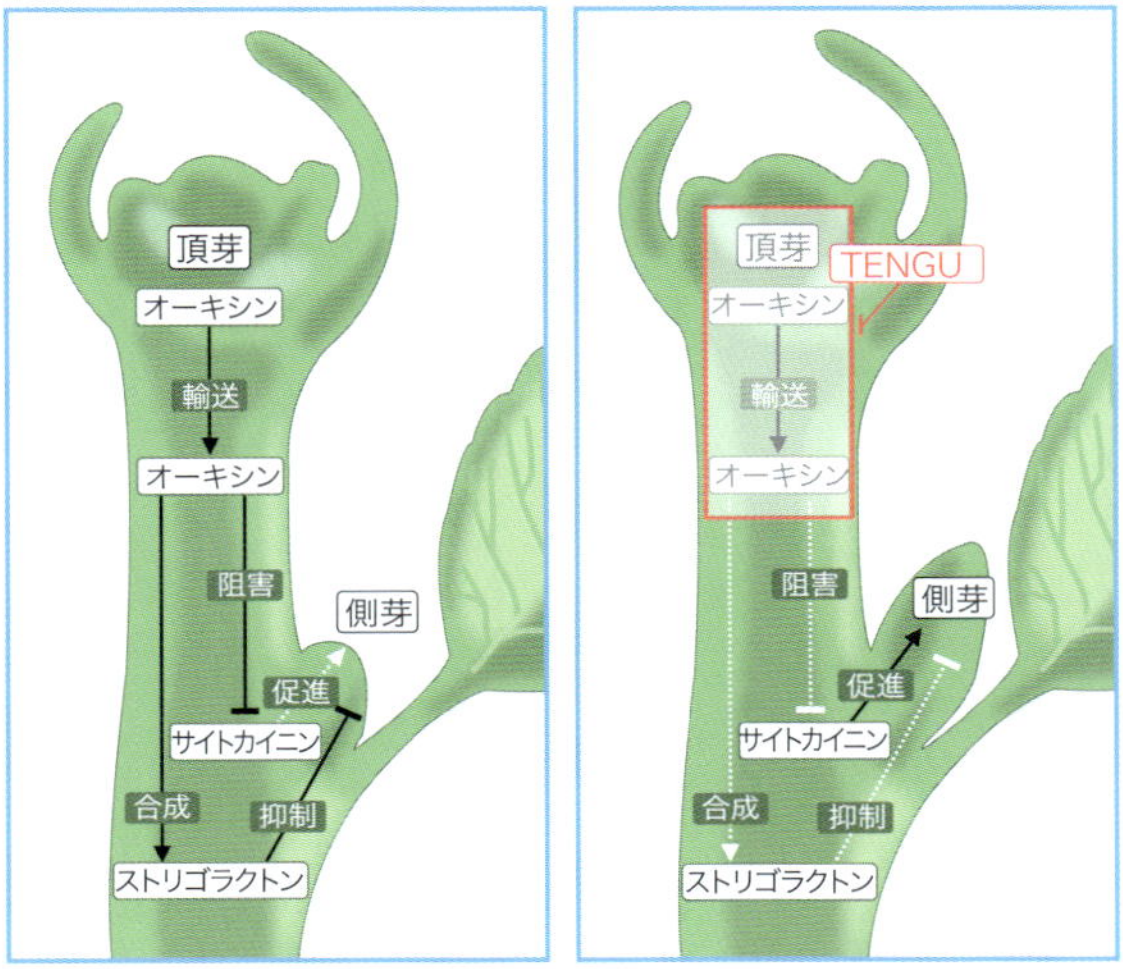

オーキシンによって、側芽伸長を抑制するストリゴラクトンが合成される一方で、側芽伸長を促進するサイトカイニンのはたらきは阻害される。したがって側芽は伸長せず頂芽優勢となる。TENGUによってこのようなオーキシンの機能は阻害されるため、側芽が伸長する。

このほか、

① オーキシンの減少がサイトカイニンの増加を促し、側芽の発生を促進する

② オーキシンの減少がストリゴラクトン[36]の合成を抑制し、側芽の発生を促進する

などいくつかの事実が明らかになっているが、この分野の研究が十分でないため、私たち植物病理学者は、植物生理学の分野にまで研究を切り込んでゆかないと、現場の問題を解決できなくなっている。

同業者ゆえのひいき目かもしれないが、植物病理学者は実直だ。注目を浴びるか否

35　極性輸送：オーキシンは、頂芽から根に向かって一方通行で輸送される。この輸送形式を極性輸送という。

36　ストリゴラクトン：植物ホルモンの一種。側芽の休眠を維持することで枝分かれを抑制させる。植物の根に寄生する雑草ストライガの種子の発芽を誘導する作用があることから名付けられた。

かにこだわらずあらゆる領域にわたり興味を持って自然現象を明らかにしようと懸命である。自然現象のダイナミズムに挑んでゆけば、勢い他分野の下働きを文句も言わず黙々とやる。そうして越境してみると、他分野の多くで、限られた研究課題にだけ研究者が群がり学術成果が偏っている現状を目の当たりにすることがある。分かっていないことばかりなのに、なかには一部の成果を演繹《えんえき》し全体が分かったかのように説明する分野もある。

事実、植物育種学・植物生理学・土壌学・栽培学・害虫学などで大きな成果を挙げている植物病理学者は多い。学術領域は私たち人間が勝手に壁を作って構築したコミュニティ、テリトリーに過ぎないのであるから、研究を続けていれば、その壁を越えていかなければならない問題に幾度となく突き当たるはずである。しかし、現実はむしろその逆で、年をとるほどに、学会や教育研究機関、予算申請にあたって特定の「分野」に閉じ込められ、祭り上げられて雑用でがんじがらめになってしまう研究者のいかに多いことか。研究者としての真のやりがいや生きがいを得るには、若い頃から1つの学術領域に籠《こ》もることなく、その壁を壊し、自身の興味に素直に従って複合学術領域として展開してゆくよう励むべきなのであろう。しかしこう言うと、またそれを逆手に取った動きが出てくる。本来は手段であるべき国際会議などの国際交流のイベント活動が目的になってしまうのだ。結果的に学会を疲弊《ひへい》させ、教育研究機関に時間の劣化をもたらし、研究予算を無駄遣いすることになる。国際会議や国際交流は目的ではなく手段であるという認識を、やはり若いうちからきちんと叩《たた》き込んでおく必要がある。

さらに残念に思うのは、「この分野で一旗揚《あ》げられそうもないから別分野へ移ろう」とか、「研究には向いていそうもないから会社に就職しよう」とか、「安定しているから公務員になろう」といった発想で、転身を繰り返す若者である。分野を替えても、職場を替えても、その人の能力が変わるわけではないだろう。私は若い人たちに常日頃から言うようにしている。「一度しかないがいまや90年はある人生、1年や2年で見切りをつけてはだめである。何になるかではなく、オールマイティな自分を作ることだ。それには胆力がいちばん大切だ。次いで気力、体力、知力。学力は最後だ。ただし胆力は『気力・体力・知力』の3力があってこそ成り立つ人間力だ。胆力こそが、『分野』や『職種』を問わず、領域を超越し陵駕《りょうが》する『ちからの源』である。学力はあった方が良いに決まっているが、無ければ無いで後付けでなんとかなる『料理のダシ』のようなものだ」。

少し脱線してしまった。先を急ごう。

[7・4・9] オーキシンの機能を遠隔操作している

天狗巣症状は頂芽の生長が抑えられ、側芽が異常に発生する病徴である。このことから当初よりファイトプラズマが感染し、天狗巣症状を示す植物では頂芽優勢のメカニズムがおかしくなっているのではないかと考えていた。この仮説を検証するため、TENGUタンパク質を植物に発現させ、マイクロアレイ(▼6・3・1)を利用して、植物の全遺伝子の発現変動を調べた。その結果、TENGU発現植物では、オーキシンに関連した遺伝子群の発現が軒並みダウンし、オーキシン量も低下していたのである。発現が低下した遺伝子には、オーキシンを処理すると最初に発現するオーキシン早期応答遺伝子群のほか、オーキシンを重力に従い下方に輸送するときにはたらく排出輸送タンパク質群の遺伝子などが含まれていた〈表7・2〉。

これらのことは、TENGUがオーキシンの「生合成経路、輸送、シグナル伝達経路」などを抑制していることを示しており、オーキシンの極性輸送や応答経路が阻害された感染植物は、頂芽優勢が解除され、①頂芽の伸長が抑制され節間が短縮する、②かわりに多数の側芽が伸長し側枝となり、そこに多数の葉が付く、という症状につながっていることが分かる〈図7・15・右〉。ただし全体の養分量は決まっているため、側枝は短くなり、葉も小さくなって、植物体全体は小型化し、萎縮や叢生症状を併発したいわゆる天狗巣病を引き起こすのである〈図7・16〉。この症状は、IAA7/AXR2遺伝子[37]の機能が変異し、オーキシン応答性が低下した突然変異シロイヌナズナの示す萎縮症状と酷似している〈図7・17〉[22]。

TENGUはすでに述べた通り、篩部細胞から茎頂分裂組織を含む茎内部（髄）全体へと拡散する〈図7・12〉。したがって、オーキシン生合成の場である茎頂細胞で直接オーキシン生合成経路を阻害するほか、植物体全体で高発現するオーキシン受容体を阻害する可能性がある。ファイトプラズマは篩部組織に局在し、茎頂には存在しないため、自身では侵入できない茎頂や植物体全体にTENGUが拡散することにより、オーキシン関連遺伝子群を抑制し、天狗巣症状を誘導しているのだ[23]。

〔7・4・10〕遺伝子兵器

なぜ、ファイトプラズマはTENGU遺伝子により枝葉を増生させ、若い組織を積極的に作るのだろうか？ それは、ファイトプラズマのライフサイクルと関係している。

① ファイトプラズマは、ごくまれに種子伝染や（昆虫で）経卵伝染する例があるものの[24]、ほとんどはその「増殖と拡散」をそれぞれの世代で終え垂直感染はしない。

② その代わりに植物から昆虫へ、昆虫から植物へと空間を横断し、（動物界と植物界という）生物界を越えて水平感染することで「増殖と拡散」を行っている。その仲介役を昆虫が果たしている。そ

37 IAA7/AXR2遺伝子：オーキシン早期応答遺伝子の一つ。TENGU形質転換体でも発現低下が認められた。

表7.2 TENGU形質転換体で発現量が低下したオーキシン関連遺伝子

機能		遺伝子名	発現量(%)	遺伝子名	発現量(%)
オーキシン早期応答遺伝子群	形態制御因子	SAUR15	11	SAUR19	12.8
		SAUR20	18.1	SAUR21	15.4
		SAUR22	16.7	SAUR23	15.4
		SAUR24	14.7	SAUR26	41.7
		SAUR44	18.5	SAUR52	12
		SAUR57	9.3	SAUR63	34.5
		SAUR64	27.8	SAUR65	16.1
		SAUR66	26.3	SAUR67	35.7
	オーキシン応答調節因子	IAA7/AXR2	40	IAA29	3.5
		WES1	30.3		
オーキシンの排出輸送因子		PIN7	32.3	PILS6	50
ストレス応答因子		DRM1	17.5	DRM2	17.9
アミノ酸合成関連因子		AILP1	25.6		

発現量は非形質転換体と比較した割合。

図7.16　TENGUによる天狗巣症状誘導メカニズム

健全植物では、頂芽（先端部分）でオーキシンが生合成され、根に向かって極性輸送される。それにより、頂芽の伸長が優先されて側芽の伸長が抑制され、正常な枝分かれが維持される。ファイトプラズマ感染植物では、TENGUがファイトプラズマから分泌され、周囲の細胞に拡散し、オーキシンの作用を抑制する。その結果、枝分かれの増加や植物体の伸長抑制による萎縮が生じ、天狗巣症状が誘導される。

IAA7/AXR2遺伝子の機能が変異したシロイヌナズナ（右）はオーキシン応答性が低下し、健全個体（左）に比べて著しく萎縮する。

図7.17　オーキシン応答性が低下したシロイヌナズナは萎縮する

れゆえ、

③ファイトプラズマに感染した植物が枝葉の数を増やすことは、媒介昆虫が感染植物に出会う確率を高めるものであり、天狗巣症状はファイトプラズマの「増殖と拡散」の生命線である。

④ファイトプラズマの媒介昆虫は、植物の若い組織を好んで吸汁や産卵を行う[46]。それゆえ若い組織が次々と作られることは、媒介昆虫をより多く誘引することにつながる。

⑤媒介昆虫はファイトプラズマに感染すると吸汁行動が活発になり、体重も増え、産卵数も多くなるが卵の雄雌比は変わらない。このため、天狗巣症状の植物を吸汁し保毒虫となった媒介昆虫が、近隣にある健全な植物に出会う機会が増え、感染拡大のチャンスも増える。

⑥ファイトプラズマに感染したリンゴでは、媒介昆虫であるキジラミ[38]を誘引する物質[39]が大量に合成されることが知られている[25]。

このようにファイトプラズマは植物宿主の代謝系を巧みに操り、昆虫–植物–ファイトプラズマの三者間の巧妙な駆け引きを誘導し、自身の生息領域を拡大する戦略を駆使しているのだ。

これら6つの事実から、組織を新生し増加させるファイトプラズマの性質は、媒介昆虫の行動と嗜好の性質にかなうものであり、ファイトプラズマの媒介・拡散効率の上昇につながっていることが分かる。すなわち、ファイトプラズマによって引き起こされる植物の病徴は、環境への適応度を上げるために積極的に宿主を操作するファイトプラズマの生存戦略そのものなのである。言い換えれば、そのような環境に適応できたファイトプラズマだけが淘汰《とうた》により生き残ってきたといえる。しかも、ＴＥＮＧＵというたった1つのタンパク質だけで宿主がダイナミックに操作されていることは、非常に興味深い。

[7・4・11] 治療薬開発に向けて

38　リンゴキジラミ属（*Cacopsylla* 属）の一種 *Cacopsylla picta*。

39　誘引する物質：ベータ・カリオフィレン（β-caryophyllene）という、キジラミが好む香り成分。

ファイトプラズマ病には特効薬がなく、防除はまだ困難である。発見当初、ファイトプラズマに感染した果樹や樹木にテトラサイクリン[2-24]が効くことが分かり、いまも海外のナツメ生産にあたっては、天狗巣病対策のためにテトラサイクリン注入が行われている。しかし、この方法ではファイトプラズマ病は完治せず、テトラサイクリン処理をやめると、ファイトプラズマが再び増殖する。また、テトラサイクリンが果実中に残留するので、食品としての安全性に懸念が残る（▼コラム「テトラサイクリン治療とナツメの味」368頁）。

今後、TENGUと相互作用する宿主因子や、天狗巣症状を誘導する仕組みが明らかになれば、TENGUのはたらきを抑える薬剤を開発できるだろう。また、TENGUは微小ペプチドであるから、栄養繁殖が困難な種苗の植物生長調整剤に利用し、短期間に苗を大量増殖したり、ファイトプラズマを感染させずに矮化したポインセチアを作出することができるようになるかもしれない。

7・5——TENGUは植物を不稔にする

［7・5・1］不稔の原因は1つではない

花が咲くと、雄しべで作られた花粉が雌しべで受粉して有性生殖が行われ、種子ができる。この一連のプロセスが完結するためには、雌雄の花器官が正常に形成され、十分に成熟する必要がある。一方、何らかの理由により種子ができず、次世代が得られない現象は「不稔」と呼ばれる。ファイトプラズマの感染によっても「不稔」が起こるが、その原因は、

① 葉化による雌雄生殖器官の欠損
② 花器官の成熟不全

図7.18 植物ホルモンは花の成熟に関わる

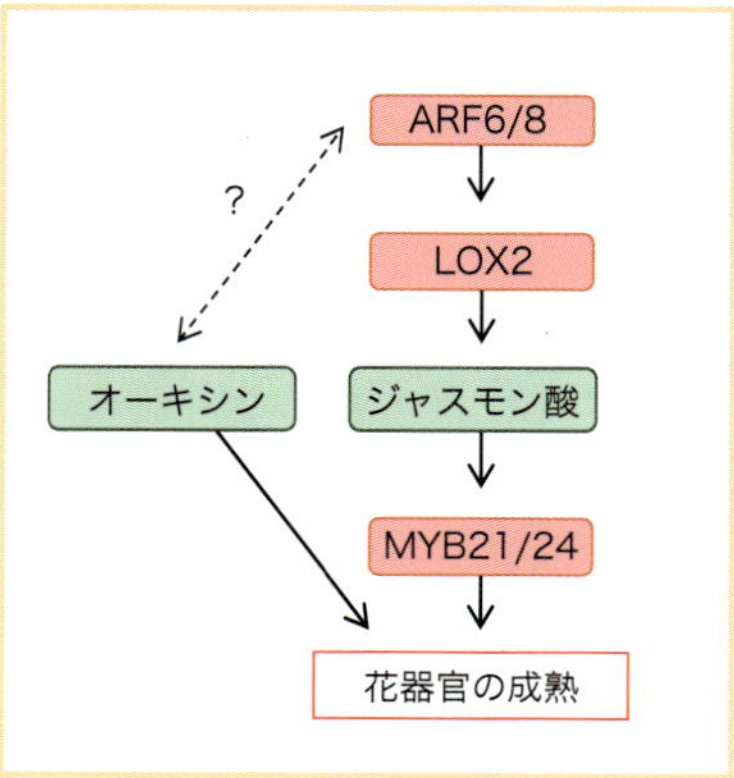

の2つに大別できる。花器官の成熟の制御には、植物ホルモンによる適切な情報伝達が重要な役割を担っており〈図7.18〉、たとえばジャスモン酸[40]は雄しべの発達に関与する。オーキシン応答に関わる転写因子ARF6およびそのパラログであるARF8は雌雄の生殖器官の成熟にはたらく重要な遺伝子であり[26]、ジャスモン酸生合成経路に関与している。また、オーキシンは花器官の成熟を含めた生殖生長の全過程で重要な役割を果たすが、ARF6／8との制御関係については不明である。

① 葉化による不稔

ファイトプラズマに感染すると植物が不稔になるが、（他の症状に目を奪われているせいか）あまり注目されていない。不稔になると次世代を作れないので、植物にとっては深刻な問題である。このうち葉化により花の各器官がほかのものに変わってしまうために不稔が生じることがある。これまで多くのファイトプラズマで葉化を伴う不稔症状が確認されている[27][41]。トマト黄化病[4-1]はその例で、雄しべや雌しべが葉化し不稔となる〈図7.19〉。この場合、花器官形成にはたらく遺伝子の発現が変動し、その前段階で花芽の形成（花芽分裂組織の分化）にはたらく遺伝子の発現が低下する[27]。その後、葉化・緑化による雌しべの不稔とbig bud[1-20]〈図7.19〉症状の両方を起こすことから、これらの複数の症状はファイトプラズマ感染により起こる一連の反応経路上の現象と考えられている。

OYに感染したペチュニアは葉化症状を呈するが、この場合も花芽や花器官の形成にはたらく遺伝子

40 ジャスモン酸：jasmonic acid（JA）。植物ホルモンの一種で、本文中にある雄しべの発達に加え、病害や害虫による傷害への防御応答の誘導、果実の成熟などさまざまな反応を制御している。

41 *Phytoplasma asteris* のほか、*P. solani*、*P. oryzae*、*P. aurantifolia*、*P. phoenicium*、*P. trifolii* など。

42 Zhang J（2004）Phytopathology 94：842–849; Urbanavièienë L（2004）Zemes Ukio Mokslai 3：15–19

の発現が低下する[28]。イタリアンクローバー葉化病ファイトプラズマに感染し葉化したシロイヌナズナでも一部の花器官形成にはたらく遺伝子の発現が低下する[29]。

② 生殖器官の成熟不全

一部のファイトプラズマは、葉化を起こさなくとも不稔を起こす〈図7.19〉。これは葉化・緑化と異なる原因によると考えられ、作物の果実や種子ができなくなるため、農業生産上深刻な問題である。

私たちはTENGU発現植物を用いて天狗巣症状誘導メカニズムに関する研究を行っていたが、実はその過程でTENGU発現植物が不稔になることに気づいていた。しかしこのような植物では、葉化は生じないのである。また、W株感染植物でも、花がつぼみのまま開花せず不稔となる〈図7.20〉。これは、TENGUが雄性・雌性器官の成熟不全を引き起こし、不稔を誘導するためと考えられた。

これらのことから、TENGUは、花器官の形態が決定したあとにはたらきかけ、花を成熟不全に追い込み、不稔を起こすと考えられた。またこの不稔は、TENGUタンパク質の量に依存しており、①雄性不稔（雄しべの成熟不全による軽度の不稔）と②雄性および雌性不稔（雄しべと雌しべの成熟不全による重度の不稔）の2つのレベルがあることが分かった〈図7.20〉。いずれの不稔症状も同じ経路上にあり、TENGUの量に依存して起こる。

図7.19 ファイトプラズマ感染により引き起こされる2種類の不稔症状[42]

［7・5・2］ファイトプラズマの驚くべき生存戦略

花の成熟は、全容が明らかではないが、次のような経路が分かっている。まずARF6・ARF8遺伝子の発現により酵素LOX2が産生され、ジャスモン酸の生合成が促進される。それにより転写調節因子「MYB21・MYB24」が活性化され、これが花の成熟につながる〈図7・18〉。そこで、シロイヌナズナにTENGUタンパク質を発現させたところ、ARF6・ARF8・LOX2・MYB21・MYB24の各遺伝子の発現量が軒並み低下し、ジャスモン酸の産生量も低下した〈図7・21〉[30]。つまり、TENGUタンパク質は、花の成熟を阻害していたのだ。こうして私たちは、葉化・緑化・big budとは異なる不稔のメカニズム、つまりTENGUタンパク質が引き起こす、花の成熟不全による不稔の分子機構を突き止めたのである〈図7・22〉。

一般にジャスモン酸は、昆虫の食害に対する植物の防御応答の主役である。ファイトプラズマは、自身から分泌したTENGUをエフェクターとして利用し、植物の花の成熟機構を利用して宿主植物のジャスモン酸産生量を抑え、害虫に対する防御応答が起こらないよう操作しているのだ〈図7・23〉。そして媒介昆虫の吸汁・繁殖を促し、自身の感染拡大を図っている。同様に、AY-WBファイトプラズマのエフェクターであるSAP11もジャスモン酸の生合成を抑制し、媒介昆虫（フタテンヨコバイ）の吸汁を促進させている[31]。また、植物ウイルスのTYLCCNV[43]は、自身のβC1タンパク質によってジ

図7.20　W株の感染およびTENGUの発現による花器官の成熟不全（赤枠）

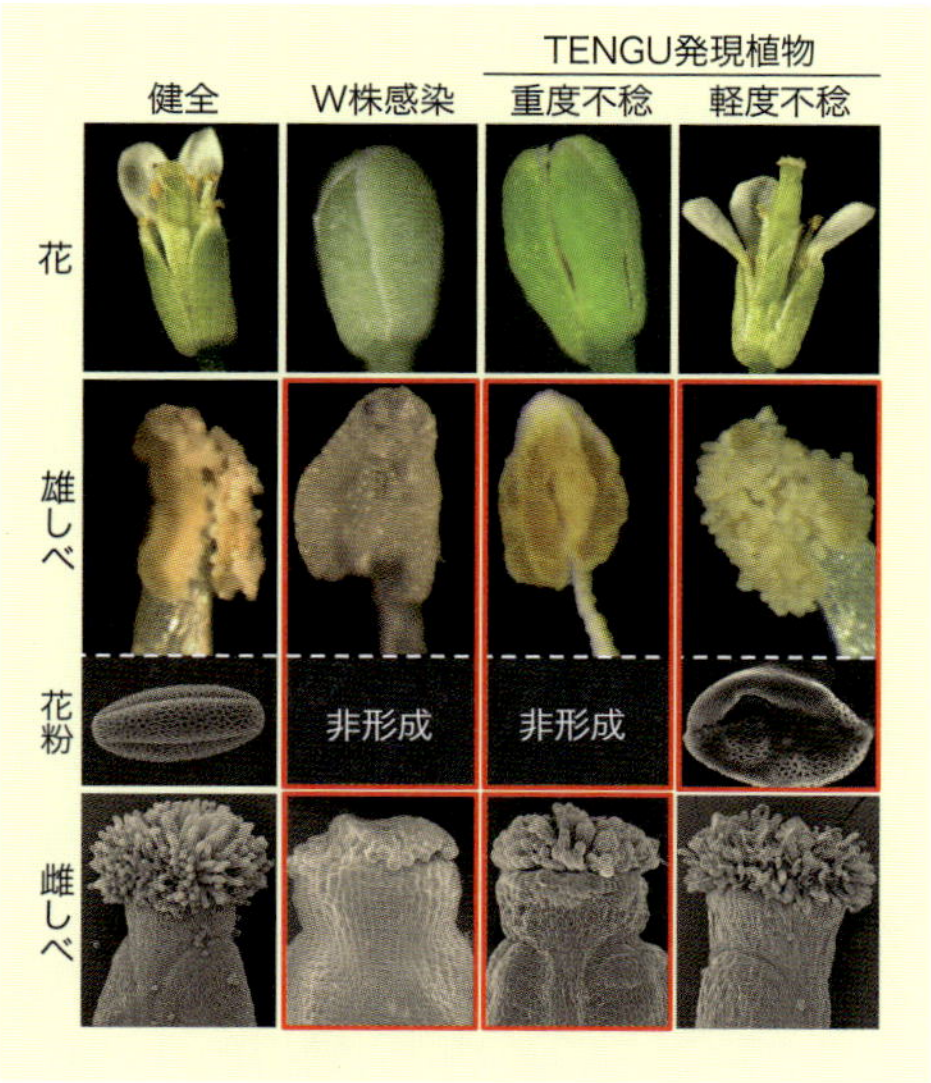

W株感染植物やTENGU形質転換体（重度不稔）では、花が開花しない。内部の器官を観察すると雄しべに花粉が形成されておらず、雌しべの形態も異常である。軽度不稔を示すTENGU形質転換体では、花は開花するが種子ができない。これは雄しべの成熟不全によって正常な花粉が形成されないためである。

図7.21　花器官の成熟に関わる遺伝子（左図）と植物ホルモン量（右図）にTENGUが及ぼす影響

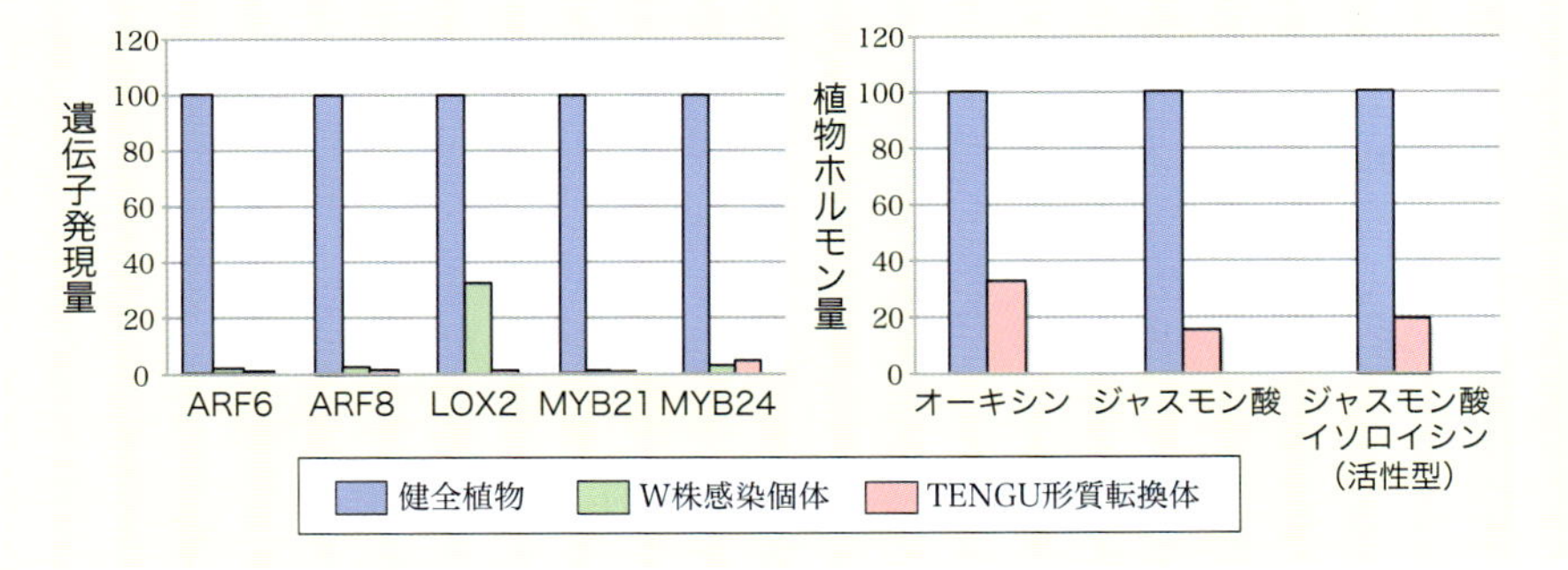

健全植物における遺伝子発現量や植物ホルモン量を100とした場合の相対値を示した。
遺伝子発現量、植物ホルモン量はいずれもTENGUの影響によって減少した。

図7.22　TENGUによる
不稔症状誘導モデル

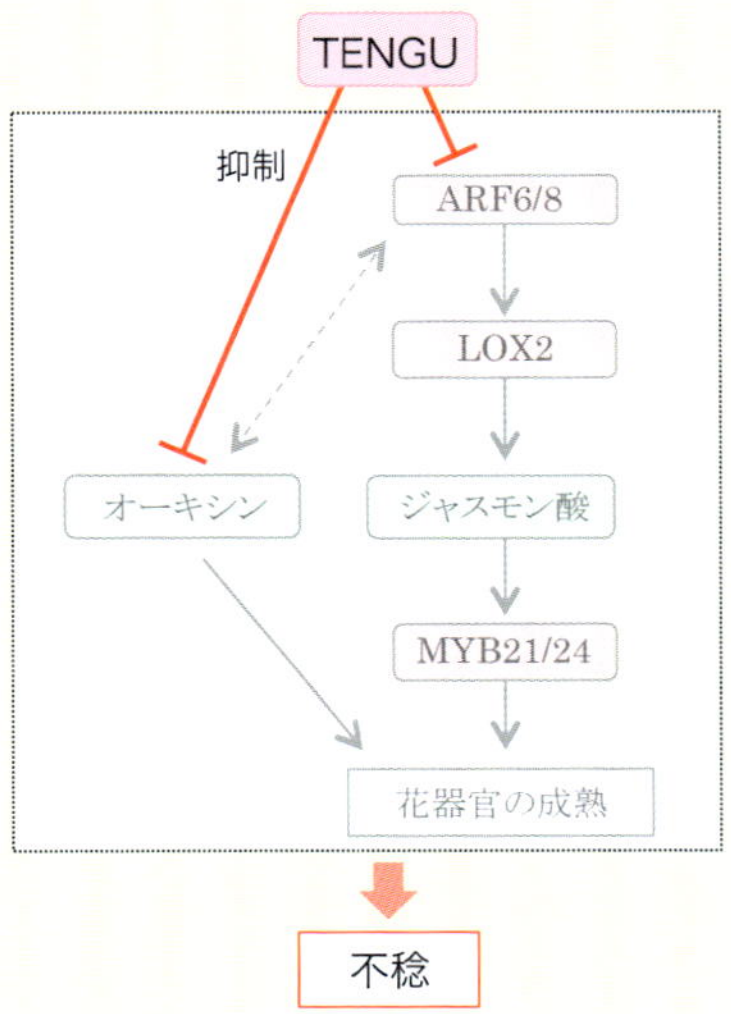

ャスモン酸応答遺伝子の発現を抑制し、媒介昆虫であるタバココナジラミ[44]の個体数を増加させ、自身の感染拡大を促進している〈図7・23〉[32]。

TENGUが天狗巣症状の主犯としてオーキシン産生を抑制していることはすでに論じたが、オーキシンは花の成熟を促進することでも知られている。すなわち、TENGUによりオーキシン産生が抑制されることによって、花の成熟不稔にもつながっているのだ〈図7・22〉。

私たちの研究で明らかになったTENGUによるジャスモン酸・オーキシンの生合成の抑制と、その結果として起こる天狗

43　TYLCCNV：tomato yellow leaf curl China virus。トマトなどに感染し、黄化や葉が丸まってしまう葉巻症状を起こす。日本では近縁なトマト黄化葉巻ウイルス（tomato yellow leaf curl virus）が発生し問題となっている。

44　タバココナジラミ：*Bemisia tabaci* type B。トマト、キュウリなどさまざまな作物を吸汁し、多くの植物ウイルスを媒介する重要害虫。

図7.23　病原体による媒介昆虫への防御応答抑制

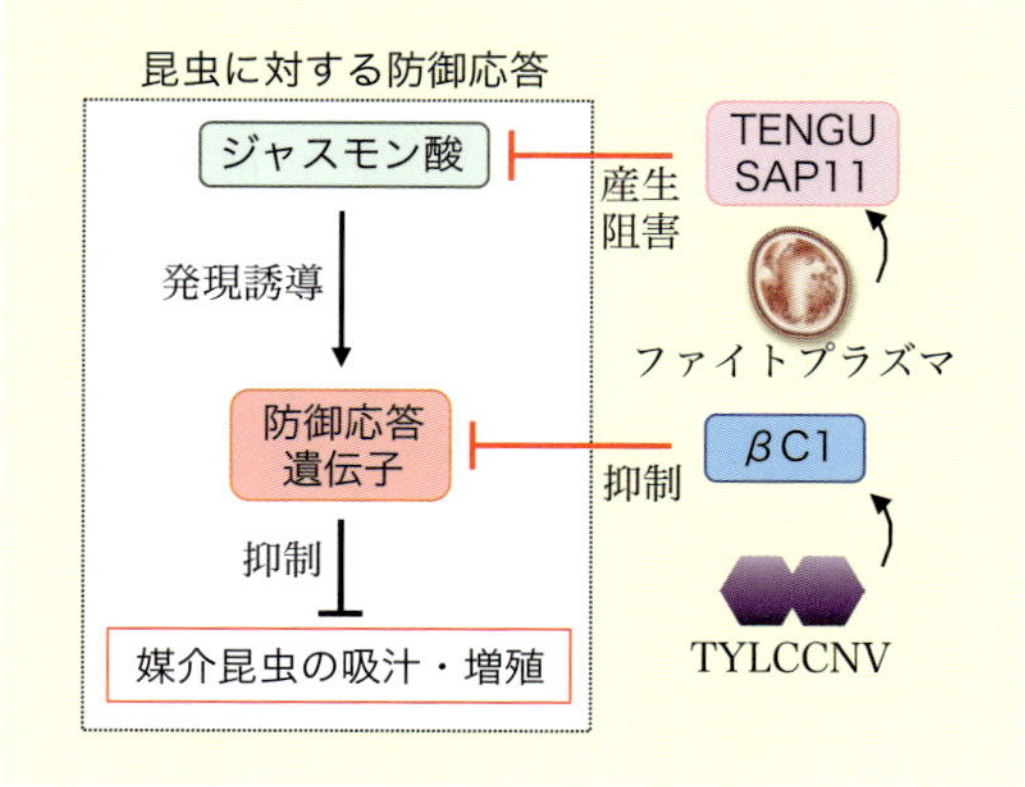

巣・不稔は、結局、昆虫誘引が目的なのか、天狗巣・不稔にすることによる老化抑止が目的なのか、はたまた、両方が最終目的なのか？　ファイトプラズマの驚くべき巧妙で複雑な生存戦略には飽くことなく興味が広がってゆく。

〔7・5・3〕因子を探す戦略

本研究により天狗巣症状の原因因子が見つかった。その過程で、これまで不可能と思われていた病原性因子の探索手法が見つかった。この手法はほかの因子の探索にも有用である。さらにスクリーニングを進めれば、TENGU以外の病原性因子や、ファイトプラズマの生存戦略に隠された、より重要な機能因子を見つけ出せる可能性がありそうである。大規模シーケンス[6-33]などを駆使したゲノム解読技術も急速に進歩しており、他の多くのファイトプラズマゲノムのドラフトシーケンス[45]も続々とデータに蓄積されつつある。

今回確立したスクリーニング系は、自前で開発した高機能なウイルス発現ベクターを用いており、発現したいタンパク質遺伝子をこのベクターに組み込み、ウイルスとして植物に接種し感染させるだけで植物における機能が分かる、という非常に簡便な方法である。この発現ベクターは、内外研究者の依頼を受けて分譲している。また、まだ私たちだけではあるが、ファイトプラズマの人工突然変異株のゲノムを比較し、欠失している遺伝子を植物に発現させ、そこにその遺伝子を欠失したファイトプラズマを感染させて、病原性や昆虫媒介能が回復するかどうか見る研究も始まっている。これにより、病原性・

45　ゲノムのドラフトシーケンス：未解明な部分を含む、暫定的なゲノム配列データのこと。「ドラフト（draft）」とは英語で「下書き・草案」の意味。

感染性・伝染性・増殖に重要な機能因子の探索が可能となり、これまで解析が困難であった難培養性植物病原性細菌の理解を深める新たなアプローチとなるであろう。

7・6——葉化病とABCEモデル

〔7・6・1〕日本だけ3種類あるアジサイ葉化病ファイトプラズマ

ファイトプラズマに感染した植物は、がくや花びら、雌しべの葉化や緑化、がくの肥大、雌しべの肥大、突き抜けなど、花の形態が変化する。なかでも「葉化」症状はインパクトがあり、魅力的で古くより人々の関心を引いてきた。

アジサイはアジサイ科アジサイ属の落葉低木である。鑑賞用として庭園や公園に植栽されるほか、鉢物としての人気も高い。栄養繁殖（挿し木）により増殖するため、母樹が病原体に汚染されていると、病気の拡大につながる。

花びらのように見えるがくが葉化したアジサイは「緑花アジサイ」の品種として珍重されインターネットなどで販売されることがある。葉化および緑化したアジサイにファイトプラズマが感染していることは、1970年代に欧米諸国で報告された[33]。ベルギーやイタリアをはじめ、欧米で葉化アジサイに感染しているファイトプラズマはいずれも *P. asteris* である。日本では1996年に栃木県、静岡県、大分県でアジサイ葉化病の発生が初めて確認された。病原ファイトプラズマは、欧米で発生しているファイトプラズマとは異なる種で、のちに *P. japonicum* JHP[46]系統と命名した〈図7・24〉[34]。その後、2011年、群馬県で栽培されるアジサイに発生した葉化アジサイが東京大学植物病院®に診断依頼で持ち込まれた。調べた結果、*P. asteris* が感染していることが確認され、HP[47]系統と命名した〈図7・24〉。

46 JHP：Japanese hydrangea phyllody
47 HP：hydrangea phyllody

図7.24 アジサイ葉化病の病原ファイトプラズマは日本では3種類ある

HP系統は、日本でヌルデから検出された*P. asteris* RhY系統[48]と非常に近縁である[35]。RhY系統の媒介昆虫はヒシモンヨコバイであることから、HP系統は、RhY系統に感染したヌルデからヒシモンヨコバイによりアジサイに感染し分化してきた系統と思われる。このほか、私たちは葉化したアジサイから*P. ziziphi*も検出しており、合計3種類のファイトプラズマによるアジサイ葉化病が日本には存在することになる。

［7・6・2］葉化病による形態変化

ほかの植物と違って、私たちはアジサイの「がく」を花と思って愛でている。葉化アジサイは先ほども述べたようにこのがくが濃い緑色の葉になるのだが、どこがどのように葉化しているのか、とても興味深い。私たちは、そのメカニズムを探ろうと、ファイトプラズマに感染した植物の花（がく、花びら、雄しべ、雌しべ）の形態変化について、OY強毒株（W株）に感染したペチュニアとJHPに感染したアジサイについて解剖学的に調べてみた[28, 36]。

W株感染ペチュニアの花は、がくと雌しべは完全に葉化するが、花びらは一部着色が残り完全には葉化せず、雄しべは葉化しない〈図7・25〉。つまり、W株に感染したペチュニアの花は、がく、雌しべ＞花びら＞雄しべ、の順に葉化を起こしやすい。

JHP感染アジサイの花は緑化、葉化、突き抜けの症状を呈する。緑

48 RhY：rhus yellows

化症状のアジサイは、がくが緑化するだけで、ほかの器官は正常である。葉化症状のアジサイは、がくが葉化、花びら・雄しべは緑化、柱頭は葉化し、子房は消失する。突き抜け症状を呈したアジサイは、葉化症状のアジサイで見られた症状に加え、雌しべが茎頂に変化し、そこからまた葉化した花が伸長する〈図7・26〉。つまり、ＪＨＰに感染したアジサイの花は、突き抜け＞葉化＞緑化の順に葉化した花器

［コラム］

アジサイ葉化病は品種か？

国内のアジサイ葉化病ファイトプラズマには *Phytoplasma japonicum* と *P. asteris* のほか *P. ziziphi* の3種類あるが、*P. japonicum* は私たちが命名した日本の固有種である。その由来はなんであろうか？　進化的には *P. asteris* と近い種であるが明らかに異なる。ただ、ほかの植物での発生は例がない。おそらく長年にわたってアジサイのみに寄生し続け、隔離環境下で特異な進化を遂げたに違いない。

しかし、全国の野山に自生するアジサイに、時には山ごと全体に発生しており、人為的な栄養繁殖ではなく、明らかに媒介昆虫により広がったとしか思えない例もある。しかもその周辺のアジサイ以外の植物には感染が認められないことから、アジサイにしか感染しないか、アジサイのみを特に嗜好《しこう》する未知の媒介昆虫が水平感染に関わっている可能性もある。

このようにアジサイ葉化病はファイトプラズマ病の中でも特殊な存在であるが、深刻なのは、この葉化アジサイが珍品として愛好家に珍重されていることだ。葉化病に感染したアジサイの中には、「ミドリヤマアジサイ」、「緑花アジサイ」などのようにファイトプラズマ病であるとの認識がなかったために、かつて品種として扱われていたものもあった。いまだに葉化病に罹病《りびょう》したアジサイを緑色の品種としてネットなどで販売しているケースがあり、農水省や日本アジサイ協会では注意するように呼びかけている。

アジサイを購入する際には次のようなことに注意していただきたい。一般に、葉化病に感染したアジサイはがく（花びらに見えるが実際はがくであり、中心に花びらなどがある）が緑色になり、葉のような形状になる。花の中央部から新たな芽が形成され茎が伸びたり（突き抜け症状）、葉が紫色に変色し（パープルトップ症状）、株が衰弱する。

診断キットが開発された今では、簡単に診断できる。

図7.25　W株に感染したペチュニアの花器官の病徴

W株に感染した個体では、がくや雌しべの葉化、花びらの部分的な緑化が見られる。
雄しべは小型化するものの、葉化や緑化などの形態変化は認められない。

図7.26　JHP株に感染したアジサイの花器官の病徴

症状	健全	緑化	葉化	突き抜け
がく	正常	緑化	葉化	葉化
花びら	正常	正常	緑化	緑化
雄しべ	正常	正常	緑化	緑化
雌しべ	正常	正常	葉化	突き抜け

緑化、葉化、突き抜けの3種類の病徴を引き起こしたアジサイの花について、花器官ごとに観察しやすいように花全体、花中央部、花中央部の断面を示す。

官が多く、がく＞雌しべ＞花びら＞雄しべ、の順に葉化を起こしやすい。

また、それぞれの花の断面を見ると、両者ともに心皮[49]が葉化し、胚珠[50]が消失している。Ｗ株感染ペチュニアの雌しべでは、消失した胚珠に代わって葉の組織が新たにできる。これは突き抜けの症状である。ＪＨＰに感染したアジサイの花器官におけるファイトプラズマの存在部位を調べると、葉化してできた篩部組織には、本来花器官では存在しないはずのＪＨＰの感染が認められる。一方、茎頂分裂組織などの組織にファイトプラズマはいないことから、ＪＨＰは茎頂分裂組織にまで達して直接に葉の分化を制御しているのではなく、葉化した篩部組織から何らかの方法で間接的に茎頂分裂組織の「花から葉への転換」を誘導しているのだ。

ファイトプラズマ感染植物の花の形態異常に共通しているのは、症状が激しくなるほど葉化しやすくなることだ。がくや雌しべは特に葉化しやすいのに対して、雄しべは最も葉化しにくい。

[7・6・3] 花のＡＢＣＥモデルと葉化病

ドイツの文豪ゲーテ（１７４９–１８３２）は、形態学の祖といわれるほど自然科学にも造詣《ぞうけい》が深かった。彼は、18世紀の終わりに、自著『植物変形論』の中で、「がく、花びら、雄しべ、雌しべの各花器官は、もとは葉であったものが変化したもの」、との仮説を示した。この仮説は、20世紀末にＡＢＣモデルによって証明された[37]。このモデルでは、花器官の形態形成に関わるＡ、Ｂ、Ｃという3種類の花のＭＴＦ遺伝子[51]が正しい組み合わせではたらくことによって、各花器官が形成されると説明している。ゲーテの予言通り、花は葉が変化した器官だったのだ！

現在は、花形成に関わるＭＴＦ遺伝子がさらに増え、Ａ、Ｂ、Ｃ、Ｅの4つのクラスからなる〈図7.27〉。また、ＭＴＦ遺伝子の上流には茎頂分裂組織から花芽分裂組織への転換に関わる花芽形成決定遺

49　心皮：花は茎の一番上に付く葉（花葉という）が変化したもので、そのうち雌しべを作る花葉のこと。
50　胚珠：心皮に付いた雌性生殖器官のこと。頂部に付いた花粉から花粉管が伸び花粉内部の精細胞が胚珠内部の卵細胞と受精し種子ができる。
51　MTF遺伝子：MADSドメイン転写因子(MADS-domain transcription factor, MTF) をコードする。花のホメオティック遺伝子ともいう。真核生物に広く保存された転写因子の総称であり、MADSドメインと呼ばれるDNA結合領域を有する。ここでは花器官の形成を決める転写制御因子群を指す。本書ではMTFをMADS転写因子と呼ぶことがある。

伝子[52]（以下ＦＭＩ遺伝子）がある。身近な花のことを説明するのに、難解な言葉が続いていて恐縮である。研究者はどうして日本語でも長くて一般の人にわかりにくい言葉を使い、英語略称でもわざわざ難解な言葉を使うのかと、書いている私でさえ抵抗を感じてしまう。ある種の権威主義的なものがそこにはあるのではないかと言っては言い過ぎだろうか？

さて、ファイトプラズマに感染した植物から花芽全体をサンプリングし、調べたところ、花芽におけるＦＭＩ遺伝子群[51]の発現量は低下していたが、意外なことに、ＭＴＦ遺伝子（Ａ、Ｂ、Ｃクラスの遺伝子群）の発現量に変化は認められなかった[28]。花芽が花へと発達する過程で葉化していくわけなので、花芽の段階でＭＴＦ遺伝子の発現がファイトプラズマの感染による影響を受けないとは考えづらい。私たちは、花器官ごとに受ける影響が異なるため、花芽全体では変化が見えなくなっているのではと考えた。そこで花器官ごとに分けて調べたところ、果たして、雄しべを除くすべての花器官（がく、花びら、雌しべ）のそれぞれにおいて、ＭＴＦ遺伝子[51]（Ａ、Ｂ、Ｃ、Ｄ[53]、Ｅ）のいずれかの発現量が減少していた。

図7.27　花器官のABCEモデルとMADS転写因子

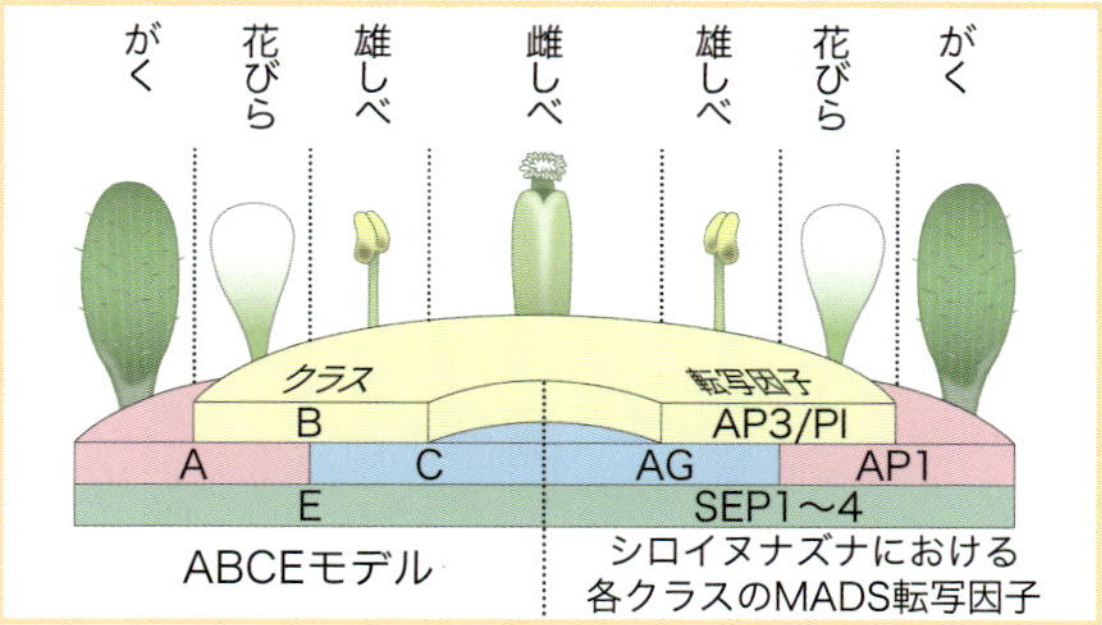

図の左半分はABCEモデルを表している。がくの形成にはA・Eクラス、花びらの形成にはA・B・Eクラス、雄しべの形成にはB・C・Eクラス、雌しべの形成にはC・Eクラスの遺伝子が機能する必要がある。
図の右半分は、シロイヌナズナにおいて各クラスのはたらきを担うMADS転写因子（MTF）を表している。シロイヌナズナでは1種類のAクラスMTF（AP1）、2種類のBクラスMTF（AP3、PI）、1種類のCクラスMTF（AG）、4種類のEクラスMTF（SEP1～SEP4）が機能している。

図7.28　ペチュニアの各花器官における遺伝子発現量と形態の変化

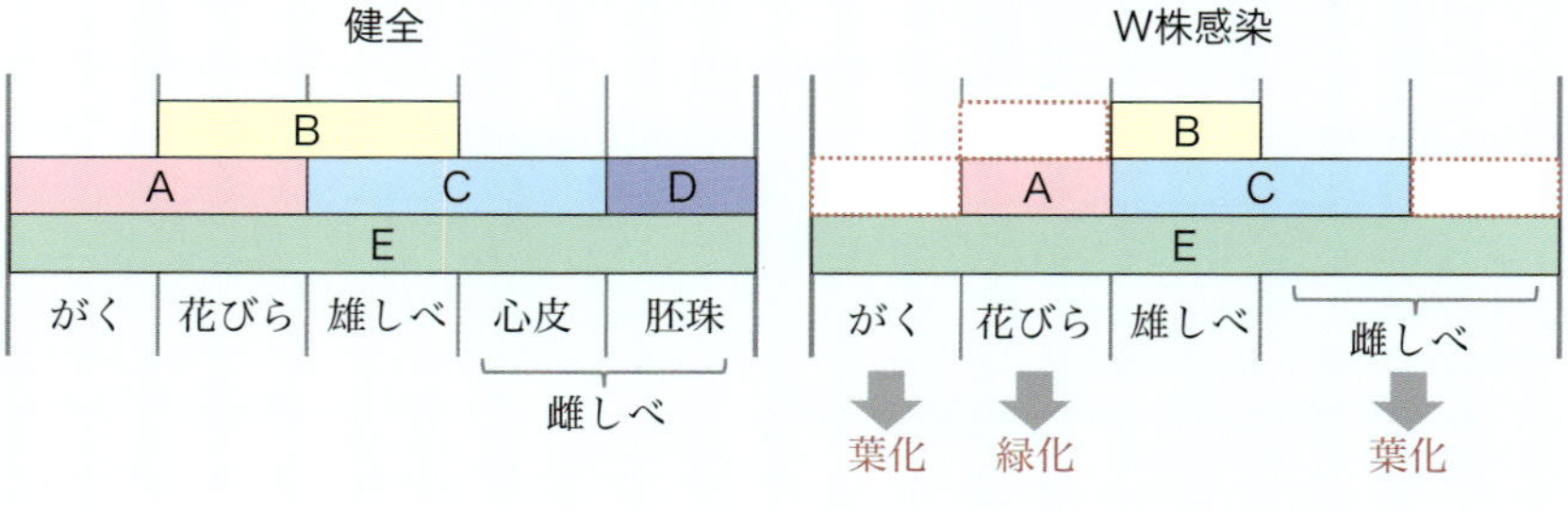

W株感染ペチュニアで葉化、緑化が生じた器官では、その形成に必要なMTF遺伝子の発現量が減少している。

つまり、ファイトプラズマに感染した植物では、形態変化が起こる花器官のMTF遺伝子の発現量はいずれもどれか一部が低下しているのである〈図7・28〉。

このように、ファイトプラズマの感染によって葉化が起こるときには、その器官を形成するのに必要な花のMTF遺伝子[51]の発現量の減少が伴う。では、ファイトプラズマは花器官ごとに異なる遺伝子を操り、複雑な発現制御を行っているのだろうか。私たちはむしろ、もっと根源的な作用点があり、その作用の結果として各花器官に異なる影響が現れているのではないかと考えていた。なぜなら、当時の最先端の研究で、花器官の発達には数多くの転写因子が互いのはたらきを正や負に制御しながら複雑に絡み合っていることが分かってきていたからだ。しかし困ったことに、花器官の発達は植物生理学において最も研究の盛んな分野の一つであるにもかかわらず、数多くの転写因子の絡み合った糸を解きほぐすまでにはまだ至っていない。つまり、実験結果といくら照らし合わせようとしても、植物生理学の最新の知見とつながるようなストーリーを組み立てることはできない。仕方なく別のアプローチにより葉化の原因を探ることにした。

7・7 ――「かたち」を決める遺伝子

[7・7・1] 動物と植物の形態形成の違い

一般に植物病原体は、植物に感染して、葉や花や果実、茎、根にいろいろな病気を引き起こし、農作物および樹木の生育・品質に大きなダメージをもたらす。病気が起こる仕組みを明らかにすることは、農学における最重要テーマの一つである。なかでも、「植物のかたち」に変化を引き起こす病原体は、食、芸術、伝承、観賞など、歴史的に私たちの文化や経済にさまざまな影響をもたらしている。そ

52 花芽形成決定遺伝子：FMI遺伝子（floral meristem identity gene）。花芽が形成される際にはたらく遺伝子群。茎頂に到達したフロリゲン（FT）タンパク質により発現が誘導される。

53 DクラスMTF：Dクラスは花器官そのものではなく雌しべの中の胚珠形成に関わる。

図7.29　植物の茎頂分裂組織

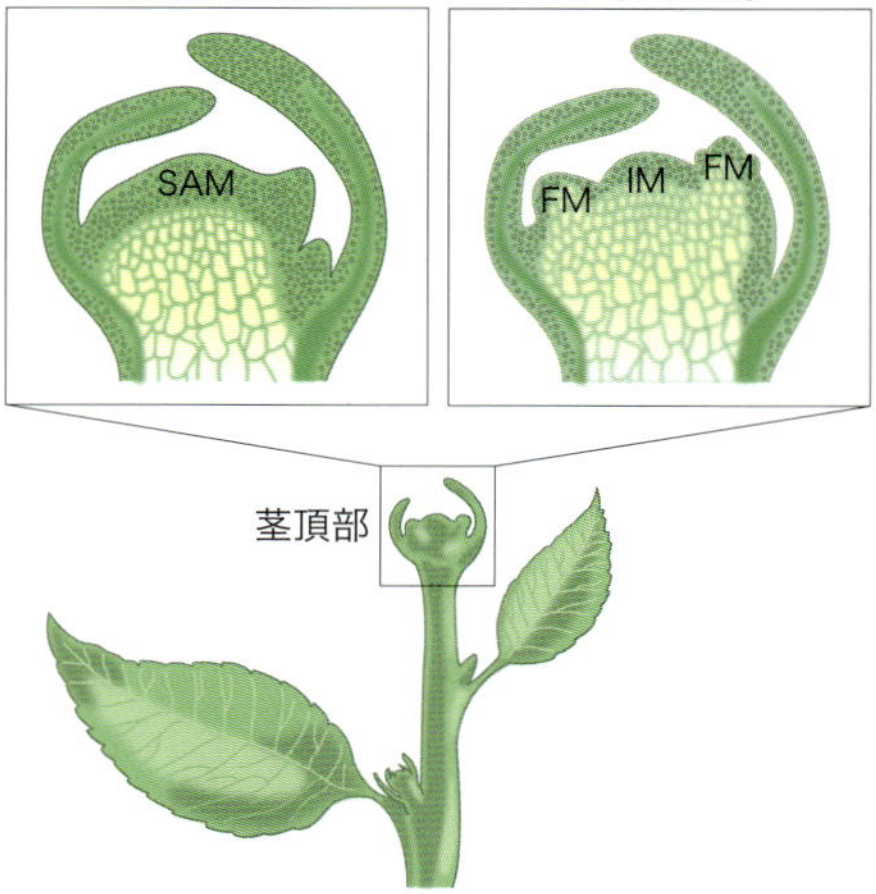

栄養生長期の茎頂部には、茎や葉を形成させるための茎頂分裂組織（SAM）が存在する。生殖生長期の頂端部には花序分裂組織（IM）、花芽分裂組織（FM）が存在し、それぞれ花序や花芽を形成する。

れらの「かたち」の変化の原因として分かっているものは、植物の突然変異や、病原菌による植物ホルモンの合成・分泌に起因する形態異常[54]くらいであったため、そのメカニズムは、単に病原体の感染により、植物の「かたち」づくりを決める正常なプログラム（形態分化・形態形成の経路）が二次代謝産物などにより「攪乱」されるためであろうと考えられていた。

実際に私がファイトプラズマ研究を始めた1995年頃、植物科学の研究者と共同研究をしていて、しばしばその分野のお偉方から「それはただ植物の正常な生理状態が攪乱されただけではないか？」と言われた（▼コラム「ファイトプラズマ研究と研究費」93頁）。つまり、ファイトプラズマの養分収奪や、病原性因子とは異なる何らかの二次代謝産物によって攪乱されているだけなのではないかというのである。「攪乱」と言われては元も子もない。科学的論理の通用しない「カオス」だと言われているわけだから。正常な生理状態が乱れた状況は、混乱状態であり、何の論理体系も適用できない。そうした言葉を聞くたびに、受け入れられない無念さと悔しさでいっぱいだった。

そもそも、その「攪乱」されるという植物の「かたちづくり」はどのようにプログラムされているのだろうか。ここではファイトプラズマによる植物の形態異常について述べる前に、植物自体の形態形成メカニズムについて簡単に振り返ってみる。動物の形態形成が胚の一時期に限定されるのに対し

54　植物ホルモンの合成・分泌に起因する形態異常：菌類の *Gibberella fujikuroi* は植物ホルモン「ジベレリン」を合成し、イネを徒長させばか苗病を引き起こす。また細菌のアグロバクテリウムは、植物ホルモン「オーキシン」と「サイトカイニン」を合成する遺伝子群を植物ゲノムに挿入し、植物に強制的に合成させ、根頭癌腫病を引き起こす。これは自然界でも遺伝子組換えが「ごく自然」に起きている事例でもある。

55　茎頂分裂組織：shoot apical meristem（SAM）。茎の先端部（茎頂）の分化前の細胞からなる組織。

56　花序分裂組織：inflorescence meristem（IM）。花をつけた茎または枝のことをここでは花序といい、それを作る茎先端部の分化前の細胞からなる組織のこと。

57　花芽分裂組織：floral meristem（FM）。花になる芽のことを花芽といい、花芽を作る花序分裂組織先端部の分化前の細胞からなる組織のこと。

て、植物では一生を通じて継続的に器官分化が行われる。植物は、葉・茎・根などの栄養器官を形成する「栄養生長期」を経た後、花芽をつくり、花を咲かせ、生殖を行って種子をつくる「生殖生長期」へと移行する。植物の器官分化は成長点の分裂組織において行われるが、分裂組織の種類は生長のステージによって異なる。栄養生長期の頂端部にある茎頂分裂組織[55]は、茎や葉を形成させるが、生殖生長期にステージが移行したあとの頂端部にある花序分裂組織[56]は花序を、花芽分裂組織[57]は花をそれぞれ形成する〈図7・29〉。これら先端部の細胞群は全能性[58]があり、条件によってはどんな器官にでも分化でき、植物個体を形成することもできる。これに対して動物ではＥＳ細胞[59]のように、胚の段階で全能性を持つだけで、その後は植物と異なり、ｉＰＳ細胞[60]のように特殊な条件を与えない限り全能性は失われる。

［7・7・2］花づくりのフロリゲン説

花の咲くメカニズムは長いあいだ分からなかった。「花成ホルモン」という名称の仮説上の物質はずいぶん昔に名付けられた。１９３６年にこの花成ホルモンに対して「フロリゲン」[61]という新たな名を付けたのは、ロシアの科学者チャイラヒャンであった[38]。接木によって花ができる原因となる何らかの物質が移行し、それが篩管を通ること、さらに種を越えて再現でき、日長に対する反応の異なる植物でも接木でそれが再現されたことから、花芽形成を誘導する植物ホルモン（様）物質を具体的に想定してこの名が付けられ、それ以降フロリゲン説が70年間提唱され続けてきたのである。そしてついに、幻のホルモンと言われ続けたフロリゲンの正体が突き止められた。まず花芽形成に重要な役割を果たす候補遺伝子としてＦＴ[62]が１９９９年に発見され[39]、２００７年に日本とドイツを中心とした開発グループによってそれこそがフロリゲンの実体であること、そしてその機能が証明された[40]。

58　全能性：細胞がその生物を形成するあらゆる器官に分化でき、完全な1個体を形成できる能力のこと。

59　ES細胞：胚性幹細胞（embryonic stem cells）。動物の発生初期段階の胚の一部から作られ、どのような器官にでも分化でき無限に増殖できる細胞のこと。

60　iPS細胞：人工多能性幹細胞（induced pluripotent stem cells）。体細胞に数種類の遺伝子を入れるだけでES細胞のようにどのような器官にでも分化できる能力を持った細胞のこと。

61　フロリゲン：florigen。植物の花芽形成を誘導するシグナル物質として提唱されていた物質。植物の花芽形成は日長の変化により誘導されるが、日長は葉が感知していることが発見され、葉から茎頂へその情報を伝達する物質として、フロリゲンが提唱された。

花の形成には、環境条件（日長、温度）や植物の大きさなどさまざまな条件がかかわっているが、特に重要なのが日長である。植物は適切な日長を感知すると、フロリゲンを葉で生成する。このホルモンは篩管を通って葉から芽に運ばれ、芽ではたらく他のタンパク質と一緒に機能し、花形成を促すFMI遺伝子の発現を誘導する〈図7.30〉。

被子植物[63]の花はがく、花びら、雄しべ、そして雌しべの4つの独立した花器官から構成される〈図7.27〉。花を構成する各器官は元々葉であるから、花を作るためには、その各器官を花らしく配置する仕

図7.30　フロリゲン（FT）による花の形成メカニズム

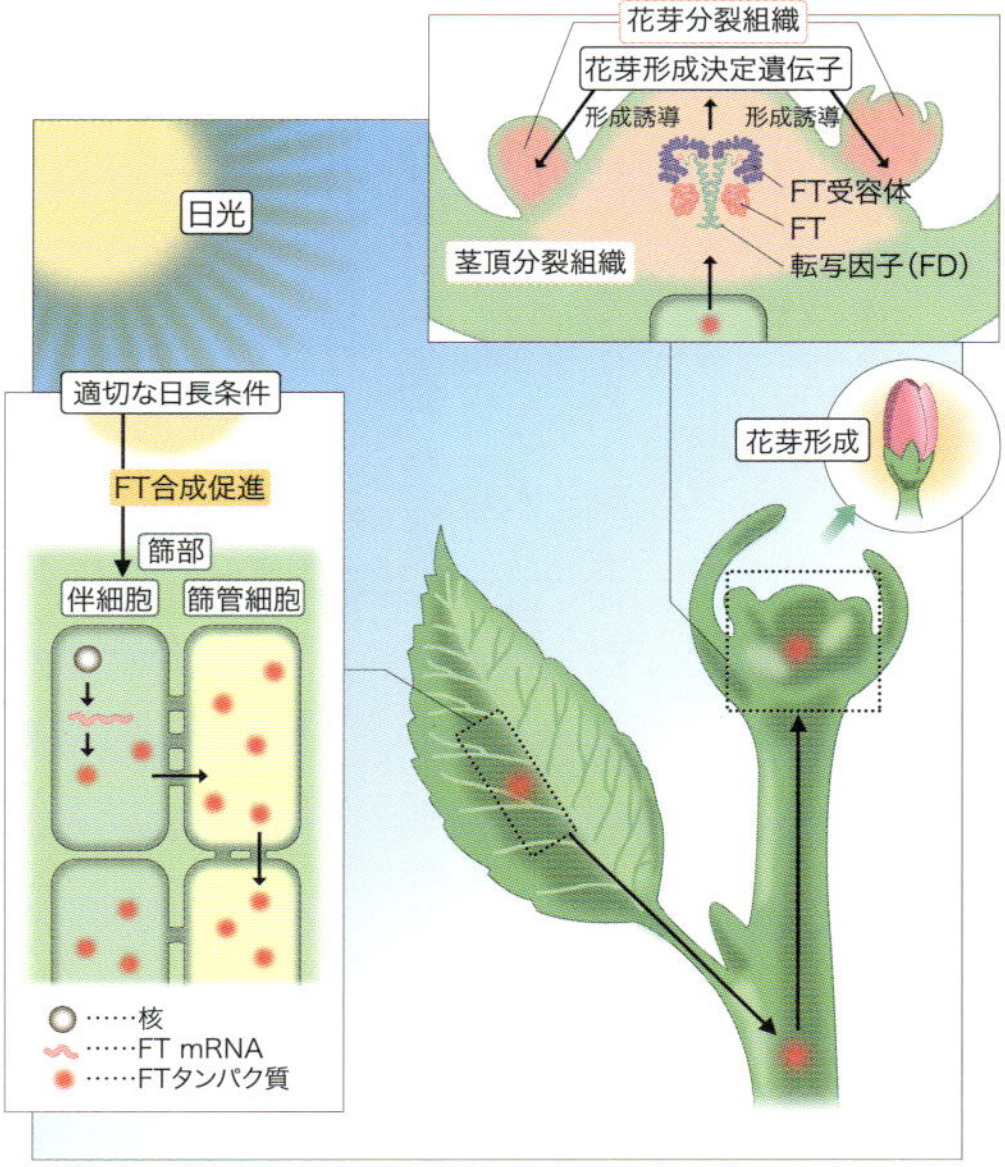

図7.31　カルテットモデル

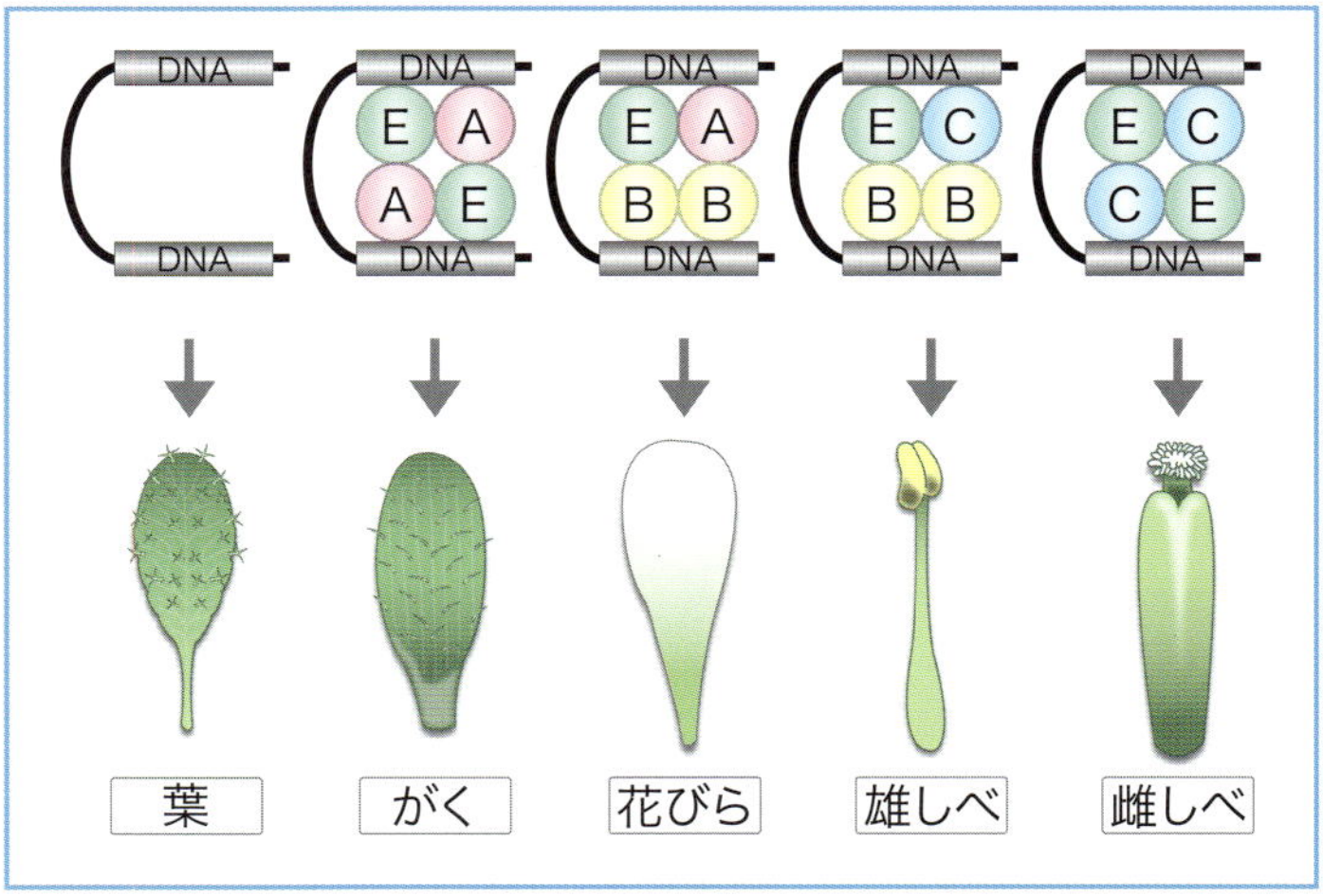

62　FT：FLOWERING LOCUS T。フロリゲンの実体として発見された遺伝子。植物の葉で日長の変化が感知されると、FT遺伝子の転写が促進される。翻訳されたFTタンパク質は篩部を経由して茎頂分裂組織に運ばれ、受容体および転写因子FD（FLOWERING LOCUS D）と複合体を形成する。この複合体が花芽形成を促すFMI遺伝子（花芽形成決定遺伝子）（脚注52, 307頁）の転写を活性化する。

63　被子植物：子房に包まれた胚珠を形成する植物のことで、双子葉植物・単子葉植物を含む。4つの花器官からなる典型的な「花」を咲かせる。

組みが必要である。それぞれの花器官がどこに形成されるかはMTFの発現の組み合わせによって決定される〈図7・27〉。MTF[51]にはA～Eの5つのクラスが存在する（▼7・6・3）。複数のクラスのMTFがヘテロ四量体[64]を形成し、各花器官を形成する複数の遺伝子のプロモーター配列に結合して、それぞれの器官の形成を誘導する。これを「カルテットモデル」と呼ぶ〈図7・31〉。四量体の組み合わせは、AクラスとEクラスではがく、A、B、Eクラスの組み合わせで花びら、B、C、Eクラスの組み合わせで雄しべ、C、Eクラスの組み合わせで雌しべが形成される[41]。B、C遺伝子は器官に特異的な遺伝子発現制御に、Aや（とくに）E遺伝子は四量体の架橋タンパク質[65]として機能している。

7・8 葉化病の病原性因子「ファイロジェン」

［7・8・1］進化を逆行させる暴挙

自然は、葉を美しい造形美と配色をほどこした花に変え、昆虫や鳥を魅惑して寄せつけようと植物を進化させてきた。ファイトプラズマに感染して「花が葉になる」現象は、その進化の道程をいわば逆行させる暴挙であり、ゲーテが見たら「おお神よ！　あなたはいたずらが過ぎますぞ！」と言ったかもしれない。こともあろうに昆虫がファイトプラズマを運び、植物が進化の末に完成した芸術美「花」を創るまでのすべての営みを水泡に帰すのであるから、自然とは皮肉なものである。

そして私たちはその犯人をついに見つけたのである。「フロリゲン」のはたらきで駆動した花のホメオティック遺伝子が懸命に編み出し創るタンパク質（A、B、C、E）。それを無慈悲にも壊すタンパク質、それが「ファイロジェン（PHYLLOGEN）」であった。蛇足であるが、ファイロジェンも発見前にすでにその存在を予測し、名前だけは付けてあったものである。以下はその発見の物語である。

64　ヘテロ四量体：異なる4つの分子により構成される構造体のこと。
65　架橋タンパク質：bridge proteins。複数のタンパク質の間に存在し、そのタンパク質同士を結びつけるために機能するタンパク質のこと。

〔7・8・2〕「ファイロジェン」の発見

ファイトプラズマは細胞壁を持たず、宿主細胞内に生息することから、宿主の細胞質内へと放たれたファイトプラズマの分泌タンパク質は、宿主に直接はたらきかける。したがって、ファイトプラズマが葉化をもたらす病原性因子を持つとすれば、分泌タンパク質のなかにある可能性が高い（▼7・3・2）。そこで、W株のゲノム情報のなかから可能性のありそうな分泌タンパク質遺伝子を選び出し、それらを植物に導入し、花が葉化するかどうかを調べた。

ただこれは、「言うは易く、行うは難し」であった。花が咲くまで待つ必要があったからである。候補遺伝子をウイルス発現ベクターに取っ替え引っ替え入れ、植物に接種し、葉化の有無をひたすら調べた。その結果、分泌タンパク質ＰＡＷ92を発現させた植物で、花が葉化することを突き止めた〈図7・32〉。そこで、この遺伝子を今度は形質転換によりシロイヌナズナに導入し、同じように葉化を起こすか確認した。ダブルチェックである。

その結果、がくは通常より濃緑色で、葉のようになった。葉に変化しているかどうかはトライコーム[66]が判断基準の一つで、がくでは直線状だが、葉では先端が分岐する。ＰＡＷ92を発現させた植物のがくにできたトライコームは葉に特徴的な「分岐した形状」であった。したがって、がくは葉化したのである。しかも花びらは緑色に着色していた。雄しべのかたちに変化はなかったが、花粉ができなかった。雌しべは変化がもっとも激しく、茎のようになり長く伸び、先端には緑色の丸いコブができ葉に特徴的なトライコームが認められた（突き抜け症状）〈図7・32〉。コブになった雌しべの先端部を切り開いたところ、内部にもう1つ花ができていた。花によっては、がくの内側から茎ができて伸び、先端に花がついているものもあった。一方、抽台《ちゅうだい》[67]までにかかる日数や、つぼみの配置、栄養生長期[68]の形態は正常であった。

66　トライコーム：毛状突起のことで、シロイヌナズナでは主に葉で形成される。ここでは、先端が分岐したトライコームがあるという葉の特徴を利用し、緑化した花器官が葉であるかどうか判断する一助になっている。

67　抽台：花芽を形成する時期になると茎が急速に伸びる現象のこと。「とう立ち」とも呼ばれる。

68　栄養生長期：茎や葉、根など栄養分の吸収や植物体の維持に関わる器官が生長する時期のこと。一方で、花や果実など次世代を作るための器官を形成する時期は生殖生長期と言う。

図7.32 PAW92（PHYL1）による花の葉化誘導

PHYL1を発現させたシロイヌナズナの花では、がくの葉化、花びらの緑化が見られ、雄しべが緑色に変化する。葉化したがくの内側から茎が伸長し新たな花器官（二次花）が形成されることもある。突き抜けが生じた雌しべの先端部にも二次花が生じるほか、その先端部に更に新たな花（三次花）が形成されることもある。

図7.33 N末端側8番目のアミノ酸が葉化誘導に重要である

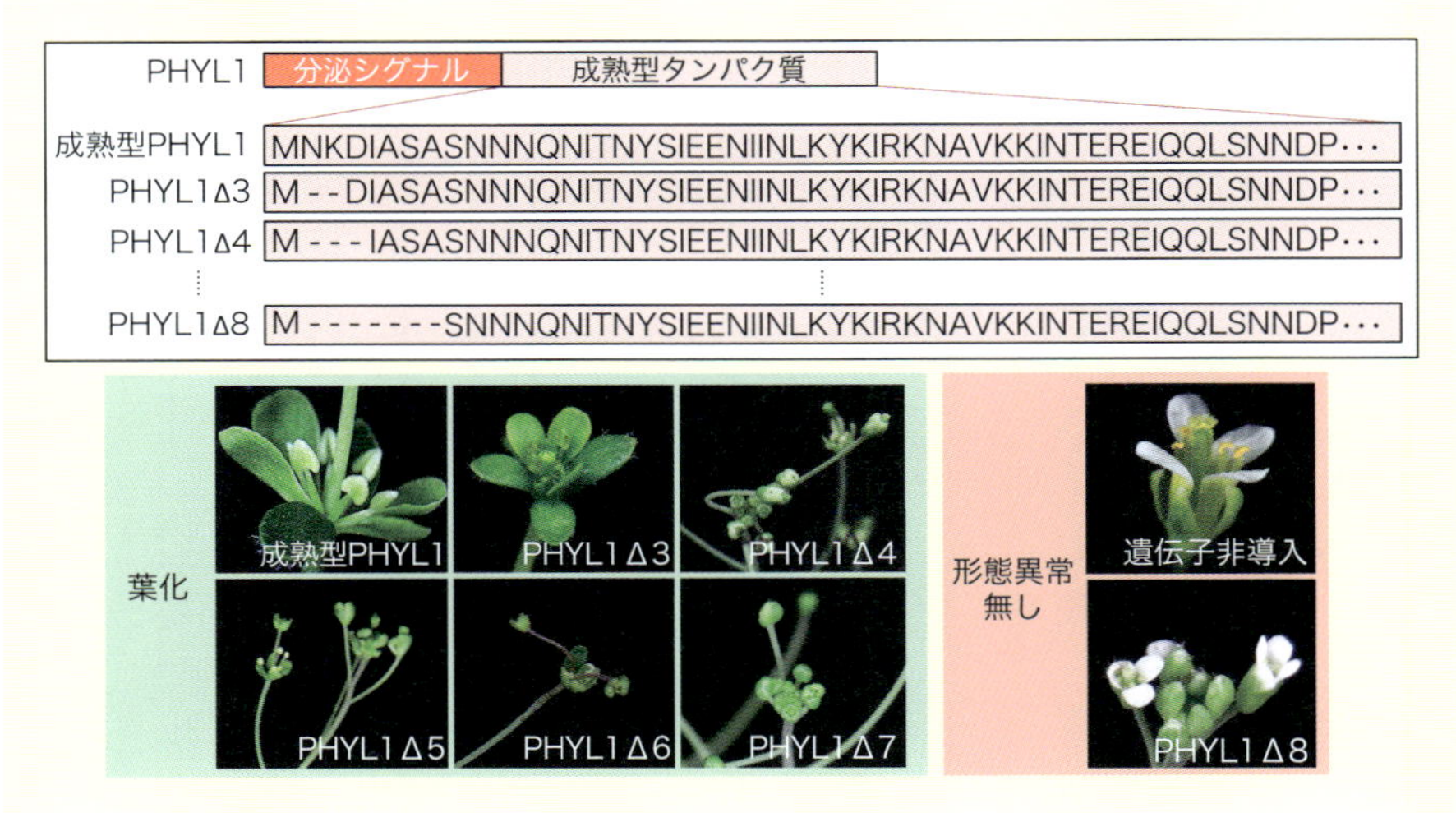

PHYL1Δ3（成熟型PHYL1の2、3番目のアミノ酸を欠失させた変異体）から順に1つずつ欠失アミノ酸数を増やし、PHYL1Δ8まで変異体を作成した。PHYL1Δ3からPHYL1Δ7までは葉化を誘導するが、PHYL1Δ8は葉化を誘導しない。

このように、ＰＡＷ92遺伝子を導入した形質転換シロイヌナズナは、花の葉化や緑化、突き抜けなど、ファイトプラズマによる葉化と一致する典型的な葉化症状を示した。これらのことから、ＰＡＷ92が葉化の原因遺伝子であると結論し、ＰＨＹＬ１[69]と名付けた。ＰＨＹＬ１タンパク質は１２５アミノ酸からなり、Ｎ末端側34アミノ酸は分泌シグナル配列で、残る91アミノ酸（10・6キロダルトン）が成熟したＰＨＹＬ１タンパク質として細胞外に分泌される。ファイトプラズマが植物と昆虫に感染したときのＰＨＹＬ１遺伝子の発現量をそれぞれ比較したところ、植物感染時には昆虫感染時の約３倍も発現して

［コラム］

論文の掲載雑誌の選択の難しさ

普通の研究者にとって、英文誌に自分の書いた論文が掲載される際に編集長から褒められることは、一生のうちそんなに頻繁に経験できることではない。

下記は、２０１４年3月6日に英国国際植物科学誌『プラントジャーナル』に「ファイロジェン」遺伝子発見の論文が受理されたときの、同誌編集長から届いたメールの抜粋である。究極の怠け者細菌「ファイトプラズマ」の最後の未解明病原性因子「ファイロジェン」の発見と、花をつくるタンパク質を分解して葉化する仕組みを明らかにした論文に対するコメントである。

ここまで褒められることは滅多にないことである。もう一つ挙げるとすれば、ファイトプラズマの全ゲノム解読に成功した論文が『ネイチャー・ジェネティクス』に受理されたときくらいであろうか。

私も数え切れないほどの国際誌の論文の査読（審査）をしてきた。おかげですっかり英語嫌いになってしまったが、絶賛してくれた審査員の気持ちはよく分かる。

●論文に対する編集部の最終評価の日本語訳

編集長　2名の審査員が揃って絶賛しているように、非常に素晴らしい研究成果である。この論文を本誌に掲載できることは編集者として望外の喜びである。

審査員1　葉化誘導因子「ファイロジェン」が花の形態形成を攪乱し葉に変化させる仕組みを初めて明らかにした画期的な論文である。この成果によりファイトプラズマによるさまざまな病徴のメカニズムはほぼすべて解明されたといえる。論文の構成・内容ともによく練られており明快である。

審査員2　ここ数カ月間読んだ論文の中で最高の論文であった。「ファイロジェン」により引き起こされるＭＡＤＳドメインタンパク質群の分解が葉化症状に結びつくメカニズムについて、きわめて精緻《せいち》な実験系を組み立てて証明されている。また、著者らの主張は信頼性の高い素晴らしい実験データによりさまざまな角度から検証されており、実験計画・論文構成いずれも緻密《ちみつ》にデザインされていることが窺《うかが》える。この論文は植物病原体の感染戦略の解明にとどまらず、花の形態形成に関わる遺伝子の機能についてもきわめて斬新《ざんしん》な解釈を与えるものである。間違いなく、多くの読者が本成果に高い関心を寄せるであろう。

独立行政法人農業生物資源研究所[3-9]（当時）におられた尊敬する有名な研究者である大橋祐子博士から、下記のメールをいただいた（掲載承諾済）。若いときから、足元にも及ばないと心から思っていた大橋博士からメールをいただいて、とても嬉しかった。2週間遅れで、同じような発見を英国ジョン・イネス研究所のサスキア・ホーゲンハート博士達のグループが『プロス・バイオロジー』誌に発表した。公開されるまで、互いの動きは分からないので、賭けの部分はあるが、植物専門誌が歓迎してくれたことがとても嬉しい。

難波先生

ご無沙汰をしております。今回、プラントジャーナル3月号の論文、拝見しました。プロテアソームによるＭＡＤＳ関連遺伝子産物の分解が葉化病の原因だったのですね。本当に素晴らしい、美しい研究結果で、大きな感動をいただきました。私たちもプロテアソーム関連の仕事に興味をもっていた時期があり、でも難しい実験なのであきらめてしまいました。今回の成果は、ゲノム解析からのアプローチも大切だったのですね。

ずっと粘り強く研究を続けてこられた成果で、世界に誇れるものです。もっと格の高い雑誌にも十分掲載される内容だと思いますが、早く掲載されることを優先されたのでしょうね。植物ウイルス研究所にいた時代に新海さんから葉化病にかかった植物を見せられてから、ずっとその原因に興味をもっていました。

今日は、嬉しくて、いてもたってもおられず、お祝いのメイルを差し上げました。（中略）これからも、一層、面白い研究を続け、発展させてくださいますよう。

おからだにも十分気を付けてくださいませ。

２０１４年３月28日　　農業生物研　大橋祐子

おり、PHYL1は植物で機能する遺伝子と考えられる。また、PHYL1タンパク質のN末端側の8番目のアミノ酸を欠失させたPHYL1変異体（PHYL1Δ8）遺伝子を導入した植物は、正常な花を付けるようになった〈図7・33〉。しかし、このアミノ酸を残すと葉化した（PHYL1Δ3～PHYL1Δ7）。つまり、PHYL1のN末端側8番目のアミノ酸が葉化を起こすうえで重要なのである。

［7・8・3］葉化を誘導する仕組み

それではファイロジェンはどのようなはたらきをするのであろうか？ ファイロジェンを特定した直後の私たちの興味の中心はそれであった。PHYL1により葉化した花を詳細に観察していて「もしや？」と思ったのは、ABCEモデルを構成する各MTFの変異体、特にA・EクラスのMTFを欠失した植物の花とよく似ていることであった〈図7・34〉。そこですぐに、PHYL1がA・EクラスのMTFと結合するか否かを調べることにした。その結果、驚くべき事実が分かった。その事実に至るまでの実験と考察には数年かかったのであるが、分かってしまうと説明は一言ですむ。ファイロジェンは植物細胞に導入されると、A・EクラスのMTFに結合しプロテアソーム[70]に持ち込んで分解するのである〈図7・35〉[42, 43]。また、プロテアソームを阻害するよう薬剤処理するとこの分解が阻害されるのである〈図7・36〉。そして、A・EクラスのMTF[51]はBクラスのMTFの発現を誘導する。そのため、ファイロジェンによりA・EクラスのMTFが細胞内で分解されると、その影響でBクラスのMTFの発現誘導も阻害されるというわけである〈図7・37〉。つぎに、ファイロジェンがどのようにこれらの転写因子と結合しているのだろうかという興味がわいたので、まずはファイロジェンの立体構造を調べる目的でX線解析を行ってみた。その結果、驚いたことにファイロジェンはMTFと同様に四量体となるのである〈図7・38〉。この構造の類似性は何を意味しているのか、ファイロジェンに対する興味はつきない。

---

69 PHYL1：phytoplasmal effector causing phyllody 1。「phyllody」は「葉化」を意味する。

70 プロテアソーム：真核生物が持つタンパク質複合体で、細胞内の不要なタンパク質を分解する。

71 Krizek BA（2005）Nat Rev Genet 6：688-698

図7.34 シロイヌナズナのABCEモデルを構成する各MTFの変異体

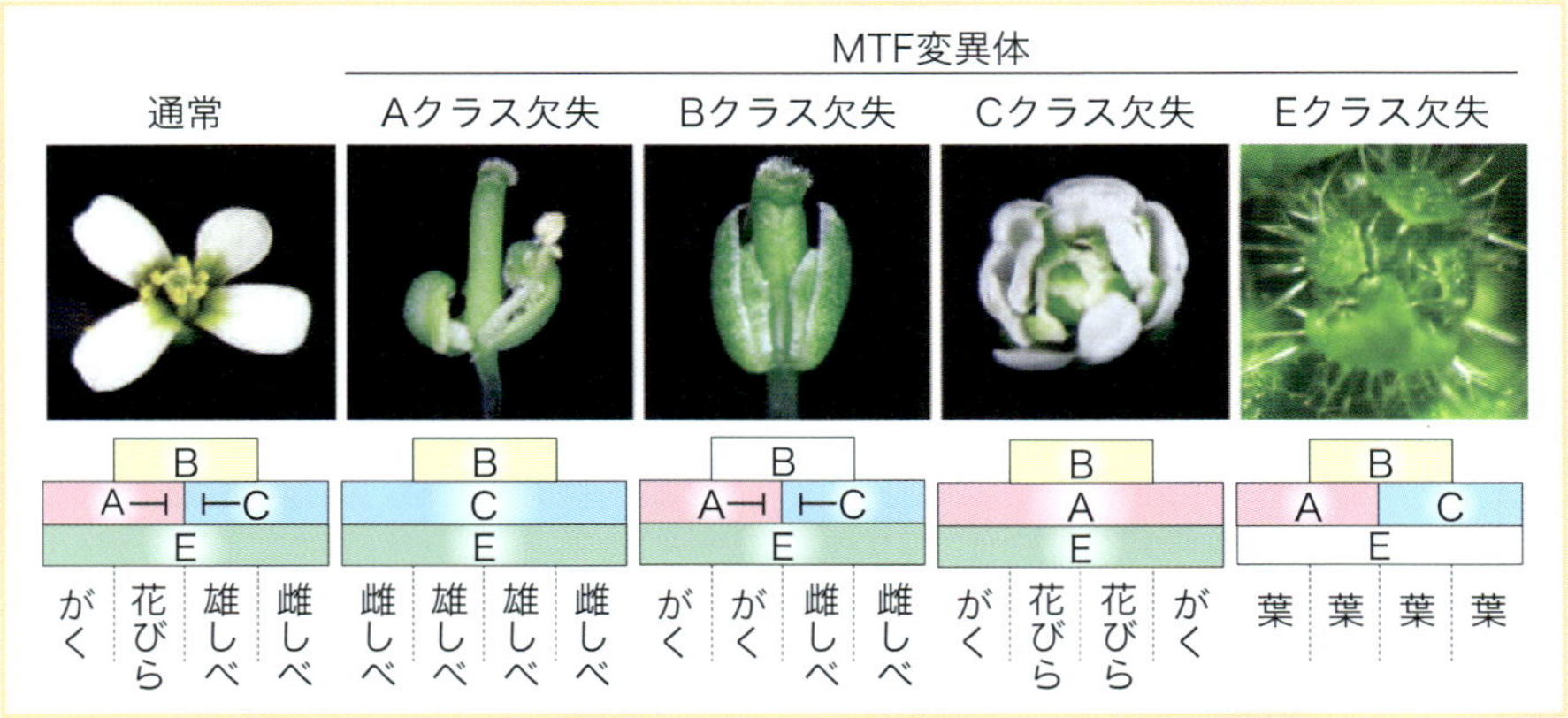

A、B、C、Eクラスのいずれかの機能が欠失した変異体の花は、異なる形態異常を示す（上図）[71]。生じる形態異常は、各クラスの欠失によるABCEモデルへの影響（下図）に対応している。AクラスMTFとCクラスMTFは互いに機能を抑制しているため、一方のMTFが欠失した部位ではもう一方が機能する。またEクラスMTFはすべての花器官の分化に関わるため、欠失変異体では花器官が分化せず、葉が形成される。

図7.35 PHYL1はMADSドメイン転写因子の分解を誘導する

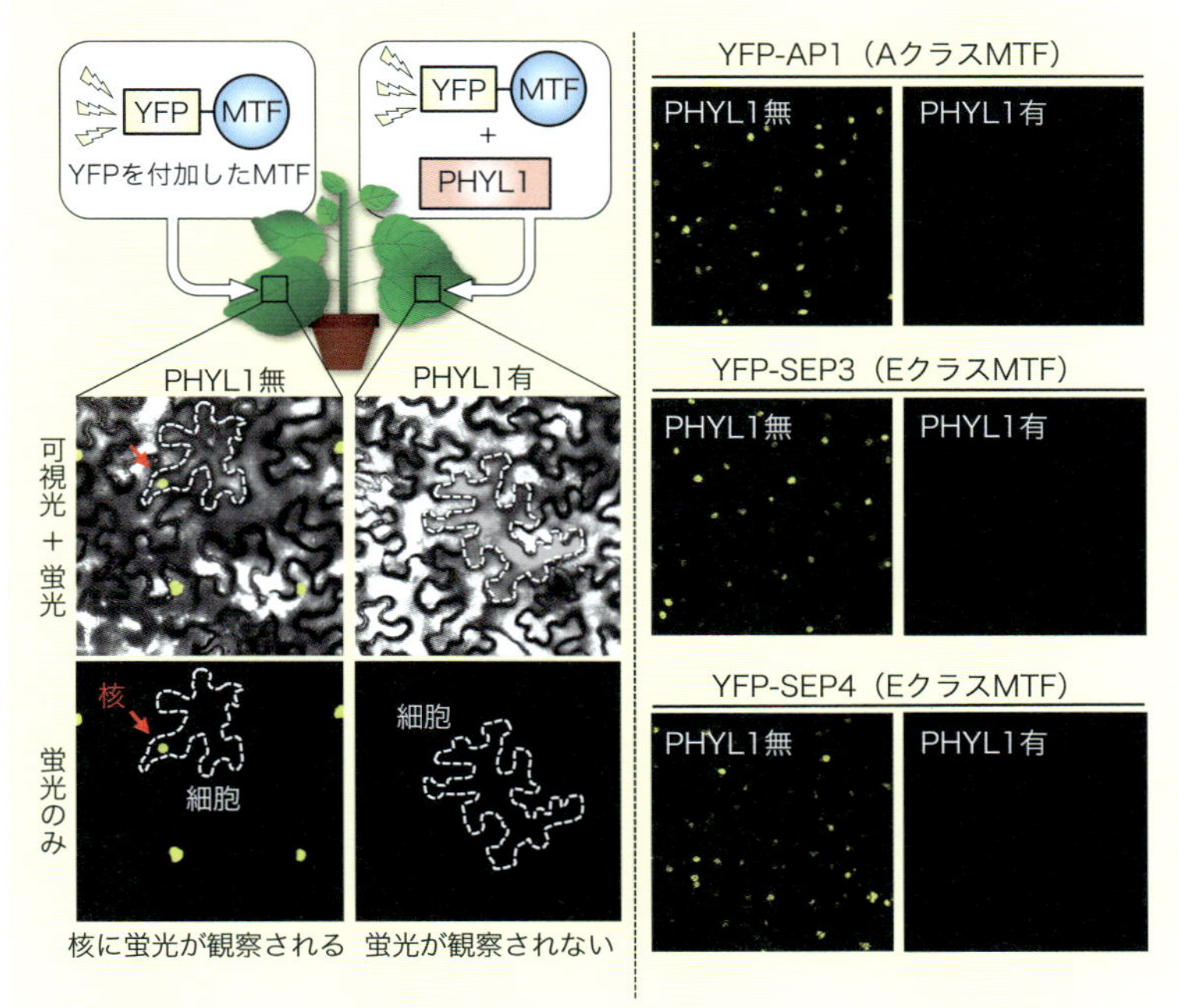

AまたはEクラスのMADSドメイン転写因子（MTF）に黄色蛍光タンパク質（YFP）を付加し、植物で発現させて蓄積の様子を観察した。MTFは核に蓄積するため、PHYL1がない場合にはYFP蛍光が核に観察される。一方で、PHYL1があるとMTFは分解され、YFP蛍光は観察されない。

図7.37　PHYL1の発現により影響を受ける（A、EクラスMTFに発現を制御される）遺伝子群の発現量変動

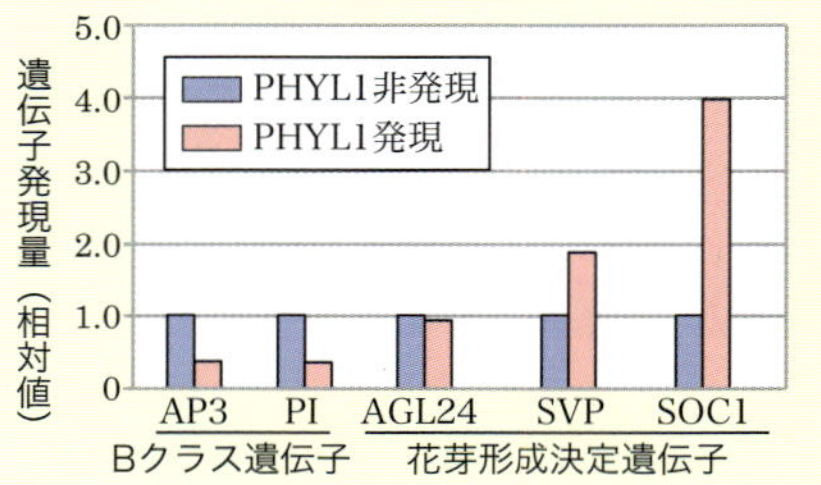

PHYL1非発現個体における各遺伝子の発現量を1.0として相対値で示した。
A、EクラスMTFはBクラス遺伝子の発現を誘導し、花芽形成決定遺伝子の発現を抑制する。PHYL1が存在するとA、EクラスMTFは分解されるため、相対的にBクラス遺伝子の発現量が低下する。また、花芽形成決定遺伝子の発現量が増加し、これが突き抜け症状に関わると考えられる。

図7.36　PHYL1によるMADSドメイン転写因子の分解にはプロテアソームが関与する

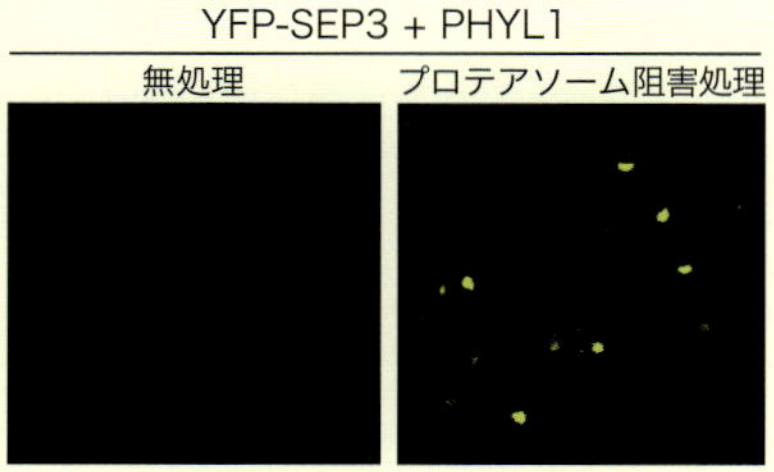

YFP-SEP3とPHYL1を植物細胞内に導入すると、YFP-SEP3が分解され、YFP蛍光は観察されない（左図）。しかし、プロテアソームの機能を阻害すると、PHYL1によるYFP-SEP3の分解が阻害され、YFP蛍光が観察される（右図）。

図7.38　ファイロジェンによる植物の葉化モデル

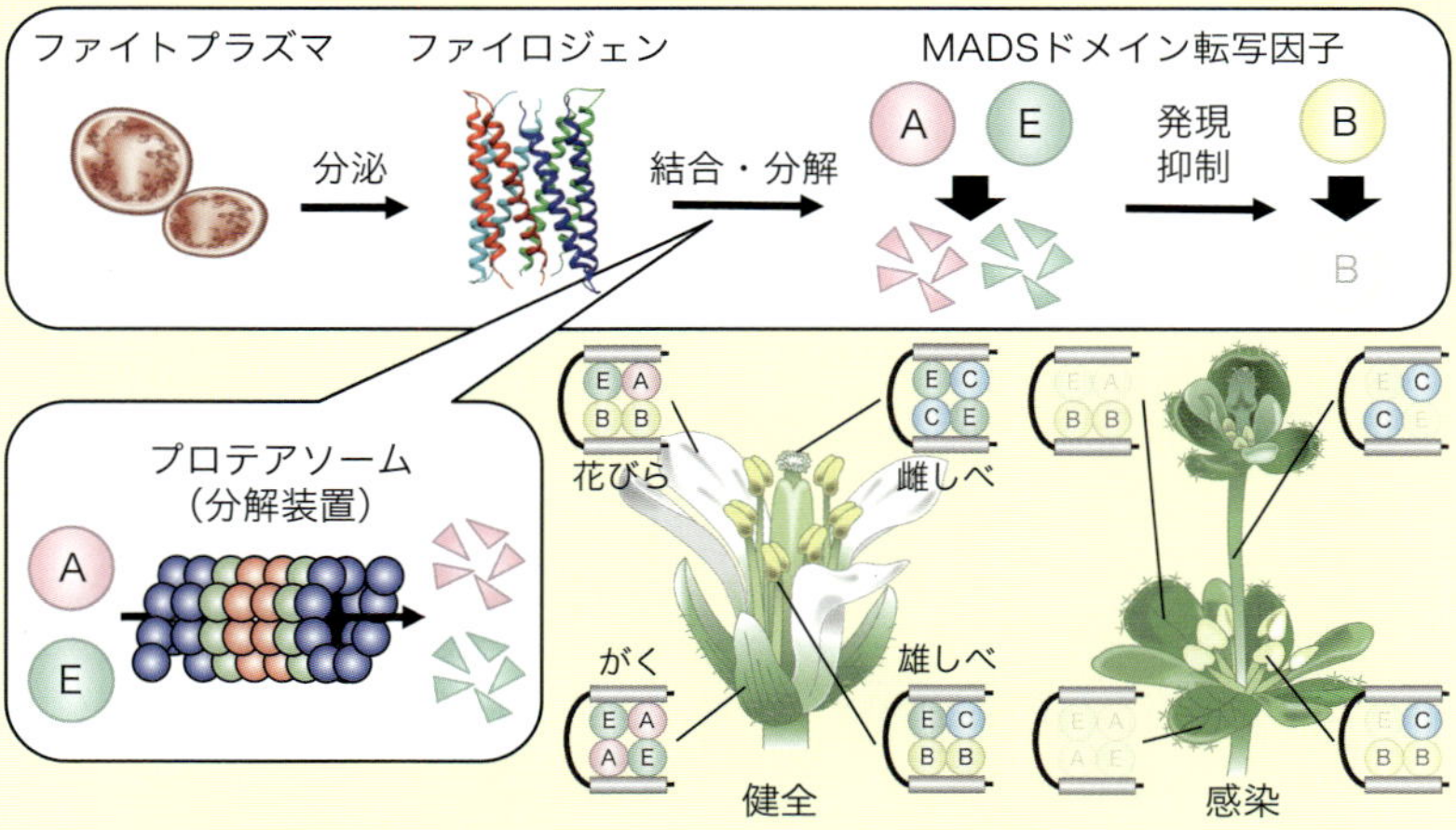

ファイトプラズマから分泌されたファイロジェン（四量体）は、花器官形成に関わるMADSドメイン転写因子タンパク質（MTF）のうち、A・EクラスのMTFに結合する。その結果、ファイロジェンと結合したMTFはプロテアソームにより選択的に分解される。さらに両者により発現が促進されるBクラスに属するMTF遺伝子の発現が抑制される。したがって、A、B、EクラスのMTFのはたらきが阻害され、葉化・突き抜けが誘導される。

まとめると、ファイトプラズマが分泌したファイロジェンによって、各花器官の形成に必要なカルテットモデルを構成する転写因子の多くが、分解あるいは発現抑制され、そのため葉化や突き抜けが起こるという仕組みだ〈図7・38〉[44]。この仕組みが分かるまでの実験量たるや相当なものであり、多くの研究室員が何代にもわたり研究を引き継ぎつつ進めてきたのであるが、分かってみると、葉化の仕組みはきわめて単純なものであった。フロリゲンが花を形成する仕組みよりはるかにシンプルで分かりやすいストーリーであったのだ。

[7・8・4] 花の色が華やかになる理由と緑化の仕組み

植物が緑色に見えるのは、光合成を行う葉緑体が植物の全身を覆っているためである。葉緑体の中には、青色と赤色の光を吸収してエネルギーに変換するクロロフィルという物質が大量にあり、吸収されずに反射するか通り抜けた緑色の光が植物の色として我々の目に映るのだ。花は葉が変化した器官であり、つぼみの時点ではクロロフィルが含まれ緑色に見える。しかし、花が咲く頃になると、花びらではクロロフィルが分解され、花らしいさまざまな色調を帯びるようになる。なぜ花びらではクロロフィルが分解されるのか分かっていないようだが、花びらの発達過程で光合成関連の遺伝子発現が抑制されることは確かだ。花びらの形成に関わるＢクラスのＭＴＦ遺伝子を壊すと花びらは緑色のままになることから〈図7・34〉、このＭＴＦ[51]が花びらのクロロフィルを分解へと導くことは間違いない[45]。

それにしても、花びらでなぜクロロフィルが分解されるかなどという、中学生でもその仕組みを話して聞かされたら目を輝かせるような基本的な現象をどうしてもっと研究しないのだろう？　植物学の研究はもっと違うところにパラダイムがあって、そこに力をそそぐと潤沢《じゅんたく》な研究費がもらえるのだろうか？　植物病理学分野は、それに比べると幅広い分野にまたがってパラダイムがたくさんあって、お祭りの屋台のようにさまざまなお店がところ狭しと並んでいるような気がする。

さて、ファイロジェンはA・EクラスのMTFに結合して分解するはたらきを持つわけだが、前述したように、それに伴ってBクラスMTF[51]の発現量も低下させてしまうことを私たちは突き止めた。つまり、ファイロジェンは間接的にBクラスのMTFのはたらきも抑えてしまうのだ。ファイロジェンによりBクラスのMTFのはたらきが弱められると、クロロフィルの分解作用も弱まり、花びらから緑色が抜けなくなる。これが花びらを緑色にする「緑化」症状の仕組みである。また、ファイロジェンの量が多くなると、A・EクラスのMTFの分解が顕著になり形態は葉に近づく。BクラスMTFの発現も強く抑制されるので、濃い緑色になるというわけである。結果的に「葉化」するというしかけなのだ。このダイナミックな変化を見られるうちの研究室の若者たちはどんなに幸運だろうかと思うことがある。自然のダイナミズムを見られるうえに、最先端の研究の醍醐味《だいごみ》も味わえるとは、これほど幸せなことはないと私は思う。

〔7・8・5〕葉化遺伝子の利用価値

ファイロジェンは植物が花を付け結実して一生を終えるのを阻害し、代わりに新しい茎と葉を次々に発生させ、植物を緑色に保つ。緑色を好む媒介昆虫は感染植物におびき寄せられ、ファイトプラズマがほかの植物に広がってゆく機会が増えることで、そのようなファイトプラズマがより有利になり生き残る。これはファイトプラズマが長い年月をかけて進化の末に確立してきた生存戦略でもある。

アジサイでは、ファイトプラズマに感染した緑花が品種として扱われ、珍重されてきたが、ファイトプラズマによる栄養分の収奪により、植物は小型化し次第に衰弱・枯死するほか、TENGUにより小さな枝をたくさん生じる。しかしファイトプラズマに感染させることなくファイロジェンだけを植物に発現させれば、生育が旺盛で緑花の新たな園芸品種が開発できる。また、茎葉《けいよう》を収穫する作物にファイロジエンを導入すれば、いつまでも葉を付けた茎が伸びるようになり、収量の増加が期待できる。さらに、これらの遺伝子のはたらきを阻害する物質を開発すれば、ファイトプラズマ病の治療につながるだろう。

［7・8・6］ファイロジェンはすべてのファイトプラズマにある

葉化はファイトプラズマ病に特有の症状であるとともに、ファイトプラズマ病に共通した症状でもある。40以上の種により構成されるファイトプラズマの多くが、葉化を引き起こすのだ。一方で、私たちに続き海外のグループがファイロジェンの葉化メカニズムを解明したが[46]、いずれも *P. asteris* に限られ、はたして他種のファイトプラズマもファイロジェン遺伝子を持っているかどうかは不明で、ファイ

［コラム］

病徴に見え隠れするファイトプラズマのしたたかな生存戦略

これまでに40種を超えるファイトプラズマ種が発見されている。それらが植物に引き起こす病気には共通性があり、しかも一般細菌による病気とは一線を画す特徴的な病徴をもたらす。これが「ファイトプラズマ病」と称されるゆえんである。しかし、なぜ不思議な病徴が現れるのだろうか。

ファイトプラズマ病の病徴は、植物体の衰弱（黄化、枯死など）と形態異常（天狗巣、叢生、花の葉化・突き抜けなど）の2つに大別される。前者は、ファイトプラズマによる栄養の収奪が原因であり、その結果として起こる植物の老化現象である。同時に篩部の壊死により糖の転流が妨げられ篩部組織が増生し、葉の糖濃度が上昇する。ヨコバイなどの媒介昆虫は、糖濃度が上昇した感染植物を積極的に吸汁する。これによりファイトプラズマは媒介昆虫に獲得されやすくなり、他の植物への感染のチャンスを拡大させている。ファイトプラズマと進化的にまったく異なるものの、同じく篩部局在性で昆虫媒介性の細菌（リベリバクター）により引き起こされるカンキツグリーニング病においても、葉で同様の糖蓄積が確認され

ており、昆虫媒介を促進するための共通戦略と考えられる。

一方、後者の形態異常は、ＴＥＮＧＵやファイロジェンなどの分泌ペプチドが原因である。ＴＥＮＧＵはオーキシン経路の阻害により天狗巣症状を誘導する。天狗巣症状や叢生症状では小さな枝葉が多数発生するが、これら若い組織はヨコバイの吸汁や産卵に好まれる。また健全植物とは異なるタイミングで若葉が生じるため、よりヨコバイを誘引しやすい。さらに、ＴＥＮＧＵは植物の害虫抵抗性を強化する植物ホルモン「ジャスモン酸」の合成も阻害する。このように、天狗巣症状はさまざまな角度からファイトプラズマの昆虫媒介促進に寄与している。

葉化・突き抜け症状では、従来は篩部が発達しない花器官が、葉や茎へと変化して新たに篩部が形成され、ファイトプラズマが分布できるようになる。形成される若葉は、天狗巣症状と同様にヨコバイの吸汁と産卵を誘引する。さらに、植物の栄養生長から生殖生長への転換が阻止されるため、通常は1年で花を付け枯れるはずの植物でも開花結実による寿命が訪れず、他の健全植物が枯れた後も、感染植物は茎葉の形成を続け、ファイトプラズマの供給源となる。これも媒介の機会を最大限に引き延ばすファイトプラズマの生存戦略である。

一方で、これらの病徴では、植物は老化し衰弱・枯死に至るほか、天狗巣および花の葉化が花の稔性（受粉して果実・種子をつける性質）を低下させ、種子形成を阻害する。ファイトプラズマは種子伝染しないので、稔性は必ずしも必要ないが、衰弱や不稔により宿主植物を減らしてしまうことは、ファイトプラズマの生存に不利にならないのだろうか。興味深いことに、ファイトプラズマは一般に、さまざまな種類の植物に感染することができるものの、媒介昆虫の種類は1～2種程度に限られる。ただし、媒介昆虫は死ぬまでの間、ファイトプラズマを媒介し続けることができる。このことは、ファイトプラズマのライフサイクルにおいて、宿主植物の衰弱や不稔によるデメリットよりも、媒介昆虫の誘引によるメリットが上回ることを示唆している。

なお、感染により葉や茎が紫色に変色するパープルトップ症状は、抗酸化作用を持つアントシアニンの過剰合成・蓄積によるもので、植物も、老化に抗《あらが》い生き延びようとしている[47]。図らずもファイトプラズマの生存に寄与しているのである。

以上のように、ファイトプラズマ病の不思議な病徴も、植物と昆虫を往来するファイトプラズマの生き様を考えれば、きわめて合理的だ。退行的進化の果てに、したたかな生存戦略を獲得した病原体がファイトプラズマなのである。

トプラズマによる葉化症状の原因がファイロジェンだと言いきれるのか、それともまったく別の葉化誘導因子が存在するのかは分かっていなかった。

ＯＹファイトプラズマのＰＨＹＬ１（以後、ＯＹファイロジェン）遺伝子は、ゲノム上の転移性遺伝子クラスターＰＭＵ（▼5・5・2）の中にコードされている。また、遺伝子データベース上でファイロジェンのホモログを探すと、他のファイトプラズマでもＰＭＵの中にあることがわかってきた。そこで、すべてのファイトプラズマのＰＭＵを調べ、ファイロジェンの有無を調べることができないかと考えた。

すべてのファイトプラズマのゲノムには複数のＰＭＵが存在するはずである。そこで、まずデータベースにあるファイトプラズマゲノムの情報をもとに、いろいろなファイトプラズマのＰＭＵ配列を網羅的にＰＣＲ増幅した。そして、その中からファイロジェン遺伝子配列を含むＰＭＵを特定し、その配列をシーケンス解析によって確かめていった。

図7.39 さまざまなファイトプラズマ種の持つファイロジェンによる花の葉化誘導

どのファイロジェンもシロイヌナズナに対して類似した葉化を引き起こす。

解析の結果、多数のファイトプラズマ種[72]から、ファイロジェン遺伝子のホモログが単離された。これらはＯＹファイロジェンと同様に約１２５アミノ酸からなるタンパク質をコードしていた。

これらのファイロジェンも、ＯＹファイロジェンと同様に葉化を引き起こすのかどうか確めるために、それぞれをシロイヌナズナにおいて発現させたところ、

---

72 *P. asteris* のほか、*P. pruni*、*P. phoenicium*、*P. trifolii*、*P. japonicum*、*P. ziziphi*、*P. aurantifolia*、*P. solani* など。

期待したとおりすべてのファイロジェンで花の葉化が観察された〈図7・39〉。また、MTF[51]に対する結合能と分解誘導能も確認されたため、これらのファイロジェンはいずれも同様のメカニズムにより葉化を引き起こすことがわかった。ファイトプラズマ属の中では種を越えて、ファイロジェンの配列と機能は保存されていたのだ。

[7・8・7] ファイロジェンはあらゆる植物の花を葉化する

ファイトプラズマは、自然界で双子葉植物・単子葉植物[1–25]を含め、被子植物全般に感染し、葉化を引き起こす。では、ファイロジェンはシロイヌナズナ以外の多様な植物の花を葉に変える機能があるのだろうか。その検証のためには調べたい植物においてファイロジェンを発現させる必要がある。ところが、形質転換技術が確立されている植物の種類はきわめて限られており、形質転換できたとしても実験にかなりの労力と時間がかかるというハードルがあった。

私たちは、広範な植物に感染するリンゴ小球形潜在ウイルスベクター[73]にOYファイロジェンまたはPNWBファイロジェン[74]の遺伝子を入れ、ウイルスをナス科植物のペチュニアに接種してファイロジェンを発現させた。その結果、OYフ

図7.40　ファイロジェンによるペチュニアの葉化とEクラス変異体[48]の比較

アイロジェン、PNWBファイロジェンのいずれを発現させたペチュニアも花が葉化した〈図7・40〉。このペチュニアの花の形態異常や花芽におけるMTF遺伝子の発現は、ペチュニアのEクラスMTF変異体[48]に似ており、ファイロジェンによりEクラスMTFの機能が阻害され形態異常を起こすものと考えられた[49]。

さらにファイロジェンをさまざまな植物に発現させ、葉化が起こるかどうか調べた。PNWBファイロジェンをヒマワリ、アスター、ゴマで発現させたところ、葉化した〈図7・41〜図7・43〉。OYファイロジェンはペチュニア、キクのA・EクラスのMTFを分解することも確認された〈図7・44〉。これらの

図7.41 ファイロジェンによるヒマワリの葉化

図7.42 ファイロジェンによるアスターの葉化

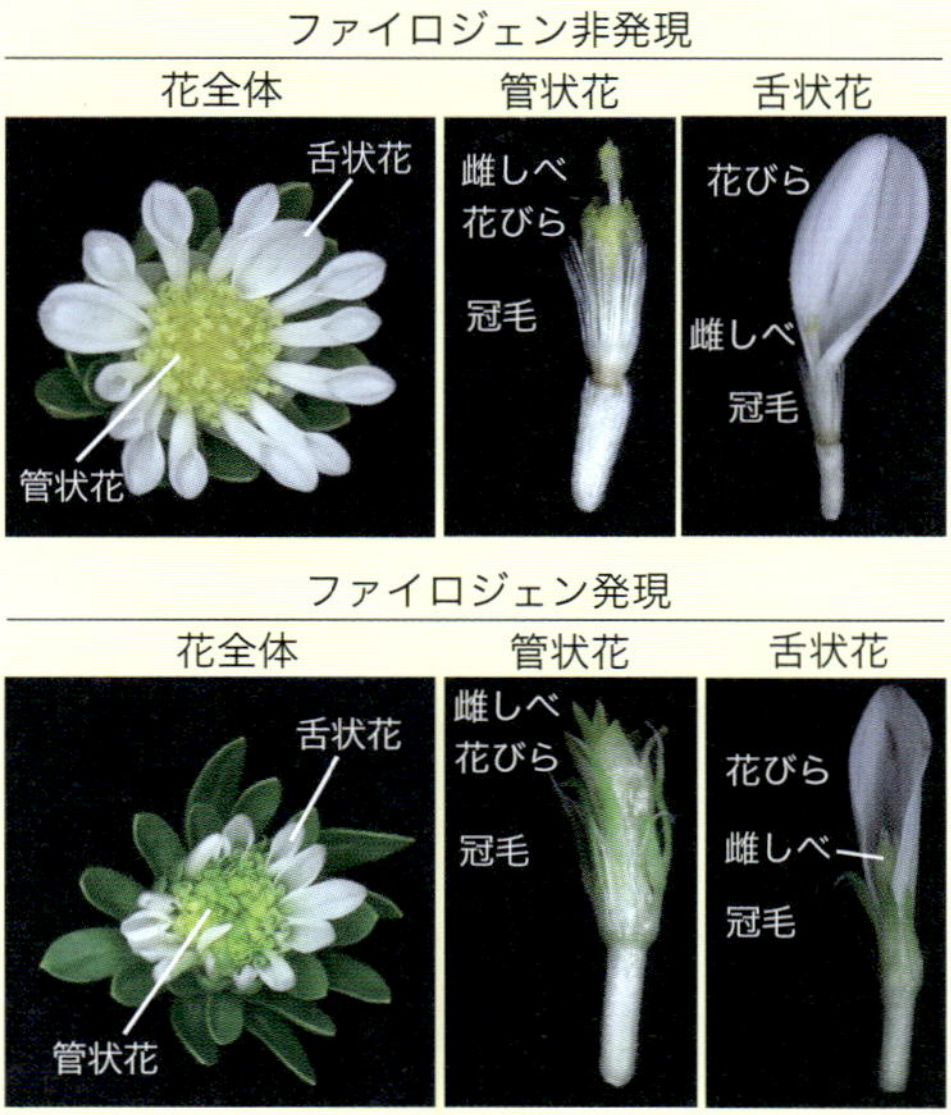

ことから、ファイロジェンはアブラナ科（シロイヌナズナ）、ナス科（ペチュニア）、キク科（ヒマワリ・アスター）、ゴマ科（ゴマ）などの双子葉植物に葉化を起こすことがわかった。さらに、OYファイロジェンは単子葉植物のユリ（ユリ科）やイネ（イネ科）のA・EクラスのMTFも分解した〈図7・44〉。つまり、ファイロジェンは多様な植物でA・EクラスのMTF[51]を分解し、葉化を起こすことがわかった。

実は、花を咲かせないシダ植物や裸子植物においても、MTFが保存されている。非常に興味深いことに、

図7.43　ファイロジェンによるゴマの葉化

新しい花ほどファイロジェンの影響を強く受けて激しい葉化症状を示す。

図7.44　OYファイロジェンはあらゆる植物のMTFを分解する

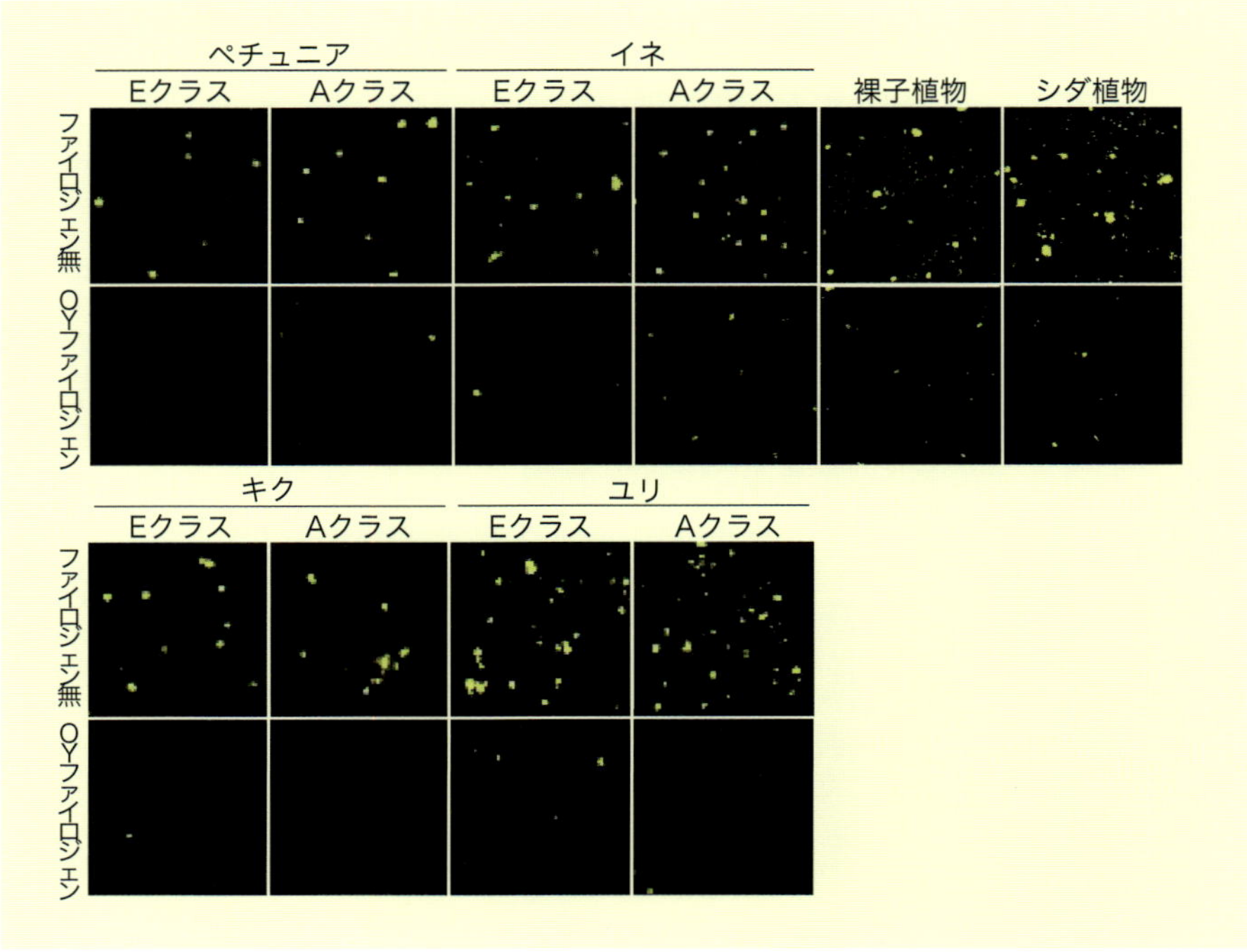

ファイロジェンはこれらのMTFにも結合し分解した〈図7・44〉。MTFは植物の進化の過程で高度に保存されてきた重要な因子であり、ファイロジェンはその保存された部位をターゲットにしていると思われる。ファイトプラズマは裸子植物にも感染するので、ファイトプラズマと植物の間で繰り広げられたに違いない熾烈《しれつ》な共進化の歴史を考える上でも、ファイロジェンは興味深い因子である。

〔7・8・9〕葉化の統合的理解

ファイロジェンによる花の葉化を、モデル植物シロイヌナズナを例に、植物の花が咲くまでの発育ステージと比較しながら最後にまとめてみよう。植物の花が咲くまでの発育ステージは、大きく以下の4つに分けられる。

ⓐ 栄養生長から生殖生長への転換

植物が適切な日長を感知すると葉でFTタンパク質[62]が合成され、篩管を通って茎頂分裂組織[55]に到達する。

ⓑ 花芽分裂組織（FM[57]）の形成

茎頂分裂組織に到達したFTタンパク質が転写因子FD[62]とFT／FD複合体を形成し、FMI遺伝子[52]の発現を誘導した結果、FMが形成される。

ⓒ 花のホメオティック遺伝子の活性化と各花器官の形成

FMの部位ごとにAクラス（AP1）、Bクラス（PI、AP3）、Cクラス（AG）、Eクラス（SEP1〜4）のMTF[51]が発現して、各花器官を分化させる。

ⓓ FMの分裂活動の停止

---

73 リンゴ小球形潜在ウイルス：apple latent spherical virus。多くの植物に無病徴感染するウイルスで、吉川信幸岩手大学教授らによりベクター化され、植物の遺伝子機能解析や育種に利用されている。

74 PNWBファイロジェン：ラッカセイ天狗巣病ファイトプラズマ（peanut witches' broom phytoplasma）のファイロジェン。

Cクラス（AG）のMTFの発現が、FMの維持に関わるWUS[75]遺伝子の発現を抑制することによりFMの分裂活動が停止する。

ファイロジェンはこれら複数のステージに影響を及ぼして、さまざまな花の病徴を引き起こすと考えられている。私たちの研究の結果、ⓒの段階でファイロジェンがはたらいて葉化を起こすことが分かった。葉化はファイロジェンがA・EクラスのMTFを分解し、BクラスのMTF遺伝子の発現を抑制することにより起こると考えられるが、ファイロジェンの量が少ないとAクラス、Eタンパク質の分解の程度も少なくなり、BクラスMTF遺伝子の発現抑制も弱くなるため、葉化のおだやかな症状、すなわち緑化になると考えられる。雌しべ以外の部位からの突き抜けはⓒのステージでA・EクラスMTFにより本来抑制されるべきFMI遺伝子[52]SOC1、SVP、AGL24が、ファイロジェンのはたらきにより抑え切れなくなり、花芽形成が続くために起こると考えられる。また、雌しべの突き抜けに関しては、ⓓのステージで、ファイロジェンがCクラスMTFと結合しプロテアソームに誘導して分解し、FMの分裂活動が維持されることによるのであろう。

7・9――病原性因子はなぜ生まれたか？

［7・9・1］病原体に意思はない

病原性因子はそもそも意図して生まれたわけではないはずだ。病原体に意思などないからである。病原体が病気を引き起こすという現象は、あくまで結果に過ぎない。ではなぜ、病原性因子を持ったファイトプラズマが生き残ったのだろうか？

75　WUS：WUSCHELの略。植物の分裂組織の維持に関わる。

ファイトプラズマが植物に感染すると、植物はファイトプラズマの持つ病原性因子のせいで時に黄化し、衰弱ののち枯死する。これは個々の植物個体における短期的なファイトプラズマ増殖量だけに着目すれば、ファイトプラズマにとって有利かもしれないが、より長期的な視野に立って見るとむしろ不利となるはずである。枯死するまでの間、植物体は媒介昆虫を誘引する揮発性物質を放出するため、媒介昆虫によるファイトプラズマの拡散を促進することになるが、枯死してしまえば媒介昆虫が誘引されることもなくなる。

一方、天狗巣症状や葉化症状を起こした植物は、開花・結実することもなく、緑色のまま寿命が長くなるので、ヨコバイがファイトプラズマを獲得吸汁し、長期間拡散し続ける。媒介昆虫はファイトプラズマ感染による被害もなく、相利共生[76]にある。ファイトプラズマに感染したヨコバイの体長や体重は増加し、吸汁活動は活発になる。また産卵率の低下もなく、その孵化後の雌雄比に差は無い。

［7・9・2］偶然の必然

以上の考察から、自然生態系のバランスを考えると、次のように解釈することができる。

病原性が強いと、植物は枯れることになり、むしろファイトプラズマにとっては不利にはたらくと考えられる。これに対して病原性の弱いファイトプラズマは、植物体内における増殖量が少ないので植物を衰弱・枯死させる確率は低いものの、ファイトプラズマの感染源となって拡散させる上で不利である。ということは、植物の生育量とのバランスをとって、増殖力の強い強毒型のファイトプラズマの方が拡散力を高める点で有利であるのか、逆に弱い弱毒型の方が宿主を破壊せず温存する点で有利なのか、環境に応じて強毒型と弱毒型の間で選抜が行われることが最も望ましいということになる。

76　相利共生：共生する生物の双方に利益がある共生のこと。一方に特に影響が生じず、もう一方のみが利益を得る場合には片利共生という。

気温の高い亜熱帯や熱帯地方では、植物の生育レベルも昆虫の活動レベルも高いので、強毒型の方がファイトプラズマの生存にとって有利である。一方、温帯や寒冷地域では、弱毒型の方がファイトプラズマの生存にとって有利であり、黄化・枯死よりも萎縮・叢生や緑化・葉化の病原型のファイトプラズマの方が生存には有利となる。

そもそも病原性は病原体が故意に獲得したわけではなく、植物の抵抗性を打破し、病原体の増殖力を獲得する過程で、多様な病原性のものが現れ、その中で、植物も病原体も最も生存戦略に有利なところで「偶然」の積み重なりとして選抜が起こり、植物と病原体の両者にとって最も有利に折り合える病原型のものが「必然」として残り、それが（つまり、両者がほどほどに生き残れる組合せのもののみが生き残った）「偶然の必然」としての「病原型」となる。その結果、植物に病徴を引き起こすようになった因子を我々研究者が病原性因子と名付けているだけのことである。

〔7・9・3〕農業とファイトプラズマの病原性

農業とファイトプラズマの病原性との関係について少しだけ考えてみたい。人間が農耕を始める前は、自然界では植物や動物、昆虫、微生物は安定した共生関係を築き平衡状態を保っていたに違いない。ときに起こる非平衡状態は、気候変動や災害などであり、そこでまた新たな平衡状態へと仕切り直しが行われたに違いない。必ず生態系は平衡状態へと遷移《せんい》してゆくからだ。しかし、人間が狩猟採集生活から農耕生活へと生活形態を変えたとたんに自然生態系には大きな負荷がかかり始めた。

話を分かりやすく進めるために、動植物を組み込んだ複雑な生活環を持つファイトプラズマと植物について考えてみよう。ファイトプラズマはもともと昆虫だけを宿主としていたと考えられる。それがあるとき、植物の篩管に感染するようになり、かつてファイトプラズマの感染を受けた記憶をゲノムに刻

［コラム］

生命の軸

生命の遺伝情報はゲノムと呼ばれる一本の核酸の鎖に編み込まれた塩基配列にコードされていて〈上図〉、一次元空間の情報である（図では縦軸）。生命体はそこに刻まれているプログラムに従って遺伝情報を発現する。その発現量は遺伝子ごとに異なり（横軸）、二次元空間で示される。ここではわかりやすく中央を発現量が高くなるよう並べると遺伝子の総発現量は半円の面積になる（グレー部分）。ある特定の遺伝子の時間あたりの発現量は3つ目の軸（時間軸）で展開し、横軸と時間軸で囲まれたおうぎ形の面積になる（緑色部分）。

生命の時間軸は閉じている。生命には寿命があるからだ。しかし、細菌のように二分裂して増殖してゆく生命は、寿命が永遠と考えることもできるから、その時間軸は無限に大きな円としてとらえてもよいし、回転し続けるととらえてもよい。とにかく大半の生命の時間軸は閉じている。一生の活動量は、この球体の容積として理解される。実際、ある発現量の高い遺伝子はそれによってできるタンパク質などの量で考えれば、おうぎ形の面積はより大きくなるから、この表現は論理的に整合性を持っている。

生命が外から栄養素を取り込み成長することは、自分の体を維持し、エントロピー（体の構造や活動の秩序の乱れ具合）を減少させる力になる。一方で、病気等により消耗し、徐々に老化することは、エントロピーを増大させる力となる。この2つの現象は生命の宿命であり、成長時には摂取量が消耗にまさり、遺伝子発現総量（グレー部分）は大きい。しかし老化が進むと、消耗の方がまさるようになり、遺伝子発現総量は次第に小さくなる。したがって、この球体は空間的には閉じているものの、エネルギー的には破れている。そして、時間軸上の進行（回転）はいつか止まり、遺伝子発現総量はゼロとなり死を迎えるのである。生命科学における問いに対する「解」は、この三次元の球体に時間の概念を加えた四次元空間の中にあり、1つしかないのだ。人文社会系学術領域が多次元空間において展開され、異なる解が複数あるのとは大きく異なるゆえんだ（▼コラム「人文社会系の解は1つではない」81頁）。

ファイトプラズマが植物に感染すると、植物を生殖生長から栄養生長へと引き戻す。これにより成熟は停滞し、若さを保つ故に媒介昆虫を誘引するが、植物本来の代謝バランスは崩れ、エントロピーが増大するため、枯死に至ることがある。また、人間は天狗巣症状を示すポインセチアや葉化アジサイをあえて栽培し利用することにより、植物の

図 生命は四次元空間で展開している

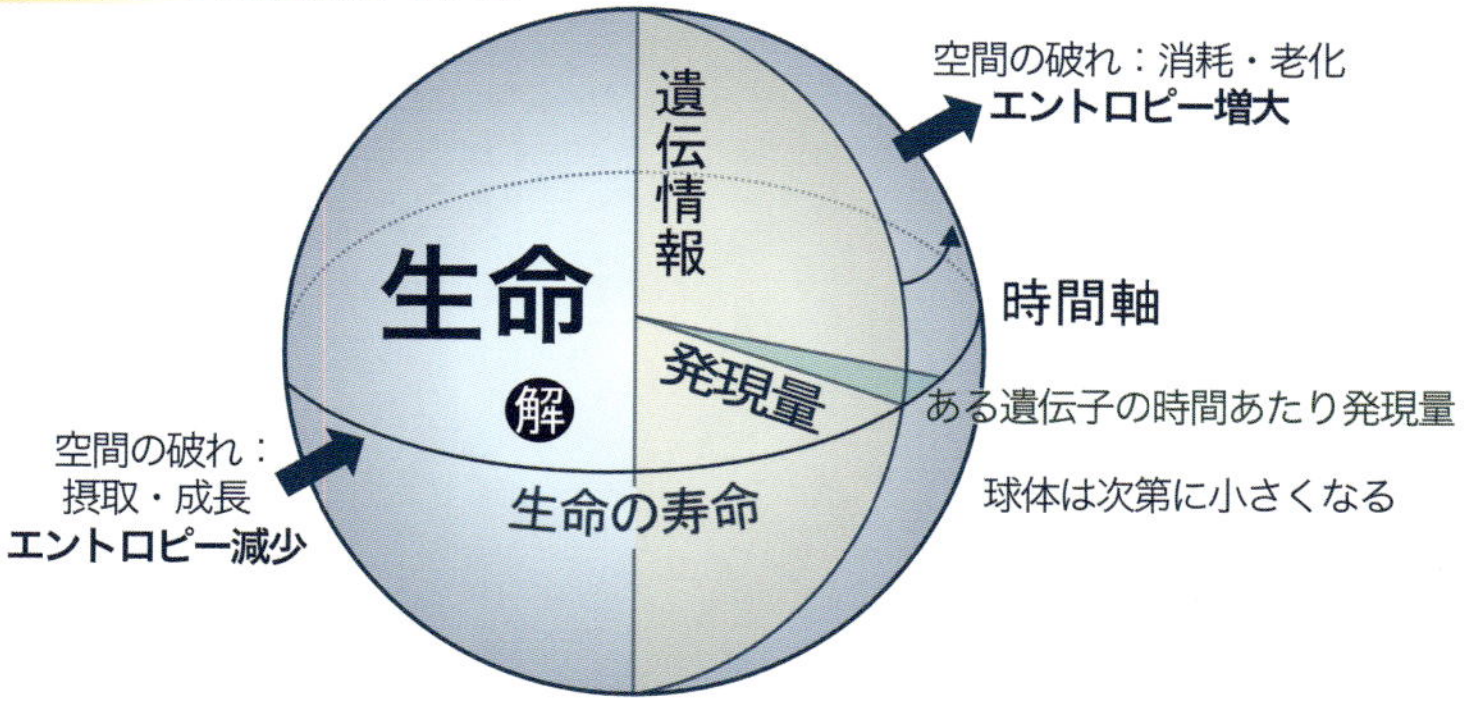

4つ目の軸は時間軸（生命の寿命）で老化と共に短くなる。分裂型の細菌などの時間軸の長さ（寿命）は限りなく長いが閉じていて、周回すると考えることもできる。生命科学の解はこの四次元空間の中に一つある。

図 生命環境においても時間軸は閉じている

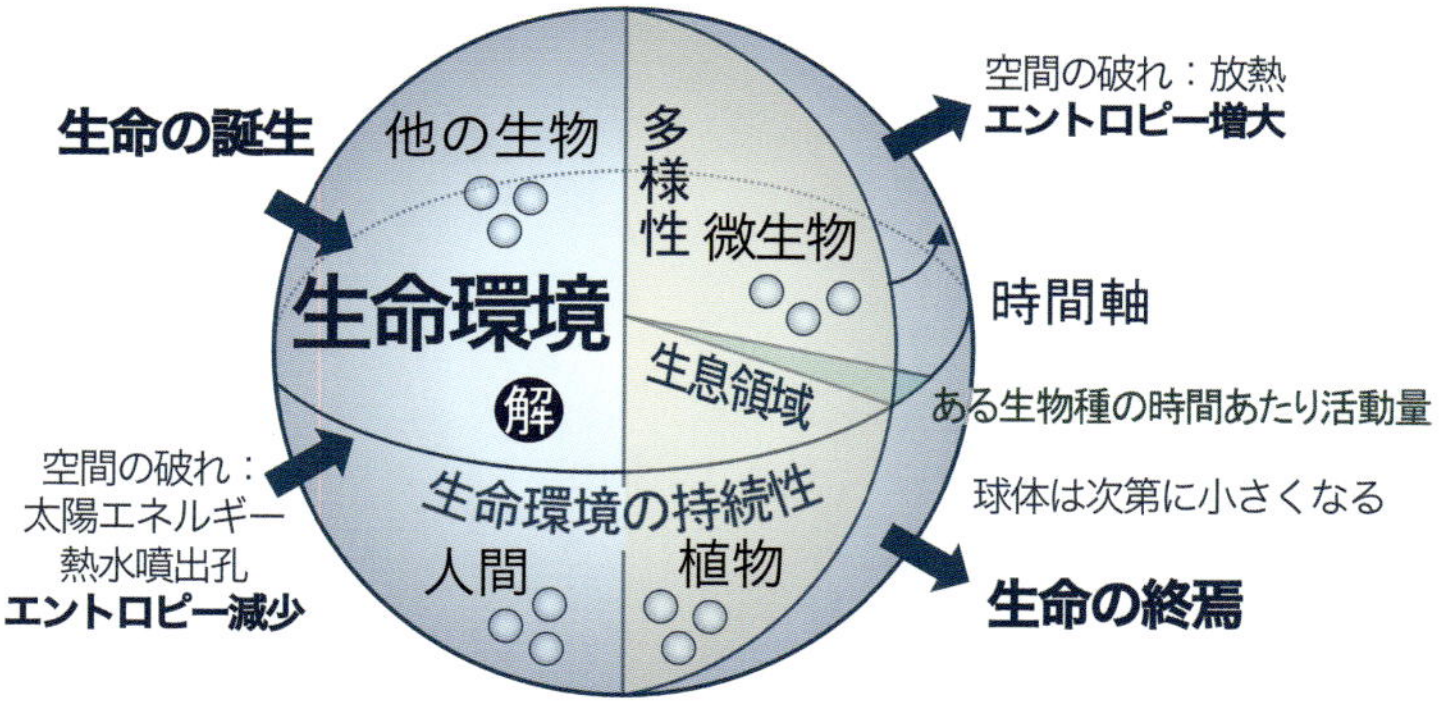

物質は地球上の生物の食物連鎖等を通じて循環している。閉鎖系ではないのでわずかずつ環境は劣化してゆく。種はさまざまな環境条件の下で誕生し終焉を迎える。生命環境の解もこの四次元空間の中に一つある。

老化を極力抑えるファイトプラズマを飼い慣らし選抜している。これが経済活動に益となっている。

無数の生命をはぐくむ地球もまた、巨大な生命環境を形成し、空間的には閉じているが、エネルギー的には破れている〈下図〉。そして、時間軸上の進行（回転）は気の遠くなるほど長い（数億年単位）スパンではあるが、やがていつか止まり、生命環境としての死を迎えることだろう。また、温暖化や地震、気象災害などさまざまな地球環境問題の解はこの四次元空間の中にある。数え切れないほどある生命種も長い進化の時間軸の中で、あるものは滅亡し、あるものは新たに出現し、生命環境は躍動しているのだ。

み込んでいない植物は、大きなダメージを受けることになる。しかし、そうして壊滅的な被害を受けた植物種は、ときにそのファイトプラズマ種とともに絶滅するのである。やがて穏やかな病原性を持ったファイトプラズマ種のみが生き残り、ときには植物を枯死させたとしても、種族としては両生物ともに共存状態を維持することになる。

しかし人間が毎シーズン繰り返し大面積で同じ作物を植えるようになると、ファイトプラズマとしては、人間・作物・ファイトプラズマの三者共存状態を模索することになる。これは熾烈《しれつ》である。なぜなら人間は農薬という武器をもとに、媒介昆虫の根絶を目指し殺虫剤を繰り返し大規模に環境に散布し、ときには輪作を行い、ファイトプラズマの宿主を一時的にせよ消滅させるからだ。こうなると強毒型のファイトプラズマがより限られた空間で大量増殖し、宿主が絶滅しても構わない状態になる。それでも人間は次作で再び大量のしかも前作と同じ宿主作物を栽培するからだ。これが強毒型のファイトプラズマが出現した原因である。

その根拠が1つある。私たちの扱っているW株からM株やNIM株を作出したのだが、ゲノムを解析してみると、どうも単純ではない。W株は解糖系が2コピーあるが、M株には1コピーしかない（▼7・2・3）。これはゲノム縮退の過程で1コピー消失したと考えることはできるが、その逆に、M株の1コピーが重複した可能性も否定できない。また、M株ゲノムには挿入がない領域に、W株でトランスポゾン様配列（PMU）の挿入がある（▼5・5・2）。これらを考えると、そもそもW株の野生株には、W株とM株、それとその中間体のさまざまなものが混在していたのではないか？　そして私たちは、それを別々に分離しただけではないのか？　そういう疑問が生まれるのだ。じっくり考えてみると、ウイルスも1つの細胞内に多様な変異体が混在することはすでに私自身が確認している。研究者はそれを単純化して1つの株と考えているだけだ。細菌の場合も同じである。

こうして考えてみると、自然界には強毒型と弱毒型が常に混在し、環境に適応してのその優占型が決まるだけなのである。言いかえると、農耕という人間の営みが、強毒型のファイトプラズマの優占型化を誘発しているのだ。「病気とは何か？」を考える前に、まずこのことをしっかりと頭にたたき込んでおく必要があるだろう。

[7・9・4] コムギファイトプラズマのファイロジェン欠損の意味するもの

コムギファイトプラズマ（wheat blue dwarf ファイトプラズマ）は１９６０年代に中国で最初に発見されたファイトプラズマである[50]。冬コムギは中国北西部の乾燥地域では重要な穀物の一つであるが、このファイトプラズマに感染すると、極端に萎縮し、葉先は黄色くなり、下葉は暗青緑色になり、堅く厚ぼったくなる。中国陝西省《せんせいしょう》では90万ヘクタールに発生し、５０００万トンもの減収になったという。

２０１４年に中国のグループによって、このファイトプラズマのゲノムが解読された。すると、ファイロジェン遺伝子もあったのだが、その中途に終止コドンが入っており、ファイロジェンは発現しないということが明らかになった。なぜだろうか？

よく考えてみると、農薬を使えない経済的事情もあるだろうから、このように激しくコムギを萎縮させる力のあるファイトプラズマにとって、余計なタンパク質を発現させる必要はもはやなくなったのであろう。感染したコムギは、光合成も十分できず、炭水化物の合成にも余裕はないであろうから、花を咲かせることもない。このファイトプラズマはＴＥＮＧＵ遺伝子を持っていることから、おそらく萎縮の原因となっているのだろう。こうした環境で、ファイロジェンを発現するような余計なタンパク質合成は不要となり、ファイロジェンを発現しない突然変異株が優勢となったのであろう。

［コラム］

共生と寄生のあいだ

人間は人類の祖先から突然に脳が異常に進化し、高度な知能を獲得した突然変異種である。飽くことのない飢えを満たすために農耕を発明し、狩猟採集生活から離れ、森林を伐採して広大な農地を切り拓き、地球上の生物界の構造を自分たちに都合の良いかたちに変え文明を発展させてきた。人間は生物界の共生構造を壊す存在なのだろうか？〈上図〉

最近、ゲーム理論の研究が進み、人間は、利害関係のない他人との間でも社会的に協調関係を保ち、適応に有利にしていることが分かってきている。幼児であっても、報酬を求めずに他の幼児との間で助け合うのだ。チンパンジーではこの行動は未熟である。人間は、他の動物には見られない特異な進化を遂げてきた生物であり、地球上の他の生物種を大切にする素質を本来備えているはずである。この素質は文明の発達（技術の発展）と調和できるはずなのである。いまこそ自らがもたらした問題を自覚し、課題を設定し解決へと導くための協調的行動をとるべき必要がある。

これと同じことが微生物と農作物の関係にもいえる。人間は農耕を発展させる代わりに、自然界の物質循環を担っていた共生的な微生物たちを疫病の原因としての存在へと追いやってきたのではないだろうか〈下図〉。科学は単なる技術創出のための学問ではない。「生命とは何か」、「私たちは何ができるのか」、「私たちは何をなすべきか」を思索する学問でもあるのだ。立ち止まってじっくりと考えてみる必要がないだろうか。

図　人間の活動は生物界の共生構造を壊すか？

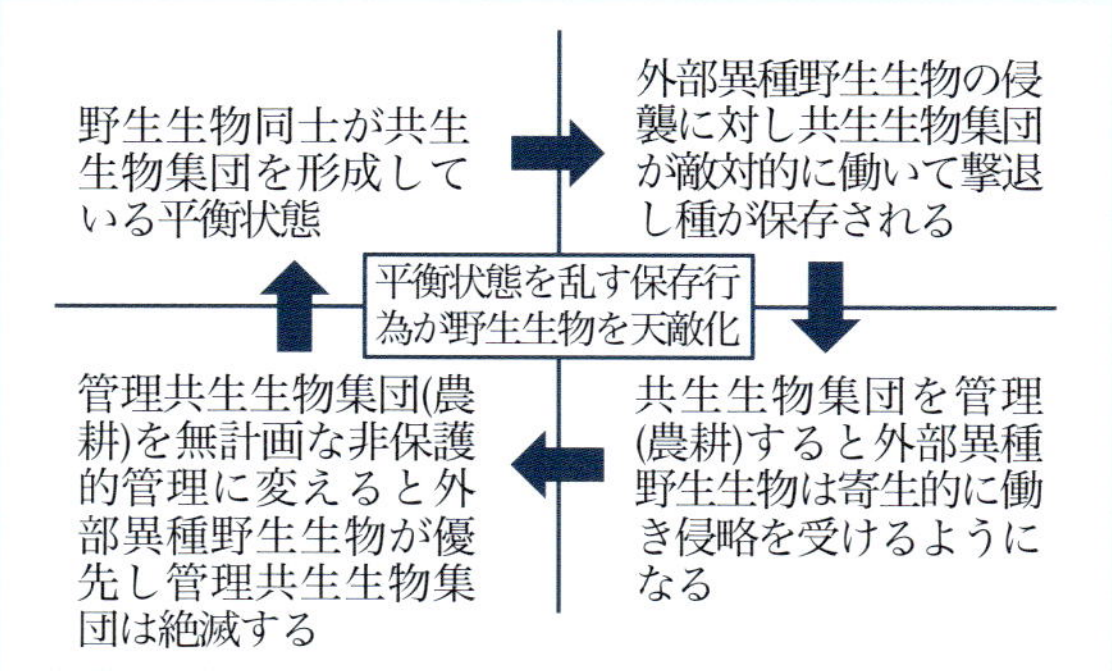
野生生物同士が共生生物集団を形成している平衡状態
外部異種野生生物の侵襲に対し共生生物集団が敵対的に働いて撃退し種が保存される
平衡状態を乱す保存行為が野生生物を天敵化
共生生物集団を管理(農耕)すると外部異種野生生物は寄生的に働き侵略を受けるようになる
管理共生生物集団(農耕)を無計画な非保護的管理に変えると外部異種野生生物が優先し管理共生生物集団は絶滅する

図　微生物と植物は共生関係を保ちつつ進化した

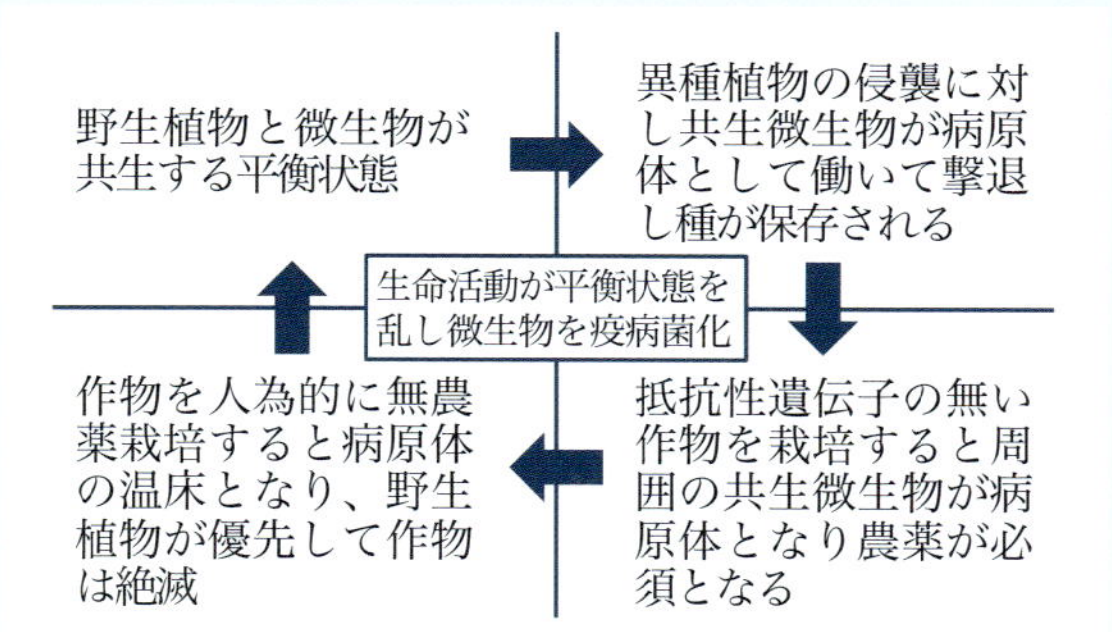
野生植物と微生物が共生する平衡状態
異種植物の侵襲に対し共生微生物が病原体として働いて撃退し種が保存される
生命活動が平衡状態を乱し微生物を疫病菌化
抵抗性遺伝子の無い作物を栽培すると周囲の共生微生物が病原体となり農薬が必須となる
作物を人為的に無農薬栽培すると病原体の温床となり、野生植物が優先して作物は絶滅

〔7・9・5〕地上部には病徴が出ないファイトプラズマ

ファイトプラズマ病は一般に黄化や叢生、萎縮、葉化を経て枯死に至るのが共通の症状と思われがちだが、地上部に症状が出ないものもある。キャッサバフロッグスキン病（CFSD）[1-34]ファイトプラズマがその一つだ。

この病気は、ファイトプラズマに感染したキャッサバのイモ表面がカエルの肌のようにザラザラになって品質が低下し、食材に使えなくなってしまう病気だ〈図1・8〉。なぜ地上部に症状が出ないのだろうか？　土壌伝染性ウイルスの中には、根でしか増殖せず、地上部ではほとんど検出されないものがある。しかし、ファイトプラズマは地上部を吸汁する昆虫によって媒介される必要があり、CFSDファイトプラズマもご多分に漏れず、地上部に通常の濃度で存在しているのに、症状は出ないのである。考えられる原因の一つとして、農家が地上部に症状の出た株を生育不良株として抜き取り処分してしまうため、地上部に症状の出ない変異株が主流になった可能性がある。ウイルスやファイトプラズマは感染細胞内で高頻度で変異していることが知られている。農作業の過程で、変異したファイトプラズマのうち、地上部に症状の出ないファイトプラズマが主流になったキャッサバの株のみが残されるようになり、やがて地上部に症状の出ないファイトプラズマがCFSDファイトプラズマの代表格となったと考えられる。

人間の活動が病原体の病原性を変えてしまう例は他にもいろいろある。インフルエンザの流行や、当初は風土病として存続してきたエボラ出血熱やデング熱などが、先進国にまで広がるようになったのも、未開の地の奥深くにまで人間が侵入するようになったからであり、人間の活動によるものなのである。

＊引用文献
【ファイトプラズマ関係】
〈東大グループ〉
[3] Uehara T (1999) Ann Phytopath Soc Jpn 65:465–469
[4] Oshima K (2001) Phytopathology 91:1024–1029

[7] Kuboyama T (1998) MPMI 11:1031–1037
[8] Oshima K (2007) Mol Plant Pathol 8:481–489
[9] 大島研郎 (2016) 最新マイコプラズマ学 pp. 66–71
[14] Hoshi A (2009) PNAS 106:6416–6421
[16] Sugawara K (2013) Plant Physiol 162:2005–2014
[23] 星朱香 (2010) 化学と生物 48:182–187
[28] Himeno M (2011) Plant J 67:971–979
[30] Minato N (2014) Sci Rep 4:7399
[34] Sawayanagi T (1999) IJSB 49:1275–1285
[35] Takinami Y (2013) JGPP 79:209–213
[36] Arashida R (2008) Phytopathology 98:769–775
[42] Maejima K (2014) Plant J 78:541–554
[43] Maejima K (2015) Plant Signal Behav 10:e1042635
[44] 大島研郎 (2014) 植物の生長調節 49:131–136
[47] Himeno M (2014) Sci Rep 4:4111
[49] Kitazawa Y (2017) J Exp Bot in press

〈農水グループ〉

[24] Kawakita H (2000) Phytopathology 90:909–914

〈英・ジョンイネス研・ホーゲンハートグループ〉

[31] Sugio A (2011) PNAS 108:E1254–E1263
[46] MacLean AM (2014) PLoS Biol 12:e1001835

〈仏・国立農学研・レナウディングループ〉

[27] Pracros P (2006) MPMI 19:62–68

〈伊・ウディネ大・フィラオグループ〉

[29] Cettul E (2011) Physiol Mol Plant Pathol 76:204–211

〈その他〉

[1] 兼平勉 (1996) 日植病報 62:537–540
[5] Batjer LP (1960) Proc Am Soc Hortic Sci 76:85–97
[25] Mayer CJ (2008) J Chem Ecol 34:1045–1049
[33] Hearon SS (1976) Phytopathology 66:608–616
[50] Wu YF (2010) Plant dis 94:977–985

【その他の分野】

[2] Rodriguez-Saona CR (2012) Crop Prot 40:132–144
[6] Crespi M (1992) EMBO J 11:795–804
[10] Andersson JO (2001) Mol Biol Evol 18:829–839
[11] Poorman PA (1984) Nature 309:467–469
[12] Gaurivaud P (2000) MPMI 13:1145–1155
[13] Dreier J (1997) MPMI 10:195–206
[15] Yamada T (1990) Ann Phytopath Soc Jpn 56:651–657
[17] Imlau A (1999) Plant Cell 11:309–322
[18] Srivastava R (2008) Plant J 56:219–227
[19] Kondo T (2006) Science 313:845–848
[20] Guo Y (2011) Plant Physiol 157:476–484
[21] Narita NN (2004) Plant J 38:699–713
[22] Timpte C (1994) Genetics 138:1239–1249
[26] Nagpal P (2005) Development 132:4107–4118
[32] Yang JY (2008) Genes Dev 22:2564–2577
[37] Bowman JL (1991) Development 112:1–20
[38] Chailakhyan MK (1936) Dokl Akad Nauk SSSR 4:79–83
[39] Kobayashi Y (1999) Science 286:1960–1962
[40] Corbesier L (2007) Science 316:1030–1033
[41] Theissen G (2001) Nature 414:491–491
[45] Bey M (2004) Plant Cell 16:3197–3215
[48] Vandenbussche M (2003) Plant Cell 15:2680–2693

8章

ファイトプラズマ病をどのように根絶するか？

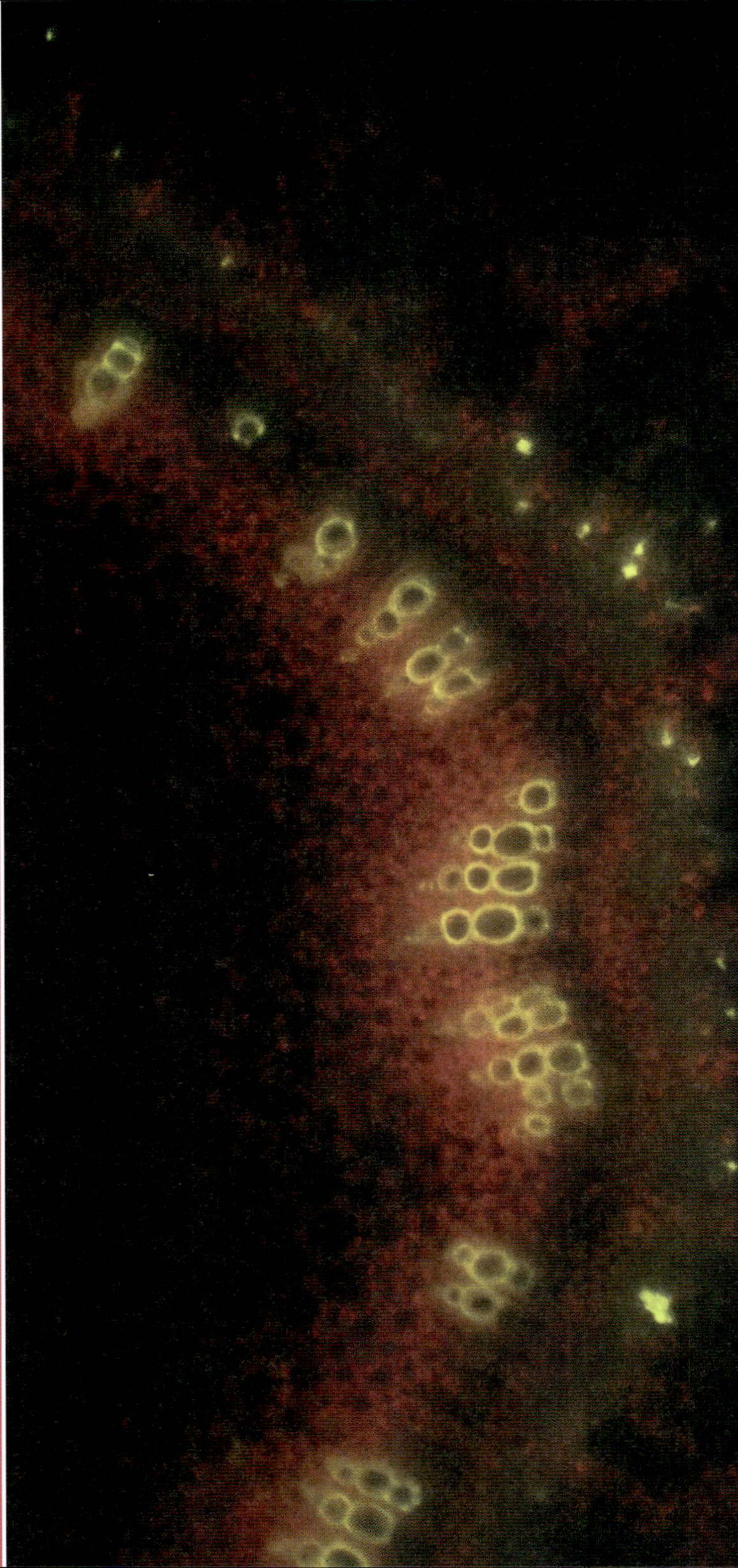

DFD法により蛍光顕微鏡で観察したクワ萎縮病罹病維管束の断面。篩部細胞に蛍光（黄緑色）が認められる。左のリング状の組織（黄色）は導管。赤い色は葉緑体。

すべての人の義務は、その力の及ぶ小さい一隅を
その以前よりは幾分でもより良く、
また、より明るくすることに外ならない。

トマス・ヘンリー・ハクスリー
英国の生物学者

8・1——診断技術が確立されるまで

[8・1・1] 診断の重要性と難しさ

ファイトプラズマは昆虫により媒介され、世界的規模で農業生産に甚大な被害をもたらしている伝染性植物病原微生物である。農作物や緑地環境をファイトプラズマ病による被害から守るためには、ファイトプラズマ病の発生を迅速かつ正確に把握し対処する必要がある。しかし、国を挙げて調査研究したクワ萎縮病の原因がかつて生理病やウイルス病と判断されたように、ファイトプラズマ病の外見的特徴は物理化学的障害による生理病やウイルス病と紛らわしいため、症状のみにもとづいて診断を下すことは難しいだけでなく、ときに誤診による対策の遅れが致命的な事態を招く恐れがある。

ファイトプラズマは培養するのが困難であるうえに、ウイルス同様、光学顕微鏡では観察することが困難であり〈図0・2〉、植物の篩部組織の細胞内といういわば最奥部《さいおうぶ》に潜んでいるため、われわれの目で直接とらえることはきわめて難しい。その診断技術の確立に至るまで、試行錯誤の連続であった。

[8・1・2] 唯一の武器であった電子顕微鏡

1967年にファイトプラズマが発見されて以降、ほぼ唯一無二の診断方法として用いられたのはファイトプラズマ粒子を直接観察できる透過型電子顕微鏡であった〈図2・3、6・26〉。観察用の試料調整は、①植物の篩部組織を含む維管束組織や、昆虫の各器官をグルタルアルデヒドや

図8.1 ウルトラミクロトーム

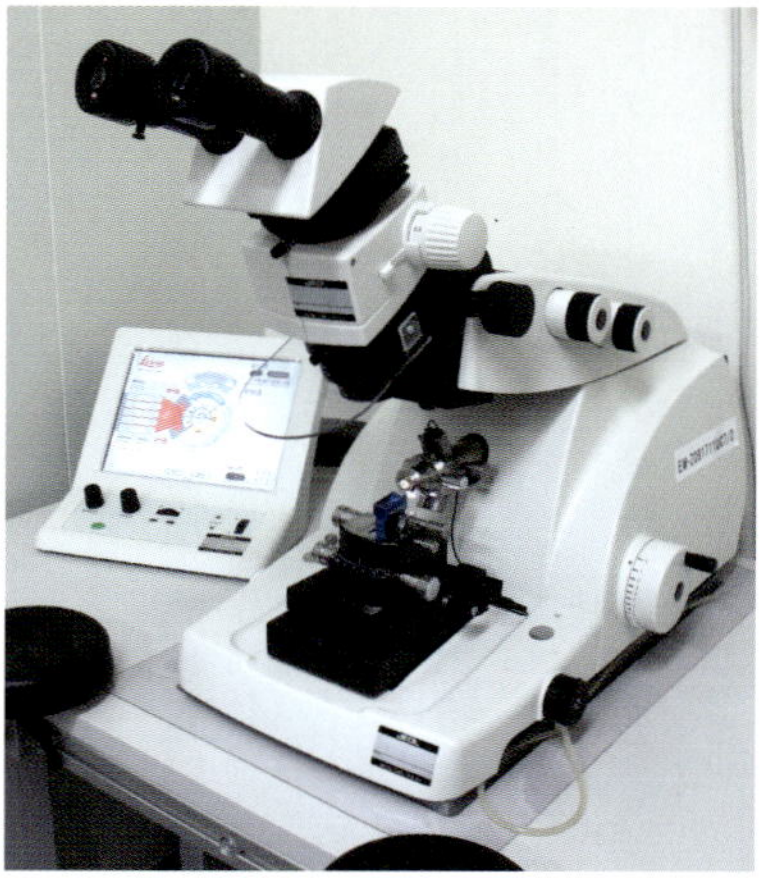

電子顕微鏡観察用の超薄切片作製のための機器。高価なダイヤモンドナイフを用いる。

オスミウムを用いてタンパク質等を固定したのち樹脂に閉じ込め固化させ、②これをウルトラミクロトーム[1]という特殊な機器を用いてダイヤモンドナイフ[2]で1万分の1ミリメートル以下の極薄の切片にスライスする〈図8・1〉。③この超薄切片を銅でできた径5ミリメートル程度のグリッドと呼ばれる網目状のディスクの上に載せ、ウラン[3]や鉛[4]の重金属を用いて染色する。④これを電子顕微鏡により数万〜数十万倍の倍率で観察するという手間のかかる方法である。篩部細胞内や昆虫器官内のファイトプラズマ粒子の有無について形状をとらえつつ直接に観察できるため、当時のファイトプラズマ病の報告論文には必ずといっていいほど電子顕微鏡写真が掲載されていた。しかし、超薄切片を作るだけでも数日がかりであり、電子顕微鏡にいたっては数千万円する非常に高価かつ大型の実験設備であるため、農業現場で求められる迅速な診断には不向きであった。

[8・1・3] 落射型蛍光顕微鏡の登場

1980年代になると直接蛍光観察(DFD)法[5][1]やDAPI法[3–5][2]など、従来の電子顕微鏡法と比べて簡易な診断法が新たに開発された。

DFD法は、生きた植物の切片を直接観察する方法で〈8章中扉〉、非常に簡便であるため、農林水産省の各植物防疫所や農業技術研究所(当時)等で講習会が開催された。一部のウイルスやファイトプラズマ、スピロプラズマなど、篩部局在性病原体に感染した植物では植物の防御応答反応として、共通し

1 ウルトラミクロトーム:電子顕微鏡観察のためには生物試料を厚さ100ナノメートル以下にスライスし、超薄切片を作製する必要がある。この超薄切片を作製するための機器。

2 ダイヤモンドナイフ:ウルトラミクロトームで切片を作製する際に用いる、刃先がダイヤモンド製のナイフ。

3 ウラン:細胞の構成成分に結合し、試料のコントラストを上げる。

4 鉛:ウランと合わせ二重染色を行う。

5 直接蛍光観察(DFD)法:direct fluorescence detection法。

て篩部壊死が起こる。これは植物に普遍的に起こる生理反応で、それに伴う植物内部の特徴的な病変としてカロース[7-5]が蓄積するが、このカロースを中心とした蛍光物質の自家蛍光を指標に、蛍光顕微鏡により篩部壊死を検出するのがDFD法で、診断法としては非常に簡易なものである〈図8・2〉。

DFD法は、落射型蛍光顕微鏡が開発され、高倍率になるほど感度が高く明るくなるという特徴を利用し、非常に小さな組織である篩部を高感度で観察できるようになったことから可能となった診断技術である。昆虫の食害や菌類・一般細菌の感染による非特異的な細胞壊死とは区別できるため、慣れれば効率的に感染組織を絞り込めるようになる。しかし、当時分子生物学的手法が急速に発展した一方、DFD法は病原体本体の遺伝子をとらえる手法ではないため、当時の研究者が見ている方向とは異なっていた。ファイトプラズマの遺伝子をとらえるものではなかったこともあり、決め手とはなりきれなかったのである。

DAPI法は、DAPIという蛍光物質がDNAに強力に結合することを利用し、ファイトプラズマの感染が疑われる植物の維管束がある生の茎や葉脈などの切片を作製し、DAPI溶液につけ落射型蛍光顕微鏡で観察すると篩部細胞に存在するファイトプラズマDNAの蛍光が観察できることを利用したものである。ただ、健全な植物の篩部細胞にも核のDNAが存在するため、確実に診断を下すことは困難である。

図8.2 DFD法やDAPI法による試料作製法

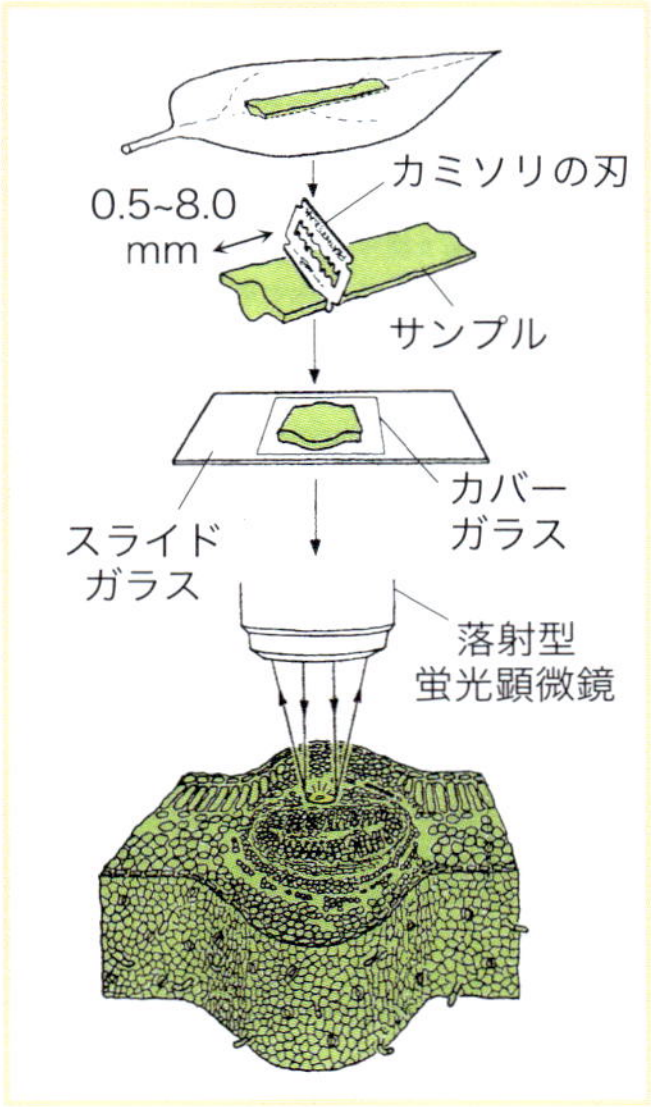

これらはいずれも、ファイトプラズマ感染により篩部細胞内に蓄積する物質の自家蛍光や、ファイトプラズマDNAを簡便に検出す

る手法であり、生きた植物組織の維管束部分を使って、手作業で10分の1ミリメートル程度の厚さの切片（徒手切片）を作製し、蛍光顕微鏡観察するだけで診断できる利点がある。しかし、ウイルス病に起因する篩部壊死や植物の核ＤＮＡに由来する蛍光と区別することは不可能であり、ファイトプラズマだけを特異的に検出する新たな手法の登場が待たれていた。

［8・1・4］抗体による診断の試み

植物病原体のゲノムやウイルス粒子を構成するタンパク質（構成タンパク質という）などのように、病原体を構成する成分を直接標的にして検出する診断技術は、信頼性が高い。抗体を用いた診断技術はウイルスで初めて実現したが、その後、操作が容易で、一度に多くの検体を1〜2日で検定できる感度の高いＥＬＩＳＡ法[6–8]が開発され、植物ウイルス病の診断において急速に普及した。

しかしながらファイトプラズマの場合には、粒子の大きさが均一でないうえに、細胞膜で包まれているだけなので、精製が難しく、抗体の作製が困難である。菌体を粗精製する方法がどうにか確立され、それを使って抗体が作られたが、ウイルスと比べて精製度が低く、植物タンパク質も混入しているため、この方法で作られたポリクローナル抗体[6]は力価[7]が低く、正確な診断は難しかった。さらに植物成分と交差反応[8]する問題もあった。モノクローナル抗体[4–6]はこれらの問題を解決したが、ファイトプラズマの主要抗原膜タンパク質の抗原性がファイトプラズマ間で多様であるため(▼6・4・2)、別の系統に反応しないことが多い[3]。ファイトプラズマを判別するという目的は果たせるが、実用的な検出診断法ではなかったといってよいであろう。

時代が下《くだ》ると、分子生物学の急速な発展により、ファイトプラズマの膜タンパク質を大腸菌に大量に作らせることが可能となり、それを抗原に使ってポリクローナル抗体を作ることができるようになっ

6　ポリクローナル抗体：動物を免疫して血清から調整した抗体。同じ抗原に対して複数種類の抗体が作られるため、モノクローナル抗体よりも高い反応性を示す。

7　力価：抗体が反応できる最も薄い濃度を示し、抗体の活性の高さの指標となる。

8　交差反応：本来の標的となる抗原以外のタンパク質に抗体が反応してしまうこと。

［コラム］

視点を変えるだけで景色は一変

１９８１年にファイトプラズマ感染を蛍光顕微鏡で観察し判定するＤＦＤ法を開発し、発表した。その後、農水省や県から講習会を開催してほしいと依頼され、各地で講習会を行った。そのとき私はまだ博士課程の学生であった。このとき、たまたま使っていた顕微鏡会社の方が興味を持たれ、手法を説明する本を作ってくれるという。企業であるから、作るとなると数百万円はかかると聞いた。この話を先生方に相談したら、そのうちのお一人から、「企業から金品もらうなんて、研究者の魂を売るようなもんだ！」とたいそう叱られた。企業から援助を受けること自体、まだまだ偏見のある時代だったのである。他の先生の取りなしもあって英語版まで作ってもらえることになり、講習会でも使うことができた。

図　企業が作ってくれたDFD法のマニュアル・ブック

ＤＦＤ法を論文発表したのは『日本植物病理学会報』で、当時教授になりたての土居先生のお勧めで、日本語で書かされた。企業が英語版も作ってくれたお陰で、海外からの問い合わせにも対応できた。

原理は簡単である。ファイトプラズマに感染すると、病原体は見えなくとも篩部は壊死し自家蛍光を発する。またカロースが蓄積し、同様に蛍光を発する。これは、篩部だけを攻撃する病原体に対する植物の特徴的反応だ。これを利用して、蛍光顕微鏡で篩部細胞の蛍光を確認して、ファイトプラズマ病の診断を行うのである。このときに、「ファイトプラズマそのものを見ていないではないか？」、「篩部局在性のウイルスでも同じ現象が起こるのではないか？」、「それで診断法と言えるのか？」と質問してくる人は一人もいなかった。

研究者は分類するのが好きで、原因を特定したがる。私たちがあらゆるファイトプラズマを一網打尽に検出できるキットを開発し実用化するまでは、研究者も現場の普及員も、ファイトプラズマ病かどうか、ファイトプラズマ病ならどういう種類のファイトプラズマか、という診断と分類にばかりこだわっていた。しかし、篩部局在性の病原体は昆虫により媒介される。したがって、接触感染による病原体や、害虫による食害、生理的障害でないことさえ分かれば、媒介昆虫の駆除や接木伝染を防ぐなど対策は十分に立つ。ちょっと視点を変えるだけで、物事を見る目は変わるものだ。

た。これにより力価や交差反応の問題は大幅に改善されたが、感染植物体内のファイトプラズマ量の問題を克服するには至らず、診断には不向きであった。しかし、研究のツールとしては、感染組織内におけるファイトプラズマの分布を調べるうえで画期的な手段であった。今世紀に入ってからの私たちの研究の展開は、この手法によってもたらされたといえる。

またゲノム解読により、ファイトプラズマの種を越えて共通性の高いタンパク質である膜タンパク質の一つSecAを見つけたことも、大きな意味があった。この抗体を使うと、すべての種のファイトプラズマに反応する〈図8・3〉[4]。ただ、研究が進むスピードは加速度的であり、いまや感度の点でさらに2ケタ、3ケタ高いレベルの検出技術を必要とする時代に入っている。ファイトプラズマの組織内分布を調べる技術とは別に、篩部だけに偏在し、植物体あたりの菌体量がきわめて少ないファイトプラズマ病の診断技術として、より特異性と感度に優れる遺伝子診断技術の確立が、ファイトプラズマ病根絶に向けた喫緊《きっきん》の課題であった。

図8.3 抗SecA抗体を用いたファイトプラズマ検出技術

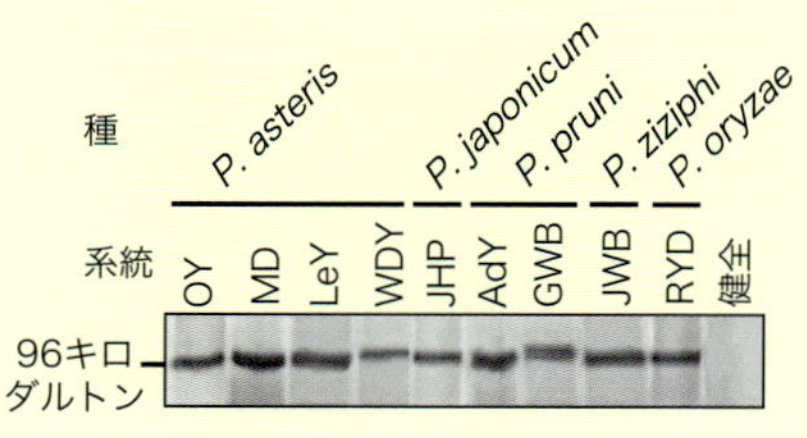

[8・1・5] 検出・診断に初めて分子のメスが入る

1990年前後になるとサザンハイブリダイゼーション法[4-11][4-17]やPCR法[2-47][4-21]などを用いた、ファイトプラズマゲノムに特異的な塩基配列を検出する技術が開発されるようになり、それをそのまま診断に用いることも行われるようになった。しかし、検出と診断では意義が異なる。「検出」は実験室などで比較的少数の検体を対象として行うものであり、予想に反して陽性であった場合でも、それが非特異的な反応によるものかどうかさまざまな方法を用いて検証することが可能であるが、「診断」は限られた時間とコストの下《もと》で生産現場の大量の検体を対象として健全かどうか確認するものであり、別の方法での検証は想定していないため、誤診は致命的となる。

私たちはファイトプラズマの16SリボソームDNAのみを特異的に増幅し、近縁の他種細菌の16SリボソームDNAは増幅しない、信頼性の高いユニバーサルプライマーを用いたPCR法を初めて開発した(▼4・2・3)[5]。16SリボソームDNAは細菌種によって特異的な配列を持っており、これを利用して適切なプライマーをデザインすれば、ファイトプラズマの高感度な遺伝子診断が可能になる。この方法は、ファイトプラズマの分類体系の確立にも非常に有効であった[6]。また、ファイトプラズマの感染した植物や昆虫体内における動態を調べる上でも、実用的な感度で検出するのに役立った[7、8、9]。その後、16SリボソームDNAなどを標的としたリアルタイムPCR法[6—5]によって、ファイトプラズマを定量する技術が報告された[10、11]が、機器類が高額なほか、量を測定したいDNAごとに蛍光物質を結合したプローブ[2—48]を設計し合成する必要があり、コストがかかるために実際には普及していない。

現在、PCR法がファイトプラズマ病の高感度診断法として定着し、最も普及している。しかしながら、PCR法は核酸精製、増幅反応、アガロースゲル電気泳動、ゲル撮影、DNA増幅の有無の確認、という複数の実験工程を必要とするため、時間や手間のほか試薬代がかかるうえに、高価な実験設備（100万円近い遠心機、約200万円するサーマルサイクラー、数万円以上する電気泳動装置、数十万円以上するゲル撮影装置など）が必要である〈図8・4〉。そのため、PCR法による診断は、電子顕微鏡と同じように実験設備を持っている研究機関以外で行うことは難しく、生産現場のような野外環境や設備のない途上国などでファイトプラズマ病の診断を行うことは困難である。

8・2——世界初の遺伝子診断キット

[8・2・1] LAMP法の登場

ループ介在等温増幅法（LAMP法）[9]は日本の企業（栄研化学㈱）により開発されたわが国独自の遺伝子増幅技術である[12]。PCR法に比べ簡易、迅速、超高感度、安価と長所だらけの申し分のない技術である〈表8・1〉。

LAMP法の長所について述べるために、PCR法とLAMP法の原理について少し詳しく説明する。PCR法では、ゲノムなどの長いDNA（鋳型DNA）のうち増幅したい標的のDNA領域の両端の20塩基程度と同じ配列を持つ2本の短いDNA（プライマー）を合成し、鋳型DNAと混ぜて反応を行う〈図4・1〉。①まず高温処理により二本鎖である鋳型DNAが一本鎖DNA化（解離）する。②次いで一本鎖DNAにプライマーを結合させ（アニーリング）、③一本鎖DNAを鋳型に複製酵素がプライマー部位からDNAを伸長合成させ二本鎖DNA化（伸長）させる。PCRはこの3段階よりなり、「解離➡アニーリング➡伸長」の反応を繰り返すことにより、DNAを増幅する技術である。しかし、これら3つのステップはそれぞれ異なる温度で反応が進行するため、3つの温度を精密かつ連続的に変換することが必要である。これが、サーマルサイクラーという高価な温度変換装置を必要とする理由である。

これに対してLAMP法は、60～65℃の等温でDNA増幅反応ができるという画

図8.4　遺伝子診断法の比較

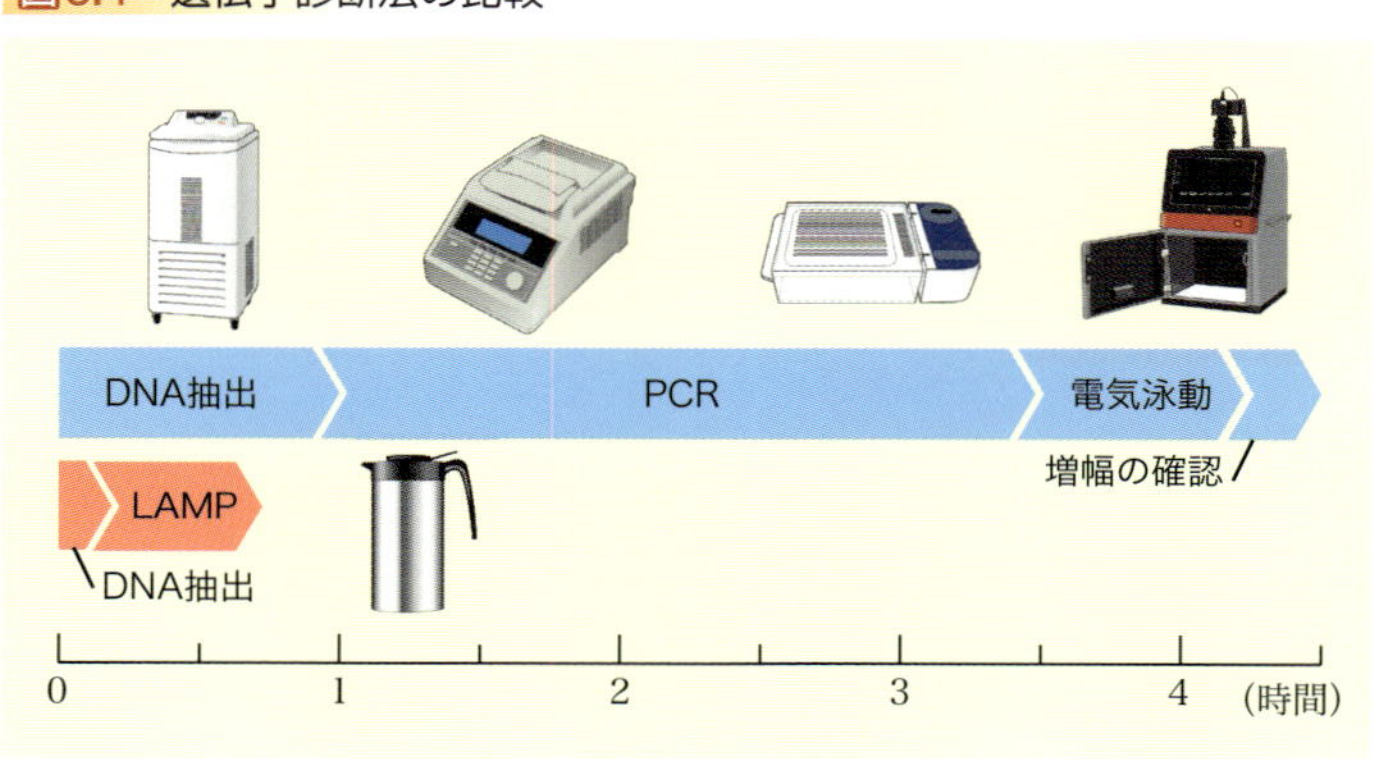

診断手順と診断に要する時間。PCR（上）は相応の手間と高価な機材が必要で、数時間を要する。LAMP法（下）は魔法瓶とお湯があれば、1時間以内に診断できる。

期的な技術である。つまり①鋳型DNAの標的配列にプライマーが結合し（アニーリング）、②プライマーを起点にDNA合成を行いつつ、③できた二本鎖DNAから鋳型を解離させながらDNAを合成するという2つの機能を持った新しいタイプの複製酵素[10]と、DNA増幅反応を連続的かつ無限に行えるよう設計された4〜6本からなる独創性の高いプライマーセットにより、等温で連続的に「アニーリング⬇伸長⬇解離」を繰り返し行える、まったく新しい発想の遺伝子増幅法である〈図8・5〉。つまり、PCR反応で機械が行う機能をLAMP反応用の複製酵素自身が持っているわけである。

表8.1 LAMP・PCR・ELISAによるファイトプラズマ検出の簡便性・感度・コストの比較

	LAMPキット	PCR	ELISA
検出可能範囲	「属」特異的で未発見の「種」も検出可能	「属」特異的だが非特異反応あり	「属」特異的な検出技術は未確立
時間	30分〜1時間	4〜5時間	2日間
簡便性	お湯と魔法瓶があればどこでも診断可能	高価な実験機器・試薬	高価な実験機器・試薬
信頼性再現性	熟練を必要としない	熟練度とプロトコールに結果が左右される	抗体の特異性・力価に依存。熟練度とプロトコールに結果が左右される
感度	数細胞（PCRの1000倍）	数千細胞（ELISAの1000倍）	低い
検出ステージ	感染直後で病原がまだ微量でも検出可能	感染直後で病原がまだ微量だと検出不可能	病原が高濃度であれば検出が可能
コスト	500〜900円/検体	400〜1000円/検体	約400円/検体

そもそもPCRによるDNA増幅反応はこれまで、1週間以上を要する大腸菌を用いたDNA増幅技術の代わりに、短時間で特定の塩基配列部分を「長く」、「正確に」増幅できる技術としてとらえられてきた。結果的に、人が行ってきた細かい作業をサーマルサイクラーなどの高価な機械にさせる、高度な実験に位置づけられていた。ところが、大腸菌で行うクローニングの代替技術であったはずのPCRを「検出」と「診断」に同時に応用したものだから、異なる両者の目的が混ぜこぜになり、使う側の認識も曖昧《あいまい》なものになってしまっていたのである。つまり、廉価であるべき診断が高価な技術に位置づけられてしまったのである。このような例はほかにもある。

9 ループ介在等温増幅法（LAMP法）：Loop-mediated Isothermal Amplification法

10 「鎖置換型DNA合成活性を持つ複製酵素」と呼ぶ。

①　接木検定技術：接木はもとは苗木増殖技術であったが、病原体検定に流用され、結果的に、「高度な接木技術」と「感度の高い検定品種を大量に増殖し用意すること」、「検定期間に数カ月〜数年を要する」ことが検定のための条件として常識になってしまった。

②　食のジレンマ：狩猟採集時代のほ乳類の肉を食べる我々の祖先の習慣を維持する目的で、急激に増加する人口を養うためのタンパク質源確保のために、家畜の飼育技術を開発したのである。ところが、穀物を直接食べれば牛肉の10倍もの人を養えるのに、100グラムの牛肉を生産するために、1キログラムものトウモロコシを飼料として使い、2トンもの水を消費するようになってしまった。

これらはごく一例である。このように課題解決にはゲーム理論の「囚人のジレンマ」[11]が潜んでいる場合が多い。目に見えないものを相手に

図8.5　LAMP法の原理

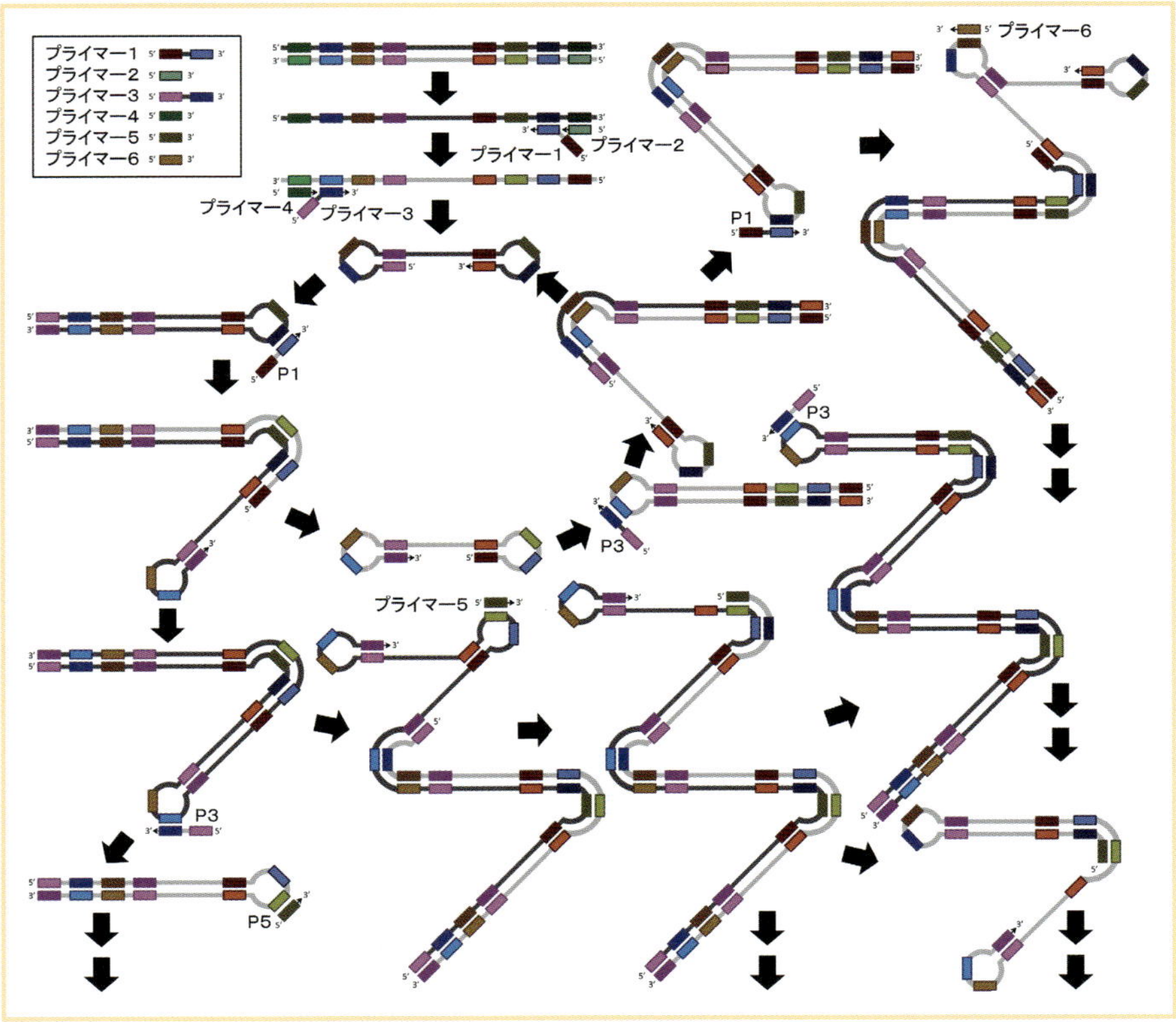

する「課題設定」を「時間の無駄」、「空理空論」ととらえ、目に見える形で存在する「手段」を「現実的」ととらえて後者を採用してしまうという思考が、このような問題を引き起こしているのだ。こうした問題の罠を脱却するには、発想の転換が必要であり、それが研究の発展につながり、ひいては我々の日常生活を豊かにするどころか、あらゆる課題解決の糸口につながるのだ。

LAMP法は、検出と診断を一から見直し、「その塩基配列があるかどうか」を最高の性能で診断できる技術を開発しようとした結果生み出された技術である。その塩基配列を増幅し、取り出し利用することは前提にしていない。ここに発想の転換がある。

つまり、発色や蛍光のかたちで容易に結果が判定できるよう、「調べたい塩基配列」を増幅し、作業を定温で行える複製酵素を発見し、短時間でPCR以上のスピードでDNA増幅反応を終えられるプライマーを発明したのである。複数の革新の歯車を組み合わせた、まさに画期的な成果である。機器製造ビジネスにとってはハッピーでないかもしれないが、今求められているのはこのような「ものづくり」から「ワザ（術）づくり」への発想の転換なのである。「万能細胞（iPS細胞やES細胞）による再生医療」や「ゲノム編集による疾患治療や種の改良」も同様である。また、発想力豊かな人であれば、「術《わざ》づくり」から改めて新たな「ものづくり」へとつなげられるはずである。

〔8・2・2〕秘められた可能性

LAMP法では、PCR法に必要な高価な機器類は不要で、野外でも、鍋と水、温度計があれば、周囲の枯れ木を集めて湯を沸かすだけで、現場で簡単に診断できる。30分程度の反応後、100円ショップでも売っているLEDライトを当てれば、緑色に光るので判定できるのである〈表8・2〉。したがって、電源の不安定な途上国や、農業生産現場での迅速な診断にLAMP法は適しており、人や家畜の感

11　囚人のジレンマ：ゲーム理論におけるゲームの一つ。互いに協力する方が良い結果となることが明確でも、協力しないものが利益を得る場合には互いに協力しなくなるというジレンマ。個人の合理的選択が社会にとって好ましい結果につながらないので、社会的ジレンマともいう。ゲームの状況を囚人の黙秘や自白にたとえたことからこの名が付いた。

表8.2　PCR法とLAMP法の技術比較

	LAMP法	PCR法
プライマー数	4〜6*	2
プライマー結合領域数	6〜8*	2
複製酵素	鎖置換型	耐熱性
反応温度	64℃	94・55・72℃
熱変性処理	不要	必要
阻害物質の影響	少ない	ある
反応時間	20〜60分	90〜180分
検出	蛍光または濁度の目視検出（計測検出も可）	電気泳動ゲルの蛍光染色撮影
プライマー設計	やや困難	容易
増幅結果の解析	増幅領域が短く困難	塩基配列解読など

*ループプライマー[12]使用時

染症の診断にも活用可能である[13]。

ＰＣＲ法では、３つの反応ステップを30〜40回繰り返すことによりＤＮＡを指数関数的に増幅させるため２〜３時間を要するのに対して、ＬＡＭＰ法では、等温で無制限にＤＮＡ増幅反応を行うため、基質やプライマーを短時間のうちに使い切り、早ければ15分程度で反応は終了する。

また、ＰＣＲ法では電気泳動により検出する必要があるのに対して、ＬＡＭＰ法の場合には検出結果が一目瞭然である。ＤＮＡを合成する際消費された基質[13]から反応量に比例して副産物として切り離されるピロリン酸がマグネシウムと反応して、溶液に溶けにくいピロリン酸マグネシウムとなる。この反応液の濁り具合（濁度）によって、ひと目で陽性か陰性か検定でき、さらに濁度計を用いれば鋳型ＤＮＡの量も測定できる[13]。

公的試験機関などでは、診断結果を数値化したがる。これは、判定報告後にクライアントから出てくる問い合わせを想定した防御策であり、お役所仕事の典型であるといえる。その一因は複雑な技術と高価な機器を使用していることにあり、その結果、人間の誤操作が思わぬトラブルの原因となりがちであることを如実に物語っている。ＬＡＭＰ法は、クライアント自身が容易に結果を確認できる。その点で、一般企業の検査サービスへの進出を可能にする技術である。

また、ＬＡＭＰ法では二本鎖ＤＮＡに入り込み、紫外線照射により蛍光を発する蛍光インターカレーター[14]や、ピロリン酸によってマンガンイオンを奪われ蛍光を発するカルセイン蛍光色素を最初に加

12　ループプライマー：LAMP反応を2〜3倍高速化させるプライマー。LAMP反応中に形成される一本鎖DNAのループ部分に結合し、DNA合成の起点を増やす。

13　基質：生化学反応において酵素が作用する対象となる分子のこと。ここではDNAの構成ブロック「ヌクレオチド」のこと。生体内ではDNAを構成するデオキシアデノシン三リン酸（dATP）、デオキシグアノシン三リン酸（dGTP）、デオキシシチジン三リン酸（dCTP）、デオキシチミジン三リン酸（dTTP）がある。

14　蛍光インターカレーター：インターカレーション（分子が他の分子集団の中に入り込む現象）した際に蛍光を発する物質。緑色蛍光を発するサイバーグリーンは二本鎖DNAに入り込んで蛍光を発するため、PCRやLAMPによる二本鎖DNA増幅を可視化するのに用いられる。他にも赤色蛍光を発するエチジウムブロマイドが有名。

えておくと、紫外線ランプを照射すれば肉眼で判定可能なので、濁度計などの機器が不要である。カルセインという蛍光色素は、はじめマンガンと結合して消光しているが、増幅反応によりピロリン酸にマンガンイオンを奪われ、蛍光を発し、さらに反応液中のマグネシウムイオンと結合することで蛍光が増強されるのである。

さらにLAMP法は、検体からのDNA抽出も容易である。標的がDNAであるかRNAであるかを問わず、多くの場合、楊枝《ようじ》で病徴を示す部分の植物組織を突き刺し、反応液に浸すだけで良いので、PCR法で必要とされる核酸抽出用の試薬やキット、遠心機、ヒートブロックなど、高価な機器・試薬は不要である。

今世紀中盤には、AIが人間の職業の多くを奪うと言われるが、それは一種の学術的立場を装った扇動的発信である。そうした言説をまことしやかに撒き散らす前に、LAMP法のような簡便な技術が、本来あるべき既存のビジネスや専門家の仕事を奪うこともなく、一般のクライアントにも利用の可能性を広げ、より高度で複雑な技術の存在に対する理解を深めることにつながってゆくことに、我々は気づくべきである。また、専門家は既存の技術にしがみつくのではなく、新たな技術を生みだし、それらを組み合わせてこれまでにない付加価値を持った技術を社会のシステムに実装してゆく使命を担っているという意識を強く持つべきである。

私たちは当初よりLAMP法に秘められた可能性に着目し、「十分な実験設備のない途上国などにおいて、高感度かつ迅速で信頼性の高いファイトプラズマ病の診断法として提供できるのではないか」と考えていた。というのも、2009年にプラムポックスウイルス[15]のわが国への侵入を東大植物病院®で発見した際には、LAMP法による迅速・高感度な診断キットをごく短期間のうちに開発したところ、農林水産省による全国調査の標準キットに採用され、このキットによる診断結果が感染樹

15 プラムポックスウイルス：plum pox virus（PPV）。核果類果樹（モモ、ウメ、スモモ、アンズ、プルーン、サクランボなど）に広く感染するウイルス。欧州で蔓延し果樹生産上甚大な被害をもたらしている。世界各地への侵入が相次いでおり、日本でも侵入を警戒していたが、東大植物病院®により2009年に発生が確認された。

伐採の条件となった。この「PPV根絶事業」では、全国で200万本以上の樹木が診断され、その結果、2万5000本の感染樹が特定された。LAMP法の技術が国を動かし、その威力が実証された初めての例であった[14]。

[8・2・3] 当初のLAMP診断技術

当時すでに、LAMP法を利用したファイトプラズマ検出・診断技術は開発されていたが、16SリボソームDNA配列を利用した特定のファイトプラズマ種に限って検出・診断するものであった。また、植物組織から精製したDNAを用いることを前提とした方法であって、簡易な抽出法はまだ開発されていなかった。利用者は研究者が主体であり、サーマルサイクラーと電気泳動装置が不要である以外は従来通りであり、診断技術としての利用価値や実用性は低かった。検出の標的が16SリボソームDNAであった理由は、この領域の塩基配列をもとにして微生物の進化系統を明らかにし細菌分類を行うことが国際的に一般化しており、ファイトプラズマのゲノム情報の中で最も充実していることから、プライマーの設計が容易であったためである。一方、ファイトプラズマゲノムには、ほかにも数百種類のハウスキーピング遺伝子が存在している[15]にもかかわらず、LAMP法の標的配列として利用されていなかっ

図8.6 *P. asteris*の診断技術の感度比較

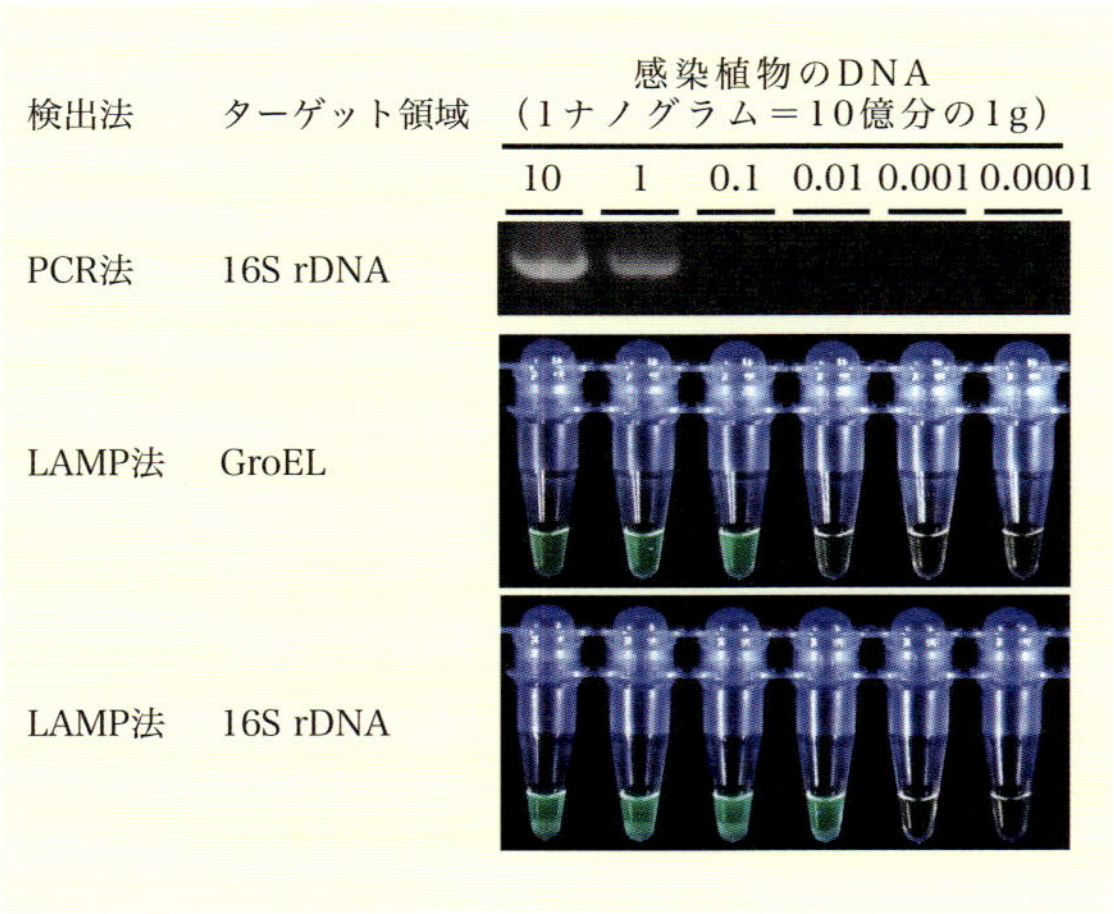

た。

そこで私たちは、世界中に発生し、最も大きな集団を構成する*P. asteris*を一網打尽に検出するキットを開発することは価値が高いと考え、ハウスキーピング遺伝子の一つとして、複数のファイトプラズマですでに遺伝子の塩基配列が解析されており、分子シャペロンタンパク質として高度に保存されている「GroEL遺伝子」に着目した[16, 17, 18]。そして、GroEL遺伝子と16SリボソームDNAを標的にした多数のプライマーセットをデザインし、*P. asteris*を対象にしたLAMP法による診断技術の開発を試みた[19]。

LAMP法とPCR法の検出感度を比較したところ〈図8・6〉、LAMP法はPCR法よりも感度が高く、*P. asteris*のすべての系統を検出できた。16SリボソームDNAを標的とした場合に比べ、感度は若干低いものの、反応が迅速で系統間の検出時間にばらつきがないことから、「GroEL遺伝子を標的とするプライマーセット」をキットに採用した。

[8・2・4] DNA抽出は診断のボトルネック

続いて、簡易で迅速なLAMP法をさらに便利にするために欠かせない、簡便なDNA抽出技術の開発に挑戦した。植物や昆虫からのDNA抽出には、CTAB法[16]が国際的にも常法である[20]が、工程が多く、手間と時間がかかり、高価な設備を必要とすることが難点であった〈図8・7〉。

図8.7 DNA抽出法の検討

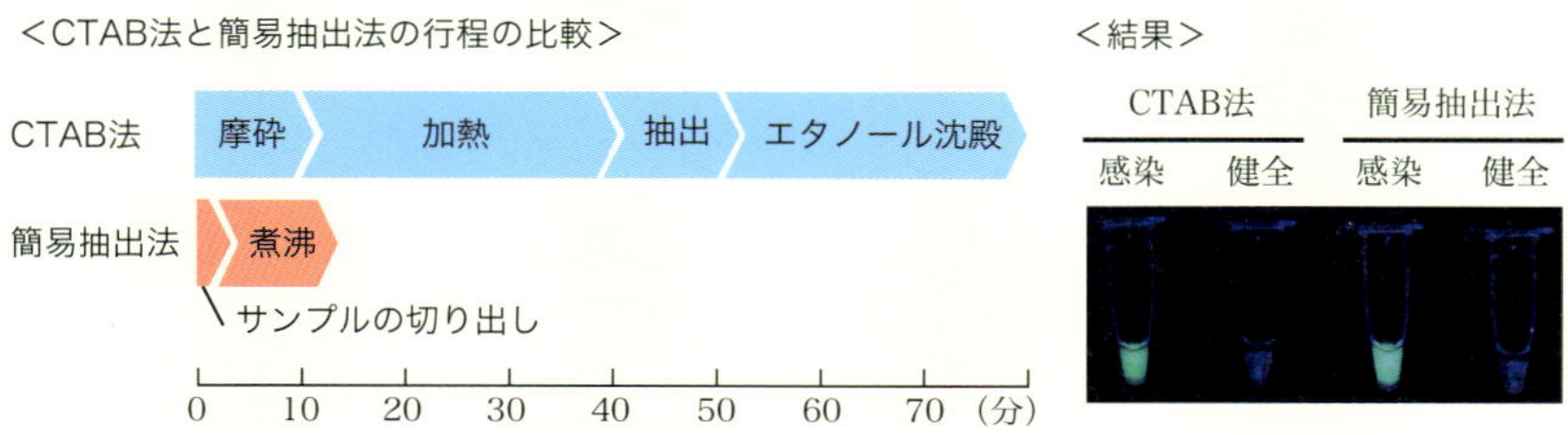

16 CTAB法:陽イオン界面活性剤であるCTAB(臭化ヘキサデシルトリメチルアンモニウム)を用いてタンパク質などの夾雑物を沈殿・除去し、核酸を抽出する手法。

［コラム］無理な注文

2013年5月、パプアニューギニア独立国のモロベ(Morobe)州にある国立農業研究所植物病理学主任研究員の志柿俊朗博士から、「パプアニューギニアのマダン(Madang)州ボギア(Bogia)地区では、数年前からココヤシにファイトプラズマ病と思われる症状が広がっており、政府の各機関で大問題となっている。難波さんの研究室で開発されたファイトプラズマの確実な検出技術で、ファイトプラズマの表面タンパク質のうち、産生量の多いSecAタンパク質の抗体を用いて、免疫学的診断を行いたいので抗血清を至急分けてほしい」と、抗体の分譲を要請するメールが送られてきた。これは大問題だな、と直感し、何とか助けてあげたいと考えた。

志柿氏からの要請は確かに的を射たもので、うちの研究室で分子生物学的手法により作出したSecAタンパク質の抗体は、ほとんどのファイトプラズマ種のSecAタンパク質に反応するため、現地で発生している未知のココヤシファイトプラズマ種のSecAにも反応する可能性が高い。しかし、植物篩部組織のごく一部にしかいないファイトプラズマを抗体で検出するには十分な量のファイトプラズマ菌体を抽出する必要があり、当時感度の最も高かったPCRを利用した遺伝子増幅法を採用する方が間違いなく検出できるのではないか、と私は考えた。ただその時点では、現地のココヤシに発生するファイトプラズマのDNAは入手できておらず、PCRプライマーの設計もできなかった。

遺伝子増幅によるファイトプラズマの検出技術は、16Sリボソーム DNAをターゲットとして、それに特異的なプライマーをデザイン・合成し、PCR増幅により検出する方法を1993年に私たちが確立していた。ファイトプラズマ種が不明な場合にはファイトプラズマ属の16SリボソームDNAに共通したプライマーを開発しており、それを用いてPCR増幅によりファイトプラズマを検出することができる。しかし、パプアニューギニアでの実施を考えると、この方法にも疑問がわいた。PCR法はある程度の熟練者でないと複雑な作業を最後までトラブルなく完遂するのは難しい。しかも、PCR反応を行うために必要なサーマルサイクラーや、電気泳動装置、酵素処理に必要なインキュベーターのような高価な機器のほか、現地では高価な試薬も必要となる。また、停電が頻繁に起こるため、反応で失敗する恐れや、高価な弱電部品を使った機器類が壊れる恐れもあり、PCR増幅とは異なるもっと簡単な診断システムを構築する必要があると考えた。理想的な条件としては、①高価な機器を必要としないこと、②現地では検体が高温のため劣化するなどさまざまな制約条件が考えられるため超高感度であること、③DNA抽出作業が簡便でかつ電気泳動のような繁雑な作業を必要としない発色のような分かりやすい反応で判定できること、である。その結果、LAMP法を用いれば、①~③の3つの条件をクリアするものと判断された。さらに4つ目の条件として、④今後のことを考え、できるだけ多様なファイトプラズマの感染に対応できること、も重要であった。その理由は、現地で発生しているココヤシのファイトプラズマがどのような種であるのかまったく分かっていなかったからである。しかしこれは相当に難しい条件であった。この最後の条件を満たす技術は当時、世界中のどこにも存在しなかったのである。

当時ウイルスでは、葉の病徴の出ている部分を楊枝で突き刺すだけで検出可能な技術が確立していた。しかし、ファイトプラズマは篩部のみに局在し、植物体内でも分布にムラがあるので、楊枝で刺しても篩部組織の汁液に必ず触れるとは限らない。実際に何度も試みたが、安定的に検出することは困難であった。そこで、新たに開発したLAMP専用のDNA抽出用バッファ[2–6]にさまざまな植物組織を入れたチューブを煮沸《しゃふつ》して最適なDNA抽出試料の採取部位を調べた。その結果、植物の葉の主脈の中心部分を幅2mm×長さ5mmだけ切り出し、DNA抽出用バッファに入れたチューブを10分程度煮沸する簡易なDNA抽出法[17]により、CTAB法と同等の鋳型DNAを得られることが分かった。

[8・2・5] 世界初のユニバーサル診断キット

こうして開発したLAMP法とDNA抽出法をもとに、2011年に世界初のファイトプラズマ病の遺伝子診断キットを製品化した[18]。このキットの検出対象は、*P. asteris*と、国内各地のアジサイで問題になっている*P. japonicum*の2種であった。このキットにより、国内で発生するファイトプラズマ病の大部分(▼4・3・3)を30分程度で診断できるようになった[21、22]。

17　簡易なDNA抽出法：一般的な方法は、植物の破砕や劇物試薬（フェノール・クロロホルム処理）を必要とし、遠心機も必須であるが、この方法であれば、鍋の中でチューブを煮るだけでよい。

18　ファイトプラズマ検出キット：製品番号NE0111（㈱ニッポンジーン）

続いて、あらゆるファイトプラズマを1つのキットで一網打尽に検出できるLAMPキットの開発に取り組むことにした。そもそもファイトプラズマは40以上の種からなる一大グループであり、遺伝子配列も多様性に富んでいる。そのため、LAMP法による網羅的な検出系の開発は海外ではすべて頓挫《とんざ》しており、特定の種とそれに近縁な種に対して個別にLAMP検出系を開発するしかないと考えられていた。もちろん私の研究室でも、当初はその課題に対して、「一体どうやって実現するのか?」、「そのスキームは?」と、否定的な意見が大勢であった。しかしブレークスルーは発想の転換から生まれるし、それなしには決して生まれるものではない。問題は「どういう発想転換が必要なのか?」、「どうやったら発想転換できるのか?」なのだが、それが分かれば苦労はないし、とっくに誰かにやられているはずだ。重要なのはまず課題を設定すること、次いでその課題に対していかなる枠組みがありうるのか頭をひねることだ。

課題は、「あらゆるファイトプラズマを1つのキットですべて検出できるLAMP法を開発すること」だ。おそらく誰もそんな達成できそうもない課題を設定することはないだろうし、どうしたらその課題を達成できるのか、予測もつかないだろう。それこそがブレークスルーにつながるのだが。残念なことに、この課題にはどこも予算を付けてくれなかった。しかたがないので、細々と、そして最少限の予算で試行錯誤を繰り返すことになった。万が一見通しがついたら、製品化は企業の予算でやってもらうことにし、その代わり知財を提供することにした。

まず、これまでに蓄積してきたファイトプラズマゲノム情報をイン・シリコ解析[19]した。その結果なんと、あらゆるファイトプラズマ

図8.8 ファイトプラズマユニバーサル検出キット

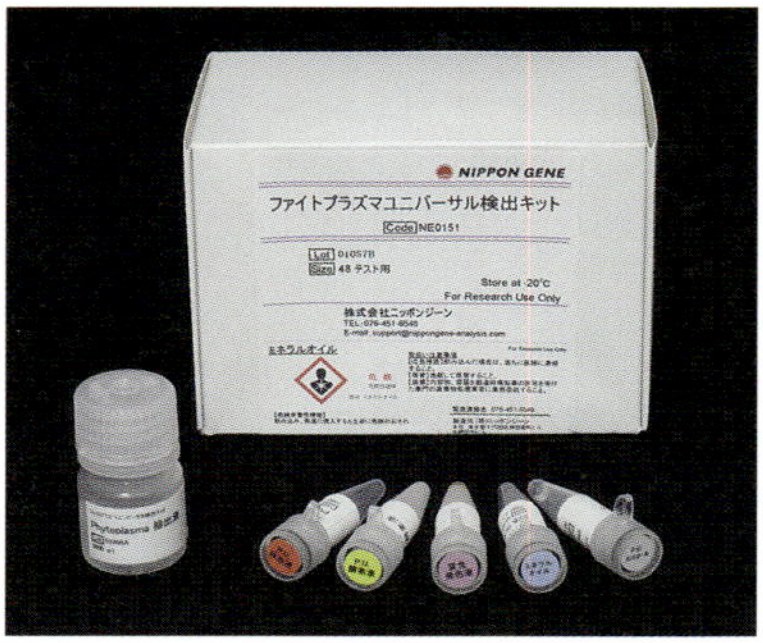

---

19 イン・シリコ解析:*in silico* 解析。コンピューターを利用した解析。

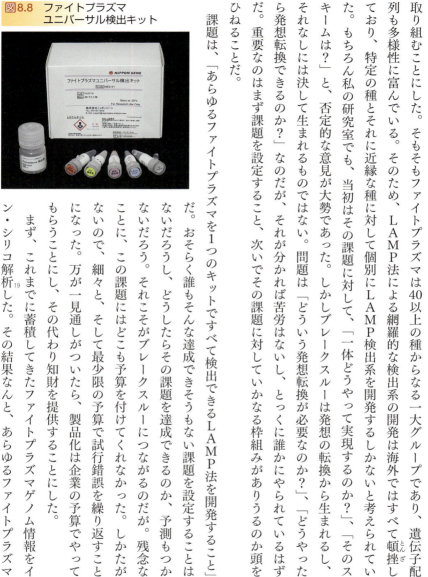

図8.9 ファイトプラズマユニバーサル検出キットを用いた診断の行程

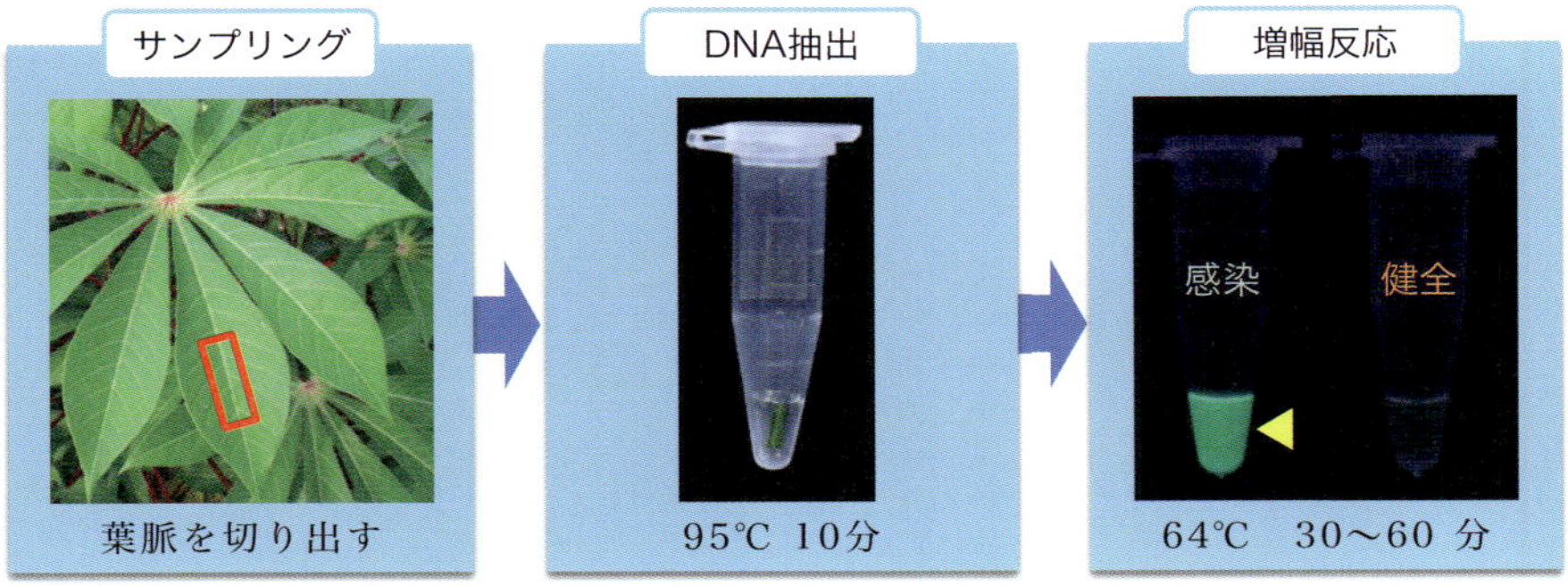

図8.10 従来法とファイトプラズマユニバーサル検出キットの感度比較

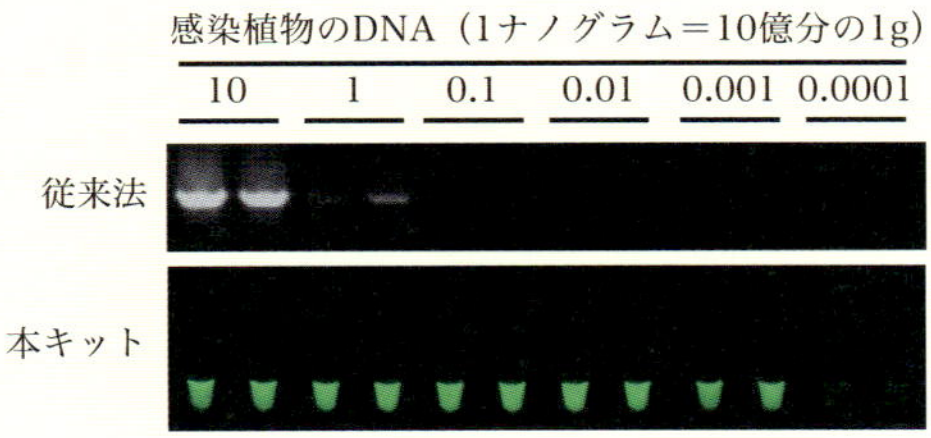

を対象とするＬＡＭＰ検出技術の開発にめどがついたのだ。この技術は、２０１６年に「ファイトプラズマユニバーサル検出キット」[20]として製品化された〈図8・8〉。本キットを使うとあらゆるファイトプラズマの検出とファイトプラズマ病の診断が、サンプリングから約30分で終わる。また工程はわずか3ステップ[21]ですむ〈図8・9〉。

感度も非常に高く、ＰＣＲ法の約１０００倍もの超高感度であり、反応チューブの中にファイトプラズマ粒子が数個あれば検出できる〈図8・10〉。このキットの登場は、１９９３年に発表したＰＣＲ法によるファイトプラズマ検出法を凌《しの》ぐ画期的なものであり、ファイトプラズマ病診断の概念が根本から塗り替えられるほどのインパクトがあった。

このキットはファイトプラズマ病の根絶につながるものであるが、一般的な遺伝子工学試薬と同様に、冷凍で輸送し、現地では冷凍での保管が必要である点が難点であった。というのも、アジアやアフリカなどの途上国では、冷凍した状態での輸送

20 ファイトプラズマユニバーサル検出キット：製品番号NE0151（㈱ニッポンジーン）

21 3ステップ：①サンプリング、②簡易DNA抽出（95℃，10分間）、③LAMP反応（64℃，30～60分間）

図8.11 常温で保管と輸送が可能な乾燥キット

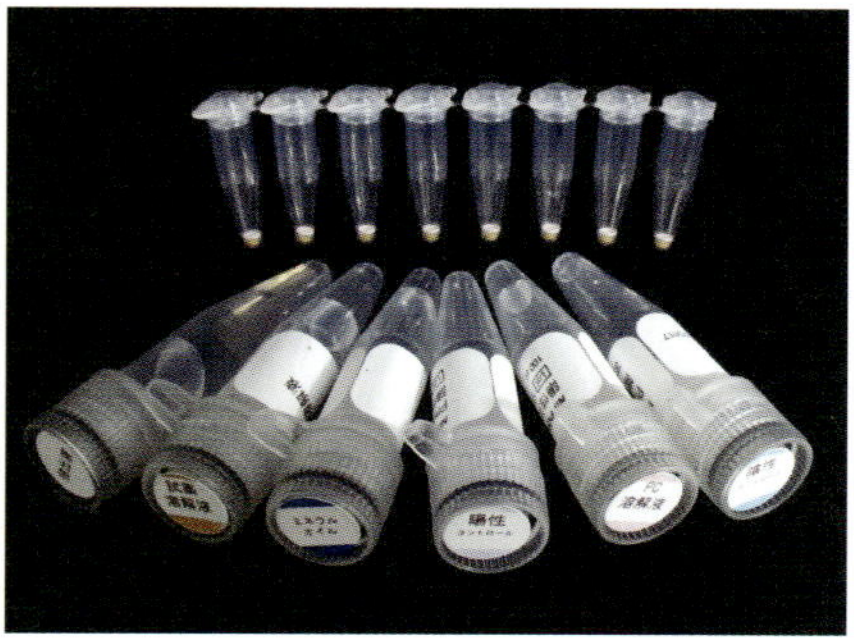

インフラが整っていない場合が多いため、性能を維持したまま輸送することが困難である。また、かりに現地に無事届いたとしても、現地の電力インフラが不安定であるため、頻繁にある停電やフリーザの故障などにより、保管中に性能が劣化してしまう恐れがあったのだ。試薬の性能を維持するためには、凍結融解を繰り返さず、温度変化に影響されない安定した試薬の形態が不可欠である。そこで、乾燥による試薬の安定化に着目し、さまざまな添加物や乾燥技術を企業に検討してもらい、２０１７年に乾燥キット[22]化に成功した〈図8・11〉。乾燥キットは、室温（20～25℃）で1年間、高温下（45℃）でも90日間は性能が保証されるため、海外に向けて常温でコストをかけずに輸出することが可能になった。これも世界初であり、わが国のファイトプラズマ根絶に向けた国際協力に有力な武器が新たに生まれたことになる。

ファイトプラズマの発見から約半世紀を経て、私たちはついに現地まで常温で持ち運びでき、フィールドで利用可能な診断技術を手に入れることができた。本キットを使えば、どのような地域、場所においても、高度な知識や経験を必要とせずにあらゆるファイトプラズマ病の診断を安価かつ効率的に行える目途が立ったのだ。本キットは、ファイトプラズマ病に悩む世界中の農業関係者や研究者が長年夢見ていたものである。ファイトプラズマ診断のフィールドが、文字通り世界中のあらゆる場所へと広がることで、未知のファイトプラズマの発見や、中間宿主[23]や媒介昆虫の解明が容易になり、ファイトプラズマの生態解明につながるであろう。さらに、ファイトプラズマ病をはじめとした植物病に対する理解を深めるための、安全で教育効果の高い科学教材として、教育機関においての活用も可能である。本キッ

22　乾燥キット：–LAMP法乾燥試薬–ファイトプラズマユニバーサル検出キット（㈱ニッポンジーン）

23　中間宿主：宿主植物のうち、経済的な価値の低いもの、あるいは被害が少なく、寄生する期間が短いものなどのこと。病原微生物の伝染源となるため、中間宿主となる植物を圃場やその周囲から除去することは植物病の予防においてきわめて重要である。

〔コラム〕
なぜ途上国では植物病の根絶が難しいのか

なぜ途上国では植物病の根絶が難しいのであろうか。設備不足、知識不足、資金不足などは容易に想像できる理由である。しかしその実態はそれほど知られていない。

1. 基本的知識は途上国にも普及しているが情報が真偽混在

インターネットの普及で、伝染性を確認しないと病原体による微生物病とは言えないことや、害虫病や生理病、雑草害などに関するウェブ上の画像など、先端的な知識は意外とよく知られている。しかし、真の「目利き」がいないため、誤った現場の情報が安易にウェブ上にアップされ、混乱を招きがちである。

2. 非科学的判断が現場に蔓延している

経験不足のため非科学的判断が一人歩きすることがある。東南アジアの場合、目視だけでファイトプラズマ病と決めつける現地研究者の話を鵜呑みにし、ほかの病気をファイトプラズマ病と考えた事例がある。

3. 先進国からの支援の質に問題がある

途上国支援を目指す高い志を持った人材は多数いるが、真の「目利き」は人数も時間的余裕も十分でない。また、日本の支援事業はそれ自体が「短期間での実績」を求めるため、専門知識の不十分な基礎研究者も混じり、形だけの実装が現場で混乱を生むことも多い。東南アジアでは、先進国の不適切な援助が混乱を深めたようである。欧州先進国から派遣された昆虫学者が専門外のファイトプラズマ病も担当し、常識外れな実験技術や機器を現地に実装し、国際誌に論文を発表してしまったため、現地研究者が誤った方向に事業を進めてしまった。

4. 先進国からの支援制度に問題がある

海外援助は大型公共事業が主であり、肝心のソフト面(診断や防除など)は通常対象外であり、現地のプロジェクト・コーディネーターの裁量がものをいう。欧米の同種事業に比べると、現地と日本の本部はこの種の援助に対して融通が利かないため、形骸化し成果が挙がらないことが多いのだ。

5. 政治的要因が翻弄する

政治的介入が行われ、現場が混乱することもある。2016年、パプアニューギニア(PNG:英連邦王国)がファイトプラズマユニバーサル診断キットを導入したとき、現地のPNG農畜産大臣や㈱国際協力機構(JICA)所長まで参加して納品式典を開催し、現地は高性能のキットに大喜びであった。しかし、普及して半年後、隣国オーストラリア

（同じく英連邦王国）の感度・コストともに劣る診断システムが強引に参入してきた。オーストラリア財界のPNG政界に対する影響力行使の一例であるが、奇々怪々な話であった。（▼コラム「無理な注文」356頁、「ゴッドハンド」365頁）

トの実用化は、ファイトプラズマ病根絶のための新たな一歩といえよう。

8・3――診断キットが果たす国際的使命

［8・3・1］海を渡った診断キット

本キットの活用は、既に海外で進められている。パプアニューギニアはその一例で、1990年代よりニューギニア島北東部のマダン州ボギア地区において、新興のファイトプラズマ病「ココヤシ立枯病（Bogia coconut syndrome：BCS）」[24]が発生し、農業生産の脅威となっていた[23]。BCSを発症したココヤシは葉が黄化し、その後褐色となって、落果の後には葉がすべて枯れ落ち、最後には全身が枯死に至り、幹だけの電柱のような状態となる。

私たちが同国の国立農業研究所の志柿俊朗博士から窮状について助けを求められたのは、2013年のことであった（▼コラム「無理な注文」356頁）。ボギア地区で発生したココヤシの枯死が拡大しているうえ、バナナやビンロウ[25]にも感染が拡大しており、さらに同地区からほど近いマダン地区に設置されたココヤシの国際ジーンバンクへもBCSは侵入しているとのことであった。パプアニューギニア政府は国際ジーンバンクをBCSから守るため、健全ココヤシを離島に隔離保存する「ココヤシ遺伝資源保全事業」を計画しており、そのためには、感染樹の判定方法を確立する必要があるが、同国にはその手段がないとの話であった。私たちは、志柿氏と何度もサンプルをやりとりした末に、LAMP法に適したコ

24　ココヤシ立枯病（Bogia coconut syndrome, BCS）：パプアニューギニアで2011年に初めて報告された新興のファイトプラズマ病。

25　ビンロウ：檳榔。*Areca catechu*。太平洋、アジア、東アフリカの一部に生育するヤシ科の植物。種子は嗜好品として、細く切り少量の石灰を混ぜキンマ（コショウ科の植物）の葉にくるみ噛むと軽い興奮・酩酊感が得られる。依存性があり、噛みタバコのように利用される。

図8.12 ココヤシ立枯病の現地診断の様子

コヤシの核酸調整法を開発した。また、当時は現地で発生しているファイトプラズマ種が不明であったので、前述のように、ユニバーサル診断キットを提供することにした。実際に現地に試作品を持ち込み試験したところ、電気も通わないような地域でもBCSの遺伝子診断を約30分で実施できた〈図8・12〉。本キットがパプアニューギニアのような研究設備が十分でなく、安定した電源確保が困難な環境において真価を発揮することが実証された瞬間であった。本キットは2016年6月より、同国政府の「ココヤシ遺伝資源保全事業」に正式採用された。

その後、志柿氏との共同研究の結果、パプアニューギニアのココヤシに発生しているこのファイトプラズマは新種であることが判明し、種名を*P. novoguineense*と命名した〈図4・10〉。本キットを同国に納品する際に、現地の農畜産大臣と、本キットを商品化した㈱ニッポンジーンの米田祐康社長が出席して納品式典が挙行されたが、その前日、社長は納品するキットを持って野外調査に出かけた。その結果、ココヤシだけでなく、付近の黄化したバナナやビンロウからもファイトプラズマを検出した。その後の詳細な調査で、このファイトプラズマは同国内の作物にも広がっており、少なくともバナナ萎凋《いちょう》病、ビンロウ黄葉病の原因でもあることが分かった。

ココヤシのファイトプラズマ病による被害は近隣のソロモン諸島

のほか、北米、中米やアフリカ、東南アジアなどでもきわめて深刻な問題になっている。複数種のファイトプラズマが病原体として知られているため、あらゆるファイトプラズマを検出できる本キットは、世界のココヤシ生産を守り、根絶策を確立する上で利用価値の高いキットである。

また、ベトナム、カンボジア、タイの東南アジア3カ国においても、キャッサバに発生するファイトプラズマ病の防除に向けた国際共同研究事業「地球規模課題対応国際科学技術協力プログラム」（SATREPS）[26]で標準診断キットとして利用されている。世界各地でキャッサバのファイトプラズマによると考えられる病気（CWB[1-33]、CFSD[1-34]）が問題となっており、複数の異なる種のファイトプラズマが原因とされている（▼1・5・3）。わが国でも2017年に国内のキャッサバ苗からCFSDファイトプラズマが本キットにより検出され、このキットが有効であることが改めて確かめられた。本キットの有効活用により、東南アジアにおけるファイトプラズマ感染キャッサバの早期特定と根絶策の実施に向けたSATREPS事業の推進により、キャッサバ生産は安定化するであろう。

8・4——治療技術の開発

[8・4・1] 不治の病ファイトプラズマ病

ファイトプラズマ病は、効果的な農薬も抵抗性品種も見つかっていない難防除病害であり、その防除は、中間宿主も含めた伝染源となる感染植物の早期発見と除去に加えて、媒介昆虫の防除に頼るしかない[24]。このため、いまなお世界中の農業生産に甚大な被害を与えており、脅威となっている。

また、ファイトプラズマ発見当初に報告されたテトラサイクリン系抗生物質による治療〈図8・13〉も（▼2・3・1）、ファイトプラズマの増殖に対する一過的な抑止効果にすぎない[25、26]。テトラサイクリンに

26 SATREPS：Science and Technology Research Partnership for Sustainable Development

〔コラム〕 ゴッドハンド

私たちが開発した①簡易、②迅速、③超高感度、④安価なファイトプラズマユニバーサル診断キットの納品式典に参列するため、2016年6月に㈱ニッポンジーンの米田祐康社長夫妻がパプアニューギニアに入国した。式典前日に社長が突然思い立ち、フィールドトライアルに出かけ、野外で診断キットを用いた検出を行った結果、ファイトプラズマの感染が小一時間で確認されたのだ。翌日、農畜産大臣など両国政府・外交関係者の出席のもと、テレビ局も取材に駆けつけ、式典はたいそう盛り上がったとのことである。それを聞きつけ、周辺国からもキット導入の打診が来ていると聞いている。

一方、キャッサバのファイトプラズマ病が問題となっている東南アジアの現場にこのキットを導入したところ、それまで現地の方法で検出されたと言っていたキャッサバの材料からファイトプラズマがさっぱり検出されなくなった。困った彼らは、何とかファイトプラズマを検出しようとした。植物試料からのDNA量を増やせば、検出できるだろうと考え、プロトコールを無視し過剰に植物試料を使った。その結果非特異反応が起こってしまい、ファイトプラズマが検出されたと思いこんでしまった。技術が高度化し、裁量の余地が少なくなると、裁量をはたらかせてはいけない部分で裁量をきかせがちで、こういうときにトラブルが起こる。

さらに話を複雑にした事情がある。EUから現地に赴任してきた研究者が、通常は二段階が限界であるのに、何が増幅されるか分からない三段階PCR法により増幅されたファイトプラズマのDNAの塩基配列をもとに、LAMPキットを開発し、無償で東南アジア各国に配布してしまったのだ。そのキットではその後の私たちのテストでファイトプラズマDNAは検出できないことが確認されている。

さらに皮肉なことが起こった。国内で非特異反応の検証試験を行っている過程で、日本国内のキャッサバに、中南米諸国で発生し問題となっているキャッサバフロッグスキン病（CFSD）のファイトプラズマの侵入が発見されたのである。「灯台下暗し」である。しかし東南アジアではCFSDはまだ確認されていない。この病気は地上部には明瞭な病徴を表さない。おそらく東南アジアでも、地下部にしか病徴を示さないCFSDが発生しており、気付かれていない可能性がある。私たちも、東南アジアで多発している天狗巣症状のキャッサバを多数検定したがこれまで一度もファイトプラズマを検出したことがない。この辺に今回の混乱の原因がありそうな気がする。アフリカや東南アジア、環太平洋、中南米には確実にキャッサバのファイトプラズマ病は発生しており、それは主にCFSDファイトプラズマであり、症状が主に地下部であることから、他の原因による地上部の天狗巣病徴と切り分けぬまま、天狗巣病の病名も一人歩きし、混乱を生じている可能性もある。現地で、「なぜ見つけられないか」、「以前ベトナムで見つかったとされるファイトプラズマは何だったのか?」、「それをもとに作られたキットは一体どういう意義があるのか?」、に今後の研究の焦点は移ってゆくであろう。「日本のキットがダメなのでは?」との疑いをクリアするのに相当な期間を浪費した。

今回のような状況で、担当者同士、いくら面と向かって議論しても、目の前にない各自の実験結果を主張しても、この状況が打開されることはない。課題はそれぞれの研究者自身にある。まずは「自らの実験手法と結果を虚心坦懐《きょしんたんかい》に見つめ直す」ことである。これは問題にぶつかった際にまず念頭に置くべき、そして解決に向け最初にとるべき手順である。

科学研究では、人間離れしたテクニックの持ち主のことを「ゴッドハンド（神の手）」と称することがある。しかしこれが悪い意味になると、何とか陽性反応を得たいがために試料を過剰に投入したり、3段階以上もPCR増幅したりして非特異反応を招くことになる。

芸術では、同じ音符や絵の具、言語を使っても、音色や色の具合、言葉使いを微妙に変えることで、見手、聞き手、読み手からまったく異なった解釈・理解を引き出すことができる。しかし、科学では、プロトコールに従えば、世界中のどこの研究者であってもまったく同じ結果にならなければならない。そうならない場合は、その研究者がプロトコールの解釈や操作を誤っていることになる。

よる治療は、同薬剤を噴霧あるいは注入する方法が行われ（▼2・3・1）、中国や韓国のナツメなど重要果樹を中心に症状の軽減や疾患進行の遅延などの一定の効果が認められている。国内でも近年、各地でファイトプラズマ病によるホルトノキの枯死が相次ぎ、テトラサイクリンによる治療が試みられている[27]。ただ、この方法の問題点は、病徴が軽減しても、感染樹体内のファイトプラズマは完全には死滅せず、使用を中断すると病気が再発する点にある。長期にわたる継続的な薬剤使用が必要なため治療費がかさみ、経済的あるいは文化的価値の高い木本類にしか使用することができない。したがって、ファイトプラズマ病の治療技術は、発見から半世紀を経た今もまだ確立されていない。

[8・4・2] 治療薬はあるのか？

これまで多くの病原体に対して有効な薬剤が開発されているにもかかわらず、なぜファイトプラズマに対する効果的な治療薬剤が開発されないのだろうか。

ファイトプラズマは細胞壁を持たないため、ペニシリンなどに代表されるβラクタム系の細胞壁合成阻害剤[27]は効き目がない。また皮肉なことに、ゲノムの退行的進化により代謝系の大半が失われているため[15]、薬剤のターゲットが限られているという構造的な問題を抱えているのだ。

もう1つの大きな理由として、ファイトプラズマが人工培地上で培養できていないことが挙げられる。一般に細菌に対する薬剤は、薬剤を添加した人工培地上で細菌を生育させ、その細菌の生育が抑えられるかどうかを判断して選抜される[28]。したがってファイトプラズマの場合には、人工培地を用いた薬剤効果試験を行うことはできないと考えられてきた。しかし私たちは、ファイトプラズマに感染した植物を植物培養用のMS培地[28]上で（ファイトプラズマ以外の雑菌について）無菌的に培養し、その培地にいろいろな薬剤を添加し、有効な薬剤を選抜する方法（薬剤スクリーニング系という）を考案し、効率的な試験管内スクリーニング系を確立した〈図8・14〉。ファイトプラズマ感染植物を培養したMS培地にテトラサイクリンを添加すると、たしかにファイトプラズマ蓄積量は低下し、

図8.13 テトラサイクリンの樹幹注入によるナツメ天狗巣病の治療

---

27 細胞壁合成阻害剤：ペプチドグリカンの合成酵素を阻害するなど、細胞壁の生合成を阻害することではたらく抗生物質。細胞壁の生合成に支障をきたすと、分裂が抑制され、細胞壁の薄い菌体を生じて浸透圧により溶菌し、死滅する。

28 MS培地：Murashige and Skoog（ムラシゲ・スクーグ）培地。植物の組織培養に最も一般的に用いられる。

［コラム］

テトラサイクリン治療とナツメの味

ナツメ（棗（漢字）、jujube（英名）、*Ziziphus jujuba*（学名））はクロウメモドキ科の落葉高木で、ファイトプラズマに感染すると天狗巣病を発症する。ナツメの原産地である中国や韓国では、この天狗巣病が甚大な被害をもたらしている。

中国や韓国では、ナツメは重要な農産物であるため、多発する罹病樹にテトラサイクリンを灌注《かんちゅう》し、治療を行いつつ栽培・収穫を行っている。そのため果実にもテトラサイクリンが浸透し、収穫した果実にも含まれている可能性がある。

２０１１年に訪韓し、教え子である慶北大学の鄭熙英《ジャン・ヒーヨン》君の研究室を訪問した際に、テトラサイクリン治療した天狗巣病罹病のナツメ樹から採取した果実と、無処理の健全ナツメ樹から採取した果実を生で味見させてもらった。その結果、明らかに味は異なり、無処理果実の方が甘く、処理果実は苦かった。実際、テトラサイクリン製剤をなめると相当に苦い。

本病は、日本では、福井県、京都府、岐阜県で発生した記録があり、岐阜県飛騨地方で多発したときの報告によると、樹齢の高い樹に多く発生し、若木はほとんどが罹病古木から根萌芽して繁殖した個体であった。症状の特徴は、まず、葉に黄色の斑紋が現れ、病気の進行とともに一部の枝が萎縮し、葉が黄化・小型化し、枝が多数出て天狗巣状を呈する。病気が進行すると枯死することもある。また、天狗巣症状の枝では、開花、結実が認められなくなる（岐阜県森林研究所HP「ナツメてんぐ巣病被害広がる」（大橋章博）より抜粋）。媒介昆虫はヒシモンヨコバイとの報告が韓国であるが、大橋氏の報告によると、日本でも同じようである。

病徴は軽減した。このスクリーニング系は多くの利点を備えている。

①ファイトプラズマの人工培養が不要であるだけでなく、②植物への薬害も同時に評価できる。さらに、③一般土壌を用いた栽培により生じる環境条件の影響を排除でき、実験の再現性が飛躍的に高まるほか、④省スペースで多種類の薬剤を多くのファイトプラズマ種に短時間で試験できるうえに、⑤抗生物質の使用量も少なくて済むため低コストである。このように多くの点できわめて効率的な手法といえる。

〔8・4・3〕新たな治療薬の発見

この方法を用いて私たちは、まず作用点の異なるさまざまな抗生物質を試した〈図8・14〉。その結果、テトラサイクリン系の薬剤以外に、リファマイシン系[29]とフェニコール系[30]の薬剤が植物体内におけるファイトプラズマの蓄積量を著しく減少させ、症状を抑制した。特に、リファマイシン系は植物の生育回復が顕著であった。これらの薬剤により4カ月培地上で処理した結果、もっとも高感度なファイトプラズマ検出法であるLAMP法でもまったく検出されなくなり、ファイトプラズマの除去に成功している。一方で、マクロライド系[31]やキノロン系[32]の薬剤などはファイトプラズマ蓄積量をわずかに減少させたものの、植物体への薬害が著しく、実用には向かないと考えられた。

ファイトプラズマに近縁なマイコプラズマでは、抗生物質の研究が進んでいる[29]。興味深いことに、ファイトプラズマとマイコプラズマでは、有効な抗生物質に差異があることがわかった。テトラサイクリン系とフェニコール系は双方に有効であるが、リ

図8.14　ファイトプラズマ病治療薬の探索

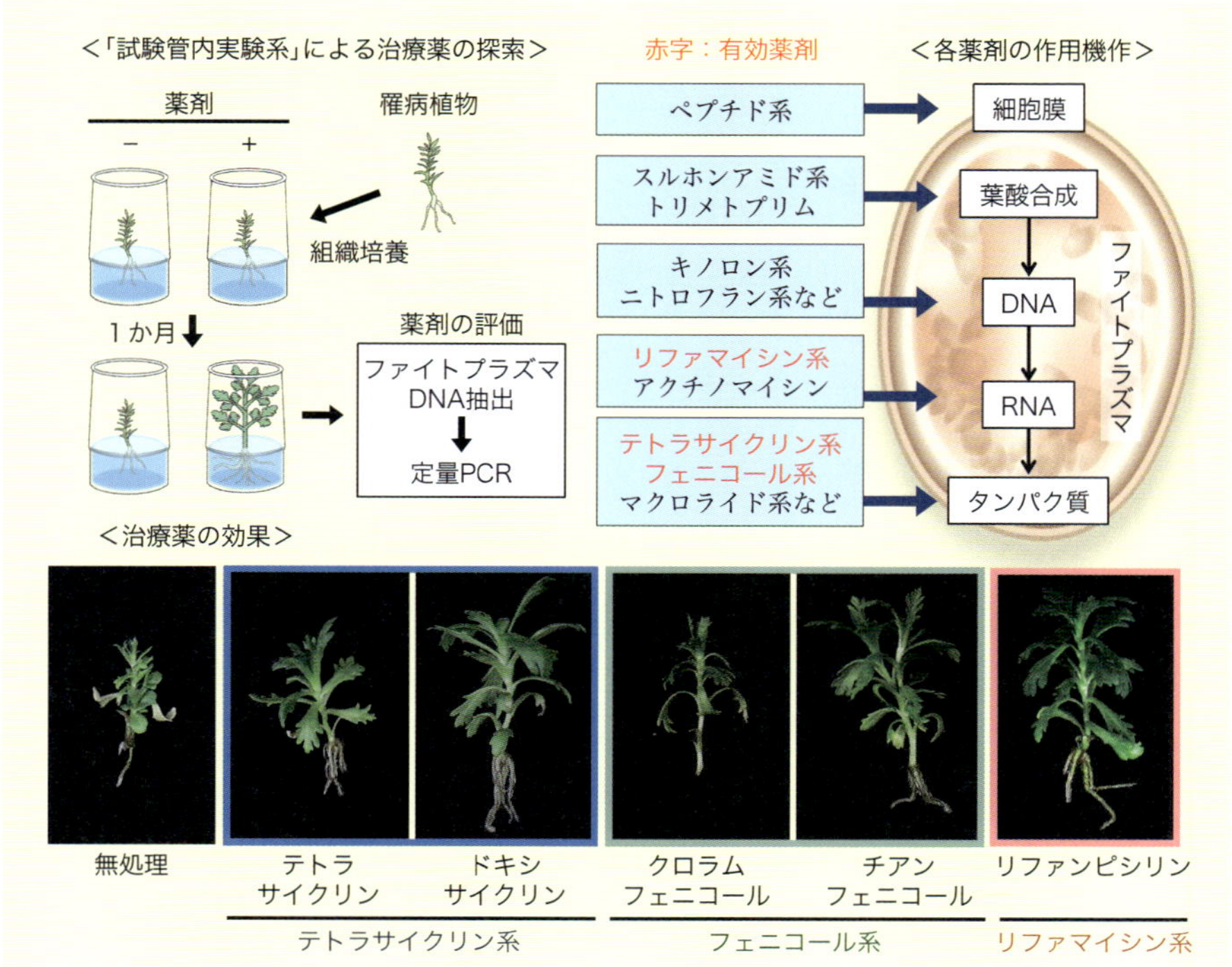

［コラム］優性抵抗性と劣性抵抗性

植物が病原体に対して備える防御システムを担う遺伝子は、優性抵抗性遺伝子と劣性抵抗性遺伝子に大別される。優性抵抗性遺伝子は抵抗性タンパク質をコードし、発現したタンパク質は病原菌の攻撃を察知し、防御システム起動のシグナルを核に送る。感染を受けた細胞はあらかじめゲノムにプログラムされたシナリオに従って死（過敏感細胞死）に至るが、その代わりに感染の広がりを阻止し植物本体を護《まも》るのである。これに対して劣性抵抗性遺伝子は、本来、病原菌が植物に感染する際に足掛かりとして必須となる遺伝子の一部が欠損しているため、病原菌が感染できないことによる抵抗性である。高等生物は一つの遺伝子座に両親から受け取った遺伝子を「対《つい》」にして持っており、その遺伝子が発現しなくなるためには、両方の遺伝子が同時に、①塩基配列に変異が入るか、②欠失することが条件となる。感染に必須の（劣性抵抗性）遺伝子がこのような条件を満たし抵抗性となるものは、突然変異によるものが多い。遺伝子が機能を失うことにより逆に病気に強くなるという話は、案外「目からウロコ」なのではないだろうか。

劣性抵抗性遺伝子の数は、理論的には優性抵抗性遺伝子と同じくらいあると考えられるが、その性質上、なかなか発見されにくい。劣性抵抗性の威力を発揮するためには、植物の自殖性を利用する。人間を含む多くの動物は他殖性であるが、自殖性の場合には、形質が固定しやすいので、劣性抵抗性の発現に有利である。実際に野生植物の作物化は自殖性のもので圧倒的に早く実現した。これに対して本来他殖性の果樹などでは、突然変異による自殖性の出現を待ち、挿し木や、後に中国で編み出された接木技術などによってクローン化できるようになるまで、作物化には年月がかかった。したがって、自殖性を必要とする劣性抵抗性の研究よりも、他殖性でも構わない優性抵抗性の方が研究は遙かに速く進んだのである。

優性抵抗性と劣性抵抗性では、どちらが省エネルギーだろうか？　優性抵抗性の場合、あらゆる病原体に対応する抵抗性遺伝子を一つひとつ備え、タンパク質として発現しておかねばならない。しかし、劣性抵抗性の場合、肝心の遺伝子が発現しないことが逆に抵抗性の鍵となっているから、変異により抵抗性を失う確率はきわめて低い。また、遺伝子組換えにより優性抵抗性遺伝子を外から導入しなくとも、元々持っている遺伝子の突然変異により抵抗性を得ることができる点は着目すべき利点である。

また、優性抵抗性では、時間軸的にも空間軸的にも膨大な種類と頻度で病原体から受け続ける攻撃シグナルを処理しきる必要がある。またその結果、適合する抵抗性タンパク質のみが反応し、その下流にある超複雑なシグナル応答カスケードのスイッチを入れることになる。こうしてみると、劣性抵抗性の方が省エネなシステムであると言えるのだが、残念ながら劣性抵抗性遺伝子の実体と機能はまだほとんど解明されていない。もちろんファイトプラズマ抵抗性遺伝子はまだ見つかっていないのだが、劣性抵抗性の中にヒントがあると思っている。

ファマイシン系はファイトプラズマだけに有効で、マクロライド系とキノロン系はマイコプラズマのみに有効であった。これはどうしてであろうか。

薬剤の耐性機構は大きく分けて3種類ある。①薬剤の標的側の変異による無効力化、②薬剤の代謝（修飾・分解による無毒化）、③薬剤の排出、である[30]。ファイトプラズマやマイコプラズマの遺伝子数は限られており、②や③の機構は考えにくいため、①の可能性、すなわちファイトプラズマとマイコプラズマは進化の過程で薬剤標的の因子に変異が生じ、薬剤感受性が異なってしまったものと考えられる。

[8・4・4] ファイトプラズマ治療技術が拓く未来

ファイトプラズマに対してテトラサイクリンが効果を持つことが発見されてから50年を経て、私たちはファイトプラズマ病の有効な治療薬を新たに発見した。これは、これまでのファイトプラズマ病研究と対策を一変させる可能性がある。この新たなスクリーニング系を活用することにより、ファイトプラズマに有効な薬剤が多数発見されることであろう。

とくにこのスクリーニング系の利点は、候補薬剤が連続的に根から直接吸収され、効率的に全身に浸透するので、散布や野外の大きな樹体の1カ所から少量注入するのに比べ、ファイトプラズマに対する

29　リファマイシン系：細菌のRNA合成を阻害する抗生物質。結核の治療薬として用いられる。
30　フェニコール系：細菌のタンパク質合成を阻害する抗生物質。幅広い細菌に効果を発揮する。
31　マクロライド系：細菌のタンパク質合成を阻害する抗生物質。マイコプラズマに対する第一選択薬として用いられる。
32　キノロン系：細菌のDNA合成を阻害する抗生物質。これをもとに人工合成した化合物をフルオロキノロン（ニューキノロン）系ともいう。

効果が高いと思われる。実際、1967年に石家らにより最初に行われ、ファイトプラズマがマイコプラズマ様の微生物であることを示す重要な傍証となったテトラサイクリン処理の論文でも、散布処理よりも根部浸漬《しんせき》処理のほうが効果の高いことが指摘されている。私たちの研究でも、地上部に比べ地下部のファイトプラズマ蓄積量は10倍であることが分かっており(▼6・1・2)、根が地上部へのファイトプラズマ供給源になっている可能性が高く[7]、根から薬剤を吸収させるこのスクリーニング系は効果的である。

また、作用点の異なる薬剤を複数組み合わせて使用すれば、ファイトプラズマ病のより効果的な治療法が確立できるはずだ。①農業現場での防除・予防だけでなく、②歴史的または商業的に価値ある木本類などの治療、③ファイトプラズマの形質転換に向けた選抜マーカーとしての利用など、幅広い用途が考えられる。さらに、成長点培養や熱処理などの技術と組み合わせれば、より効率的なファイトプラズマ除去技術を開発できるであろう。

ファイトプラズマ以外にも、カンキツグリーニング病菌など培養の困難な篩部局在性の植物病原細菌があり、農業生産において大きな問題となっている。私たちが確立した薬剤スクリーニング系により、それらに対する効果的な薬剤も開発されるに違いない。

＊引用文献

【ファイトプラズマ関係】
〈東大グループ〉
[1] 難波成任 (1981) 日植病報 47:258–263
[4] Wei W (2004a) Phytopathology 94:683–686
[5] Namba S (1993a) Phytopathology 83:786–791
[6] Namba S (1993b) IJSB 43:461–467
[7] Wei W (2004b) Phytopathology 94:244–250
[8] 中島智 (2002) 日植病報 68:39–42
[9] 中島智 (2009) 日植病報 75:29–34
[15] Oshima K (2004) Nat Genet 36:27–29
[16] Arashida R (2008) Phytopathology 98:769–775
[17] Kakizawa S (2009) FEMS Microbiol Lett 293:92–101

[18] Mitrović J (2011) Ann Appl Biol 159:41–48
[19] Sugawara K (2012) JGPP 78:389–397
[21] 前島健作 (2013) 植物防疫 67:489–492
[22] 大島研郎 (2013) 植物防疫所病害虫情報 99:3
[26] 石家達爾 (1967) 日植病報 33:267–275
〈加・アルバータ大・比留木グループ〉
[2] Hiruki C (1986) Can J Plant Pathol 8:185–188
〈伊・ボローニャ大・ベルタッチーニグループ〉
[24] Bertaccini A (2009) Phytopathol Mediterr 48:355–378
〈その他〉
[3] Lin CP (1985) Science 227:1233–1235
[10] Christensen NM (2004) MPMI 17:1175–1184
[11] Hodgetts J (2009) AEM 75:2945–2950
[20] Kirkpatrick BC (1995) Molecular and diagnostic procedures in mycoplasmology (Vol. 1) pp. 105–117
[23] Kelly PL (2011) New Dis Rep 23
[25] Bradel B (2000) Phytopathology 148:587–590
[27] 佐藤征弥 (2014) 徳島大学総合科学部自然科学研究 28:21–25
【その他の分野】
[12] Notomi T (2000) Nucleic Acids Res 28:e63
[13] 高野弘 (2014) モダンメディア 60:211–231
[14] 前島健作 (2017) 植物防疫 71:31–34
[28] Reller LB (2009) Clin Infect Dis 49:1749–1755
[29] Taylor-Robinson D (1997) J Antimicrob Chemother 40:622–630
[30] Lewis K (2013) Nat Rev Drug Discov 12:371–387

おわりに

ファイトプラズマ研究の新たなパラダイムに向けて

米国ワシントンの科学アカデミーにあるアインシュタインの銅像。

名声による堕落から逃れるすべはただ一つ。研究を続けることである。
人は立ち止まって自らの名声に酔いしれがちであるが、
唯一なすべきは、名声から目をそらし、研究を続けること。
それ以外に堕落から逃れるすべはない。

アルバート・アインシュタイン　理論物理学者

9・1――ライフワークの発見

約20年にわたるファイトプラズマ研究により、その生活史の全容が明らかになった。ファイトプラズマの全ゲノムを解読するまでの背景については3章で述べた。その後、宿主特異性決定因子や病原性決定因子の発見などの成果を体系化し、ファイトプラズマの生活史についてそのほぼ全容を明らかにした。本章ではその背景についてまず述べておこうと思う。

[9・1・1] 基礎研究から臨床研究まで

2004年6月に弥生キャンパスに戻ってきた最初の教授会で、赴任の挨拶をさせられた。「柏キャンパスに異動する際には、骨を埋める覚悟で、弥生キャンパスに戻ってくることは考えていなかった」こと、「新研究科創設の苦労を考えれば、もうそれ以上のしんどいことはないだろうから、何でも言ってくれればやります」みたいなことを話したように記憶している。この言葉が、そのとき議事を進行していた會田勝美《かつみ》研究科長の耳に残ったのか、その後、次々といろいろな役目が当たる契機になろうとは、予想だにしなかった。言葉には気をつけるものである。

2005年春から農学生命科学研究科の広報室長の役が当たった。このときから私の大学における立場が研究科から大学本部へと大きく変わり始めたことに後になって気づくことになる。

広報室では、広報誌『弥生』を刊行していたが、私が広報室長を引き受けた時に、その広報誌の位置づけを、学内向けから学外向けに変えることになり、予算も年800万円と大幅に増額された。年2回の定期刊行とし、カラー化して学外への配布を始め、ウェブ版も作成することになった。まずは室員が本誌の新たな位置づけを示すために率先して執筆することになり、私も何か書かなければならず、それではと、農場時代からずっと温めてきた「植物医科学構想」について記事を1ページ書いた。

リニューアル第1号は9月に発行された。すると、直後に㈱池田理化本社に呼ばれ、社長から私の書いた記事の内容を詳しく説明してほしいと依頼されたので説明した。そうしたら、2週間後には社長が大学に来られ、講座を寄付したいというお申し出をいただいた。翌年2006年4月、まずは5年間の予定で「植物医科学寄付講座」が誕生した。その後、イオン㈱・(公財)イオンワンパーセントクラブ、ベジタリア㈱、㈱ニッポンジーンの寄付により、この講座は延べ13年続くこととなった。やはり科学は最終的には世の中の役に立った方が良いに決まっている。

[9・1・2] 夢を捨てない

実は、植物医科学の伏線は何年も前から敷いてあったのだ。その背景には、私が植物病理学研究室に所属していたとき、しばしば研究室に植物病の診断依頼があり、罹病植物が持ち込まれていたことがある。田無にいたときはもちろんであったが、柏に移ってからも、どうしても植物病院をキャンパス内に設置したかった。柏に新キャンパスを建設したときには予算要求時に、費用は負担するので教育研究棟の裏に温室を建設するよう要求した。しかし、大学施設部の対応は「今後の工事に差し支えるので、温室に必要な高圧電源ケーブルを地下に引くことはできない」の一点張りであった。先端生命科学専攻(当時)の教員でほかに植物や昆虫の研究を行っているのは、理学系の、小さな人工気象器を室内で使う先生しかいなかったこともあり、断念せざるを得なかった。これがその後、やはり農学部でないと植物病院はできない、と決断する引き金となった。今でも柏キャンパスの生命棟の裏の実験施設用地に建物はなく、メダカのプラスチック製水槽がずらっと並び、あとは家庭菜園（？）があるだけである。隣の基盤科学研究棟や物性研究所などは、高圧電源等を地下に引いて、実験施設棟がずらりと並んでいる。

［9・1・3］果報は種をまいて待て

そのころから、弥生キャンパスに足を運んでは、国家資格である技術士の農業部門に、専門科目として「植物保護」を、既存の「農業および蚕糸」と切り離して新たに設置できないかと日本植物病理学会と日本応用動物昆虫学会とで話し合いを重ね、企画立案していた。日本植物病理学会員の日比教授と稲《いな》葉《ば》忠興《ただおき》氏が中心になり要望書を作成し、関連5学会（日本植物病理学会、日本農薬学会、日本応用動物昆虫学会、日本雑草学会、植物化学調節学会）で揃って文部科学省および日本技術士会に要請したところ、翌年の2004年には新設が決まり、ただちに試験が始まった。

植物医師そして植物病院の実現に向けた具体的活動は、このときからすでに始まっていたのだ。ただ、農学部にたまたま異動したことで、実現に向けて加速したといっていい。その後、次にあるような事業が次々と実施された。皮肉なことに、コミュニティ植物医師の事業は柏を舞台に推進され、今も続いている。これらは私のライフワークになるかもしれない。

２００４年　国家資格技術士「植物保護」新設
２００６年　植物医科学寄付講座設置
２００７年　植物病害診断研究会設立
２００８年　東京大学植物病院®開設、法政大学生命科学部植物医科学専修設置、

教科書『植物医科学』発刊
２０１０年　国際植物医科学会設立
２０１１年　(一社)日本植物医科学協会、植物保護士会議設立、
コミュニティ植物医師養成プログラム・認定試験実施
２０１３年　吉備国際大学植物クリニックセンター設置
２０１４年　植物医科学研究会設立、法政大学植物医科学センター設置
２０１５年　技術士（農業部門・植物保護）合格者を対象に植物医師認定審査実施（毎年）
２０１６年　ＪＩＣＡ・ＪＳＴ東南アジア植物医科学実装事業開始（〜２０２０）
２０１７年　植物医科学研究所開設

9・2——終わりの見えないもう1つの仕事

[9・2・1] 雑用は栄養にする

２００４年に弥生キャンパスの植物病理学研究室に赴任して、研究室の改修も終わり、ようやく実験を本格的に始めたところで、翌年（２００５年）春から、植物病理学研究室創設１００周年記念事業の準備が始まった。研究室は１９０６年４月に開設されたので、翌年（２００６年）が１００年目になる。私はその祝賀事業（記念式典や百年史編纂）のために戻って来たわけではなかったはずだが、１００周年を迎えることは元々分かっていたことではあった。

早速、5月21日に第1回幹事会が開催された。日比忠明前教授が実行委員長、私が事務局長になった。準備に1年しかないとなると、どう考えても無理がある。逆立ちしてもできないと思ったが、日比

［コラム］

AI農業の先に見えるもの

2020年頃には複雑な問題解決能力、意思決定・創造性を要する業務、感情労働、マネジメント業以外はAIに代替され、2050年頃には医者や弁護士、教師はAIに取って代わられるそうだ。AIは農業にも大きなインパクトを与えている。農業機械や施設園芸、植物工場の栽培環境制御、収穫物の分別・出荷、農業経営システムの最適化などでは、AIを有効活用する場があり、コストが下がれば、農業の省力化と収益向上が実現するだけでなく、少子化による労働力不足や高齢生産者の農作業支援に資するであろう。また、作物、家畜、魚類を対象とした疾病や品質の判定、収穫・梱包などにAIが活躍するだろうが、コストや誤作動時の賠償リスクを解決する研究も必要である。AIを育種に活用するにしても、標的にすべき作物の形質決定遺伝子と、その発現メカニズムを解明しないかぎり、従来型の選抜法の方が早く確実であろう。

対面などのコミュニケーションが介在しないと解決しにくい仕事も、いずれAIに任せるのだろうか？　細かな例外を軽視せず、柔軟に重み付けして判断する仕事は、AIは苦手なはずである。もちろん、100％の信頼度で誤りなく状況が判断できるようになれば、AIは愚直に厳格な仕事をこなすかもしれないが、判断を下すためにAIにあらかじめインプットする情報とアルゴリズムの質はまだ十分とはいえない。生命科学のように不確定要素を最小限にした実験系の中で証明できることであれば帰納法を使った一般化は認められるが、AIは検証困難な仕事をこなすことができるだろうか。「因果関係の明確な要因だけを利用し予測する」ことならAIにも対応が可能だろう。

実は、今回のAIブームは第3世代で、アルゴリズムを捨て、「ディープラーニング」技術にもとづくプログラムの開発によるものである。ただ、あくまでビッグデータの統計処理という、後付けの仕組みである。アルゴリズムなしで、エラーのないコストに見合ったAI利用技術は開発できるのだろうか。

農学分野の研究をしていて思い当たるのは、たとえば、微生物検出キットを私たち研究者の手で開発するときには、細かいチューニングにより性能の良いものに改良するのだが、その作業は決して論理的なものだけではない。植物体内にいる目に見えない検査対象の微生物の所在や様態を想定し、植物組織のどの部位を使い、どのように取り出し、試薬とその反応系をどう工夫すれば、最も損傷なく微生物を最大量取り出せるか、経験知にもとづく選択肢の最適組合せを「ディープシンキング」により割り出す作業をリアルタイムで行っている。最新のＡＩでもおそらくこの「ディープシンキング」のアルゴリズムはないであろうから、チューニング作業で無限に近い試行錯誤を行うことになるだろう。したがって、私たちの手で行った方がＡＩより安く早く確実に最適なプロトコールにたどり着くと思われる。

結局、人間の「ひらめき」こそが、ＡＩとの決定的な差ではないだろうか。新幹線は実は運転士がいない方が速い。でもいざというときを考えると、運転手の存在は重要なのである。ＡＩがいかに進歩しようと人間の立ち会いはなくならないだろう。

超複雑系を相手にする産業としての「農業」を営む際には、「農業生物（作物・森林・家畜・魚類など）」と「環境（気象・植物病・土壌など）」のそれぞれに存在する要因の膨大な組合せから最適なものを選ばなければならない。必要な要因の情報が与えられたとしても、それをもとにＡＩ技術を活用して最適解を見つけることは容易ではない。

ＡＩがどんなに農業に浸透したとしても、あらゆる場面で専門家の手助けが必要である。東大植物病院®も大量の植物病の写真を格納したエキスパートシステム（ＥＳ）を構築しているが、専門家の参考にはなっても、現場の生産者（クライアント）の役に立つには、さらなる改善が必要である。

そこで、現場の生産者に対しては植物医師がクライアントに対応することになるが、以下の点が問題になることが多い。クライアントは、①診断の要となる症状にピントの合った写真を提供できない。②栽培様式、品種、生育段階、土壌・気象環境、症状を的確に記述することは困難である。③病因が特定されても、農薬だけで４３００種類以上あり、毎年２００種類以上入れ替わる。その中から最適な薬を選択するには、薬害や耐性菌のほか、ドリフトによる影響など検討事項が多すぎて、クライアント自身で判断することが困難なだけでなく、ＥＳやＡＩのプログラムを頻繁に更新することは、専門人材の確保や経費・作業量の観点から困難である。

したがって、写真や情報を丁寧にやり取りしたうえで、信頼のおける判断を下せるのは、深い経験と知識を持った国家資格を有する植物医師しかいないのだ。

先生の緻密さと、卒業生の協力、室員の支援もあって、結果的にはなんとかやりこなしてしまった。研究室創設と呼応して学会も１９１６年に創立されており、学会創立１００周年記念事業が２００９年から始まった。私が準備委員長、実行委員長、運営委員長と連続して担当し、２０１５年3月になんとか記念式典挙行、百年史発刊、総説集発刊などの計画を実現することができた。これはひとえに学会の執行部、評議員、各委員会の先生方、学会員のおかげである。

一方、学内においては、広報室長就任と同時に２００５年4月から農学生命科学研究科執行部に当たる「スタッフ会議」に取り込まれ、毎週水曜日の午前中は会議であった。広報誌のリニューアル立ち上げが終わって1年経ったところで広報室長を交代し、２００６年10月から1年間総長補佐を担当し、財務、産学連携、調達、環境安全、同窓会、共通施設、国際交流、柏キャンパスなどさまざまな業務に関わり、連日いろいろな会議で忙殺された（そういえば柏キャンパスにいた時も隔週で延々4時間、学術経営委員会があった。昼食抜きであった。会議の何と多いことか）。

２００７年9月に解放され、これから研究に専念しようと思っていた矢先、すぐに遺伝子組換え生物委員会委員長にさせられ、当時いろいろと問題になっていたルーズな管理に対する対処と引き締め役に当たることになった。同委員長を退くまでの1年半、いろいろな問題が起こり、奔走する羽目になった。とにかく大事になるような問題は起こらずホッとした。しかし休む間もなく、２００９年4月に大学本部執行部の総長特任補佐として本部に出戻りすることになった。

［9・2・2］ボランティアの仕事は文句を言われない

総長特任補佐は、結局これまで9年間続き、今年度も引き続き担当させられている。こんなに長く担当させられている例は過去にないのではないだろうか。担当業務は、東大の社会人教育プログラムというもので、半年の間、金曜と土曜の朝9時～18時過ぎ（しばしば20時過ぎ）の時間割でびっしりのスケジユールが組まれており、対象は平均43歳くらいの企業中堅幹部、官公庁課長補佐、国研・独法・NPO幹部候補、企業オーナーあるいは次期オーナー候補で、定員25名、受講料が1人６００万円である。ただしこれはボランティアであった。この業務で土曜が休日ではなくなり、日曜しか休みがとれなくなった。だから、この9年はあっという間だった。今後もいつまでか分からないが、後継者が出るまで続けることになるのだろうか。

［コラム］

文理両道官と胆力理事

東大はエグゼクティブ・マネジメント・プログラム（EMP）という社会人教育プログラムを２００８年に立ち上げたが、私はその準備から、ずっとボランティアとして携わってきた。なぜ私だけが毎週「金・土」を終日つぶしてボランティアでも参画し続けてこられたかというと、学内に４０００名いる教員のなかから選りすぐりの講師延べ約２００名による講義内容が、期を重ねるごとに洗練されていく様子を見るのが楽しいからである。自身の講義終了後、他の先生の講義を聴講して帰る先生がいるが、興味深いのは自然科学系の先生ばかりであるということだ。人文社会系の先生はほぼ皆無で、そこには一種の文化に近いものすら感じる。人文社会系の学問は、個々の研究者が次元の異なる空間で論理を展開している。したがって、研究者によって解は異なるので唯《ゆい》我《が》独《どく》尊《そん》が許される（▼コラム「人文社会系の解は1つではない」81頁）。

自然科学ではそうはいかない。同一次元でしか議論は成立しえないし解は一つだ。数年前に、文科省から人文社会系学部不要論が発信されたが、こういう根の深そうなところにこそ課題があるように思う。

最近、「受講料が高すぎる」ことを理由に某省からのEMPへの受講生派遣が途絶えた。企業や個人参加の受講生は高い受講料を払っている一方で、省庁から派遣される受講生は、とても有利な条件で受講できる。私の留学時に一緒だった知人の公務員や会社員の留学生（社会勉強と称し観光旅行ばかりで何を学んでるのか怪しかった）に役所や企業が払う経費を考えれば、（外国人による講義もある）EMPは海外留学と比べて得るものも多く割安な内地留学である。今の海外留学は命をかけていた明治時代のそれとはわけが違う。

平成29年度春期から、農水省へこのEMPに事務官の派遣をお願いした。これまで6名の技官を受講生として派遣していただいているものの、農水省だけは、事務官を派遣していただいていなかったからである。ただ、先日提出された願書を見て驚いた。私の教え子ではないか！　理系ながら、卒業後農業経済学科に学士入学し、行政職で採用された若手事務官だ。複雑な気持ちを抱いた。農水省の会議で折に触れ「文理両道官」である大切さを説いているので、「文理両道官ですが何か？」という、シグナルなのか……、はたまた、「文理両道官という以上はどういうものなのか手本になるよう教育して返して下さい」というメッセージなのだろうか……。

私が官吏に文理両道官であることを期待する理由は、諸課題や事業が、科学的正当性と卓越性、実現性にもとづき適切に設定されたかどうか正確に判断でき、それらの中間評価、終了後の評価を行った評価者に対する評価も適切に行い、さらにそれらに参画する国研のマネジメントが適切に行われているかどうか科学的に正しく判断できる官吏であってほしいと思うからである。逆に、大所高所からの異論に対して、科学的に正しいと感じたら、既定方針にこだわらないでほしい。大学内でも同様の事例は少なくない。それゆえ、行政の先頭に立っている官僚には頑張っていただきたいと思うのだ。大学もまた、官庁の管轄であるのだから。

国研についても言える。研究員はみな理事に対して自由に意見できる胆力研究員であって欲しい。理事もみな総理大臣や農林水産大臣、次官に対して臆せずもの申す胆力理事でいてほしい。その周囲の理事の方々も胆力理事として、それを支える必要がある。

もちろん、実現するのが容易でないことはよく分かっている。大学もヒトのことをとやかく言えるような立場ではない。だから、経営能力を持ったEMP修了生の中から、選りすぐりの人材を大学運営陣に取り込みたいと考えている。すでに修了生の中から大学教員やEMP講師も出てきているし、起業を果たした修了生も少なからず出ている。もちろん、ほかの修了生たちも組織に戻って幹部やトップを務めている。こうした新しいタイプの人材を育てないと、この国は立ちゆかなくなってしまう。

科学的・論理的思考で物事を判断し進めるべきなのに、非科学的・非論理的思考でもって事を進めようとしてはいないだろうか？　このままではダメだと感じてはいても胆力がないと、発想の転換ができない。文理両道官、胆力理事が求められるのはそれが理由である。

[9・2・3] おもての文化とうらの文化

研究も、研究成果の社会実装も、教育も、本来はエンドレスである。米国などはそういう制度になっている。しかし、日本は定年制度があり、定年後は研究室に出入禁止という不文律があった。それほど老害がひどかったのだろうか。老害は達成感不足から来る。達成感をそのつど感じることができれば、それは評価されたということであり、満足し、別の舞台へと転出でき、若い世代にあとを託すことができるだろう。達成感を感じるだけの仕事ができることがプロフェッショナルには求められる。ただ、日本は形式に甘んじることの多い文化が根付いている。「その課題をどこまで達成できたら評価され、次の舞台に転出する」式ではなく、さらに居座り続ける傾向があり、達成度が不足していると、別の舞台に回される、いわゆる減点主義の発想だ。だから、減点が少なければ、合格となるため、達成できた人との差が「おもて」に出にくい文化である。これが教育研究の場に浸透することは避けたいものである。

多忙な日々の唯一の効用は、常に気が張っていて、特に大病することも無いことくらいだろうか。農場時代の助教授のときに夏風邪をひいて、秋まで長引き、体力がガクッと落ちた経験がある。そのとき、風邪は万病のもとと実感した。

しかしどれだけ多忙であっても、研究と教育だけは絶対に怠らないようにと心掛けつつやってきたつもりだ。だから後輩の研究を阻害するような、研究教育上の悔いがない。とても運が良かったと思っている。

9・3――実在する青い鳥を追い求めて

[9・3・1] 学位取得はゴールではない

今春（平成29（2017）年3月末）でちょうど31年と4カ月、大学教官あるいは大学教員として過ごした。そしてまだこれからも私の教員生活は続く。教員になる前の3年と8カ月のオーバードクター時代、6年間の学生生活を入れると、ちょうど41年である。こうしてみるとじつに波乱に富んだ41年間であった。與良清（第5代教授）、土居養二（第6代教授）、土崎常男（第7代教授）、日比忠明（第8代教授）、山下修一（前助教授）、鳥山重光（前助手）の各先生方から学んだものは大きい。それを糧に、私の教授在任期間に延べ30人の大学教員を送り出すことができた。そして延べ170名以上の学部生と修士課程、博士課程の卒業生・修了生を送り出した。

オーバードクターという言葉はいまや死語となったが、当時は行き先がないゆえの居候の身分であった。いまは、学位を取得した機関から外に出ることを条件に給料がもらえる仕組みがあり、無給の居候というのは確かにみっともない。しかし私の身の回りだけに限ってみても、学部卒で就職する学生はほぼ皆無である。その理由は述べるまでもないが、学位取得後についても同じ視点で見てはどうかと思う。学位論文を死ぬ思いで書いて審査を経て合格した学生が感慨に浸る間もなく出て行くのである。飛び出ることにより失うものは、居候することによる無念さより本人の人生におけるインパクトは大きい可能性が高い。なぜなら、学位取得後に留学することを例に考えてみればよい。まだ右も左も分からぬ段階で研究分野を選び、最低でも3年間は両親よりも長い時間一緒に生活し、好きか嫌いかもなく賢明になんとか専門分野の一部を理解でき、学位論文が書けるようになるまでのあいだ、よちよち歩きから育つ過程を見てきた教員が考えてくれる留学先の方が、物心ついたばかりの学生が計算した末に選んで行った先のボスが考えてくれる留学先より、当人にとって間違いがない気がする。いまのポスドク制度は、学生自身の立場に立ってできたというより、何か別の思惑や力学でできたものではないかと感じている。東大は卓越研究員という制度を始めたが、優秀な学生は、学位取得後にすぐには外に追い出さず、引き続き育て続け、適性に応じて内外地留学させる方がどう見ても全《まっと》うな考え方である。社会人が再び大学で学べる制度や、大学院で他の大学に移り、学位取得後また他大学でポスドクのポストを獲得する制度などが文化として米国ほど根付いていない日本では、時期尚早な気がする。東京大学エグゼクティブ・マネジメント・プログラムを早く力のある大学に制度化して根付かせるべきであり、その延長線上でポスドク制度を改善するべきである。教育予算を削るという発想自体、国を衰退させる以外に何の御利益もない。

〔9・3・2〕普遍性に潜む本質

助手時代の米国留学、その後まだ陸の孤島であった農場、同じく陸の孤島であった柏キャンパスを経て、植物病理学研究室に再び戻ってきた数奇な運命を考えると、植物病理学研究を続けていて良かったとつくづく思う。ただ、普通であれば研究テーマを変えざるをえない。それを変えないまま続ける工夫と胆力が実は重要であり、それは研究だけでなく、教育、ビジネス、行政などどこにでも共通して求められているのだ。このことに気づくだけでも、仕事の質は大きく変わるはずだ。一見職種は異なるようでいて、その底流に流れている普遍性に潜む本質。それをつかむことができさえすれば、人生はもう成功したも同然。実在しない青い鳥ではなく、実体のある青い鳥を見失わずに追いかけ続け、ついに捕まえることができたとき、私たちは達成感を味わえるのではないだろうか。それを若い人に伝えることの難しさはあるが、まずは同世代で共有できることが大切ではないかと思う。

〔9・3・3〕50年目の幸運

２０１７年3月13日（月）、日本学士院から日本学士院賞授賞が知らされた。土居先生たちがファイトプラズマを発見してからちょうど50年目。私がファイトプラズマ研究を始めてからわずか20年。とても幸運であったと思う。同時に、共同研究者となり得た多くの方々が、ファイトプラズマ研究から離れていってしまったのが残念であった。岩手大学の吉川信幸教授は、私が研究を始めた頃に、岩手県の南部桐、福島県の会津桐など、日本有数の桐材産地のキリに発生する天狗巣病について精力的な研究をされていたが、その後は他の研究に移ってしまわれた。宇都宮大学の奥田誠一先生には、のちに重要な遺伝子をコードしていることが分かるDNA断片の入ったプラスミドを差し上げたが、特に発表はなかった。まだ実績のなかったころの試料だったので、重要とは思えなかったのも無理はない。

[9・3・4] 成功の条件

ほかにもたくさんの方々がファイトプラズマ研究から去って行ってしまった。おそらく、ファイトプラズマ研究が容易ではないことに見切りをつけ、他の分野に移られたものと思われる。当時の状況ではやむをえないことであった。最後まで一緒に研究してくださったのが、鯉淵学園の土﨑教授と、西村典夫教授（いずれも当時）であった。農水省でも、複数あったファイトプラズマ研究グループがその後徐々に消え、農業研究センター塩見敏樹室長（当時）が退職されると同時に農水省はほぼ完全にファイトプラズマ研究から手を引いた(▼コラム「ファイトプラズマ研究に交錯した人々」66頁)。もし、これらの複数の研究グループが引き続き研究を続けていたら、もっと大きな成果があがっていたことだろう。

心細さはあったが、最後に残った東大グループは鯉淵学園の支援を受けつつ研究をここまで進めてきた。それが日本学士院賞受賞につながったと考えている。研究に限らず、結果として個人プレーになろうがチームプレーになろうが成功は可能だ。独断と偏見におぼれて個人プレーに逃げ込んだり、仲良しこよしのもたれ合いに逃げ込んだチームプレーになっていたら成功はおぼつかなかっただろう。

9・4――ファイトプラズマ研究の新たなパラダイムに向けて

［9・4・1］家畜化した人間を翻弄するファイトプラズマ

人間は農耕文明を展開させることにより、作物の家畜と化した（▼はじめに）。なかでも、イネ、コムギ、ジャガイモは世界の先進国を筆頭に主食となり、この一握りの作物が人間を家畜におとしめたのである。しかも、これらに感染するファイトプラズマもそれぞれ存在するのだ。1万年前、コムギは中東のごく限られた土地に生える野生の植物の一つに過ぎなかったが、ほんの数千年の間に、日本の国土面積の6倍にもなる地表を覆っている。このコムギに感染するファイトプラズマは退行的進化をさらに遂げており、ファイロジェン遺伝子は機能を失っているため、そのコムギは花を咲かせ、花粉を飛ばすことができる。自らの存続のために花を緑の葉に変え昆虫を呼び込み、コムギのファイロジェンタンパク質をわざわざ発現させエネルギーを消耗しなくとも、人間は懲りもせずコムギを毎年広大な農地に植え、ファイトプラズマの重要な生活の糧を用意してくれるからである。せめて天狗巣症状にして葉をたくさん付けていればそれでよいのであろう。こうしてみると、ファイトプラズマは植物の進化に大きな影響を与えたに違いないし、昆虫と共生する過程で共進化したに違いない。ファイトプラズマはまさに「創造する破壊者」である。

作物の世話は大変である。ファイトプラズマのような病原体に侵される恐れだけでなく、動物や害虫に食われるほか、干ばつや水害、台風などの自然災害に対して無防備であり、大量の養分を必要とする厄介な相手である。牛肉100グラムを生産するのに、コムギ1キログラム、水2トンも必要である。カロリーで計算すると、牛肉100グラムは約320キロカロリー、コムギ1キログラムは約340キロカロリーでほぼ同じである。牛は一頭約1トンであるが、その牛1頭を育てるのに、約5トンのコムギが必要なのである。このコムギを生産するのに2ヘクタール必要である。牛一頭を育てるためのコムギを生産するのがいかに大変なことか。牛を放牧しておく方がずっと楽である。人間は農耕文明を展開させたために、植物病、自然災害、重労働という厄介な負荷を宿命として背負うことになったのである。一度定着して耕地を抱え出すとそれが当たり前になり、二度と狩猟採集文化に戻るなどという発想は思い浮かばなくなるのである。人間はもはやファイトプラズマと共存してゆくしかなくなったのである。

〔9・4・2〕農耕により作物が失ったもの

人間が新たに生み出した農耕という営みにより、同時に誕生した作物も大切なものを失った。野生植物は元々、菌類・細菌・ウイルスなど病原微生物の攻撃に対抗するためにさまざまな抵抗性遺伝子を持っていたはずだが、人間が作物を栽培化する過程でじつは野生植物がせっかく備えていた貴重な抵抗性遺伝子がむざむざと切り捨てられてきたのである。実の大きさ、味、非脱粒性（実が植物から脱落しにくい性質）など人間にとって分かりやすい性質をものさしに選抜し続け作物化し続けてきたために、因果関係が不明確であった病害抵抗性は軽視されたのである。私たちは育種開始当初の古代にはあったであろう強力なウイルス抵抗性遺伝子「優性抵抗性遺伝子ＪＡＸ1、劣性抵抗性遺伝子ＥＸＡ1、ｎＣＢＰ」などを野生植物から次々に発見している（▼コラム「優性抵抗性と劣性抵抗性」370頁）〔3―17、3―18、3―19、3―20〕。これは我々現代人に対するある種の警鐘である。これらの遺伝子は、私たち人間が意識せず、しかし故意に捨て去った重要な抵抗性遺伝子たちなのである。

ではファイトプラズマの抵抗性遺伝子はあるのだろうか。私たちはまだ見つけることができていないが、あるに違いないのだ。

[9・4・3] 次のパラダイム

さて、ファイトプラズマ研究に残された次のパラダイムは何であろうか？　私が1995年に本格的に研究を始めた時に立てた研究の柱は次の5つであった。

1. 分類体系の確立
2. 全ゲノム解読
3. 病原性・宿主特異性決定機構
4. 形質転換系
5. 培養
このうち、1~3は解決した。4はできそうである。5は少し工夫が必要であろう。この2つは合成生物学的手法で解決できるであろうか？　おそらくもっと身近な方法でできるであろう。それは最近のナノポアマテリアル製造の急速な技術革新である。ファイトプラズマは嫌気性微生物[2-26]であるから、このような新素材を用いて基質を供給できれば、炭酸ガス培養装置を用いるようなマクロな技術よりも、ミクロな技術で培養と増殖のモニターを同時にできる技術が開発できるだろう。我々の前に待ち受けているファイトプラズマ研究の新たなパラダイムは、ファイトプラズマの

1. 宿主を決める仕組みを阻止する予防薬剤開発
2. 抵抗性遺伝子の探索
3. 植物・昆虫細胞を判別するセンサーの解明
4. 起源の解明
5. 昆虫体内共生メカニズム（虫体内微生物フローラなど）の解明
6. 昆虫を活動的にする脳内物質の解明とサプリ開発

7．ＴＥＮＧＵやファイロジェンの新植物品種開発への利用
8．７００余りもある遺伝子のうち最少必須遺伝子の解明

あたりになるだろう。

[9・4・4] セレンディピティの再来

20世紀末の技術では、わずか86万塩基のファイトプラズマゲノムの解読に5年の歳月を要したが、いまや次世代シーケンサーを用いれば、数時間でその何倍もの塩基配列情報を取得することができる。問題はこの膨大な情報をどう利用するかである。50年以上前、世界中の科学者が当時最先端機器であった電子顕微鏡を武器として生かし、血眼になってファイトプラズマ病に感染した植物組織を観察し、ウイルス粒子を探していたさなかに、土居先生が発想を転換しマイコプラズマ様微生物を発見したように、再びセレンディピティに巡り会いたいものである。

決して昔の方が良かったわけではない。ファイトプラズマも電子顕微鏡があったから発見できたのであり、シーケンサーがあったから全ゲノム解読できたのである。技術が発達すればするほど、アプローチの方法は広がり解析の速度・精度は上がる。そしてその普及により誰もが同じように実験できるようになる。単調な繰り返しの作業はまもなくロボットがやってくれる時代になる。このことは、科学者の発想や直感がより直接的に問われる時代になったことを意味している。１９６７年に土居先生により発見され、その50年後に生活史のベールを脱いだファイトプラズマは、現代を生きる我々にそんなメッセージを語りかけているのだ。

索　引

謝　辞

本書執筆にあたり、さまざまな方々にご協力をいただいた。お名前を挙げて心より感謝申し上げる(「はじめに」で謝辞を述べた方々は省略させていただいた；以下同)。

〈執筆協力〉
根津修　橋本将典　姫野未紗子　岡野夕香里　煉谷裕太朗　北沢優悟　二條貴通　吉田哲也　宮﨑彰雄　遊佐礼　鯉沼宏章　岩渕望　丹野和幸　渡邉聖斗　藤本祐司　細江尚唯　（敬称略）

〈写真等提供〉
平子喜一　河辺祐嗣　西村典夫　新海昭　白田昭；Nigel A. Harrison　Assunta Bertaccini　Whitney Cranshaw　Porntip Wongkaew　鄭熙英【ABC順・国内；海外】(前見返し)　統合TV(図0.2, 4.5, 4.7, 4.8, 8.4)　宮内庁三の丸尚蔵館(1章中扉)　白田昭(図1.1, 1.5, 6.28, 4章中扉)　梶原敏宏(図1.2, 1.3, 1.4, 1.5, 6.28, 7.1)　西村典夫(図1.6, 6.28)　Guo-Zhong Tian(図1.6)　志柿俊朗(図1.7)　N. A. Harrison(2章中扉, 7章中扉)　ITP-PPQ-APHIS-USDA(図2.7)　Clemson University(図2.8)　Wikipedia(図2.9, 4.4, 7.2, 7.10, 7.17, コラムp25)　佐藤守(図3.1)　米国植物病理学会(コラムp207)　A. Bertaccini(図7.1, 7.19)　越智弘明(図7.2)　佐藤広行(図7.2)　兵庫県立人と自然の博物館(図7.10)　鄭熙英(図8.13)　魏薇(おわりに中扉)　（初出順・敬称略）

本書執筆にあたり、長年にわたり研究を共にした方々にお名前を挙げて心より感謝申し上げる。

〈東京大学植物病理学研究室・生物資源創成学研究室・資源生物創成学研究室・植物医科学研究室〉
教員：與良清　土居養二　日比忠明　山下修一　嶋田透　宇垣正志　久保山勉　宮田伸一
研究員：新海昭　夏志松　黄介辰　荒井諭　澤柳利実　魯暁云　鄭熙英　魏薇　鈴木志穂　藤田尚子
卒業生：各研究室卒業生各位（氏名略）
農場技官：秦野茂　（敬称略）

〈共同研究者〉
鯉淵学園農業栄養専門学校：藤澤一郎　中島智
農林水産省蚕糸・昆虫農業技術研究所：佐藤守　川北弘　河部暹　三橋渡　且原真木
農林水産省農業研究センター：加藤昭輔　岩波節夫　塩見敏樹　松田泉　田中穣
日本植物防疫協会：塩澤宏康
東京大学：小柳津広志　岸野洋久
日本大学：兼平勉　堀越紀夫
岩手大学：吉川信幸
静岡大学：平田久笑
徳島大学：佐藤征弥
琉球大学：亀山統一
理化学研究所：神谷勇治　笠原博幸
日本マイコプラズマ学会：荒井澄夫　泉川欣一　神谷茂
株式会社ニッポンジーン：米田祐康　金山晋治　伊澤真樹　牧文典
日本アジサイ協会：大場秀章　杉本誉晃
太平洋農業アライアンス：志柿俊朗　（敬称略）

また、日本植物病理学会の皆様の長年にわたる温かいご支援と激励に、厚く御礼申し上げる。

スペースの関係上、本書中での引用文献は筆頭著者のみの表記とさせていただいた。全著者を記載した完全な引用文献リストは下記ウェブページをご参照いただきたい。

【引用文献】
http://park.itc.u-tokyo.ac.jp/ae-b/planpath/phytoplasmology.html
http://www.utp.or.jp/bd/978-4-13-066139-3.html

編集協力……………田中順子
本文イラストレーション……………宇賀持剛
装丁・本文レイアウト……………板谷成雄

著者略歴
東京大学農学部卒業、同大学院農学系研究科博士課程修了（農学博士）、東京大学農学部助手、米国コーネル大学客員研究員、東京大学農学部助教授、東京大学農学部教授、東京大学大学院新領域創成科学研究科教授、東京大学大学院農学生命科学研究科教授、法政大学特任教授、東京大学大学院農学生命科学研究科植物医科学寄付講座特任教授を経て現在、東京大学名誉教授、東京大学大学院農学生命科学研究科特任教授、東京大学総長特任補佐、東京大学エグゼクティブ・マネジメント・プログラムコチェアマン、同企画委員会委員長

受賞・受章
日本植物病理学会学術奨励賞、日本植物病理学会賞、日本マイコプラズマ学会北本賞、国際マイコプラズマ学会エミー・クラインバーガー・ノーベル賞、紫綬褒章、日本農学賞、読売農学賞、米国微生物学アカデミー会員、日本学士院賞

創造する破壊者 ファイトプラズマ
生命を操る謎の細菌

2017年8月10日　初　版

［検印廃止］

著　者　難波成任《なんばしげとう》

発行所　一般財団法人　東京大学出版会
代表者　吉見俊哉
153-0041 東京都目黒区駒場 4-5-29
電話 03-6407-1069　Fax 03-6407-1991
振替 00160-6-59964

印刷所　大日本法令印刷株式会社
製本所　誠製本株式会社

ISBN978-4-13-066139-3　Printed in Japan

年代	人名	業績
2007	大島研郎	強毒株の病原性が解糖系遺伝子セットが2倍あり糖収奪が激しいためであることを発見
2008	嵐田亮	多コピーの可動遺伝子クラスターが病原性などの多様性を生み出していることを発見
	嵐田亮	*P. japonicum*（アジサイ葉化病）の主要抗原膜蛋白質の特異性を発見
2009	柿澤茂行	3種類の主要抗原膜蛋白質の1つは祖先型で他は種分化の過程で獲得されたことを発見
	石井佳子	非昆虫媒介株ではプラスミドの膜蛋白質遺伝子が発現していないことを発見
	石井佳子	昆虫を介さず植物中で維持するとプラスミドの膜蛋白質遺伝子が消失することを発見
2009	星朱香	天狗巣症状の原因遺伝子「TENGU」を発見
2011	姫野未紗子	葉化症状発現時に花形成遺伝子の発現が低下することを発見
	大島研郎	ファイトプラズマのDNAマイクロアレイを初めて作り、動植物宿主間をスイッチングする際に全遺伝子の1/3の発現を切り変え宿主に適応していることを発見
	煉谷裕太朗	市販ポインセチアは全て*P. pruni*に感染しており挿木増殖しているため、昆虫感染に必要な主要抗原膜蛋白質がIdpAからImpに切り替わっていることを発見
2012	菅原杏子	GroEL遺伝子を標的にした*P. asteris*（最大群）のLAMP診断キットの開発
	三浦千裕	感染動植物細胞の防御応答で発生する活性酸素を除去する酵素を発見
2013	滝波祐輔	*P. asteris*によるアジサイ葉化病の国内における発生を初めて発見
	菅原杏子	TENGUが*P. asteris*の全系統で保存され分泌後38アミノ酸から12アミノ酸に植物細胞内で切断されて天狗巣病を起こすことを発見
	難波成任	「ファイトプラズマの分子生物学的研究」で紫綬褒章を受章
2014	姫野未紗子	感染植物の赤化は細胞壊死抑止に向けアントシアニンを産生するためであることを発見
	前島健作	植物に葉化を引き起こす遺伝子「ファイロジェン」とその葉化分子機構を発見
	Hogenhout SA	植物に葉化を引き起こす遺伝子「Sap54」とその分子機構を発見（2例目，英）
	煉谷裕太朗	ファイトプラズマ膜蛋白質P38が媒介昆虫に結合することを発見
	湊菜未	ファイトプラズマ感染植物でTENGUが不稔を起こす分子機構を解明
2015	三浦千裕	ファイトプラズマが宿主に適応し遺伝子発現を制御する転写因子の機能を解明
2016	東大植物病院®	未発見のものも含めあらゆるファイトプラズマ種を感染植物・昆虫から一網打尽に遺伝子診断できるユニバーサルLAMPキットを開発
2017	東大植物病院®	常温で保管・携行でき野外や途上国での診断を可能にする乾燥型のLAMPキットを開発
	北沢優悟	ファイロジェンは全ての陸上植物（被子・裸子・シダ）に葉化能をもつことを発見
	鯉沼宏章	国内のキャッサバに*P. pruni*（海外系統に近縁）の発生を初めて確認
	難波成任	「植物病原性細菌ファイトプラズマに関する分子生物学的研究」で日本学士院賞を受賞
	二條貴通	遺伝子の転写開始点が厳密に判別され非コードRNAも転写されていることを発見
	宮﨑彰雄	パプアニューギニアに発生するココヤシ立枯病、バナナ萎凋病、ビンロウ黄葉病が新種によることを発見し*P. novoguineense*と命名
	岩渕望	ホルトノキ萎黄病が*P. malaysianum*（国内初発生）によることを発見

氏名は発表論文の第一著者（黒文字は東大グループ）